10	11	12	13	14	15	16			
								2 He ヘリウム 4.002602	1
			5 B ホウ素 10.806~10.821	6 C 炭素 12.0096~12.0116	7 N 窒素 14.00643~14.00728	8 O 酸素 15.99903~15.99977	9 F フッ素 18.9984032	10 Ne ネオン 20.1797	2
			13 Al アルミニウム 26.9815386	14 Si ケイ素 28.084~28.086	15 P リン 30.973762	16 S 硫黄 32.059~32.076	17 Cl 塩素 35.446~35.457	18 Ar アルゴン 39.948	3
28 Ni ニッケル 58.6934	29 Cu 銅 63.546	30 Zn 亜鉛 65.38	31 Ga ガリウム 69.723	32 Ge ゲルマニウム 72.63	33 As ヒ素 74.92160	34 Se セレン 78.96	35 Br 臭素 79.904	36 Kr クリプトン 83.798	4
46 Pd パラジウム 106.42	47 Ag 銀 107.8682	48 Cd カドミウム 112.411	49 In インジウム 114.818	50 Sn スズ 118.710	51 Sb アンチモン 121.760	52 Te テルル 127.60	53 I ヨウ素 126.90447	54 Xe キセノン 131.293	5
78 Pt 白金 195.084	79 Au 金 196.966569	80 Hg 水銀 200.59	81 Tl タリウム 204.382~204.385	82 Pb 鉛 207.2	83 Bi* ビスマス 208.98040	84 Po* ポロニウム (210)	85 At* アスタチン (210)	86 Rn* ラドン (222)	6
110 Ds* ダームスタチウム (281)	111 Rg* レントゲニウム (280)	112 Cn* コペルニシウム (285)	113 Uut* ウンウントリウム (284)	114 Fl* フレロビウム (289)	115 Uup* ウンウンペンチウム (288)	116 Lv* リバモリウム (293)		118 Uuo* ウンウンオクチウム (294)	7

64 Gd ガドリニウム 157.25	65 Tb テルビウム 158.92535	66 Dy ジスプロシウム 162.500	67 Ho ホルミウム 164.93032	68 Er エルビウム 167.259	69 Tm ツリウム 168.93421	70 Yb イッテルビウム 173.054	71 Lu ルテチウム 174.9668
96 Cm* キュリウム (247)	97 Bk* バークリウム (247)	98 Cf* カリホルニウム (252)	99 Es* アインスタイニウム (252)	100 Fm* フェルミウム (257)	101 Md* メンデレビウム (258)	102 No* ノーベリウム (259)	103 Lr* ローレンシウム (262)

注2：この周期表には最新の原子量「原子量表（2012）」が示されている．原子量は単一の数値あるいは変動範囲で示されている．原子量が範囲で示されている10元素には複数の安定同位体が存在し，その組成が天然において大きく変動するため単一の数値で原子量が与えられない．その他の74元素については，原子量の不確かさは示された数値の最後の桁にある．

【出典】日本化学会　原子量専門委員会

BASIC MASTER SERIES
ベーシックマスター
分析化学
ANALYTICAL CHEMISTRY

蟻川 芳子・小熊 幸一・角田 欣一 共編

Analytica chemiae
Chimie analytique
Analytische Chemie
Chimica analitica
Química analítica
Аналитическая химия
Analytical chemistry

Ohmsha

編　者

蟻川　芳子（日本女子大学前学長・理事長，名誉教授）
小熊　幸一（千葉大学名誉教授）
角田　欣一（群馬大学）

執筆者

石田　康行（中部大学）
小熊　幸一（千葉大学名誉教授）
勝田　正一（千葉大学）
河合　　潤（京都大学）
齋藤　伸吾（埼玉大学）
佐藤　香枝（日本女子大学）
佐藤　敬一（新潟大学）
澁川　雅美（埼玉大学）
白井　　理（京都大学）
宗林　由樹（京都大学）

高津　章子（産業技術総合研究所）
高橋　和也（理化学研究所）
竹内　豊英（岐阜大学）
巽　　広輔（信州大学）
西本　右子（神奈川大学）
火原　彰秀（東京工業大学）
平山　直紀（東邦大学）
古田　直紀（中央大学）
町田　　基（千葉大学）
宮村　一夫（東京理科大学）

（五十音順）

本書を発行するにあたって，内容に誤りのないようできる限りの注意を払いましたが，本書の内容を適用した結果生じたこと，また，適用できなかった結果について，著者，出版社とも一切の責任を負いませんのでご了承ください．

本書に掲載されている会社名，製品名は，一般に各社の登録商標または商標です．

本書は，「著作権法」によって，著作権等の権利が保護されている著作物です．本書の複製権・翻訳権・上映権・譲渡権・公衆送信権（送信可能化権を含む）は著作権者が保有しています．本書の全部または一部につき，無断で転載，複写複製，電子的装置への入力等をされると，著作権等の権利侵害となる場合がありますので，ご注意ください．
本書の無断複写は，著作権法上の制限事項を除き，禁じられています．本書の複写複製を希望される場合は，そのつど事前に下記へ連絡して許諾を得てください．

（社）出版者著作権管理機構
（電話 03-3513-6969，FAX 03-3513-6979，e-mail：info@jcopy.or.jp）

JCOPY ＜（社）出版者著作権管理機構　委託出版物＞

はじめに

　近年日常生活の中で"分析"とか"測定"という用語が身近な言葉となってきた．特に 2011 年に発生した東日本大震災による原子力発電所事故後の放射線量の測定とか，土壌や食品の分析という言葉が，マスコミを通して頻繁に流れたためである．

　分析化学および分析技術は理学・工学・農学・医学・薬学・生命科学など諸分野の基礎研究の発展を支えてきたのみならず，工業製品の品質管理・環境の評価・医療の診断から犯罪捜査に至るまで，今やあらゆる分野で必要とされている学問・技術である．

　もともと物質を成分に分ける分析術は化学の任務であり，近世の化学は分析術から始まったといっても過言ではない．分析化学がその基礎を確立したのは，18 世紀後半から天秤を使って化学反応の量的変化を調べるようになったことに始まる．物質不滅則が提唱され，化学反応が方程式で示されるようになった．19 世紀半ばまでに物質の構成要素として約 90 種の元素が発見されたが，ここでは分析化学の貢献によるところが大きい．物質の分離方法が発展を遂げたことで，無機物質の定性分析法および定量分析法は完全に体系化され，一方 Liebig の元素分析法，Pregel の微量元素分析法は合成有機化合物の確認に功を奏し，官能基との特異反応による系統的体系をもつ有機分析化学が確立されて，分析化学は化学の分野で最も発達した分野となった．20 世紀に入ると，物理現象を用いた測定法が考案され，さらにノーベル賞の対象となった研究が分析法や分析技術へと展開され，微量成分の検出・定量を目指した分析装置が次々と開発されるようになった．このような動きによって，飛躍的な発展を遂げた研究分野も少なくない．

　試料中の成分の検出・定量のプロセスは，試料の分解・溶解，共存成分の分離を経て測定に導くのが一般的であるが，近年は分離および測定に機器を用いることが多い．機器による測定は物質の絶対量を測定することはできないので，濃度既知の標準物質との比較において成り立っている．一方，分析化学の基礎である滴定や重量分析は化学反応に立脚し，溶液の体積または沈殿の質量を測定することに基づく絶対分析法である．化学を学ぶ者にとって，物質の化学量論的な理解に欠くことが

はじめに

できない基礎分析法であり，機器的測定のための標準液の調製になくてはならない分析法でもある．

分析化学に対する要求が限りなく分析成分の微小化に向かうとともに，分析を行う試料も微少化が望まれている．分析化学はこれまでも常に感度の向上を目指して研究が行われ，分析装置の開発がなされてきた．しかし分析をする上で，感度とともに大切なのが分析値の信頼性である．測定機器自身の精度もあるが，分析を行う者は試料の取り扱いから測定までのプロセスを吟味し，さらに分析値の評価を行って，精確さの高い分析値を出さなければならない．現在諸分野の研究は，ほとんどが分析値から導かれた議論の上に成り立っていることが多いため，信頼性のない分析値から導かれた結論は，誤った結果を招くことになる．

本書は，大学における分析化学の基礎的な教科書，あるいは参考書を目的として編集したものである．前半は溶液内の化学反応および化学平衡を理解した上で，分析化学の基礎として滴定による定量分析・重量分析および電気化学分析法について学び，後半は機器による測定を用いた分析法として，電磁波を利用する方法や質量分析，分離分析法としてのクロマトグラフィー，固体物質の状態を調べる局所分析など，現在主流として使われている分析法を理解するように努めた．また，生命現象を司る化学物質の分析法についても解説した．

前にも述べたとおり，分析値は精確でなければならない．第22章では分析値の評価について述べたので，参考にしてほしい．やがて将来，分析を行う機会にめぐり合った時に，再び本書が参考になることを願っている．

2013年7月

編者を代表して　　蟻川　芳子

目　　次

第 1 章　分析化学の目的　　　　　　　　　　　　　　　澁川雅美

- 1.1 分析化学とは ……………………………………………………… 2
  - 1.1.1 分析化学の歴史　　3
  - 1.1.2 分析化学の本質と役割　　3
- 1.2 定性分析と定量分析 ……………………………………………… 6
  - 1.2.1 分析法の両輪としての定性と定量　　6
  - 1.2.2 スペシエーション分析　　7
- 1.3 分析操作の流れ …………………………………………………… 7
  - 1.3.1 目的の明確化と操作・手順の最適化　　7
  - 1.3.2 試料の採取と保存　　9
  - 1.3.3 試料の調製　　10
  - 1.3.4 測　定　　12
  - 1.3.5 分析値の計算と結果の報告　　14
- 1.4 分析値の信頼性 …………………………………………………… 14
- 1.5 試料量および濃度による分析法の分類 ………………………… 16
- 　演習問題 …………………………………………………………… 17

第 2 章　化学量論計算　　　　　　　　　　　　　　　　宗林由樹

- 2.1 定量分析の基礎 …………………………………………………… 22
  - 2.1.1 物質量　　22
  - 2.1.2 分析濃度と平衡濃度　　23
  - 2.1.3 希　釈　　23
  - 2.1.4 濃度の表し方　　23
- 2.2 化学平衡の基礎 …………………………………………………… 25
  - 2.2.1 平衡定数　　25

2.2.2　共通イオン効果　　25
　　　2.2.3　共存イオン効果と活量　　26
　　　2.2.4　Gibbs エネルギーと熱力学的平衡定数　　28
　2.3　容量分析の計算 …………………………………………………… 29
　　　2.3.1　容量分析の必要条件　　29
　　　2.3.2　標準液　　29
　　　2.3.3　容量分析の化学量論計算　　30
　2.4　重量分析の計算 …………………………………………………… 31
　　演習問題 ………………………………………………………………… 31

第3章　酸塩基反応　　　　　　　　　　　　　　　　　　宗林由樹

　3.1　酸塩基理論 ………………………………………………………… 34
　　　3.1.1　Arrhenius の酸・塩基（acid-base）　　34
　　　3.1.2　Brønsted-Lowry の酸・塩基　　34
　　　3.1.3　Lewis の酸・塩基　　35
　3.2　水溶液中の酸塩基平衡 …………………………………………… 35
　3.3　pH ……………………………………………………………………… 36
　3.4　弱酸と弱塩基 ……………………………………………………… 37
　　　3.4.1　弱酸または弱塩基の溶液　　37
　　　3.4.2　塩の溶液　　38
　　　3.4.3　水の自己プロトリシスが無視できない場合　　39
　3.5　緩衝液 ………………………………………………………………… 40
　3.6　多塩基酸とその塩 ………………………………………………… 41
　　　3.6.1　逐次酸解離定数と全酸解離定数　　41
　　　3.6.2　分　率　　41
　　　3.6.3　リン酸水溶液　　43
　　　3.6.4　リン酸緩衝液　　43
　　　3.6.5　リン酸一水素二ナトリウムの溶液　　44
　　演習問題 ………………………………………………………………… 45

第4章　酸塩基滴定　　宗林由樹

- 4.1　強酸と強塩基の滴定 …………………………………… 48
- 4.2　終点の検出：指示薬 …………………………………… 50
- 4.3　強塩基による弱酸の滴定 ……………………………… 51
- 4.4　強酸による弱塩基の滴定 ……………………………… 54
- 4.5　2塩基酸の滴定 ………………………………………… 54
- 4.6　多塩基酸の滴定 ………………………………………… 56
- 4.7　酸または塩基の混合物の滴定 ………………………… 56
- 　　　演習問題 …………………………………………………… 58

第5章　酸化還元反応と滴定　　巽　広輔

- 5.1　酸化還元反応の化学量論 ……………………………… 62
- 5.2　反応の平衡定数の計算：当量点電位の計算 ………… 63
- 5.3　酸化還元滴定曲線 ……………………………………… 65
- 5.4　終点の目視検出：指示薬 ……………………………… 68
- 5.5　酸化還元滴定 …………………………………………… 68
  - 5.5.1　過マンガン酸滴定　　69
  - 5.5.2　ヨウ素滴定　　70
- 　　　演習問題 …………………………………………………… 72

第6章　錯生成反応と滴定　　勝田正一

- 6.1　錯体と生成定数：錯体の安定性 ……………………… 76
  - 6.1.1　配位結合と錯体　　76
  - 6.1.2　錯体の生成定数　　77
  - 6.1.3　錯体の存在割合　　79
- 6.2　キレート化合物：EDTAと金属イオンとの反応 …… 80
  - 6.2.1　配位子の種類とキレート化合物　　80
  - 6.2.2　EDTAと金属イオンとの反応　　81

6.3 金属イオンのキレート滴定：滴定曲線 …………………… 84
6.4 終点の検出：指示薬 …………………………………… 86
6.5 錯生成反応のその他の利用 …………………………… 88
　　演習問題 ………………………………………………… 89

第7章　沈殿反応と滴定　　　　　　　　　　　　　佐藤敬一

7.1 沈殿平衡と溶解度積 …………………………………… 94
7.2 溶解度に対する共存イオン効果 ―溶解度積と活量係数― … 96
　　7.2.1 共通イオン効果　　96
　　7.2.2 異種イオン効果　　97
7.3 沈殿の溶解度に対する酸性度の影響 ………………… 98
7.4 溶解度に対する錯形成反応の影響 …………………… 98
　　7.4.1 共通イオンの錯形成　　98
　　7.4.2 他の錯形成剤の存在　　99
7.5 沈殿滴定 ………………………………………………… 101
　　7.5.1 銀滴定　　101
　　7.5.2 滴定曲線　　101
　　7.5.3 銀滴定における当量点の検出法　　102
　　演習問題 ………………………………………………… 106

第8章　重量分析　　　　　　　　　　　　　　　佐藤敬一

8.1 重量分析の種類と手順 ………………………………… 110
　　8.1.1 沈殿重量法　　110
　　8.1.2 電解重量法　　112
　　8.1.3 減量重量法　　112
8.2 重量分析の計算 ………………………………………… 112
　　8.2.1 重量分析係数　　112
　　8.2.2 混合物の分析　　113
8.3 沈殿の生成と汚染 ……………………………………… 114
　　8.3.1 沈殿の生成機構　　114

　　　　8.3.2　沈殿の生長　　　115
　　　　8.3.3　沈殿の汚染　　　116
　8.4　均一沈殿法 ………………………………………… 118
　8.5　重量分析の例 ………………………………………… 118
　　　　8.5.1　硫酸バリウム沈殿による硫酸イオンの定量　　　118
　　　　8.5.2　均一沈殿法による
　　　　　　　ニッケルジメチルグリオキシム錯体の生成　　　118
　演習問題 ……………………………………………………… 119

第9章　溶媒抽出と固相抽出　　　　　　　　　　平山直紀

　9.1　二相を用いる物質分離 ……………………………… 122
　9.2　溶媒抽出 ……………………………………………… 122
　　　　9.2.1　溶媒抽出と分配平衡　　　122
　　　　9.2.2　溶媒抽出の器具と操作　　　126
　　　　9.2.3　金属イオンの溶媒抽出　　　126
　9.3　固相抽出 ……………………………………………… 131
　　　　9.3.1　固相抽出の分類　　　131
　　　　9.3.2　固相抽出の操作と特徴　　　132
　　　　9.3.3　固相抽出と吸着等温式　　　133
　　　　9.3.4　イオン交換体とイオン交換平衡　　　135
　演習問題 ……………………………………………………… 137

第10章　電極電位と電位差測定　　　　　　　　　巽　広輔

　10.1　電極，電極反応，電極電位 ………………………… 140
　10.2　電極電位の測定 ……………………………………… 141
　10.3　Nernst 式 …………………………………………… 143
　10.4　酸化還元電極 ………………………………………… 144
　10.5　金属｜金属イオン電極 ……………………………… 147
　10.6　金属｜難溶性塩電極 ………………………………… 148

目　　次

- 10.7　平衡電位と混成電位 …………………………………… 149
- 10.8　液絡と液間電位差 ……………………………………… 150
- 10.9　膜電位とイオン選択性電極 …………………………… 152
- 10.10　ポテンショメトリーの実例1：pHの測定 ………… 153
- 10.11　ポテンショメトリーの実例2：電位差滴定 ………… 156
- 　演習問題 …………………………………………………… 157

第11章　電気化学分析法　　　　　　　　　　　　白井　理

- 11.1　電気分解の基礎 ………………………………………… 160
- 11.2　コンダクトメトリー …………………………………… 162
- 11.3　クーロメトリー ………………………………………… 170
- 11.4　ボルタンメトリー ……………………………………… 172
- 　演習問題 …………………………………………………… 177

第12章　分光化学分析法　　　　　　　　　　　　火原彰秀

- 12.1　電磁波と物質の相互作用 ……………………………… 180
  - 12.1.1　波としての性質　　180
  - 12.1.2　粒子としての性質　　181
- 12.2　電子スペクトルと分子構造 …………………………… 182
  - 12.2.1　スペクトルとは　　182
  - 12.2.2　分子と光　　183
- 12.3　ランバート–ベールの法則 …………………………… 185
  - 12.3.1　光路長・濃度と吸光度　　185
  - 12.3.2　ランバート–ベールの法則と定量分析　　186
  - 12.3.3　吸収スペクトルと定量分析　　188
- 12.4　赤外吸収と分子構造 …………………………………… 190
  - 12.4.1　分子による赤外吸収　　190
  - 12.4.2　赤外吸収と分子構造　　192
- 12.5　分光分析装置　─装置の種類─ ……………………… 194
  - 12.5.1　紫外・可視光の分光光度計　　194

12.5.2 光の分散と分光装置　195
12.5.3 フーリエ変換赤外分光計　197
12.6 蛍光分光分析法 ……………………………………………… 200
演習問題 …………………………………………………………… 202

第13章　原子スペクトル分析法　　　古田直紀

13.1 フレーム発光分析法 ……………………………………… 206
　13.1.1 基底状態と励起状態の分布
　　　　―マクスウェル–ボルツマン分布―　207
13.2 原子吸光分析法 …………………………………………… 208
　13.2.1 原　理　208
　13.2.2 原子吸光分析装置　209
　13.2.3 干　渉　213
　13.2.4 試料調整　215
　13.2.5 電気的加熱原子化法　216
　13.2.6 フレーム発光分析法，原子吸光分析法および
　　　　電気的加熱原子吸光法の検出下限　218
　13.2.7 内標準法および標準添加法　219
13.3 ICP 発光分析法 …………………………………………… 220
　13.3.1 誘導結合プラズマ（ICP）　220
　13.3.2 ICP 発光分析装置　223
　13.3.3 ICP 発光分析法の検出下限　228
13.4 ICP 質量分析法 …………………………………………… 229
　13.4.1 四重極質量分析装置　229
　13.4.2 二重収束型質量分析装置　232
　13.4.3 ICP 質量分析法の検出下限　233
　13.4.4 試料導入装置　234
　13.4.5 化学形態別分析　234
演習問題 …………………………………………………………… 234

目　次

第14章　質量分析　　　　高橋和也

14.1　装　置 …………………………………………………… 238
14.2　イオン化法 ……………………………………………… 239
14.2.1　電子イオン化（EI）　　241
14.2.2　化学イオン化（CI）　　241
14.2.3　エレクトロスプレーイオン化（ESI）　　241
14.2.4　大気圧化学イオン化（APCI）　　242
14.2.5　高速原子衝撃（FAB）　　243
14.2.6　マトリックス支援レーザー脱離イオン化（MALDI）　　244
14.2.7　二次イオン化（SIMS）　　244
14.3　試料導入部 ……………………………………………… 245
14.4　質量分析部 ……………………………………………… 246
14.4.1　扇形磁場型　　248
14.4.2　四重極型　　250
14.4.3　飛行時間型　　251
14.4.4　フーリエ変換イオンサイクロトロン共鳴型　　252
14.4.5　イオントラップ型　　252
14.5　検出器 …………………………………………………… 253
14.5.1　ファラデーカップ　　253
14.5.2　マルチプライヤー　　254
14.5.3　半導体検出器，マルチチャンネルプレート（MCP）　　254
14.6　マススペクトルの解析 ………………………………… 254
14.6.1　元素組成の解析　　254
14.6.2　構造解析　　255
14.6.3　高分子の質量推測　　256
演習問題 ………………………………………………………… 256

第15章　クロマトグラフィー　　　　竹内豊英

15.1　クロマトグラフィー分離と原理 ……………………… 260
15.1.1　はじめに　　260

15.1.2　多段抽出による分離　260
15.2　クロマトグラフィー技術の分類 …………………………… 264
　15.2.1　移動相の状態による分類　264
　15.2.2　分離場の形状による分類　265
　15.2.3　相互作用の種類による分類　265
　15.2.4　移動相と固定相の物性による分類　266
15.3　クロマトグラフィーにおけるカラム効率の理論 ……… 267
　15.3.1　理論段数と理論段高さ　267
　15.3.2　van Deemter 式　268
　15.3.3　分離度　269
　15.3.4　ガウス曲線　270
演習問題 …………………………………………………………… 271

第16章　ガスクロマトグラフィー　石田康行

16.1　ガスクロマトグラフィーの装置 ………………………… 276
　16.1.1　ガスクロマトグラフィーシステムの構成　276
　16.1.2　分離カラム　277
　16.1.3　検出器　279
16.2　ガスクロマトグラフィーの操作 ………………………… 281
　16.2.1　昇温測定　281
　16.2.2　定性分析　282
　16.2.3　定量分析　283
16.3　ガスクロマトグラフィーの特殊技術 …………………… 284
　16.3.1　ヘッドスペース法　284
　16.3.2　固相抽出法　285
16.4　ガスクロマトグラフィー–質量分析法 ………………… 285
演習問題 …………………………………………………………… 286

目次

第17章　液体クロマトグラフィーと電気泳動　齋藤伸吾

17.1　高速液体クロマトグラフィー ……………………………… 288
 17.1.1　液体クロマトグラフィーの分類　　288
 17.1.2　HPLC の装置構成　　290
 17.1.3　分配クロマトグラフィー　　292
 17.1.4　吸着クロマトグラフィー　　294
 17.1.5　イオン交換クロマトグラフィー　　294
 17.1.6　サイズ排除クロマトグラフィー　　296
 17.1.7　その他の分離様式　　298
 17.1.8　平面クロマトグラフィー　　299

17.2　電気泳動法 …………………………………………………… 301
 17.2.1　電気泳動の基礎理論　　301
 17.2.2　電気泳動法の分類　　302
 17.2.3　ゲル電気泳動法　　302
 17.2.4　キャピラリー電気泳動法　　304

演習問題 ………………………………………………………………… 307

第18章　局所分析　― 顕微分析・表面分析 ―　宮村一夫

18.1　各種局所分析法 ……………………………………………… 310
18.2　光学顕微鏡 …………………………………………………… 311
18.3　電子顕微鏡 …………………………………………………… 313
18.4　走査プローブ顕微鏡 ………………………………………… 315
18.5　二次イオン質量分析法 ……………………………………… 317
演習問題 ………………………………………………………………… 318

第19章　構造分析法　河合　潤

19.1　X 線回折法 …………………………………………………… 320
 19.1.1　波動論による回折の原理の説明　　320
 19.1.2　粒子説による回折の説明　　320

19.1.3　フェーザによる回折の説明　　　322
　　　19.1.4　原子散乱因子　　　323
　　　19.1.5　結晶構造因子　　　324
　　　19.1.6　X線回折分析装置　　　324
　　　19.1.7　TiO_2（ルチルとアナターゼ）の分析例　　　325
　　　19.1.8　アスベストの分析例　　　327
　　　19.1.9　アスピリンの分析例　　　327
　19.2　中性子回折法 ………………………………………………………… 329
　　　19.2.1　スピンと磁気モーメントの関係　　　329
　　　19.2.2　実験方法　　　331
　19.3　電子線回折法 ………………………………………………………… 332
　　　19.3.1　X線の原子散乱因子と電子線の原子散乱因子の関係　　　332
　　　19.3.2　低エネルギー電子線回折（LEED）　　　332
　　　19.3.3　反射高エネルギー電子線回折（RHEED）　　　333
　　　19.3.4　透過電子顕微鏡（TEM）　　　333
　演習問題 ……………………………………………………………………… 334

第20章　熱分析法　　　西本右子

　20.1　熱分析 ………………………………………………………………… 338
　20.2　熱重量測定 …………………………………………………………… 339
　　　20.2.1　熱重量測定で何が分かるか　　　339
　　　20.2.2　熱重量測定装置　　　340
　　　20.2.3　熱重量測定の実際　　　341
　　　20.2.4　熱重量測定で用いられる標準物質　　　341
　　　20.2.5　熱重量測定の応用例　　　343
　　　20.2.6　熱重量測定を用いる公定法の例　　　344
　20.3　示差熱分析・示差走査熱量測定 …………………………………… 345
　　　20.3.1　示差熱分析・示差走査熱量測定で何が分かるか　　　345
　　　20.3.2　示差熱分析装置・示差走査熱量計　　　346
　　　20.3.3　示差熱分析・示差走査熱量測定の実際　　　347

20.3.4　示差熱分析，示差走査熱量測定で用いられる
　　　　　　　標準物質　　348
　　　20.3.5　示差熱分析・示差走査熱量測定の応用例　　348
　　　20.3.6　示差走査熱量測定を用いる公定法の例　　349
　　演習問題 ………………………………………………………… 350

第21章　生物学的分析法　　　　　　　　　　　　　　佐藤香枝

　　21.1　DNA配列解析 …………………………………………… 354
　　　21.1.1　サンガー法　　354
　　　21.1.2　パイロシークエンス法　　357
　　21.2　SNP解析 ………………………………………………… 359
　　　21.2.1　SSCP法　　359
　　　21.2.2　1塩基プライマー伸長反応による検出　　360
　　　21.2.3　リアルタイムPCRによる検出　　361
　　21.3　ゲノミクスとプロテオミクス ………………………… 364
　　　21.3.1　ゲノミクスとDNAチップ　　365
　　　21.3.2　プロテオミクスと質量分析計　　366
　　21.4　イムノアッセイの原理と測定法 ……………………… 369
　　　21.4.1　抗　体　　369
　　　21.4.2　イムノアッセイの原理　　370
　　　21.4.3　標識の方法　　373
　　　21.4.4　その他の抗原抗体反応を利用した分析法　　374
　　演習問題 ………………………………………………………… 375

第22章　分析値の評価　　　　　　　　　　　　　　　　高津章子

　　22.1　精確さと不確かさ ……………………………………… 378
　　22.2　トレーサビリティ ……………………………………… 379
　　22.3　誤　差　—確定誤差・不確定誤差— ………………… 381
　　22.4　有効数字 ………………………………………………… 382

22.5	四捨五入	383
22.6	標準偏差	383
22.7	信頼限界	384
22.8	有意差検定	385
22.9	結果の棄却	386
22.10	線形最小二乗法	387
22.11	相関係数	389
22.12	検出限界	390
22.13	標準物質	392
	演習問題	394

付　録

付録A	化学基礎数値表　[小熊幸一]	396
付録B	実験器具　[小熊幸一]	402
付録C	実験室の安全　[町田　基]	404
1	基本的なことがら	404
2	安全を確保するための心構え	405
3	安全に実験を行うための知識	406
4	さらなる安全レベル向上ために	407

演習問題解答 …… 409
索　引 …… 433

Column

Winkler法による溶存酸素の定量　[異　広輔]	71
ランバート-ベールの法則は万能？　[火原彰秀]	187
分子はバネでつながれている？　[火原彰秀]	191
関数電卓のRad, Deg　[火原彰秀]	197
十分小さいときに，〜と近似できる　[火原彰秀]	201
HPLCを超えるLC　[齋藤伸吾]	300

第1章
分析化学の目的

本章について

　分析化学は，物質に関する計測の技術あるいは方法論を創出する学問分野である．すなわち，分析化学なくしてすべての科学は成立しえないといっても過言ではなく，特に物質を対象とする研究技術開発に携わることを目指す学生諸君には必須の学問である．本章では，社会に対しての貢献や科学の諸分野への波及効果をとおして分析化学の意義と目的を述べるとともに，その基本要素である定性分析と定量分析のもつ意味を解説する．次いで，分析操作の全体の流れ，および各種の分析法を用いて多様な形態の試料の分析を行うための試料採取法と前処理法について実際の例をあげて説明する．また，用いた分析法によって得られる分析値の信頼性をどのように検証するかを解説する．

第 1 章

分析化学の目的

1.1 分析化学とは

　分析化学（Analytical Chemistry）とは，物質の化学的組成と構造および性質に関する情報を獲得するための方法を開発することを目的とする学問領域をいう．ここでの「情報」の中には，物質あるいは試料を構成している化学成分が何であるのか（**定性分析**：qualitative analysis），およびそれらの成分の量あるいは濃度はどれほどか（**定量分析**：quantitative analysis）という 2 つの基本的情報に加えて，物質およびその成分はどのような構造をとっており，どのような物理的性質をもっているのか，あるいはどんな反応性を示すのかといった化学的性質も含まれる．例えば，X 線回折法による結晶構造解析や，NMR や赤外分光法による有機化合物の構造決定，各種のマイクロビーム法による試料表面などの局所における成分分布の解析などがこれにあたる．また，「方法の開発」には測定の方法論の創出だけでなく，測定機器や測定データの解析法の開発，さらにそれらの基礎となる理論の構築も含まれる．

　一般に分析化学が対象とする「化学成分」は，原子，分子およびイオンなどの化学種である．さらには，それらによってつくり出される複合体，すなわちミセル，粒子などが対象となることもある．このうち原子に関しては，現在までに確認され，命名されている元素が，原子番号 1 の水素（H）から原子番号 116 のリバモリウム（Lv）までのうちの 114 種類である．しかし通常の元素分析においては，試料中のおよそ 90 元素について濃度または量が測定されればその目的を達することになる．一方，これに対して化合物の種類の数は極めて膨大である．Chemical Abstract Service が化学物質データベース CAS Registry に 5 000 万件目の物質を登録したことが，2009 年 9 月に広く報道された．500 万件を記録したのが 1980 年，1 000 万件を突破したのが 1990 年，そして 4 000 万件に達したのがわずか 9 ヶ月前の 2008 年 11 月であるから，その増加速度は驚異的である．ちなみに，2012 年 9 月 27 日の時点では 6 800 万件を超えている（CAS のウェブサイトを参照）．

　もちろん，これらの大部分が人間によってつくり出された化合物である．仮にこ

れら 6 000 万種以上のすべての化合物が地球上に何らかの形で拡散していくと考えると，中には毒性を示すものも含まれるであろうから，それらを分析する方法の開発が必要になることが当然のことながら予想される．これは環境分析と呼ばれる分析化学の貢献が期待される一分野に過ぎないが，化合物の膨大な数だけでなく，存在量が極めて小さいかも知れないことや，対象となる試料が海水・大気・土壌・生物体など極めて多様であることを考えると，分析法の開発が決して容易ではないことが理解されよう．

1.1.1 分析化学の歴史

　分析化学の創始は，18 世紀後半のフランスの Antoine-Laurent Lavoisier によるとされている．Lavoisier は有名な水銀の燃焼（酸化）実験を行い，生成した酸化水銀の質量は水銀と空気中の消費された酸素の質量の和に等しいことを示し，定量分析の基礎を築いた．19 世紀には，ブンゼンバーナーの発明で知られるドイツの Robert Bunsen が，Gustav Kirchhoff とともに最初の機器分析法といわれるプリズムを分光器とするフレーム発光分光法（flame emission spectrometry）を開発した．Bunsen と Kirchhoff は，原子の発光現象を観測するこの方法によって，セシウム（Cs）とルビジウム（Rb）を発見している．一方，分析化学を 1 つの学問分野として形づくったのはドイツの Carl Fresenius であるといわれる．

　Fresenius は，世界初の分析化学の教科書，定性分析および定量分析に関するものをそれぞれ 1841 年と 1846 年に出版し，さらに最古の分析化学の学術論文誌である Fresenius' Zeitschrift für Analytische Chemie を 1862 年に創刊した．この論文誌は，以後 Fresenius' Journal of Analytical Chemistry ついで Analytical and Bioanalytical Chemistry と名称を変えて現在も刊行されている．

　20 世紀に入ると分析化学は爆発的に発展を開始する．電磁波を利用する数多くの分光分析法や，クロマトグラフィーおよび電気泳動法に代表される分離分析法をはじめとする現代社会で汎用されている優れた機器分析法が創出されてきた．21 世紀に入った今日もなお，さらに高感度，高選択的，高速の分析法を追究する努力が，やむことなく続けられている．

1.1.2 分析化学の本質と役割

　science（科学）の語源は，「知識」という意味をもつラテン語の scientia である．さらに scientia は「分ける，分離する」という意味をもつ scindere から派生した

語であるとされている.すなわち,物質をその構成成分に分離し(必ずしも物理的に分離することを意味しない),それらに関する情報を獲得することを目的とする分析化学は,物質にかかわるすべての科学の原点に位置するといってよい.無機および有機合成化学や物理化学の研究においても,分析あるいは計測は必須のプロセスである.

例えば,合成化学においては合成した化合物や副生成物の構造および量を知る必要があるし,反応機構の解析においては反応により生成する化学種の濃度を,ときには高速で正確に追跡しなくてはならない.したがって,濃度または量が微少であった(感度の不足),短寿命であった(検出速度の不足),他の類似する化学種との物理化学的性質の差がほとんどなかった(選択性の不足)などの理由でこれまで計測できなかった化学種を捉え,その情報を得ることを可能にする分析法を開発することは,環境分析・臨床分析・食品分析などを通しての社会的貢献はもとより,科学の諸分野に非常に大きな波及効果をもつことが想像されよう.すなわち,分析化学は科学における原理の発見や新たな研究分野の創出に貢献する学問分野であるといえる.

実際に,分析化学に関する研究が多くのノーベル賞受賞者を輩出していることはよく知られている.表1.1は,このうち特に分析法の開発に対しての受賞例のみを示したものであるが,直結する原理の発見など,関連する研究も含めるとその数はさらに増える.最近では2002年に田中耕一氏の「質量分析法のための穏和な脱離イオン化法の開発」に対してノーベル化学賞が授与された.田中氏は,質量分析のための「ソフトレーザー脱離イオン化法」を開発し,これによってそれまで不可能とされていた,タンパク質などの高分子を破壊せずにイオン化し,質量分析することに初めて成功した.この方法は現在,タンパク質や糖などの生体高分子のほか,高分子量の合成化学物質の構造解析に広く用いられており,疾病の診断や薬の開発のための技術としても応用されている.

このように見てくると,分析化学は総合的な学問分野であることに気づくであろう.すなわち,目的の化学種を検出し定量するため,あるいは物質が有する物理化学的性質に関する情報を獲得するための分析法をつくり出すには,物理化学をはじめとする関連する科学についての幅広い知識が必要であり,目指す分析法開発のためにそれらを駆使しなくてはならない.後述するように,分析操作には試料の採取,試料の前処理(分離や濃縮を含む),測定または定量(校正や精確さ(または不確かさ)の評価を含む.第22章参照),測定値の処理と結果の表示の段階がある.

1.1 分析化学とは

● 表1.1 分析法・分析機器の開発に関連するノーベル賞 ●

年	分野	受賞者	受賞研究	分析法・分析機器
1902	物理学	H. A. Lorentz P. Zeeman	放射に対する磁性の影響の研究	ゼーマン効果の原子吸光分析, NMR, ESRへの応用
1907	物理学	A. A. Michelson	精密光学機器の考案とそれによる分光学および計量学の研究	FT-IR
1914	化学	T. W. Richards	原子量の精密測定	原子量測定
1915	物理学	W. H. Bragg W. L. Bragg	X線による結晶構造解析に関する研究	X線回折法
1917	物理学	C. G. Barkla	元素の特性X線の発見	蛍光X線分析
1922	化学	F. W. Aston	非放射性元素における同位体の発見と質量分析計の開発	質量分析計
1923	化学	F. Pregl	有機化合物の微量分析法の開発	有機微量分析
1924	物理学	K. M. G. Siegbahn	X線分光学における発見と研究	X線分光学
1930	物理学	C. V. Raman	光散乱に関する研究とラマン効果の発見	ラマン分光法
1943	化学	G. Hevesy	化学反応研究におけるトレーサーとしての同位体の利用に関する研究	放射性トレーサー分析
1948	化学	A. W. K. Tiselius	電気泳動と吸着分析に関する研究, 特に血清タンパクの複合性に関する研究	電気泳動
1952	物理学	F. Bloch E. M. Purcell	核磁気共鳴吸収法による原子核の磁気モーメントの測定	NMR
1952	化学	A. J. P. Martin R. L. M. Synge	分配クロマトグラフィーの開発および物質の分離・分析への応用	分配クロマトグラフィー, ガスクロマトグラフィー
1959	化学	J. Heyrovsky	ポーラログラフィーの理論およびポーラログラフの発明	ポーラログラフィー
1961	物理学	R. L. Mössbauer	γ線共鳴吸収についての研究およびメスバウアー効果の発見	メスバウアー分光法
1964	化学	D. C. Hodgkin	X線回折法による生体物質の分子構造の決定	X線回折による構造解析
1977	生理学 医学	R. S. Yalow	ラジオイムノアッセイ法の開発	ラジオイムノアッセイ
1981	物理学	N. Bloembergen A. L. Schawlow	レーザー分光学への貢献	レーザー分光学
1981	物理学	K. Siegbahn	高分解能光電子分光法の開発	光電子分光法（XPSなど）
1986	物理学	G. Binnig H. Rohrer	走査型トンネル顕微鏡の開発	走査型トンネル顕微鏡
1989	物理学	N. F. Ramsey	高精度原子分光法の開発	高精度原子分光法
1989	物理学	H. G. Dehmelt W. Paul	イオントラップ法の開発	イオントラップ質量分析法
1991	化学	R. R. Ernst	高分解能NMRの開発	高分解能NMR
2002	化学	J. B. Fenn 田中耕一	質量分析法のための穏和な脱離イオン化法の開発	エレクトロスプレーイオン化質量分析, ソフトレーザー脱離イオン化質量分析
2002	化学	K. Wüthrich	生体高分子の三次元構造の決定に関する核磁気共鳴分光法の開発	NMRによる生体高分子の高次構造解析

第1章 分析化学の目的

したがって，各段階において必要な知識を身につけていることと，それらを総合的に駆使して目的を達成する能力が求められる．

1.2　定性分析と定量分析

すでに述べたように，分析化学は定性分析と定量分析という2つの基本要素からなる．定性分析は，特定の化学種が試料中に存在するか否かを明らかにすること，あるいは存在する化学種を同定することであり，定量分析は試料中に存在する化学種の量または濃度を定めることである．

1.2.1　分析法の両輪としての定性と定量

あらゆる分析法は，いずれも定性分析の要素と定量分析の要素を備えている．例えば，BunsenとKirchhoffの開発した発光分析法を考えてみよう．彼らがセシウムを発見したきっかけは，デュルクハイム（ドイツの温泉地の1つ）の温泉水をブンゼンバーナーの炎に導入したとき，それまでに知られていなかった青い光を観測したことである．この青い光はセシウムの原子発光によるものであることが後にBunsenらによって明らかにされた．すなわち発光波長は元素によって異なるので，波長を測定することによって定性分析ができるのである．一方，発光の強度（光の明るさ）は試料中の元素の濃度に対応する．したがって，発光強度を測定することによって定量分析ができることになる．

一方，容量分析はどうだろう．もし試料水中に酸が含まれていれば，水酸化ナトリウム水溶液による滴定において，水酸化ナトリウムが加わることによるpHの上昇は酸が中和されるまで抑制されるので，この方法で酸の存在を知ることができる．また，酸の強さ（酸解離定数）の違いによってpHジャンプが現れるpH値が異なるので，酸解離定数の違いに基づく酸の定性分析を行うことができるだろう．

これに対して定量は，滴定量（滴下した水酸化ナトリウム水溶液の体積）を測定することによってなされることはいうまでもない．ただし，定性分析における**選択性**（selectivity），すなわち特定の化学種を共存する他の化学種と区別する能力は，それぞれの分析法に大きく依存する．原子発光分析法は元素の定性分析法として極めて高い選択性をもつのに対して，中和滴定法は酸の定性分析法として（酸の種類の判定に関して）高い選択性をもっているとはいえない．しかし，逆に定量分析に

ついてみると，溶液中に酸が比較的高濃度で含まれている場合は，中和滴定は高い精確さ（真度と精度．第22章参照）をもって酸の濃度を測定できる方法であり，分光分析法による定量分析よりも優れていることがある．

1.2.2 スペシエーション分析

定性分析とは上述したように試料中の化学種を同定することであるが，分析の目的によっては，同じ試料であっても捉えなくてはならない化学種が異なることがある．例えば，ある湖の水に溶けている銅の分析について考えてみよう．水に溶存する銅の濃度は，誘導結合プラズマ原子発光分析法（ICP-AES）で測定することができる．このとき得られる銅濃度の値は，銅原子を含むあらゆる化学種について，それらを区別することなく求められた合計の濃度である．

しかし，銅は湖水中で必ずしもすべてが単純な銅イオンとして存在しているとは限らず，水酸化物イオンや共存する有機化合物と錯体を形成している可能性がある．また，一部は酸化数が異なっているかも知れない（Cu^+ と Cu^{2+}）．有機化合物と錯形成した銅は，水和銅イオンよりも生物体に対する毒性が低いといわれており，人体や生物体への影響を知ることを目的とする場合には，それぞれの化学種を区別し，かつその濃度を測定することが求められる．このような分析を特に**スペシエーション分析**（speciation analysis）と呼ぶ．このためには，各溶存化学種を分離する（あるいは区別する）ことができる方法を用いなくてはならない．

1.3 分析操作の流れ

分析操作はいくつかの段階から成り立っており，**図1.1**に示した流れで行われる．どのような目的の分析にも汎用的に適用できる方法はないので，個々の目的について最適と考えられる分析法を選択し，その分析法に適した試料の処理を行わなくてはならない．その意味で，あらゆる分析には，目的や対象とする試料が異なるごとに，程度に差はあるにしろ創案と開発が求められる．

1.3.1 目的の明確化と操作・手順の最適化

分析の第一段階は目的を明確にすることである．その目的を達するために適した分析法を選択し，操作の最適化をはかることになる．特に，獲得すべき情報あるい

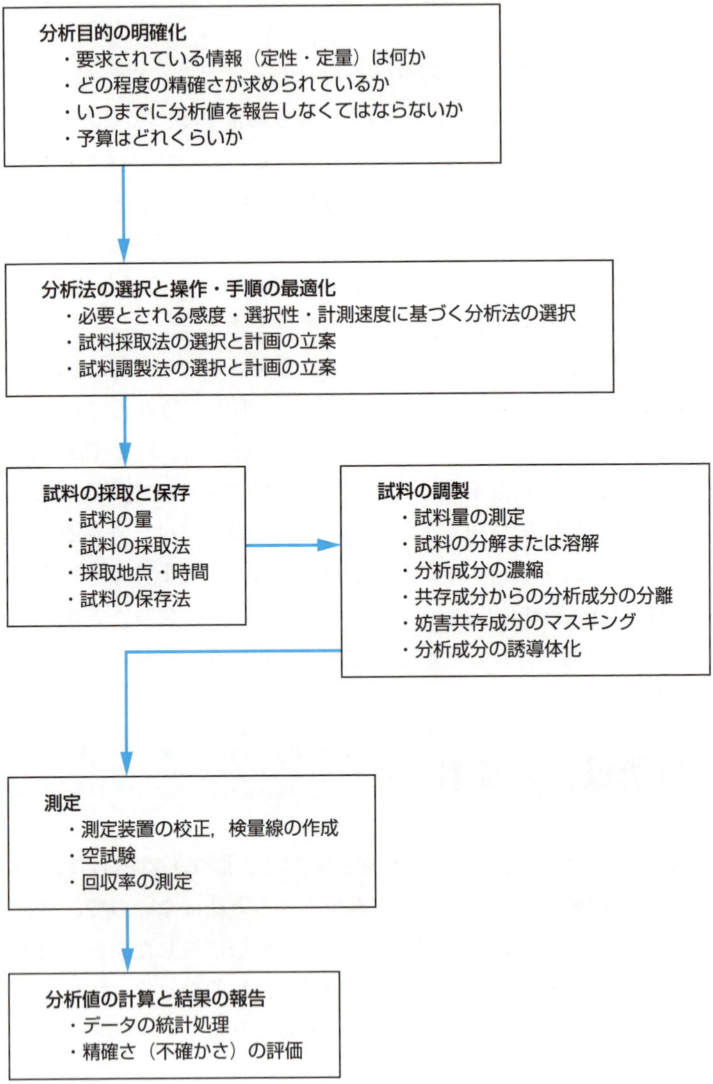

第1章 分析化学の目的

```
┌─────────────────────────────────────┐
│ 分析目的の明確化                      │
│  ・要求されている情報（定性・定量）は何か │
│  ・どの程度の精確さが求められているか   │
│  ・いつまでに分析値を報告しなくてはならないか │
│  ・予算はどれくらいか                 │
└─────────────────────────────────────┘
                  ↓
┌─────────────────────────────────────┐
│ 分析法の選択と操作・手順の最適化       │
│  ・必要とされる感度・選択性・計測速度に基づく分析法の選択 │
│  ・試料採取法の選択と計画の立案       │
│  ・試料調製法の選択と計画の立案       │
└─────────────────────────────────────┘
                  ↓
┌──────────────────┐    ┌──────────────────────┐
│ 試料の採取と保存  │ →  │ 試料の調製            │
│  ・試料の量       │    │  ・試料量の測定        │
│  ・試料の採取法   │    │  ・試料の分解または溶解 │
│  ・採取地点・時間 │    │  ・分析成分の濃縮      │
│  ・試料の保存法   │    │  ・共存成分からの分析成分の分離 │
│                   │    │  ・妨害共存成分のマスキング │
│                   │    │  ・分析成分の誘導体化  │
└──────────────────┘    └──────────────────────┘
                                   ↓
┌─────────────────────────────────────┐
│ 測定                                 │
│  ・測定装置の校正，検量線の作成       │
│  ・空試験                            │
│  ・回収率の測定                      │
└─────────────────────────────────────┘
                  ↓
┌─────────────────────────────────────┐
│ 分析値の計算と結果の報告              │
│  ・データの統計処理                  │
│  ・精確さ（不確かさ）の評価          │
└─────────────────────────────────────┘
```

● **図 1.1　分析操作の流れ** ●

は測定値はどこまでの精確さを要求されているのかを最初に把握することが重要である．それによって，求められる感度や精度が決まることになり，さらに測定に要する時間や費用を考慮して，最適な分析法が選択される．例えば糖尿病検査では，まず尿中のグルコース濃度を計測するが，初期判定においては陽性であるか陰性であるかが分かればよいのであって（一般の市販検査薬では閾値が 100 mg/dL とされている），2 桁以上の有効数字でグルコースの濃度を知ることは通常必要ではない．これに対して，鉄鋼材料の分析においては，鉄鋼の性質が組成に鋭敏に依存して変化するため，高精度での定量分析が要求される．したがって，分析に要する時間や費用も考慮に入れて，目的にかなう精確さで測定値を得る分析法を選択することが重要である．

次に，選択した分析法の感度や選択性に基づいて，試料中の予想される妨害成分の除去あるいはマスキング（masking）や目的成分の濃縮のための前処理操作を立案する．また，試料採取の方法や必要な試料量がこれに関連して決定される．さらに，試料採取から測定に至る各段階における分析成分の**損失**（loss）や**汚染**（contamination）を防ぐために，どのような器具や試薬を用いるのがよいか，また器具はどのようにして洗浄すべきかを，実験室環境を考慮して決める．

1.3.2 試料の採取と保存

採取した試料は目的の分析値を与える代表的なものでなくてはならない．一般に気体および液体試料は均一であると考えてよいことが多いが，土壌，岩石，金属，プラスチック類などの固体試料は均一であるとはみなせない場合が多い．例えば，ある農地の土壌中窒素濃度の測定を例にとると，その農地のどの地点の濃度も等しいとは限らないので，ある一地点からの土壌を採取して分析しただけでは偏り（bias）すなわち系統誤差（systematic error）をもつ分析値を得る可能性がある．平均濃度を測定したい場合には，農地の土壌すべてを採取して分析することは不可能であるから，一定間隔で同量の試料を採取（sampling）し，それを混合して均一にする必要がある．すなわち採取した試料は，分析目的成分に関して対象とすべき試料全体を代表するものでなくてはならない．

さらに，環境試料や生物試料の場合は，試料を採取する時間による変化も考慮する必要がある．例えば湖水や河川水の場合は雨季と渇水期とで，また血液成分は食事の前後で大きく異なることがある．分析の目的に応じて，適切な試料採取の条件を定めることが大切である．

第1章 分析化学の目的

　また，試料の採取は，分析成分の損失と汚染が生じないような方法によってなされなくてはならない．例えば大気中の気体成分を採取するには，一般に固体吸着剤あるいは吸収溶液による捕集を利用するが，目的成分を逃すことなくすべて捕集できることが要求される．また，分析に供する際には成分を吸着剤あるいは吸収溶液から完全に脱離させなくてはならない．さらに，吸着剤に分析成分がもともと含有されていたりすると，測定値に大きな系統誤差を生じさせる原因（汚染）となることにも注意する必要がある．特に分析成分が微量である場合，その影響は極めて大きくなる．このような汚染は，使用した試料採取容器に過去の分析の際に吸着していた分析成分が残留していたことによって生じることもある．試料採取に限らず，すべての分析操作で使用する容器の洗浄は極めて重要である．

　採取した試料は，一般に採取した現場ですぐに分析されることは少なく，所定の容器に保存しておき，実験室で分析に供されることが多い．したがって，分析目的成分がこの間に保存容器の器壁への吸着や器壁を通しての透過，あるいは化学反応（空気中の酸素による酸化など）などによる損失を防がなくてはならない．このような可能性のある分析成分を対象とする場合には，吸着性を示さない材質や気密性の高い容器の使用，試料容器からの空気の除去または窒素置換などが必要になる．この他，タンパク質や酵素は常温で保存すると短時間で変性することが多いので，低温で保存する必要がある．また，環境水中の有機化合物は微生物によって分解されるものがあるので，酸を加えるなどの操作を加えて殺菌処理を行う（活性を低下させる）．

　環境水，土壌，食品，金属，プラスチック，血液，排出ガスなど，さまざまな試料が分析の対象となるが，それぞれの目的に適した試料採取法を選択しなくてはならない．環境試料や生物試料の場合，やり直しがきかない（二度と同じ試料を採取できない）ことが多いので，あらかじめ綿密な計画を立てて試料採取を行うとともに，採取場所や日時，保存のための試料処理について詳細に記録することが重要である．

1.3.3　試料の調製

　採取した試料はそのすべてあるいは一部を分析に用いることになるが，最初に分析に供する試料量（質量または体積）を精確に測定しなくてはならない．分析成分濃度を計算するには分析値と試料量とが必要であるから，試料量を精確に測定しておかないと分析値をいかに正しく測定しても求めた濃度は信頼性が低くなる．この

意味で，分析に使用する試料の量は，要求される精度に応じて変化することに注意しなくてはならない．

例えば，通常の分析天秤は感量（測定できる最少質量）が 0.1 mg であるから，3桁以上の有効数字で濃度を求めたい場合には 100 mg 以上の試料をはかり取らなくてはならない．また，試料が不均一である場合には，不均一さによる影響が現れない程度の量が必要になる．溶液試料の場合は，全量ピペット（ホールピペット）などの化学体積計を使用して試料をはかり取るが，それぞれ体積許容差が異なるので，目的にかなう体積計を使用する．また体積を測定するときには，温度による試料溶液の密度変化にも注意し，一定の温度ではかり取るようにしなくてはならない．

試料調製の次の段階は，採用した分析法による測定に適したかたちに試料を変換することである．採取した試料をそのまま測定に供することができる場合もあるが，多くは**前処理**（溶解，分解，分離，濃縮，誘導体化，マスキングなど）が必要である．金属材料や鉱石などの無機物質は塩酸，硫酸，硝酸，フッ化水素酸，過塩素酸，王水などの各種の酸によって，室温または加熱して分解または溶解することができる．また，加圧密閉容器を使ってのマイクロ波照射による分解は難分解性物質に有効である．酸では溶解できない試料に対しては融解（fusion）法が用いられる．これは融剤（flux）と呼ばれる無機塩を加熱して溶融状態にしたものを「溶媒」として試料を溶解する方法である．例えば難溶解性の硫酸バリウムは，炭酸ナトリウム（融点 851℃）を加えて強熱すると，以下の反応によって炭酸バリウムと硫酸ナトリウムに変換される．この処理の後，硫酸ナトリウムは熱水で処理すれば溶液となり，ついで炭酸バリウムは酸で溶解できる．

$$BaSO_4 + Na_2CO_3 \longrightarrow BaCO_3 + Na_2SO_4$$

この他，四ホウ酸リチウムなどのホウ酸塩や硫酸水素カリウムが融剤として用いられる．融剤は極めて強力な「溶媒」なので，これに侵されない容器を使用しなくてはならない．白金るつぼが最も一般的であるが，用いる融剤によっては金やニッケル，あるいは磁器製のものを使い分ける必要がある．

有機物試料中の無機成分を分析するための試料分解には，乾式灰化（dry ashing）または湿式灰化（wet ashing）が用いられる．前者はるつぼなどに試料を入れ，電気炉中で有機成分を加熱分解した後，残った無機成分を酸に溶解して溶液試料とする方法である．湿式灰化は硝酸と硫酸，硝酸と過酸化水素，硝酸と過塩素酸の混合物などを用いて，有機成分を酸化分解する方法である．無機成分は酸の

溶液として分析に供される．なお，硝酸と過塩素酸の混酸を用いる場合は，分解途中で硝酸がなくなると爆発の危険があるので，ときどき硝酸を補給する必要がある．

　分析成分の濃度あるいは量が小さすぎて，選択した分析法では測定が困難である場合は**前濃縮**（preconcentration）が必要になる．この場合，水溶液試料であれば水を蒸発させて濃度を高めることもできるが，適切な分離法を用いて分析成分を試料マトリクスから分離するとともに選択的に濃縮する方法が一般に用いられる．これによって，測定を妨害する可能性のある共存成分を除去することもできる．分析成分が揮発性であれば，蒸留（distillation）や昇華（sublimation）法によって分離濃縮を行うことができる．またイオンであればイオン交換（ion-exchange）を用いて，他成分から分離するとともに濃縮することが可能である．重金属イオンの分離濃縮には，イオン交換のほか，液液抽出法が広く使用されている．水溶液中の金属イオンは8-キノリノールのようなキレート試薬によって疎水性の金属錯体に変換され，有機溶媒に抽出される．このとき水溶液に対して有機溶媒の体積を小さくしておけば，金属イオンが濃縮されることになる．

　選択した分析法で分析成分を測定できるようにするために，あるいは感度や選択性を高めるために，分析成分の化学形態すなわち化学種を変換することがある．この操作を**誘導体化**（derivatization）という．例えば，亜鉛イオンを吸光光度法で定量しようとするとき，水和イオンの状態では紫外から可視部にかけて強い吸収をもたないので，ジチゾンなどのキレート試薬を用いてモル吸光係数の大きな金属錯体に変換し，これを有機溶媒に抽出して吸光度を測定する．また，金属イオンをガスクロマトグラフィー（gas chromatography）で分析するために，β-ジケトン類と錯形成させて揮発性の化合物に変換するなどの誘導体化を行うこともある．逆に分析成分の測定を妨害する共存成分を他の化学種に変換して，その妨害を除去することができる．この操作は**マスキング**（masking）と呼ばれる．

1.3.4　測　定

　どのような分析法で試料中の目的成分の分析を行うかは，成分濃度や求められる精確さの他に，試料採取や調製も含めた分析操作全体に要する時間や費用によって決まる．重量分析法（gravimetric analysis）は，目的成分のみを選択的に化学組成が明確な沈殿として分離し，その沈殿物の質量を測定することによって定量を行う．容量分析法（volumetric analysis）は，目的成分と迅速に化学量論的に反応

する試薬の既知量を含む標準液を試料溶液に加え，反応完結までに要した標準液の体積を測定して分析成分を定量する方法をいう．いずれも物質量（mole）と直結する質量および体積を直接測定する方法であり，**基準分析法**（definitive methods）と呼ばれる．通常0.1％以下の高い精度で定量することができるが，分析成分を比較的高濃度で含む試料が対象となるので，主成分分析に向いている．

一方，各種の分光分析法，熱分析法，電気分析法，質量分析法，放射能分析法，クロマトグラフィー・電気泳動などの分離分析法は，試料成分の物理的性質を測定する方法で，**機器分析法**（instrumental analysis）と総称される．機器分析法は一般に高感度であり，微量成分の分析に有効である．一方，測定精度は数％程度であることが多い．機器分析法は物理的性質を計測するので，電気信号に容易に変換でき，測定の高速化および自動化，さらには多成分分析も可能である．特にクロマトグラフィーや電気泳動は分離と測定を同時に行うので，複雑な混合物の分析に有効であり，多くの実用分析に用いられている．

機器分析法では光の吸収や放射などの強度を電気信号に変換して計測するので，試料中の分析成分の物質量は適切な既知濃度の標準の信号強度と比較して求められる．すなわち，分析成分についての一連の既知濃度の標準液を調製し，信号強度と濃度の関係を示す**検量線**（calibration curve）を作成する．試料中の分析成分濃度は検量線を使ってその信号強度から求められる．共存する成分が分析成分に対する装置の応答に影響を与える場合は，その成分（妨害成分）をあらかじめ分離除去するか，あるいは標準添加法（method of standard addition）により検量線を作成する（第13章参照）．

すでに述べたように，試料調製に用いる試薬や容器からの汚染をできるだけ防ぐために，高純度の溶媒や試薬を使用すること，および適切な容器の洗浄が求められる．そのような注意を払った場合でも，分析成分が試薬の微量不純物として混入することが避けられない可能性がある．その影響は特に微量分析において大きくなる．この汚染による分析値への影響を補正するために，試料調製に用いたすべての試薬を同量用いてブランク試料を調製し，それについて分析を行う．これを**空試験**または**ブランクテスト**（blank test）と呼ぶ．分析試料について得られた分析値から空試験値を差し引いて分析成分の濃度を求める．空試験値が非常に大きく，その値の変動も大きい場合には精確な分析ができないので，新たに分析法あるいは試料調製法を考え直さなくてはならない．

逆に試料調製の段階で行った分離や濃縮の過程で分析成分が損失する可能性もあ

る．分析成分の損失は，既知量の分析成分を原試料に添加し，回収率（recovery）を求めることによって評価する．どうしても一定の損失が避けられない場合には，分析目的成分と化学構造が類似しており，分離や濃縮の過程で分析成分と同じ挙動をすると仮定できる**サロゲート**（surrogate）物質を使って分析値の補正を行う．

さらに，実際の試料とマトリクスが同一あるいは類似した**認証標準物質**（certified reference material）を用いて，分析値の真度を検証する必要がある（1.4節および第22章参照）．この他，容量分析に用いる滴定試薬には高純度のものを用いなくてはならない．容量分析は分析成分と反応する試薬が純粋であることを前提として成立するのであるから，これは必須の条件である．日本工業規格（JIS K8005）では，容量分析用標準試薬として11品目を定めている．

1.3.5 分析値の計算と結果の報告

分析試料中の成分濃度または量が測定されると，その結果から元の試料の成分濃度が求められる．一般に複数回の測定を行って，最も確からしい値（most probable value），あるいは真の値の推定値として**平均値**（mean value）を示し，また**信頼区間**（confidence interval）や**実験標準偏差**（experimental standard deviation）を求めて分析の精度を表す．信頼区間とは，ある一定の確率で，真の値がその範囲内に含まれていると統計的に主張できる範囲のことをいい，その範囲の上限と下限を示す値を**信頼限界**（confidence limit）という．信頼限界は標準偏差と測定回数から求めることができる．また，特に断らない限り，平均値は**有効数字**（significant figure）のみを記載する（第22章参照）．

1.4 分析値の信頼性

分析によって得られた結果がどの程度の精確さをもっているのか，あるいは分析値はどの程度の不確かさを含んでいるのかを知ることは非常に重要である．分析の目的に合致するレベルでの信頼性をもたないデータは何の意味もないからである．

分析値は**真度**（trueness）と**精度**（precision）という2つの異なる概念に基づいて，その信頼性が評価される．**図1.2**に模式的に示したように，真度は測定値の分布が真の値からどれだけ離れているかの程度を，一方，精度は繰り返し測定して得た測定値の分布の広さの程度をいう．測定値の分布が真の値に近い（a）や（b）

1.4 分析値の信頼性

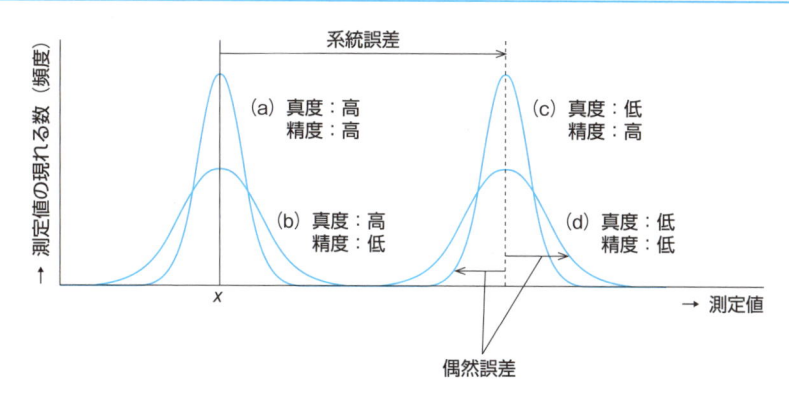

図1.2 真度と精度の概念

は真度が高い（またはよい）といい，分布が狭い（a）や（c）は精度が高い（またはよい）という．**精確さ**（accuracy）は，真度と精度の定性的な総合概念で，真度および精度ともに高いとき精確さが高い（よい）という．

個々の測定値と真の値の差を，**誤差**（error）または**絶対誤差**（absolute error）と定義する．すなわち，測定値を x，真の値を X とすると，誤差 ε は次式で表される．

$$\varepsilon = x - X$$

誤差は，それが生じる原因に基づいて，**系統誤差**（systematic error）と**偶然誤差**（random error）に分けて考えることができる．系統誤差はある特定の原因によって，真の値から常に一定の正または負の差を生じるものをいう．**偏り**（bias）または確定誤差（determinate error）と呼ばれることもある．これに対して，偶然誤差は予測できない変動をする誤差をいい，不確定誤差（indeterminate error）とも呼ばれる．図1.2には，測定回数を限りなく大きくしたときに得られると仮定される母集団正規分布を示している．（c）と（d）では，分布の中心の値が真の値からずれているが，この差が系統誤差である．一方，分布の中心の値と個々の値の差が偶然誤差である．測定値に系統誤差が含まれることが明らかになった場合は，可能な限り原因を究明して誤差を除去するか，適切な方法で測定値を補正するのが原則である．

偶然誤差はランダムに現れるものであり，統計的に処理される．偶然誤差を伴う測定値は，測定回数を限りなく大きくしてその分布を描くと正規分布になるので，分布の広がり，すなわち精度は**標準偏差**（母集団標準偏差）で表すことができる．

実際には有限回の測定しか行えないので，その推定値である実験標準偏差を求めて精度を表す．ここで精度には，「同じ測定条件（手順，測定者，装置，試薬，場所）で同じ量を連続して測定したときに得られる結果の間の一致の程度」で定義される**繰り返し性**または**繰り返し精度**（repeatability）と，「測定条件を変えて同じ量を測定したときに得られる結果の間の一致の程度」を示す**再現性**（reproducibility）があることに注意しなくてはならない．結果を表記する際には，両者を明確に区別する必要がある．

　精度が測定値の統計的処理によって評価できるのに対して，真度すなわち系統誤差は真の値が不明である限り定めることができない．そこで**標準物質**すなわち「1つ以上の特性値（例えば分析成分の濃度など）が適切に確定されている十分に均一な物質」を用いて，分析法の真度の評価を行う．標準物質のうち「1つ以上の規定特性について，計量学的に妥当な手順によって値付けされ，特性値および不確かさ，ならびにトレーサビリティーを記載した認証書がついている標準物質」を**認証標準物質**という．土壌，鉄鋼，河川水，プラスチック材料などの，さまざまなマトリクスをもつ認証標準物質が作製されており，異なる複数の分析機関により得られた値を統計処理して認証値が与えられている．

　ここで**トレーサビリティー**とは，「切れ目のない校正の連鎖を通してある決められた標準（国際標準または国家標準）に関係付けることができる測定結果の性質」と定義されており，これによって測定値の信頼性が保証されることになる．ここで，「校正」に欠かせないのが認証標準物質であり，質量の測定における分銅に相当する．すなわち，使用する天秤の校正は質量が認証されている分銅を用いて行うのと同様に（国際標準はキログラム原器），分析法の校正あるいは分析値の真度の評価は認証標準物質を使用して行うのである（第22章参照）．

1.5　試料量および濃度による分析法の分類

　分析法は，目的や分析対象物質，また分析の手法あるいは原理などにより分類されることが多いが，試料の量や分析成分濃度によっても分類されることがある．厳密な区別があるわけではないが，試料の質量および分析成分濃度による分類を**表1.2**に示す．微量成分の分析を行うには高感度な分析法が必要である．成分の濃度が低くても，大量の試料を採取できる場合は濃縮によって分析できる場合がある

表 1.2　試料量および濃度による分析法の分類

試料量による分類		質量
常量分析	(macro analysis)	>100 mg
半微量分析	(semi-micro analysis)	10〜100 mg
微量分析	(micro analysis)	1〜10 mg
超微量分析	(ultra-micro analysis)	<1 mg
分析成分濃度による分類		濃度
常量成分分析	(macro determination)	0.01〜100%
主成分分析	(major constituent determination)	1〜100%
少量成分分析	(minor constituent determination)	0.01〜1%
微量成分分析	(micro/trace determination)	<0.01%

が，臨床分析での血液試料などはできるだけ少量にすることが求められる．また，試料内部の微少領域での成分分布の測定など局所での分析を要求される場合は，試料量は極めて微量になる．このため，分析法の超高感度化は常に追求されており，1 原子，あるいは 1 分子計測も条件によっては可能になってきている．

演習問題

Q.1　定性分析と定量分析の違いを，例をあげて説明せよ．

Q.2　水溶液中の金属イオン濃度を測定しようとするとき，原子発光分析ではなく容量分析（キレート滴定）を選択するのはどのような場合かを説明せよ．

Q.3　ある分析を行ったとき，試料中に含まれているはずの目的分析成分が検出できなかったとしよう．この原因として考えられるものを，試料調製の段階および分析法そのものに起因するものに分けて，すべてあげよ．

Q.4　試料の質量測定に使用した天秤が正しく校正されていなかったことが分かった．これによって生じるのは系統誤差と偶然誤差のいずれか．またその理由を説明せよ．

Q.5　大気中のメタン濃度を測定したい．このとき，大気試料はどのようにして採取したらよいか．また，その際に注意しなくてはならない点は何かを説明せよ．

Q.6 分析の過程で分析目的成分の損失が起こるとき，サロゲートを使ってどのように分析値を補正し，正しい結果が得られるかを説明せよ．

Q.7 分析の過程で用いた試薬に由来する汚染が起こるとき，空試験によってどのように分析値を補正し，正しい結果が得られるかを説明せよ．

Q.8 標準物質の役割を述べよ．

参考図書

1. 日本分析化学会 編：基本分析化学，朝倉書店（2004）
2. R. Kellner 他編，不破敬一郎 他著，中村洋 他訳：ケルナー分析化学，科学技術出版（2003）
3. 黒田六郎，杉谷嘉則，渋川雅美 共著：分析化学改訂版，裳華房（2004）
4. S. P. J. Higson 著，阿部芳廣，渋川雅美，角田欣一 訳：分析化学，東京化学同人（2006）
5. G. D. Christian 著，原口紘炁 監訳：クリスチャン分析化学I 基礎編，丸善（2005）
6. 日本分析化学会 編：分析化学用語辞典，オーム社（2011）
7. 上本道久 著：分析化学における測定値の正しい取り扱い方 "測定値" を "分析値" にするために，日刊工業新聞社（2011）
8. J. Kenkel: Analytical Chemistry for Technicians, 3rd. ed., CRC Press (2003)

ウェブサイト紹介

1. **Chemical Abstract Service**
   http://www.cas.org/
   ➡ アメリカ化学会の情報部門で，世界中の科学および科学関連分野の文献と特許の情報を提供している．トップページに organic and inorganic substances to date として，CAS Registry に登録された化合物の種類の数が刻々と表示されている．

演 習 問 題

2. **日本分析化学会**
   http://www.jsac.jp/
   ◯国内最大の分析化学の学会のホームページ

3. **アメリカ化学会 Division of Analytical Chemistry**
   http://www.analyticalsciences.org/
   ◯アメリカ化学会分析化学部門のホームページ

4. **アメリカ化学会 Carriers**
   http://portal.acs.org/portal/acs/corg/content?_nfpb=true&_pageLabel=PP_ARTICLEMAIN&node_id=1188&content_id=CTP_003375&use_sec=true&sec_url_var=region1&__uuid=ecd31a8a-5d64-4582-ae7d-c743e192b3b8
   ◯分析化学の定義，目的，化学の他分野への波及効果などについての説明がある．

5. **英国化学会 Analytical Division**
   http://www.rsc.org/Membership/Networking/InterestGroups/Analytical/
   ◯英国化学会分析化学部門のホームページ

第2章
化学量論計算

本章について

　化学量論は，質量保存の法則，定比例の法則，気体反応の法則など，近代化学形成の礎となった．定量分析も化学量論に基づいている．本章では，まず定量分析における化学量論の基本概念を学ぶ．次に，化学平衡の基本概念を学ぶ．そして，代表的な化学分析法である容量分析と重量分析を題材として，化学量論を利用する基本的な考え方を学ぶ．化学量論計算の練習をとおして，有効数字の適切な取扱いにも習熟しよう．

第2章 化学量論計算

2.1 定量分析の基礎

2.1.1 物質量

　定量分析の基礎となるのは，**化学量論**（stoichiometry）である．一定の元素組成をもつ物質，および一定の整数比で物質が含まれる反応が，定量分析において有用である．化学量論は，物質量に基づいて考えられる．国際単位系（SI）においては，物質量の基本単位は**モル**（mol）である．質量数 12 の炭素同位体 ^{12}C の 12 g に含まれる炭素原子の数，**Avogadro 定数**（Avogadro's constant）と同数の原子，分子，イオンなどの物質量を 1 mol と定義する．Avogadro 定数は，およそ 6.022×10^{23} である．また，**原子量**（atomic weight）は，質量数 12 の炭素原子 ^{12}C の質量の 1/12 を基準として求めた同位体の質量と存在度から求められる．したがって，単体金属の物質量は，その質量を原子量で割ることで求められる．化合物の場合，物質量は，化合物の質量をその式量（formula weight）または分子量（molecular weight）で割ることで求められる．

$$物質量 [\mathrm{mol}] = \frac{質量 [\mathrm{g}]}{原子量または式量 [\mathrm{g/mol}]} \tag{2.1}$$

　分析化学で溶液の濃度を表すとき，一般に**容量モル濃度**（molarity：以下簡単のためモル濃度と呼ぶ）を用いる．モル濃度は，溶液 1 L に含まれる溶質の物質量として定義され，mol/L または M と表記される．**標準液**（standard solution）は，ふつうメスフラスコ（全量フラスコ）を用いて，溶質を溶解した一定体積の溶液として調製されるので，モル濃度による表現が直接的である．

$$\mathrm{mol/L = M} = \frac{溶質の物質量 [\mathrm{mol}]}{溶液の体積 [\mathrm{L}]} \tag{2.2}$$

　一方，物理化学では質量モル濃度（molality）もよく用いられる．これは溶媒 1 kg に含まれる溶質の物質量として定義される．質量モル濃度は温度に依存しないが，容量モル濃度は温度に依存することに注意しよう．それは，溶液の体積が温度によって変化するためである．

2.1.2 分析濃度と平衡濃度

ある物質を溶解すると，物質が複数の化学種を生じることがよくある．例えば，弱酸である酢酸（HOAc）は，非解離形の HOAc と解離形の OAc^- を生じる．**分析濃度**（analytical concentration）または**全濃度**（total concentration）は，関連する化学種すべてを含めた物質 X の濃度であり，しばしば記号 C_X で表される．標準液のラベルに記載される濃度は，分析濃度である．一方，化学平衡（chemical equilibrium）にある化学種 X の濃度は，[X] と表される．平衡にある酢酸溶液では，次の関係が成り立つ．

$$C_{HOAc} = [HOAc] + [OAc^-] \tag{2.3}$$

これは，**質量保存の法則**（law of conservation of mass）を表している．

2.1.3 希　釈

希釈は，分析濃度に基づいて考える．希釈の前後で，物質量が変わらない（質量保存則が成り立つ）ことから，次式が得られる．

$$\text{mol/L（希釈前の濃度）} \times \text{L（希釈前の体積）} = \text{mol/L（希釈後の濃度）} \times \text{L（希釈後の体積）} \tag{2.4}$$

実際の化学分析では，濃度に mmol/L，体積に mL を用いることがよくある．これらを上式に用いるときは，両辺の次元が等しくなるようにさえ注意すればよい．他の濃度の単位を用いる場合も，基本的な考え方は同じである．

2.1.4 濃度の表し方

分析結果は，濃度として表されることが多いが，それにはさまざまな形式がある．ここでは，モル濃度以外の代表的な表現について述べる．

〔1〕比　率

固体試料の場合，成分の質量が試料の質量に占める割合が分かりやすい．主成分は**百分率**（percent：%）で表す．質量に基づくことを明確にするには，%の後に（mass/mass）を付けたり，%（質量分率）と表記したりする．

$$\%（質量分率） = \frac{\text{成分の質量〔g〕}}{\text{試料の質量〔g〕}} \times 100 \tag{2.5}$$

市販の強酸の濃度は，ふつう質量パーセントで表示されている．これをモル濃度に変換するには，その濃度における溶液の比重が必要になる．

少量成分では**千分率**（parts per thousand：‰），微量成分では**百万分率**（parts

per million：ppm），十億分率（parts per billion：ppb）なども用いられる．

$$‰（質量分率） = \frac{成分の質量〔g〕}{試料の質量〔g〕} \times 10^3 \tag{2.6}$$

$$ppm（質量分率） = \frac{成分の質量〔g〕}{試料の質量〔g〕} \times 10^6 \tag{2.7}$$

$$ppb（質量分率） = \frac{成分の質量〔g〕}{試料の質量〔g〕} \times 10^9 \tag{2.8}$$

厳密には，比率は無次元である．成分と試料の単位が同じであれば，どのような単位にでも用いられる．例えば，気体試料の場合，体積比（vol/vol）に基づいてppmを定義できる．溶液，特に水溶液の場合は，1gが1mLとほぼ等しいため，質量／体積比を基準にすることがある．

$$ppm（mass/vol） = \frac{溶質の質量〔g〕}{試料の体積〔mL〕} \times 10^6 \tag{2.9}$$

〔2〕当量と規定度

当量（equivalent：eq）は，化学反応の反応単位を与える物質量である．反応単位には，水素イオン，電子，電荷などが用いられる．物質の当量質量は，式量を反応単位数で割ることにより得られる．例えば，硫酸 H_2SO_4 は，式量が98.08，二反応単位の水素イオンを解離するので，当量質量は49.04g/eqである．ただし，同じ物質であっても，反応条件によって当量が変化することがあるので，注意が必要である．例えば，過マンガン酸イオン MnO_4^- は，強酸性では5電子還元され Mn^{2+} を生じるが，酸性が弱いときは3電子還元され MnO_2 を生じる．

物質の当量数は，質量を当量質量で割ることで得られる．

$$当量数〔eq〕 = \frac{質量〔g〕}{当量質量〔g/eq〕} \tag{2.10}$$

当量数は，溶液の電気的中性を考えるときに便利である．陽イオンの当量数の和は，陰イオンの当量数の和と等しくなければならない．溶液のすべての主要成分イオンを分析するとき，電気的中性が成り立たない場合は，分析に問題があると結論できる．

規定度（normality：N）は，単位体積あたりの当量数（eq/L）を示す濃度である．容量分析の計算に便利であるため，過去にはよく用いられた．

2.2 化学平衡の基礎

2.2.1 平衡定数

化学分析の多くは**化学平衡**（chemical equilibrium）に基づいている．一般に化学反応は，右側へ進む順方向（正反応）だけではなく，左側に進む逆方向（逆反応）にも進行する．化学平衡は，系の Gibbs エネルギー（Gibbs energy）が極小となり，正反応と逆反応の速度が等しい状態である．反応物 a モルの A および b モルの B が，生成物 c モルの C および d モルの D と平衡にある次の反応を考えよう．

$$a\mathrm{A} + b\mathrm{B} \rightleftharpoons c\mathrm{C} + d\mathrm{D} \tag{2.11}$$

この反応の**モル濃度平衡定数**（molar equilibrium constant）は次式で定義される．

$$K = \frac{[\mathrm{C}]^c [\mathrm{D}]^d}{[\mathrm{A}]^a [\mathrm{B}]^b} \tag{2.12}$$

平衡定数は，次元をつけて表すこともあるが，本書では簡単のために次元は省略する．

一般に，定量分析では，平衡定数が大きい反応が役に立つ．平衡定数が大きいことは，平衡が右に偏っており，平衡において反応物の濃度 [A]，[B] に比べて生成物の濃度 [C]，[D] が高いことを意味する．平衡定数は反応がどのくらいの速さで平衡に達するかとは無関係であることに注意しよう．平衡に達するのに要する時間は，A と B の混合物から開始するか，C と D の混合物から開始するかによっても異なる．また，モル濃度平衡定数は，温度，圧力によって変化し，また共存物質の組成などによっても変化する．溶液の場合，圧力に対する依存性は比較的小さい．

2.2.2 共通イオン効果

平衡定数が一定であっても，平衡における成分の濃度は，平衡を決める因子によって変化する．それは，**Le Chatelier の法則**（Le Chatelier's Law）が述べるように，その因子の影響を打ち消すように起こる．**共通イオン効果**（common ion effect）は，平衡に含まれる化学種が加わったときの効果であり，Le Chatelier の法則の一例である．

例として，塩化銀 AgCl の沈殿生成を考えよう．

$$\text{AgCl} \rightleftharpoons \text{Ag}^+ + \text{Cl}^- \tag{2.13}$$

$$K_{sp} = [\text{Ag}^+][\text{Cl}^-] = 1.0 \times 10^{-10} \tag{2.14}$$

ここで，K_{sp} は溶解度積である（第7章7.1節参照）．銀イオン Ag^+ を含む溶液に塩化ナトリウム NaCl を加えるとき，平衡時の塩化物イオン濃度が $[\text{Cl}^-] = 1.0 \times 10^{-5}$ mol/L であれば，銀イオン濃度は $[\text{Ag}^+] = 1.0 \times 10^{-5}$ mol/L となる．さらに過剰の NaCl を加えて，$[\text{Cl}^-] = 1.0 \times 10^{-2}$ mol/L とすれば，$[\text{Ag}^+] = 1.0 \times 10^{-8}$ mol/L となり，溶液からより多くの銀イオンを沈殿させることができる．

2.2.3 共存イオン効果と活量

電解質（electrolyte）とは，溶液中でイオンに解離し，溶液に電気伝導性を与える物質である．高濃度の電解質溶液では，平衡には直接含まれないイオンが平衡に影響をおよぼす．これを**共存イオン効果**（diverse ion effect）と呼ぶ．例えば，純水に AgCl 沈殿を加えた場合，Ag^+ および Cl^- の平衡濃度は 1.0×10^{-5} mol/L であるが，硝酸ナトリウム NaNO_3 溶液に AgCl 沈殿を加えた場合，Ag^+ および Cl^- の平衡濃度はより大きくなる．これは，ナトリウムイオン Na^+ と硝酸イオン NO_3^- が，Ag^+ および Cl^- の電場を遮へいして，その有効濃度，すなわち**活量**（activity），を低下させるためである（図 2.1）．

イオン X の活量 a_X を次式で定義する．

$$a_\text{X} = f_\text{X}[\text{X}] \tag{2.15}$$

ここで [X] はイオン X のモル濃度，f_X はその**活量係数**（activity coefficient）

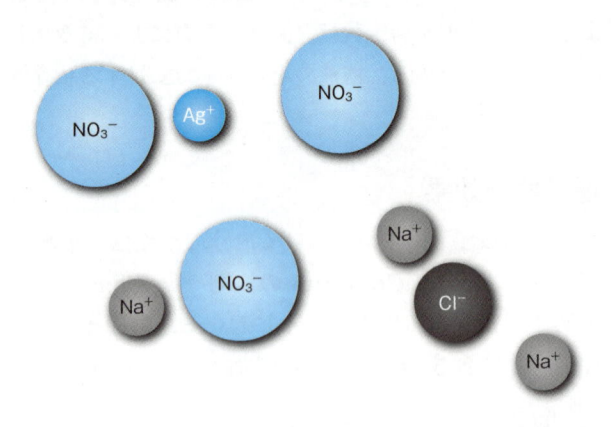

図 2.1 ある瞬間における溶液中イオンの分布の模式図

である．本書では，活量係数は無次元であり，活量はモル濃度と同じ単位であるとして扱う．活量係数は電解質濃度の低下につれて1に近づき，10^{-4} mol/L以下の希薄溶液では1とみなすことができる．すなわち，希薄溶液では活量は濃度と一致する．

電解質溶液では，陽イオンと陰イオンは電気的中性が保たれるように共存するので，一般に実験によって個々のイオンの活量係数を求めることは難しい．DebyeとHückelは，理想状態からのずれは静電相互作用によるものと仮定して，活量係数の式を導いた．次式で定義される**イオン強度**（ionic strength：μ）がおよそ0.2以下の25℃の溶液では，下記の**Debye-Hückel式**を用いて，イオンXの活量係数f_Xを推定することができる．

$$\mu = \frac{1}{2} \sum_i Z_i^2 [i] \tag{2.16}$$

$$\log f_X = -\frac{0.51 Z_X^2 \sqrt{\mu}}{1 + 0.33 A_X \sqrt{\mu}} \tag{2.17}$$

ここで，Z_iと$[i]$は，それぞれイオンiの電荷とモル濃度である．イオン強度は，溶液に存在する主要なイオンすべての寄与を考えて計算され，共存イオンによる遮へいの指標となる．A_Xは，イオン直径パラメーターと呼ばれ，オングストローム（Å＝10^{-10} m）単位で表した水和イオンの最近接距離に相当する．いくつかのイオンのイオン直径パラメーターを**表2.1**に示す．

活量を用いて表される平衡定数を，**熱力学的平衡定数**（thermodynamic

表2.1 イオン直径パラメーター

陽イオン	陰イオン	A〔Å〕
Zr^{4+}, Sn^{4+}, Ce^{4+}		11
H^+, Al^{3+}, Sc^{3+}, Cr^{3+}, Fe^{3+}, Y^{3+}, La^{3+}		9
Be^{2+}, Mg^{2+}, $(C_3H_7)_4N^+$		8
Li^+, Ca^{2+}, Mn^{2+}, Fe^{2+}, Co^{2+}, $[Co(en)_3]^{3+}$, Ni^{2+}, Cu^{2+}, Zn^{2+}, Sn^{2+}	$C_6H_5COO^-$, $C_6H_4(COO)_2^{2-}$	6
Sr^{2+}, Cd^{2+}, Ba^{2+}, Hg^{2+}	S^{2-}, $[Fe(CN)_6]^{4-}$, WO_4^{2-}	5
Na^+, Pb^{2+}, $(CH_3)_4N^+$	CO_3^{2-}, HCO_3^-, $H_2PO_4^-$, $H_2AsO_4^-$, MoO_4^{2-}, CH_3COO^-, $(COO)_2^{2-}$	4.5
Hg_2^{2+}, $[Cr(NH_3)_6]^{3+}$, $[Co(NH_3)_6]^{3+}$	HPO_4^{2-}, SO_4^{2-}, CrO_4^{2-}, $[Fe(CN)_6]^{3-}$	4
	OH^-, F^-, ClO_4^-, MnO_4^-	3.5
K^+	CN^-, NO_3^-, Cl^-, Br^-, I^-	3
NH_4^+, Rb^+, Cs^+, Ag^+		2.5

equilibrium constant）と呼ぶ．式（2.11）の反応に対して，熱力学的平衡定数 $K°$ は次式で与えられる．

$$K° = \frac{a_C^c a_D^d}{a_A^a a_B^b} \tag{2.18}$$

熱力学的平衡定数は，圧力，温度が一定のとき，厳密に一定の値となり，溶液の組成やイオン強度には依存しない．純物質の固体，希薄水溶液の水などは，活量1と定義される．このため，溶解度積（第7章7.1節参照）や水の自己プロトリシス定数（第3章3.2節参照）は，固体や水の濃度項を含まない．熱力学的平衡定数とモル濃度平衡定数の関係は，次式で表される．

$$K° = \frac{f_C^c f_D^d}{f_A^a f_B^b} K \tag{2.19}$$

希薄溶液では，$K° = K$ となる．イオン強度の高い電解質溶液の場合，上式からモル濃度平衡定数を求め，それを用いて平衡計算を行う．

2.2.4 Gibbs エネルギーと熱力学的平衡定数

標準状態（$1\,\text{bar} = 10^5\,\text{Pa}$，25℃）において，成分元素から $1\,\text{mol}$ の物質 X を生成するときの Gibbs エネルギー変化を標準生成 Gibbs エネルギー $\Delta G_f°(X)$ と定義する．反応（2.11）に対する標準 Gibbs エネルギー変化 $\Delta G°$ は，次式で与えられる．

$$\Delta G° = c\Delta G_f°(C) + d\Delta G_f°(D) - a\Delta G_f°(A) - b\Delta G_f°(B) \tag{2.20}$$

この $\Delta G°$ と熱力学的平衡定数 $K°$ は，次式で関係付けられる．

$$\Delta G° = -RT \ln K° = -2.303 RT \log K° \tag{2.21}$$

または，

$$K° = \exp\left(-\frac{\Delta G°}{RT}\right) \tag{2.22}$$

ここで，R は気体定数（$8.314\,\text{JK}^{-1}\text{mol}^{-1}$），$T$ は絶対温度〔K〕である．よって，$\Delta G_f°(X)$ のデータを使えば，反応の $K°$ を計算することができる．上式から明らかに，$K°$ が大きい反応は，$\Delta G°$ が大きな負値をとる反応である．

2.3 容量分析の計算

2.3.1 容量分析の必要条件

容量分析（volumetric analysis）または**滴定**（titration）は，目的成分がmmol/Lくらいの濃度のとき，有用な分析法である．目的成分Aを含む試料溶液に，それと反応する滴定剤Tを含む**標準液**（standard solution）を滴下し，**終点**（end point）までに加えられた標準液の量からAを定量する．この方法が成り立つには，以下の条件が必要である．

・反応が化学量論的（stoichiometric）である．すなわち，反応が明確な化学反応式に従い，目的成分と滴定剤の反応比が既知である．
・反応が定量的（quantitative）である．すなわち，平衡が生成系に大きく偏っており，目的成分の残存量は誤差以内である．
・反応速度が大きい．すわなち，滴下した滴定剤が速やかに反応する．
・副反応がない．
・終点で溶液の性質（例えば色）が明瞭に変化する．
・本当に知りたいのは，化学量論的な量の滴定剤が加えられた点である**当量点**（equivalent point）である．終点が当量点と一致することが必要である．もしくは，その差が補正できなければならない．

2.3.2 標準液

標準液（standard solution）は，濃度が既知の溶液である．容量分析では，有効数字4桁での定量が可能であるが，そのためには標準液の濃度は有効数字4桁以上でなければならない．次の条件を満たす物質は**一次標準物質**（primary standard material）となる．

・純度が99.99％以上である．
・適当な乾燥操作により，一定組成となり，室温において安定である．
・分子量あるいは式量が大きい．これは，ひょう量の相対誤差を小さくするためである．

一次標準物質の標準液は，精確にひょう量した物質を溶解し，一定の体積まで希釈して調製される．塩酸や水酸化ナトリウムなどは，一次標準物質とはならない．この場合，大まかに必要とする濃度の溶液をつくり，別の標準液で滴定して精確な

濃度を決定する．この操作を**標定**（standardization）と呼ぶ．結果は，ファクター（factor：f）を用いて，0.1 mol/L NaOH（f＝0.9937）のように表現する．この溶液の精確な濃度は次式で得られる．

$$0.1 \times 0.9937 = 0.09937 \text{ mol/L}$$

2.3.3 容量分析の化学量論計算

希釈の場合と同様に，基本はモル濃度と体積の積が物質量（mol）となることである．

$$\text{mol/L} \times \text{L} = \text{M} \times \text{L} = \text{mol} \tag{2.23}$$

あるいは，

$$\text{mmol/mL} \times \text{mL} = \text{M} \times \text{mL} = \text{mmol}$$

一般に滴定反応は次式で表される．

$$a\text{A} + t\text{T} \longrightarrow \text{P} \tag{2.24}$$

ここで，Aは目的成分，Tは滴定剤，Pは生成物である．AとTは$a:t$のモル比で反応する．よって，試料の目的成分のモル濃度をM_A，試料の体積をmL_A，滴定剤のモル濃度をM_T，当量点における滴定剤の滴下量をmL_Tとすると，次式が成り立つ．

$$M_A \times mL_A : M_T \times mL_T = a : t \tag{2.25}$$

$$\therefore \quad M_A = \frac{aM_T mL_T}{tmL_A} \tag{2.26}$$

逆滴定（back titration）は，目的成分Aに対して過剰に既知量の反応剤Bを加え，残った反応剤を滴定剤Tで滴定する方法である．目的成分Aの反応速度が遅いなどの理由で，直接滴定が難しい場合に用いられる．試料の目的成分のモル濃度をM_A，試料の体積をmL_A，添加する反応剤の物質量を$mmol_B$，逆滴定における滴定剤のモル濃度をM_T，当量点での滴下量をmL_Tとすると，A：B：Tの反応比が$a:b:t$の場合，次式が成り立つ．

$$\frac{mmol_B}{b} = \frac{M_A \times mL_A}{a} + \frac{M_T \times mL_T}{t} \tag{2.27}$$

$$\therefore \quad M_A = \frac{at\,mmol_B - abM_T mL_T}{bt\,mL_A} \tag{2.28}$$

2.4 重量分析の計算

重量分析(gravimetric analysis)は,目的成分を一定組成の純物質,**ひょう量形**(weighing form)に変換し,その質量から目的成分の量を求める方法である(第8章参照).標準物質を必要としない絶対定量であり,主成分の正確な定量に適している.

一般に重量分析の反応は次式で表される.

$$aA \longrightarrow wW \tag{2.29}$$

ここで,Aは目的成分,Wはひょう量形である.AとWは$a:w$のモル比で反応する.目的成分の式量をF_A,試料中の質量をg_A,ひょう量形の式量をF_W,ひょう量形の質量をg_Wとすると,次式が成り立つ.

$$\frac{g_A}{F_A} : \frac{g_W}{F_W} = a : w \tag{2.30}$$

$$\therefore \quad g_A = g_W \frac{aF_A}{wF_W} \tag{2.31}$$

aF_A/wF_Wは,目的成分とひょう量形の組み合わせによって決まる定数である.これを**重量分析係数**(gravimetric factor)と呼ぶ.

演習問題

Q.1 10 ppm セシウム Cs 標準液を希釈して,25 ppb,50 ppb,100 ppb の Cs 標準液各 100 mL を調製する.10 ppm Cs 標準液は,それぞれ何 µL 必要か.

Q.2 ある市販の特級硝酸 HNO_3 は,濃度 70%(質量分率),比重 1.42 g/mL である.この硝酸のモル濃度を求めよ.

Q.3 弱電解質 AB の解離平衡は,以下のようである.

$$AB \rightleftharpoons A^+ + B^-$$

$$K = \frac{[A^+][B^-]}{[AB]} = 2.7 \times 10^{-6}$$

(1) 0.030 mol/L AB 溶液中,(2) 0.030 mol/L NaB – 0.030 mol/L AB 混合溶液中における A^+ と B^- の平衡濃度を計算せよ.ただし,NaB は完全に解離

し，共存イオン効果は無視できるとする．

Q.4 硫酸バリウム $BaSO_4$ の溶解平衡は，以下のようである．
$$BaSO_4 \rightleftharpoons Ba^{2+} + SO_4^{2-}$$
$BaSO_4$，Ba^{2+}，SO_4^{2-} の標準生成 Gibbs エネルギー $\Delta G_f^\circ(X)$ は，それぞれ -1362，-561，$-745\,kJ/mol$ である．また，Ba^{2+} と SO_4^{2-} のイオン直径パラメーターは，それぞれ 5 と 4 である．
(1) この反応の 298 K における熱力学的平衡定数を求めよ．
(2) 純水に $BaSO_4$ を加えたときの Ba^{2+} と SO_4^{2-} のモル溶解度〔mol/L〕を求めよ．
(3) イオン強度 0.10 の溶液に $BaSO_4$ を加えたときの Ba^{2+} と SO_4^{2-} のモル溶解度を求めよ．

Q.5 (1) 0.1255 mol/L 炭酸ナトリウム Na_2CO_3 標準液 10.00 mL を使って，0.1 mol/L 塩酸 HCl を標定する．滴定反応は，以下のようである．
$$2H^+ + CO_3^{2-} \longrightarrow H_2O + CO_2$$
終点での 0.1 mol/L HCl の滴下量は，24.63 mL であった．この HCl 溶液のファクターを求めよ．
(2) 炭酸水素ナトリウム $NaHCO_3$ を含む試料 0.4309 g を水に溶かし，上記の HCl 溶液で滴定した．滴定反応は，以下のようである．
$$H^+ + HCO_3^- \longrightarrow H_2O + CO_2$$
終点での 0.1 mol/L HCl の滴下量は，41.34 mL であった．試料中の $NaHCO_3$ の質量パーセントを求めよ．

Q.6 堆積物試料 0.6076 g を溶解し，含まれるアルミニウム Al を水酸化アルミニウムとして沈殿させ，強熱してひょう量形の Al_2O_3 に変換した．Al_2O_3 の質量は，0.3057 g であった．堆積物試料中の Al の質量パーセントを求めよ．

参考図書

1. G. D. Christian: Analytical Chemistry, 6th ed., John Wiley & Sons, Hoboken (2004). 和訳，丸善 (2005)
2. D. C. Harris: Quantitative Chemical Analysis, 8th ed., W. H. Freeman and Company, New York (2010)

第3章
酸塩基反応

本章について

　酸塩基反応は，化学反応の最も基本的なものである．さまざまな酸塩基の理論が提出され，それらは近代化学の発展とともに洗練され，深化した．本章では，まず主な酸塩基理論を学び，次に水溶液の酸塩基反応について基本的な考え方を学ぶ．ここでは，その目的に最も便利である Brønsted-Lowry の酸塩基理論に基づいて議論を進める．Brønsted-Lowry 酸塩基の強さの指標である pH は，多くの化学反応において重要な因子となる．さまざまな水溶液について，酸塩基平衡の近似計算の方法を学ぶ．ここで学ぶ平衡計算の原理は，酸塩基反応以外の平衡の解析にも通ずるものである．

第 3 章

酸 塩 基 反 応

3.1 酸塩基理論

古くから，すっぱい味のような似た性質を示す物質を**酸**（acid，ラテン語のacidus（すっぱい）に由来），酸の性質を打ち消す作用をもつ物質を**アルカリ**（alkali，アラビア語の al kali（草木の灰）に由来）と分類することが行われていた．酸・塩基の理論は，近代化学の発展とともに以下のように深化した．

3.1.1 Arrhenius の酸・塩基（acid-base）

1884 年，Arrhenius は，水溶液中で水素イオン（H^+）を生じる物質を酸と定義した．例えば，塩酸は次式のように水素イオンを生じるので酸である．

$$HCl \rightleftharpoons H^+ + Cl^- \tag{3.1}$$

この解離反応は可逆であり，酸の強さは電離度と関係があると考えた．一方，水溶液中で水酸化物イオンを生じる物質を塩基と定義した．例えば，水酸化ナトリウムは次式のように解離するので塩基である．

$$NaOH \rightleftharpoons Na^+ + OH^- \tag{3.2}$$

この理論はかなり有用であった．しかし，ここで水素イオンは，実際には水和したイオンを指しており，水溶液中に単独で存在するのではなく，水分子と結びついて**オキソニウムイオン**（oxonium ion）H_3O^+ を生成する．また，水酸化物イオンをあらわに含まないアンモニアのような物質も塩基として働くことがある．Arrhenius の理論は，これらの事実をうまく説明できなかった．

3.1.2 Brønsted-Lowry の酸・塩基

1923 年，Brønsted と Lowry は，独立に新しい酸塩基理論を提出した．酸はプロトン（H^+）を供与する物質，塩基はプロトンを受容する物質と定義された．この定義では，塩酸の水溶液中での解離は次のように表される．

$$\begin{array}{cccc} HCl + & H_2O & \rightleftharpoons H_3O^+ + & Cl^- \\ \text{酸 1} & \text{塩基 2} & \text{酸 2} & \text{塩基 1} \end{array} \tag{3.3}$$

すなわち，酸である HCl は塩基である H_2O と反応して，オキソニウムイオンと塩化物イオンを生じる．ここで重要なことは，逆反応があることである．逆反応では，オキソニウムイオンがプロトン供与体であるので酸，塩化物イオンがプロトン受容体であるので塩基となる．HCl と Cl^- とは**共役酸塩基対**（conjugate pair）と呼ばれる．HCl はプロトンを供与する傾向が極めて強い強酸である．その共役塩基である Cl^- は，プロトンを受容する傾向が非常に弱い弱塩基である．H_2O と H_3O^+ も共役酸塩基対である．Brønsted-Lowry の理論は，酸塩基反応を定量的に考察する上でたいへん役に立つ．3.2 節以降で，その詳細を学んでいこう．

3.1.3　Lewis の酸・塩基

1923 年，Lewis はより包括的な酸塩基理論を提案した．この理論では，酸は電子対受容体，塩基は電子対供与体と定義される．Brønsted-Lowry の塩基は，プロトンに対して電子対を供与するので，Lewis の塩基に含まれる．さらに，Lewis 理論では次のような反応も酸塩基反応に含まれる．

$$BF_3 + F^- \rightleftharpoons BF_4^- \tag{3.4}$$
　　酸　塩基

この理論は，金属イオンの錯生成反応を記述する上で有効である．これについては，第 6 章でさらに学ぶ．

3.2　水溶液中の酸塩基平衡

水は生命にとっても分析化学にとっても最も重要な溶媒である．以下では水溶液中の酸塩基反応を中心に考えよう．水は容易にプロトンを放出するプロトン性溶媒（protic solvent）の 1 つであり，それ自身で酸塩基反応を起こす．

$$H_2O + H_2O \rightleftharpoons H_3O^+ + OH^- \tag{3.5}$$

これを**自己プロトリシス**（autoprotolysis）と呼び，H_3O^+ をオキソニウムイオンと呼ぶ．水の活量は 1 とみなせるので，この反応の平衡定数は，

$$K_w = \frac{[H_3O^+][OH^-]}{[H_2O]^2} = [H_3O^+][OH^-] \tag{3.6}$$

である．K_w は**水のイオン積**と呼ばれ，25℃ では $K_w = 1.0 \times 10^{-14}$，37℃ では $K_w = 2.5 \times 10^{-14}$，100℃ では $K_w = 5.5 \times 10^{-13}$ である．

第3章 酸塩基反応

　水はイオンをよく溶かすため，多くの強酸は水溶液中でほぼ完全に解離する．そのため，同じ濃度の HCl 溶液，HNO_3 溶液，$HClO_4$ 溶液は，同じ濃度のオキソニウムイオンを含む溶液となる．本来 HCl，HNO_3，$HClO_4$ は，それぞれ固有の酸としての強さをもつが，水溶液ではその差が失われる．これを**水平化効果**（leveling effect）と呼ぶ．同様に，同じ濃度の NaOH 溶液，KOH 溶液は，同じ濃度の水酸化物イオンを含む溶液となる．

3.3　pH

　酸塩基反応を定量的に取り扱う上で有用なパラメーターが **pH** である．歴史的な理由により，pH は水素イオン指数と呼ばれる．現在は，pH はオキソニウムイオンの活量（activity）$a_{H_3O^+}$ の常用対数にマイナスを付けたものと定義される．

$$\mathrm{pH} = -\log a_{H_3O^+} \tag{3.7}$$

希薄溶液では，$a_{H_3O^+}$ はオキソニウムイオンのモル濃度 $[H_3O^+]$ と等しいとみなしてよい．

$$\mathrm{pH} = -\log[H_3O^+] \tag{3.8}$$

同様に定義される pOH も役に立つ．

$$\mathrm{pOH} = -\log a_{OH^-} \tag{3.9}$$

希薄溶液では，

$$\mathrm{pOH} = -\log[OH^-] \tag{3.10}$$

である．水溶液では，水の自己プロトリシス定数の定義（3.2 節参照）から次の関係が成立する．

$$\mathrm{p}K_w = -\log K_w = \mathrm{pH} + \mathrm{pOH} \tag{3.11}$$

　まず，純粋な水の pH を考えよう．平衡にある溶液では，陽イオンの電荷の総和と陰イオンの電荷の総和は必ず等しくなければならない（**電気的中性**）．純水中に存在するイオンは，オキソニウムイオンと水酸化物イオンのみであるので，

$$[H_3O^+] = [OH^-] \tag{3.12}$$

$$\therefore \quad \mathrm{pH} = \mathrm{pOH} \tag{3.13}$$

25℃では，$pK_w = 14$ であるので，pH = 7 となる．この値を**中性**の pH と呼び，pH < 7 を**酸性**，pH > 7 を**アルカリ性**と呼ぶ．前に述べたように，K_w は温度に依存するので，中性 pH も温度によって変わることに注意しよう．

pHの測定には，ガラス電極が広く用いられている（第11章11.9節参照）．ガラス電極はpH2〜10くらいの測定に適している．しかし，pHはこの範囲に限られるわけではない．例えば，1 mol/L HClはpH = −0.1，10 mol/L HClはpH = −2.0である．このようなHCl濃厚溶液では，水分子が不足して，H_3O^+とCl^-を完全に水和することができない．そのため，H_3O^+とCl^-の活量が著しく増大し，マイナスのpHを与える．

3.4 弱酸と弱塩基

以下では希薄溶液のpHを考えよう．Brønsted-Lowry酸HAの強さは，次式の**酸解離定数**（acid dissociation constant）K_aで表される．

$$HA + H_2O \rightleftharpoons H_3O^+ + A^- \tag{3.14}$$

$$K_a = \frac{[H_3O^+][A^-]}{[HA]} \tag{3.15}$$

同様に，Brønsted-Lowry塩基Bの強さは，次式の**塩基解離定数**（base dissociation constant）K_bで表される．

$$B + H_2O \rightleftharpoons HB^+ + OH^- \tag{3.16}$$

$$K_b = \frac{[HB^+][OH^-]}{[B]} \tag{3.17}$$

溶液のpHを決定するのは，より多く存在する，より強い酸・塩基である．pHの計算にあたって考慮すべき条件は，(1)質量保存，(2)電気的中性，(3)解離定数の3つである．

3.4.1 弱酸または弱塩基の溶液

最初に1つの弱酸のみが存在し，それがpHを決定している場合を考えよう．全濃度（total concentration，または分析濃度 analytical concentration）がC〔mol/L〕である酢酸HOAc溶液では，HOAcは次のように酸解離する．

$$HOAc + H_2O \rightleftharpoons H_3O^+ + AcO^- \tag{3.18}$$

$$K_a = \frac{[H_3O^+][AcO^-]}{[HOAc]} \tag{3.19}$$

25℃では，$pK_a = -\log K_a = 4.75$である．質量保存の条件より，

$$C = [\text{HOAc}] + [\text{AcO}^-] \tag{3.20}$$

電気的中性の条件より，

$$[\text{H}_3\text{O}^+] = [\text{AcO}^-] \tag{3.21}$$

ここで，HOAc は弱酸であるので，$[\text{HOAc}] \gg [\text{AcO}^-]$ が成り立つとすると，

$$K_\text{a} = \frac{[\text{H}_3\text{O}^+]^2}{C} \tag{3.22}$$

$$\therefore\ \text{pH} = \frac{1}{2}(\text{p}K_\text{a} - \log C) \tag{3.23}$$

例えば，0.010 mol/L HOAc の pH は 3.38 となる．答えが得られたら，近似の妥当性を必ず確認しよう．この場合，$[\text{AcO}^-] = 4.2 \times 10^{-4}$ mol/L $\ll [\text{HOAc}] = 0.010$ mol/L であり，近似は妥当である．かなり強い酸で $[\text{HA}] \gg [\text{A}^-]$ が成り立たないときは，

$$K_\text{a} = \frac{[\text{H}_3\text{O}^+]^2}{C - [\text{H}_3\text{O}^+]} \tag{3.24}$$

この式を変形した $[\text{H}_3\text{O}^+]$ についての二次方程式を解くと，

$$[\text{H}_3\text{O}^+] = \frac{-K_\text{a} + \sqrt{K_\text{a}^2 + 4K_\text{a}C}}{2} \tag{3.25}$$

塩基 B の場合も同様に計算できる．C 〔mol/L〕の塩基 B を含む溶液では，$[\text{B}] \gg [\text{HB}^+]$ が成り立つとすると，

$$\text{pOH} = \frac{1}{2}(\text{p}K_\text{b} - \log C) \tag{3.26}$$

$$\therefore\ \text{pH} = \text{p}K_\text{w} - \frac{1}{2}(\text{p}K_\text{b} - \log C) \tag{3.27}$$

3.4.2　塩の溶液

塩（salt）は，Brønsted-Lowry の酸と塩基が反応してできる化合物である．例えば，塩化ナトリウム NaCl は，強酸 HCl と強塩基 NaOH から生成する．NaCl は水溶液で完全に解離して Na^+ と Cl^- を生じる．Na^+ は極めて弱い酸であり，Cl^- は極めて弱い塩基である．NaCl 溶液では，最も強い酸および塩基は H_2O である．したがって，その pH は中性を示す．

一方，弱酸の塩の溶液では，その塩から生じるイオンが pH を支配する．C 〔mol/L〕の酢酸ナトリウム NaOAc を含む溶液を考えよう．NaOAc は，Na^+ と

OAc⁻ に完全に解離する．HOAc の共役塩基である OAc⁻ は弱塩基であり，次のように解離する．

$$\text{OAc}^- + \text{H}_2\text{O} \rightleftharpoons \text{HOAc} + \text{OH}^- \tag{3.28}$$

$$K_b = \frac{[\text{HOAc}][\text{OH}^-]}{[\text{OAc}^-]} \tag{3.29}$$

HOAc と OAc⁻ の解離定数の式(3.19)および式(3.29)より，

$$\text{p}K_w = \text{p}K_a + \text{p}K_b \tag{3.30}$$

この関係は，共役酸塩基に一般的である．したがって，25℃において OAc⁻ の pK_b は 9.25 となる．C mol/L NaOAc 溶液における質量保存の条件は，

$$C = [\text{HOAc}] + [\text{OAc}^-] = [\text{Na}^+] \tag{3.31}$$

電気的中性の条件は，

$$[\text{Na}^+] = [\text{OAc}^-] + [\text{OH}^-] \tag{3.32}$$

である．これら2式から，[HOAc] = [OH⁻] である．また，OAc⁻ は弱塩基であるので，[HOAc] ≪ [OAc⁻] が成り立つとすると，

$$K_b = \frac{[\text{OH}^-]^2}{C} \tag{3.33}$$

$$\therefore \quad \text{pOH} = \frac{1}{2}(\text{p}K_b - \log C) \tag{3.34}$$

例えば，0.010 mol/L NaOAc の pOH は 5.63，よって pH は 8.37 となる．

3.4.3 水の自己プロトリシスが無視できない場合

1つの酸または塩基が pH を支配すると近似できない場合は，関係するすべての酸・塩基の解離平衡を同時に考えなければならない．例として，希薄な C mol/L HCl において，水の自己プロトリシスが無視できない場合を考えよう．質量保存の条件より，

$$C = [\text{HCl}] + [\text{Cl}^-] \tag{3.35}$$

電気的中性の条件より，

$$[\text{H}_3\text{O}^+] = [\text{Cl}^-] + [\text{OH}^-] \tag{3.36}$$

ここで OH⁻ は，水の自己プロトリシスにより生じるものであるので，

$$[\text{H}_3\text{O}^+] = C + \frac{K_w}{[\text{H}_3\text{O}^+]} \tag{3.37}$$

この式を変形して [H₃O⁺] についての二次方程式を解くと，

第3章 酸塩基反応

$$[H_3O^+] = \frac{C + \sqrt{C^2 + 4K_w}}{2} \tag{3.38}$$

よって，$C^2 \gg 4K_w$ が成り立たないときは，水の自己プロトリシスを無視できない．例えば，1.0×10^{-7} mol/L HCl の pH は 6.79 となる．

なお，現実の実験室では空気中の二酸化炭素 CO_2 が酸として働くことに注意しよう．二酸化炭素は，水に溶解し，平衡状態ではおよそ 1×10^{-5} mol/L の炭酸 H_2CO_3 を生じる．この弱酸の酸解離のため，水の pH は 5.6 となる．

3.5 緩衝液

弱酸とその共役塩基が同じくらいの濃度で存在すると，その溶液は**緩衝液**（buffer solution）となる．緩衝液は，そこに少量の酸または塩基が加えられても pH が大きく変化しないという特徴をもつ．例えば，血液などの生体液は緩衝液であり，その作用は生物の恒常性維持に役立っている．

酢酸（HOAc）と酢酸ナトリウム（NaOAc）の緩衝液を考えよう．HOAc と OAc^- は，HOAc の酸解離平衡に従って存在する．

$$HOAc + H_2O \rightleftharpoons H_3O^+ + OAc^- \tag{3.18}$$

$$K_a = \frac{[H_3O^+][OAc^-]}{[HOAc]} \tag{3.19}$$

平衡定数の式を変形すると，次式が得られる．

$$pH = pK_a + \log\frac{[OAc^-]}{[HOAc]} \tag{3.39}$$

緩衝試薬の濃度が高く，水の自己プロトリシスが無視できるとき，質量保存と電気的中性の条件は，

$$C = [HOAc] + [OAc^-] \tag{3.20}$$

$$[Na^+] = [OAc^-] \tag{3.40}$$

であって，これらは pH の束縛条件にならない．緩衝液の pH は，$[HOAc]/[OAc^-]$ 比によって決まる．例えば，$[HOAc] = [OAc^-]$ のとき，pH は pK_a と等しく 4.75 となる．緩衝液を水で希釈しても，$[OAc^-]/[HOAc]$ 比は変化しないので，pH も変化しない．酸または塩基が加えられると，$[OAc^-]/[HOAc]$ 比が変化するので，pH も変化する．しかし，この pH 変化は，非緩衝液に比べて抑えられる．酸また

は塩基が加えられたときの pH の変わりにくさは，pH = pK_a のとき最大となる．

3.6　多塩基酸とその塩

多塩基酸（polyprotic acid）とは，複数のプロトンを放出できる酸である．炭酸やリン酸などは多塩基酸である．これらは段階的に酸解離する．ここではリン酸を例にとって考えよう．

3.6.1　逐次酸解離定数と全酸解離定数

リン酸の酸解離は，以下に定義される**逐次酸解離定数**（stepwise acid dissociation constant）K_{an} で記述できる．

$$H_3PO_4 + H_2O \rightleftharpoons H_3O^+ + H_2PO_4^- \tag{3.41}$$

$$K_{a1} = \frac{[H_3O^+][H_2PO_4^-]}{[H_3PO_4]} = 1.1 \times 10^{-2} \tag{3.42}$$

$$H_2PO_4^- + H_2O \rightleftharpoons H_3O^+ + HPO_4^{2-} \tag{3.43}$$

$$K_{a2} = \frac{[H_3O^+][HPO_4^{2-}]}{[H_2PO_4^-]} = 7.5 \times 10^{-8} \tag{3.44}$$

$$HPO_4^{2-} + H_2O \rightleftharpoons H_3O^+ + PO_4^{3-} \tag{3.45}$$

$$K_{a3} = \frac{[H_3O^+][PO_4^{3-}]}{[HPO_4^{2-}]} = 4.8 \times 10^{-13} \tag{3.46}$$

一般に酸解離が進むと，負電荷の大きい化合物からプロトンを放出することになるので，K_{an} は小さくなる．

リン酸が3つのプロトンを放出する全酸解離反応に対して，**全酸解離定数**（overall acid dissociation constant）K_a を定義する．全酸解離定数は，逐次酸解離定数の積となる．

$$H_3PO_4 + 3H_2O \rightleftharpoons 3H_3O^+ + PO_4^{3-} \tag{3.47}$$

$$K_a = \frac{[H_3O^+]^3[PO_4^{3-}]}{[H_3PO_4]} = K_{a1}K_{a2}K_{a3} = 4.0 \times 10^{-22} \tag{3.48}$$

3.6.2　分　率

リン酸の全濃度は次式のようである．

$$C = [\mathrm{H_3PO_4}] + [\mathrm{H_2PO_4^-}] + [\mathrm{HPO_4^{2-}}] + [\mathrm{PO_4^{3-}}] \tag{3.49}$$

ある化学種の全濃度に対する比を**分率**(fraction)という．この場合，4種の化学種に対してそれぞれの分率が定義される．

$$\alpha_0 = \frac{[\mathrm{H_3PO_4}]}{C} \tag{3.50}$$

$$\alpha_1 = \frac{[\mathrm{H_2PO_4^-}]}{C} \tag{3.51}$$

$$\alpha_2 = \frac{[\mathrm{HPO_4^{2-}}]}{C} \tag{3.52}$$

$$\alpha_3 = \frac{[\mathrm{PO_4^{3-}}]}{C} \tag{3.53}$$

逐次酸解離定数の式を代入して変形すると，分率は逐次酸解離定数とオキソニウムイオン濃度で表される．

$$\alpha_0 = \frac{[\mathrm{H_3O^+}]^3}{[\mathrm{H_3O^+}]^3 + K_{a1}[\mathrm{H_3O^+}]^2 + K_{a1}K_{a2}[\mathrm{H_3O^+}] + K_{a1}K_{a2}K_{a3}} \tag{3.54}$$

$$\alpha_1 = \frac{K_{a1}[\mathrm{H_3O^+}]^2}{[\mathrm{H_3O^+}]^3 + K_{a1}[\mathrm{H_3O^+}]^2 + K_{a1}K_{a2}[\mathrm{H_3O^+}] + K_{a1}K_{a2}K_{a3}} \tag{3.55}$$

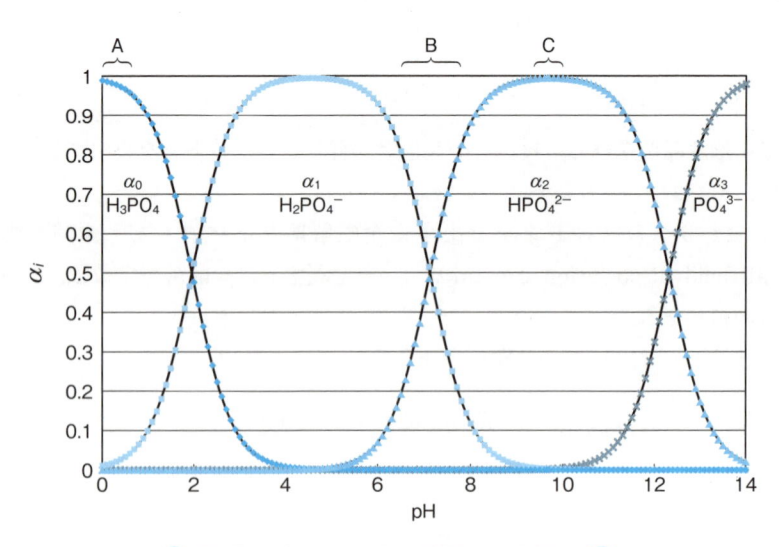

図 3.1　リン酸化学種の分率の pH 依存性

$$\alpha_2 = \frac{K_{a1}K_{a2}[H_3O^+]}{[H_3O^+]^3 + K_{a1}[H_3O^+]^2 + K_{a1}K_{a2}[H_3O^+] + K_{a1}K_{a2}K_{a3}} \tag{3.56}$$

$$\alpha_3 = \frac{K_{a1}K_{a2}K_{a3}}{[H_3O^+]^3 + K_{a1}[H_3O^+]^2 + K_{a1}K_{a2}[H_3O^+] + K_{a1}K_{a2}K_{a3}} \tag{3.57}$$

分率は全濃度には依存しないことに注意しよう．リン酸の分率のpH依存性を図3.1に示す．pHが増加するにつれて，プロトン解離の進んだ化学種の分率が増加する．任意のpHにおいて，主に存在する化学種はせいぜい3つまでであり，近似計算ではその他の化学種は無視できる．

3.6.3 リン酸水溶液

まず，リン酸水溶液のpHを考えよう．これは図3.1ではAの領域に相当する．H_3PO_4を水に溶解した溶液では，主要成分としてH_3PO_4，微量成分として$H_2PO_4^-$が存在する．第二解離以降は無視できる．質量保存より，

$$C = [H_3PO_4] + [H_2PO_4^-] \tag{3.58}$$

電気的中性より，

$$[H_3O^+] = [H_2PO_4^-] \tag{3.59}$$

H_3PO_4はかなり強い酸なので，$[H_3PO_4] \gg [H_2PO_4^-]$は成り立たない．したがって，

$$K_{a1} = \frac{[H_3O^+]^2}{C - [H_3O^+]} \tag{3.60}$$

$$\therefore \quad [H_3O^+] = \frac{-K_{a1} + \sqrt{K_{a1}^2 + 4K_{a1}C}}{2} \tag{3.61}$$

例えば，$0.050\,\mathrm{mol/L}\,H_3PO_4$では，$[H_3O^+] = 1.9 \times 10^{-2}$，pH = 1.72となる．

3.6.4 リン酸緩衝液

リン酸二水素イオン$H_2PO_4^-$とリン酸一水素イオンHPO_4^{2-}を含むリン酸緩衝液は，pH7付近の緩衝液としてよく用いられる．pHガラス電極の校正に用いるpH7標準溶液は，$0.025\,\mathrm{mol/L}\,KH_2PO_4$と$0.025\,\mathrm{mol/L}\,Na_2HPO_4$を含む溶液である．どちらの塩も完全酸解離し，溶液は$0.025\,\mathrm{mol/L}\,H_2PO_4^-$と$0.025\,\mathrm{mol/L}\,HPO_4^{2-}$を含む．これは図3.1ではBの領域に相当する．考えるべきは，リン酸の第二解離平衡であるが，$H_2PO_4^-$のプロトン解離はHPO_4^{2-}の存在によって抑えられ，HPO_4^{2-}のプロトン付加も$H_2PO_4^-$の存在によって抑えられるので，平衡濃度は初

濃度に等しい．溶液の pH は第二解離平衡の緩衝作用の pH を与える式

$$\mathrm{pH} = \mathrm{p}K_{a2} + \log \frac{[\mathrm{HPO_4^{2-}}]}{[\mathrm{H_2PO_4^-}]} \tag{3.62}$$

で求められる．この場合，$[\mathrm{H_2PO_4^-}] = [\mathrm{HPO_4^{2-}}]$ であるので，$\mathrm{pH} = \mathrm{p}K_{a2} = 7.12$ となる．なお，JIS 規格によれば，このリン酸塩標準液は 25℃で pH = 6.86 である．実際には，共存イオン効果により，酸解離が促進されると考えられる．

3.6.5　リン酸一水素二ナトリウムの溶液

最後に C mol/L $\mathrm{Na_2HPO_4}$ を考えよう．これは図 3.1 では C の領域に相当する．主な化学種である $\mathrm{HPO_4^{2-}}$ は，酸としても，塩基としても働く**両性イオン**である．酸としては，

$$\mathrm{HPO_4^{2-}} + \mathrm{H_2O} \rightleftharpoons \mathrm{H_3O^+} + \mathrm{PO_4^{3-}} \tag{3.63}$$

$$K_{a3} = \frac{[\mathrm{H_3O^+}][\mathrm{PO_4^{3-}}]}{[\mathrm{HPO_4^{2-}}]} \tag{3.64}$$

塩基としては，

$$\mathrm{HPO_4^{2-}} + \mathrm{H_2O} \rightleftharpoons \mathrm{OH^-} + \mathrm{H_2PO_4^-} \tag{3.65}$$

$$K_{b2} = \frac{[\mathrm{OH^-}][\mathrm{H_2PO_4^-}]}{[\mathrm{HPO_4^{2-}}]} = \frac{K_w}{K_{a2}} \tag{3.66}$$

である．よって質量保存の条件は，

$$C = [\mathrm{H_2PO_4^-}] + [\mathrm{HPO_4^{2-}}] + [\mathrm{PO_4^{3-}}] = \frac{[\mathrm{Na^+}]}{2} \tag{3.67}$$

電気的中性の条件は，

$$[\mathrm{Na^+}] + [\mathrm{H_3O^+}] = [\mathrm{H_2PO_4^-}] + 2[\mathrm{HPO_4^{2-}}] + 3[\mathrm{PO_4^{3-}}] + [\mathrm{OH^-}] \tag{3.68}$$

これら 2 式より，

$$[\mathrm{H_3O^+}] = -[\mathrm{H_2PO_4^-}] + [\mathrm{PO_4^{3-}}] + [\mathrm{OH^-}] \tag{3.69}$$

$$= -\frac{[\mathrm{HPO_4^{2-}}][\mathrm{H_3O^+}]}{K_{a2}} + \frac{K_{a3}[\mathrm{HPO_4^{2-}}]}{[\mathrm{H_3O^+}]} + \frac{K_w}{[\mathrm{H_3O^+}]} \tag{3.70}$$

これを $[\mathrm{H_3O^+}]$ について解けば，

$$[\mathrm{H_3O^+}] = \sqrt{\frac{K_{a2}K_w + K_{a2}K_{a3}[\mathrm{HPO_4^{2-}}]}{K_{a2} + [\mathrm{HPO_4^{2-}}]}} \tag{3.71}$$

例えば，0.050 mol/L $\mathrm{Na_2HPO_4}$ において，$[\mathrm{HPO_4^{2-}}] = 0.050$ mol/L と近似すると，$[\mathrm{H_3O^+}] = 2.3 \times 10^{-10}$，pH = 9.64 となる．

演習問題

Q.1 Brønsted-Lowry の酸塩基理論は，水以外のプロトン性溶媒にも適用できる．液体アンモニアにおける自己プロトリシス反応を記述せよ．

Q.2 次の温度（1）37℃，（2）100℃における純水の中性 pH を求めよ．ただし，水の自己プロトリシス定数は，37℃では $K_w = 2.5 \times 10^{-14}$，100℃では $K_w = 5.5 \times 10^{-13}$ である．

Q.3 次の溶液の pH を求めよ．ただし，NH_3 の塩基解離定数は $pK_b = 4.76$ とする．
 (1) 0.020 mol/L NH_3
 (2) 0.020 mol/L NH_4Cl
 (3) 0.005 mol/L NH_3 – 0.015 mol/L NH_4Cl 混合溶液

Q.4 次の溶液に 0.010 mol/L HCl 5 mL を加えたときの pH 変化を計算せよ．ただし，酢酸 HOAc の酸解離定数は $pK_a = 4.75$ とする．
 (1) 0.10 mol/L KCl 100 mL
 (2) 0.050 mol/L HAcO – 0.050 mol/L NaAcO 100 mL

Q.5 フタル酸の分率-pH 曲線を作成せよ．ただし，フタル酸の酸解離定数は $pK_{a1} = 2.92$，$pK_{a2} = 5.41$ とする．

Q.6 C mol/L KH_2PO_4 について，$10^{-3} > C > 10^{-5}$ mol/L のとき，
$$pH = \frac{1}{2}(pK_{a1} + pK_{a2})$$
と近似できることを示せ．

参考図書

1. G. D. Christian: Analytical Chemistry, 6th ed., John Wiley & Sons, Hoboken (2004). 和訳，丸善 (2005)
2. D. C. Harris: Quantitative Chemical Analysis, 8th ed., W. H. Freeman and Company, New York (2010)

第4章
酸塩基滴定

本章について

　酸塩基滴定は，Brønsted-Lowry の酸と塩基の中和反応に基づく滴定法である．酸または塩基の定量，および酸解離定数や塩基解離定数の決定に利用される．精確な定量を行うには，滴定曲線を予測し，適切な指示薬を選ぶことが大切である．本章では，さまざまな酸塩基滴定を滴定曲線に基づいて学ぶ．滴定曲線の計算は，酸塩基平衡について理解を深めるのに格好である．

第4章 酸塩基滴定

4.1 強酸と強塩基の滴定

酸塩基滴定（acid-base titration）では，強酸または強塩基の標準液（standard solution）を滴定剤（titrant）として，塩基または酸の試料溶液を滴定する．当量点（equivalent point）では試料の塩基または酸が完全に**中和**（neutralization）される．一般に，滴定の解析には，**滴定曲線**（titration curve）を用いる．酸塩基滴定では，滴定剤の滴下量を横軸に，試料溶液の pH を縦軸にとる．

分析濃度 C_0〔mol/L〕の強酸 HA 溶液 v_0〔mL〕を分析濃度 C_t〔mol/L〕の強塩基 BOH 標準液で滴定する場合を考えよう．HA と BOH は，どちらも完全に解離する．簡単のためオキソニウムイオンを水素イオンとして表すと，滴定反応は以下のようである．

$$H^+ + OH^- \longrightarrow H_2O \tag{4.1}$$

また，簡単のため，pH は次式で与えられるとする．

$$pH = -\log[H^+] \tag{4.2}$$

当量点までは，残存する水素イオンが試料溶液の pH を決定する．BOH 標準液の滴下量を v_t〔mL〕とすると，水素イオン濃度は次式で求められる．

$$[H^+] = \frac{C_0 v_0 - C_t v_t}{v_0 + v_t} \tag{4.3}$$

当量点では，HA に由来する水素イオンはすべて中和されるが，水の自己プロトリシス（第3章3.3節参照）による微量の水素イオンが存在する．したがって，

$$pH = \frac{1}{2} pK_w \tag{4.4}$$

当量点を過ぎると，BOH に由来する過剰の水酸化物イオンが，試料溶液の pH を決定する．

$$[H^+] = K_w \left(\frac{v_0 + v_t}{C_t v_t - C_0 v_0} \right) \tag{4.5}$$

例として，(1) 0.1 mol/L HCl 100 mL を 0.1 mol/L NaOH で滴定した場合，(2)

4.1 強酸と強塩基の滴定

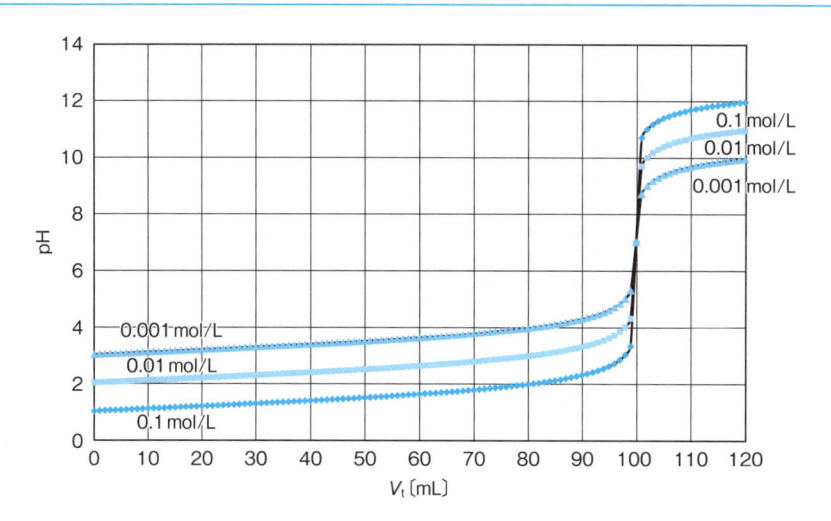

図 4.1　HCl 溶液を同濃度の NaOH 溶液で滴定した場合の滴定曲線

(1) 0.1 mol/L HCl 100 mL を 0.1 mol/L NaOH で滴定した場合，(2) 0.01 mol/L HCl 100 mL を 0.01 mol/L NaOH で滴定した場合，(3) 0.001 mol/L HCl 100 mL を 0.001 mol/L NaOH で滴定した場合．

0.01 mol/L HCl 100 mL を 0.01 mol/L NaOH で滴定した場合，(3) 0.001 mol/L HCl 100 mL を 0.001 mol/L NaOH で滴定した場合の滴定曲線を図 4.1 に示す．25℃では，いずれの場合も当量点の pH は 7.00 である．試料溶液の pH は，当量点付近では，滴定剤を 1 滴加えるだけで著しく変化する．これを pH ジャンプと呼ぶ．このように当量点付近で溶液の性質が急激に変化する場合は，滴定の終点 (end point) の決定は容易であり，また，当量点と終点との誤差を小さくすることができる．試料溶液の強酸濃度が希薄になると，pH ジャンプは小さくなり，精確な定量が難しくなる．

　強塩基の試料溶液を強酸の標準液で滴定する場合も，考え方はまったく同じである．図 4.2 に (1) 0.1 mol/L KOH 100 mL を 0.1 mol/L HCl で滴定した場合，(2) 0.01 mol/L KOH 100 mL を 0.01 mol/L HCl で滴定した場合，(3) 0.001 mol/L KOH 100 mL を 0.001 mol/L HCl で滴定した場合の滴定曲線を示す．これらの滴定曲線は，pH＝7 の直線に関して，図 4.1 の滴定曲線と対称である．

　実際の滴定では，空気中の二酸化炭素 CO_2 が溶解して生成する炭酸 H_2CO_3 が定量の精確さに影響する．目的成分に対して炭酸の量が無視できないときは，溶液を煮沸して炭酸を除く必要がある．

第 4 章　酸塩基滴定

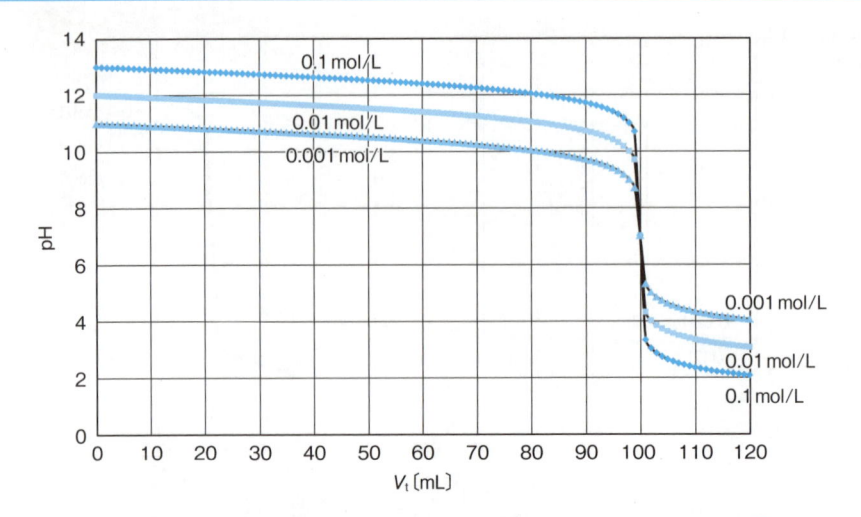

図 4.2　KOH 溶液を同濃度の HCl 溶液で滴定した場合の滴定曲線

(1) 0.1 mol/L KOH 100 mL を 0.1 mol/L HCl で滴定した場合，(2) 0.01 mol/L KOH 100 mL を 0.01 mol/L HCl で滴定した場合，(3) 0.001 mol/L KOH 100 mL を 0.001 mol/L HCl で滴定した場合．

4.2　終点の検出：指示薬

　滴定をとおして滴定剤の滴下量と試料溶液の pH を測定すれば，滴定曲線を描き，当量点を求めることができる．自動滴定装置は，自動ビュレットと pH 電極を用いて，この操作を行う．しかし，当量点を求めることのみを目的として，手作業で滴定を行う場合は，**指示薬**（indicator）を用いるのがふつうである．

　酸塩基滴定の指示薬 HIn は，弱酸または弱塩基であって，非解離型 HIn と解離型 In$^-$ とで色が異なる．指示薬の酸解離は次式で表される．

$$\text{HIn} \rightleftharpoons \text{H}^+ + \text{In}^- \tag{4.6}$$

$$K_a = \frac{[\text{H}^+][\text{In}^-]}{[\text{HIn}]} \tag{4.7}$$

ここで K_a は，指示薬の酸解離定数である．よって，解離型と非解離型との濃度比は，pH に依存する．

$$\text{pH} = pK_a + \log\frac{[\text{In}^-]}{[\text{HIn}]} \tag{4.8}$$

4.3 強塩基による弱酸の滴定

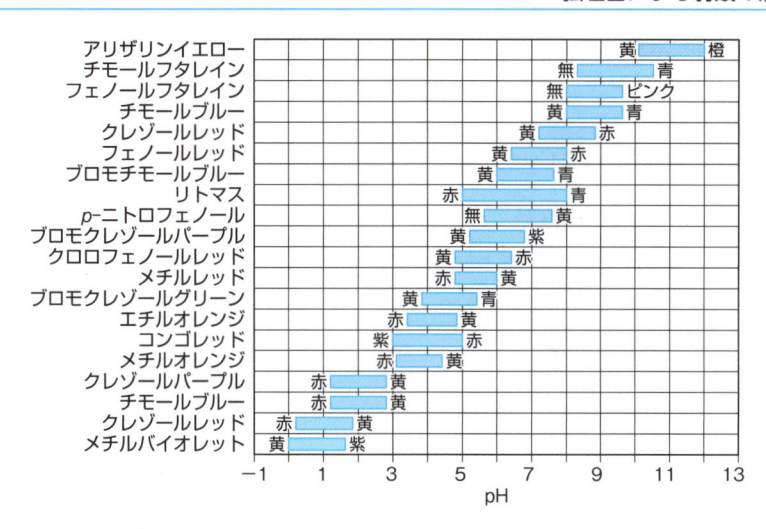

指示薬	酸性色	変色域 pH	塩基性色
アリザリンイエロー	黄	10-12	橙
チモールフタレイン	無	9.3-10.5	青
フェノールフタレイン	無	8.3-10.0	ピンク
チモールブルー	黄	8.0-9.6	青
クレゾールレッド	黄	7.2-8.8	赤
フェノールレッド	黄	6.8-8.4	赤
ブロモチモールブルー	黄	6.0-7.6	青
リトマス	赤	5-8	青
p-ニトロフェノール	無	5.6-7.6	黄
ブロモクレゾールパープル	黄	5.2-6.8	紫
クロロフェノールレッド	黄	4.8-6.4	赤
メチルレッド	赤	4.4-6.2	黄
ブロモクレゾールグリーン	黄	3.8-5.4	青
エチルオレンジ	赤	3.4-4.8	黄
コンゴレッド	紫	3.0-5.0	赤
メチルオレンジ	赤	3.1-4.4	黄
クレゾールパープル	赤	1.2-2.8	黄
チモールブルー	赤	1.2-2.8	黄
クレゾールレッド	赤	0.2-1.8	黄
メチルバイオレット	黄	0-2	紫

● 図 4.3 主な酸塩基指示薬の pH による色の変化 ●

肉眼で指示薬の色の変化を見るとき，$[\mathrm{In}^-]/[\mathrm{HIn}] < 0.1$ では非解離型の色，$[\mathrm{In}^-]/[\mathrm{HIn}] > 10$ では解離型の色が認められると仮定すると，指示薬の変色域は，$\mathrm{pH} = \mathrm{p}K_\mathrm{a} - 1$ から $\mathrm{pH} = \mathrm{p}K_\mathrm{a} + 1$ となる．この変色が起こる点を滴定の終点とする．したがって，精確な滴定を行うためには，当量点の pH を予測し，それに近い $\mathrm{p}K_\mathrm{a}$ をもつ指示薬を選択することが大切である．指示薬の変色域が pH ジャンプの幅の中に含まれることが理想的である．代表的な指示薬とその変色域を図 4.3 に示す．

指示薬は弱酸または弱塩基であるので，それ自身が滴定剤を消費する．指示薬の添加量は，目的成分の量に比べて，無視できるようにすることが望ましい．

4.3 強塩基による弱酸の滴定

分析濃度 C_0〔mol/L〕の弱酸 HA 溶液 v_0〔mL〕を分析濃度 C_t〔mol/L〕の強塩基 BOH 標準液で滴定する場合を考えよう．BOH は完全に解離するが，HA はごく一部しか解離しない．滴定の中和反応は，次式で表される．

$$\mathrm{HA} + \mathrm{OH}^- \longrightarrow \mathrm{H_2O} + \mathrm{A}^- \tag{4.9}$$

すなわち，中和された HA に相当する量の A^- が溶液に生じる．当量点までの試料

溶液のpHは，HAとA$^-$によって支配される．HAの酸解離定数をK_aとすると，滴定開始前の試料溶液のpHは，次式で与えられる（第3章3.4.1項参照）．

$$pH = \frac{1}{2}(pK_a - \log C_0) \tag{4.10}$$

滴定がある程度進んだ段階では，試料溶液はHAとA$^-$をともに含むので，緩衝溶液となる．BOH標準液の滴下量をv_t〔mL〕とすると，次式が成り立つ（第3章3.5節参照）．

$$[HA] = \frac{C_0 v_0 - C_t v_t}{v_0 + v_t} \tag{4.11}$$

$$[A^-] = \frac{C_t v_t}{v_0 + v_t} \tag{4.12}$$

$$pH = pK_a + \log\frac{[A^-]}{[HA]} = pK_a + \log\frac{C_t v_t}{C_0 v_0 - C_t v_t} \tag{4.13}$$

当量点では，試料溶液のpHは内輪で最も強い塩基であるA$^-$の濃度によって決まる（第3章3.4.2項参照）．

$$[A^-] = \frac{C_t v_t}{v_0 + v_t} = \frac{C_0 v_0}{v_0 + v_t} \tag{4.14}$$

$$pH = \frac{1}{2}(pK_w + pK_a + \log[A^-]) = \frac{1}{2}\left(pK_w + pK_a + \log\frac{C_0 v_0}{v_0 + v_t}\right) \tag{4.15}$$

弱酸の滴定では，当量点のpHは，弱酸のpK_a，初濃度，および試料と標準液の体積に依存することに注意しよう．当量点を過ぎた後は，過剰のBOHがpHを決定する．
例として，(1) 0.1 mol/L 酢酸100 mLを0.1 mol/L NaOHで滴定した場合，(2) 0.01 mol/L 酢酸100 mLを0.01 mol/L NaOHで滴定した場合，(3) 0.001 mol/L 酢酸100 mLを0.001 mol/L NaOHで滴定した場合の滴定曲線を図4.4に示す．当量点の半分の量の滴定剤が加えられた点を**半当量点**と呼ぶ．弱酸の滴定では，半当量点のpHはpK_aと等しい．この性質は，弱酸のpK_aの決定に利用される．弱酸の初濃度および滴定剤の濃度が低くなると，当量点のpHが低くなり，また当量点付近でのpHジャンプが小さくなるので，終点の精確な検出が難しくなる．

pK_aの異なる弱酸0.1 mol/L溶液を0.1 mol/L NaOHで滴定した場合の滴定曲線を図4.5に示す．pK_aの増加につれ，当量点のpHが高くなり，当量点付近でのpHジャンプが小さくなる．pK_a>7の弱酸の滴定では，より慎重な指示薬の選択と色調の認識が必要となる．pK_a>9の弱酸では，精確な定量は困難である．

4.3 強塩基による弱酸の滴定

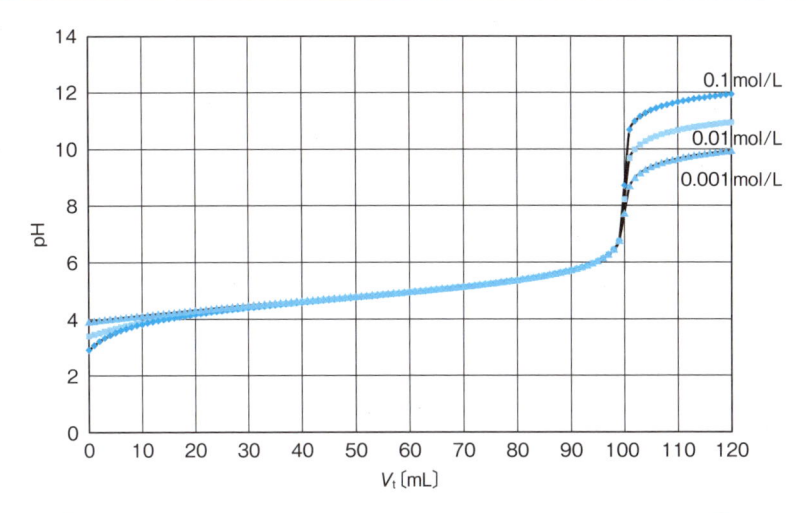

図 4.4 酢酸溶液を同濃度の NaOH 溶液で滴定した場合の滴定曲線

(1) 0.1 mol/L 酢酸 100 mL を 0.1 mol/L NaOH で滴定した場合,(2) 0.01 mol/L 酢酸 100 mL を 0.01 mol/L NaOH で滴定した場合,(3) 0.001 mol/L 酢酸 100 mL を 0.001 mol/L NaOH で滴定した場合.

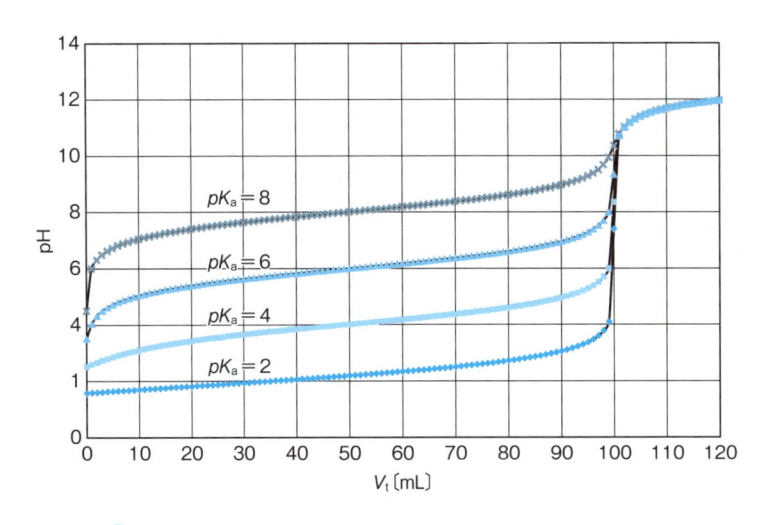

図 4.5 pK_a の異なる弱酸 0.1 mol/L 溶液を 0.1 mol/L NaOH で滴定した場合の滴定曲線

4.4　強酸による弱塩基の滴定

分析濃度 C_0〔mol/L〕の弱塩基 BOH 溶液 v_0〔mL〕を分析濃度 C_t〔mol/L〕の強酸 HA 標準液で滴定する場合を考えよう．考え方は弱酸の滴定と同様である．この場合の中和反応は，次式で表される．

$$BOH + H^+ \longrightarrow H_2O + B^+ \tag{4.16}$$

すなわち，中和された BOH に相当する量の B^+ が溶液に生じる．BOH の塩基解離定数を K_b とすると，滴定開始前の試料溶液の pH は，次式で与えられる（第3章 3.4.1 項参照）．

$$pH = pK_w - \frac{1}{2}(pK_b - \log C_0) \tag{4.17}$$

滴定がある程度進んだ段階では，HA 標準液の滴下量を v_t〔mL〕とすると，次式が成り立つ（第3章 3.5 節参照）．

$$pH = pK_w - pK_b - \log\frac{[B^+]}{[BOH]} = pK_w - pK_b - \log\frac{C_t v_t}{C_0 v_0 - C_t v_t} \tag{4.18}$$

当量点の pH は B^+ の濃度によって決まる（第3章 3.4.2 項参照）．

$$pH = \frac{1}{2}(pK_w - pK_b - \log[B^+]) = \frac{1}{2}\left(pK_w - pK_b - \log\frac{C_0 v_0}{v_0 + v_t}\right) \tag{4.19}$$

当量点を過ぎた後は，過剰の HA が pH を決定する．滴定曲線は，x 軸に平行な直線に関して，図 4.4 および図 4.5 の曲線と対称となる．半当量点の pH は $pK_w - pK_b$ と等しい．弱塩基の初濃度および滴定剤の濃度が低くなると，当量点の pH が高くなり，また当量点付近での pH ジャンプが小さくなる．pK_b の増加につれ，当量点の pH が低くなり，当量点付近での pH ジャンプが小さくなる．

4.5　2 塩基酸の滴定

分析濃度 C_0〔mol/L〕の 2 塩基酸 H_2A 溶液 v_0〔mL〕を分析濃度 C_t〔mol/L〕の強塩基 BOH 標準液で滴定する場合を考えよう．この場合，H_2A と BOH のモル比が 1：1 のところに第一当量点，1：2 のところに第二当量点が現れる．第一当量点までの中和反応は，次式で表される．

$$\mathrm{H_2A + OH^- \longrightarrow H_2O + HA^-} \tag{4.20}$$

第一当量点から第二当量点までの中和反応は，次式で表される．

$$\mathrm{HA^- + OH^- \longrightarrow H_2O + A^{2-}} \tag{4.21}$$

$\mathrm{H_2A}$ の第一および第二酸解離定数をそれぞれ K_{a1} および K_{a2} とすると（第3章 3.6.1項参照），第一当量点までの pH は次式で表される．

$$\mathrm{pH} = \mathrm{p}K_{a1} + \log\frac{[\mathrm{HA^-}]}{[\mathrm{H_2A}]} = \mathrm{p}K_{a1} + \log\frac{C_t v_t}{C_0 v_0 - C_t v_t} \tag{4.22}$$

弱酸の滴定の場合と同様に，第一当量点までの半当量点では，$\mathrm{pH} = \mathrm{p}K_{a1}$ となる．第一当量点では，試料溶液は塩 BHA の溶液となる．$\mathrm{HA^-}$ は両性イオンである．$K_\mathrm{w} \ll K_{a2}[\mathrm{HA^-}]$ および $K_{a1} \ll [\mathrm{HA^-}]$ が成り立つならば，試料溶液の pH は次式で近似できる（第3章3.8.4項参照）．

$$\mathrm{pH} = \frac{1}{2}(\mathrm{p}K_{a1} + \mathrm{p}K_{a2}) \tag{4.23}$$

第一当量点から第二当量点までの pH は次式で表される．

$$\mathrm{pH} = \mathrm{p}K_{a2} + \log\frac{[\mathrm{A^{2-}}]}{[\mathrm{HA^-}]} = \mathrm{p}K_{a2} + \log\frac{C_t v_t - C_0 v_0}{2C_0 v_0 - C_t v_t} \tag{4.24}$$

第二当量点では，試料溶液は塩 $\mathrm{B_2A}$ の溶液となる．pH は次式で与えられる．

$$\mathrm{pH} = \frac{1}{2}(\mathrm{p}K_\mathrm{w} + \mathrm{p}K_{a2} + \log[\mathrm{A^{2-}}]) = \frac{1}{2}\left(\mathrm{p}K_\mathrm{w} + \mathrm{p}K_{a2} + \log\frac{C_0 v_0}{v_0 + v_t}\right) \tag{4.25}$$

一般に $\mathrm{p}K_{a2} - \mathrm{p}K_{a1} > 4$ であれば，第一当量点と第二当量点は十分離れて現れる．炭酸ナトリウム $\mathrm{Na_2CO_3}$ は，酸塩基滴定の一次標準物質（primary standard）であり，塩酸 HCl や硫酸 $\mathrm{H_2SO_4}$ 標準液の標定（standardization）に用いられる．この標定の滴定曲線も，上記と同様にして計算できる．0.1 mol/L $\mathrm{Na_2CO_3}$ 標準液 50 mL を 0.1 mol/L HCl で滴定した場合の滴定曲線を**図 4.6** に示す．第一および第二当量点の pH は，それぞれ次のとおりである．

$$\mathrm{pH} = \frac{1}{2}(\mathrm{p}K_{a1} + \mathrm{p}K_{a2}) \tag{4.26}$$

$$\mathrm{pH} = \frac{1}{2}\left(\mathrm{p}K_{a1} - \log\frac{C_0 v_0}{v_0 + v_t}\right) \tag{4.27}$$

第一当量点の検出には，フェノールフタレインが用いられる．第二当量点の検出には，メチルオレンジが用いられる．しかし，いずれの終点もあまり鋭敏でない．これは，$\mathrm{HCO_3^-}$ と $\mathrm{H_2CO_3}$ の緩衝作用により，当量点付近の pH 変化が鈍るからで

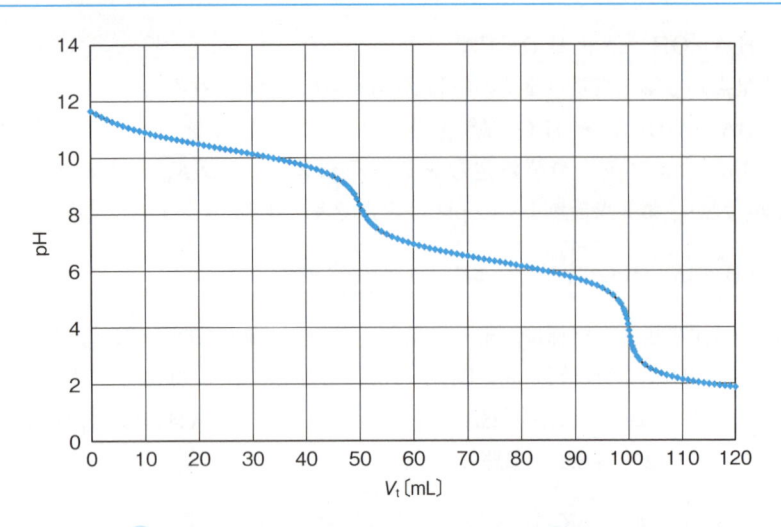

図 4.6　0.1 mol/L Na_2CO_3 標準液 50 mL を 0.1 mol/L HCl で滴定した場合の滴定曲線

ある．精確に標定するためには，第二当量点近くで溶液を煮沸し，H_2CO_3 を CO_2 として揮発させ，HCO_3^- のみを含む溶液とする．そして，ブロモクレゾールグリーンまたはメチルレッドを指示薬として終点を求める．

4.6　多塩基酸の滴定

3 塩基酸や 4 塩基酸の滴定は，2 塩基酸の滴定と同じように考えられる．$pK_{ai+1} - pK_{ai} > 4$ であれば，第 i 当量点と第 $i+1$ 当量点を区別して検出できる可能性がある．実際には，pK_{a1} が小さすぎる，pK_{ai+1} と pK_{ai} が近すぎる，pK_{amax} が大きすぎるなどの理由で，すべての当量点を正しく求めることは難しい．

4.7　酸または塩基の混合物の滴定

pK_a が 4 以上異なる複数の酸が試料に含まれるとき，酸塩基滴定によりこれらを個別に定量することができる．pK_b が 4 以上異なる複数の塩基が試料に含まれると

きも同様である．

例として，0.2 mol/L NaOH と 0.3 mol/L NH_3 を含む試料 20 mL を 0.1 mol/L HCl 標準液で滴定した場合の滴定曲線を図 4.7 に示す．この試料溶液では，NaOH の解離のため，NH_3 の解離は抑えられている．そのため，第一当量点までは，NaOH が優先的に中和される．第一当量点での HCl 標準液の滴下量を v_1〔mL〕とすると，試料に含まれる NaOH の分析濃度は，次式で表される．

$$C_{NaOH} = \frac{0.1 \times v_1}{20} \tag{4.28}$$

第一当量点では，試料溶液は NaCl と NH_3 の混合溶液であり，その pH は NH_3 に支配される．第一当量点から第二当量点までに加えられた HCl は，NH_3 の中和に消費される．第二当量点での HCl 標準液の滴下量を v_2〔mL〕とすると，試料に含まれる NH_3 の分析濃度は，次式で表される．

$$C_{NH_3} = \frac{0.1 \times (v_2 - v_1)}{20} \tag{4.29}$$

第二当量点では，試料溶液は NaCl と NH_4Cl の混合溶液であり，その pH は NH_4^+ に支配される．

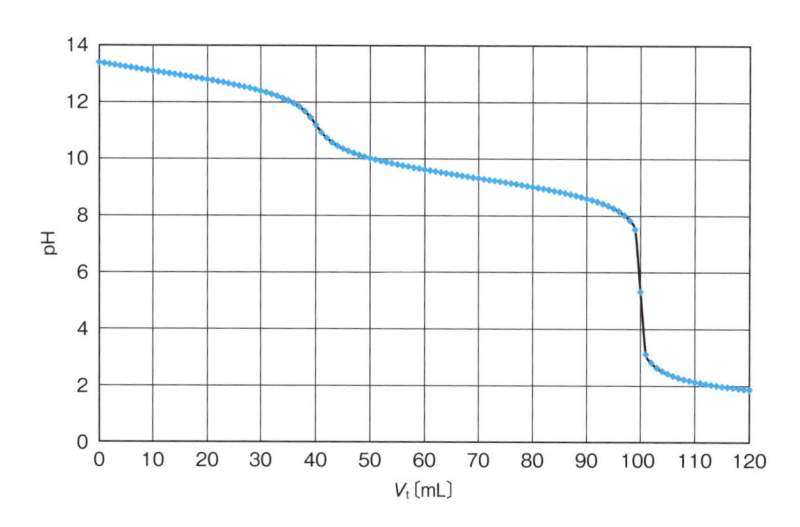

図 4.7　0.2 mol/L NaOH と 0.3 mol/L NH_3 を含む試料 20 mL を 0.1 mol/L HCl 標準液で滴定した場合の滴定曲線

第4章 酸塩基滴定

演習問題

Q.1 酸塩基滴定では，強酸または強塩基を滴定剤に用いる．弱酸または弱塩基は，滴定剤に用いない．この理由を説明せよ．

Q.2 0.010 mol/L KOH 100 mL を 0.010 mol/L HCl 標準液で滴定する．次の滴下量における試料溶液の pH を求めよ．
(1) 0 mL
(2) 50 mL
(3) 99.9 mL
(4) 100 mL
(5) 100.1 mL
(6) この滴定に適した指示薬は何か．

Q.3 0.010 mol/L 乳酸 100 mL を 0.010 mol/L NaOH 標準液で滴定する．次の滴下量における試料溶液の pH を求めよ．ただし，乳酸の酸解離定数は pK_a = 3.85 とする．
(1) 0 mL
(2) 50 mL
(3) 100 mL
(4) この滴定に適した指示薬は何か．

Q.4 0.010 mol/L ヒドラジン 100 mL を 0.010 mol/L HCl 標準液で滴定する．次の滴下量における試料溶液の pH を求めよ．ただし，ヒドラジンの塩基解離定数は pK_b = 5.89 とする．
(1) 0 mL
(2) 50 mL
(3) 100 mL
(4) この滴定に適した指示薬は何か．

演 習 問 題

Q.5 あるアミノ酸の塩酸塩 $H_3NCHRCOOH \cdot Cl$ 0.6278 g を純水 100.00 mL に溶解し，0.1000 mol/L NaOH 標準液で滴定した．第一当量点における NaOH 標準液の滴下量は 50.00 mL，試料溶液の pH は 6.12 であった．第二当量点における試料溶液の pH は 11.14 であった．
(1) 第二当量点における NaOH 標準液の滴下量はいくらか．
(2) このアミノ酸の分子量を求めよ．
(3) このアミノ酸の第一および第二酸解離定数を求めよ．
(4) このアミノ酸は何か．

Q.6 亜硝酸と硝酸を含む試料溶液 10.00 mL を 0.1000 mol/L NaOH 標準液で滴定した．第一当量点と第二当量点における NaOH 標準液の滴下量は，それぞれ 14.54 mL と 37.29 mL であった．
(1) 元の試料溶液の亜硝酸と硝酸の濃度を求めよ．
(2) 第一および第二当量点の pH を求めよ．ただし，亜硝酸の酸解離定数は $pK_a = 3.29$ とする．

参考図書

1. G. D. Christian: Analytical Chemistry, 6th ed., John Wiley & Sons, Hoboken（2004）．和訳，丸善（2005）
2. D. C. Harris: Quantitative Chemical Analysis, 8th ed., W. H. Freeman and Company, New York（2010）

第 5 章
酸化還元反応と滴定

本章について

　酸化還元反応を用いる滴定を，酸化還元滴定という．量が未知の分析対象と既知の滴定剤との当量関係を用いて分析対象を定量しようとする点では，前章の酸塩基滴定と同じである．酸塩基滴定においては，当量点の付近で溶液の pH が大きく変化する，ということを利用して終点を決定できた．酸化還元滴定においても，酸塩基滴定における pH に相当するような，反応の進行度合と滴定の終点を指示するのに利用できる特性値が必要である．その特性値は，酸化還元電位と呼ばれるものである．

　酸化還元電位はその名が示すとおりボルト〔V〕の単位をもち，本来はある種の電極についての平衡電位を表すが，均一溶液中における酸化還元反応の平衡状態を記述するのにも便利であるため，広く用いられている．すなわち酸化還元滴定においては，当量点の付近で酸化還元電位が大きく変化することを利用して終点を決定できる．本章では，均一溶液中における酸化還元平衡，ならびに酸化還元滴定についてのみ記述し，酸化還元電位の物理化学的な意味などは第 10 章で詳しく述べる．

第5章

酸化還元反応と滴定

5.1 酸化還元反応の化学量論

酸化反応は反応物が電子を失う反応，還元反応は反応物が電子を受けとる反応である．反応式を一般的に書くと，

$$\text{Red} - n\text{e}^- = \text{Ox} \quad (酸化反応) \tag{5.1}$$

または

$$\text{Ox} + n\text{e}^- = \text{Red} \quad (還元反応) \tag{5.2}$$

となる．ここで Ox は酸化体，Red は還元体を表し，n は反応に関与する電子数である．また Red/Ox の組を**酸化還元対**（redox couple）と呼ぶ．式中の e^- は電子であるが，溶液中では遊離の状態で安定に存在しないので，式(5.1)，式(5.2) のような酸化反応または還元反応がそれぞれ単独に起こることはない．均一溶液中の酸化還元反応は，必ず二組の酸化還元対により構成され，遊離の電子を生じないよう一方が酸化されるときに他方が還元される．すなわち，一方の酸化還元対を Red1/Ox1（電子数 n_1），他方の酸化還元対を Red2/Ox2（電子数 n_2）と書くと，

$$\text{Red1} - n_1\text{e}^- = \text{Ox1} \tag{5.3}$$

$$\text{Ox2} + n_2\text{e}^- = \text{Red2} \tag{5.4}$$

であるから，$n_2 \times$ 式(5.3) + $n_1 \times$ 式(5.4) より酸化還元反応式は

$$n_2\text{Red1} + n_1\text{Ox2} = n_2\text{Ox1} + n_1\text{Red2} \tag{5.5}$$

となる．式(5.3)，式(5.4) のような式中に e^- を含む反応式は，完全な酸化還元反応式(5.5) の半分を構成するため，半反応式と呼ばれる．

酸化還元滴定（redox titration）においては，一方の酸化還元対が分析対象，他方が滴定剤である．すなわち，分析対象が酸化されるときには滴定剤が還元され，分析対象が還元されるときには滴定剤が酸化される．式(5.5) において Red1 と Ox2 のモル比が化学量論係数のとおり $n_2 : n_1$ となるように滴定剤が添加されたところが当量点である．式(5.5) の平衡が十分右に偏っていれば Red1 と Ox2 の濃度は当量点でともにゼロに近くなるが，もちろん正確にゼロになるのではない．

5.2　反応の平衡定数の計算：当量点電位の計算

酸化還元反応の平衡を定量的に取り扱うために，**酸化還元電位**（redox potential）E_{eq} という特性値を導入する．E_{eq} は以下の Nernst 式と呼ばれる式によって表される．さしあたっては，このような値でその酸化還元対の酸化または還元されやすさを定量的に記述できると考えてよい（詳細は第 10 章参照）．

$$E_{eq} = E° + \frac{RT}{nF}\ln\left(\frac{[\text{Ox}]}{[\text{Red}]}\right)_{eq} \tag{5.6}$$

ここで $E°$ は**標準酸化還元電位**（standard redox potential）と呼ばれる酸化還元対に固有の定数，R は気体定数，T は絶対温度，F は Faraday 定数である．すなわち E_{eq} は，その酸化還元対に固有の酸化還元されやすさと，酸化体・還元体の濃度比とによって決まり，E_{eq} がより正になるほどその酸化還元対が還元されやすい状態，負になるほど酸化されやすい状態にあることを示している．**表 5.1** に，酸化還元滴定でよく使われる酸化還元対の $E°$ を示す．なお，酸化還元電位と濃度の添え字 eq は平衡状態での値であることを表すが，以降の議論において平衡状態であることが明らかな場合にはこれを省略する．

溶液中において，2 つの酸化還元対から構成される酸化還元反応が平衡状態にあるときには，それらの E が等しくなる．すなわち，式(5.5) が平衡状態にあると

表 5.1　主な酸化還元対の $E°$（25℃）

半反応式	$E°$ 〔V〕
$Ce^{4+} + e^- = Ce^{3+}$	1.70※
$MnO_4^- + 8H^+ + 5e^- = Mn^{2+} + 4H_2O$	1.51
$Cr_2O_7^{2-} + 14H^+ + 6e^- = 2Cr^{3+} + 7H_2O$	1.33
$2IO_3^- + 12H^+ + 10e^- = I_2 + 6H_2O$	1.20
$Fe^{3+} + e^- = Fe^{2+}$	0.771
$C_6H_4O_2(\text{quinone}) + 2H^+ + 2e^- = C_6H_4(OH)_2$	0.699
$O_2 + 2H^+ + 2e^- = H_2O_2$	0.682
$I_3^- + 2e^- = 3I^-$	0.5355
$Sn^{4+} + 2e^- = Sn^{2+}$	0.154
$S_4O_6^{2-} + 2e^- = 2S_2O_3^{2-}$	0.08
$2CO_2(g) + 2H^+ + 2e^- = H_2C_2O_4$	−0.49

※ 1 mol/L $HClO_4$ 中の形式酸化還元電位

【出典】G. D. Christian: Analytical Chemistry, 6th ed., pp. 808-809, Wiley(2004), Table C.5 より抜粋

第 5 章　酸化還元反応と滴定

きには，

$$E = E°_1 + \frac{RT}{n_1 F} \ln \frac{[\text{Ox1}]}{[\text{Red1}]} \tag{5.7}$$

$$= E°_2 + \frac{RT}{n_2 F} \ln \frac{[\text{Ox2}]}{[\text{Red2}]} \tag{5.8}$$

移項すると，

$$E°_2 - E°_1 = \frac{RT}{n_1 n_2 F} \ln \frac{[\text{Ox1}]^{n_2}[\text{Red2}]^{n_1}}{[\text{Red1}]^{n_2}[\text{Ox2}]^{n_1}} \tag{5.9}$$

となり，右辺の対数中の濃度比は，この反応の平衡定数 K である．よって $E°_1$，$E°_2$ と K との間には以下の関係が成り立つ．

$$n_1 n_2 F(E°_2 - E°_1) = RT \ln K \Leftrightarrow K = \exp\left[\frac{n_1 n_2 F}{RT}(E°_2 - E°_1)\right] \tag{5.10}$$

このように K は $E°_1$, $E°_2$ の差と n_1, n_2 によって決定される．熱力学的パラメーターと関連付ければ，$n_1 n_2 F(E°_2 - E°_1)$ は式(5.5)の標準反応 Gibbs エネルギーの逆符号に等しい．酸化還元滴定においては，電位差 $E°_2 - E°_1$ の値が正に大きくなるよう滴定剤を選択することによって，式(5.5)の平衡を十分右へ偏らせることができる．

K は定数であるからもちろん滴定をとおして変化しないが，E は滴定剤を加えるごとに変化する．例えば被酸化物質の分析対象 Red1 を酸化剤 Ox2 で滴定することを考えると，滴定を始める前は溶液に Red1 しか存在しないため，E は極めて負の値（式(5.7)より理論的には $-\infty$）であるが，滴定剤を加えて Ox1 が生成するにつれ E はしだいに正の値となり，Red1 と Ox1 の濃度が等しくなる（半当量点という）とき E は $E°_1$ に等しくなる．さらに滴定剤を加え当量点に近づくと，Red1 がゼロに近づくため E は急激に正に変化する．この急激な E の変化を何らかの方法で検出できれば，当量点を知ることができ，Red1 を定量することができる．以下で，当量点電位 E_{equiv} を計算してみよう．

生成物 Ox1 および Red2 の初濃度（滴定前の濃度）がいずれもゼロと見なせるならば，

$$\frac{[\text{Ox1}]}{[\text{Red2}]} = \frac{n_2}{n_1} \Leftrightarrow n_1[\text{Ox1}] = n_2[\text{Red2}] \tag{5.11}$$

式(5.11)は滴定のどの段階においても成り立つ．また，当量点においては，

$$\frac{[\text{Red1}]}{[\text{Ox2}]} = \frac{n_2}{n_1} \Leftrightarrow n_1[\text{Red1}] = n_2[\text{Ox2}] \tag{5.12}$$

も成り立つ．これらより式(5.7)の［Ox1］および［Red1］を消去すると，

$$E_{\text{equiv}} = E°_1 + \frac{RT}{n_1 F} \ln \frac{[\text{Red2}]}{[\text{Ox2}]} \tag{5.13}$$

$n_1 \times$ 式(5.13) $+ n_2 \times$ 式(5.8) より，濃度比の項が消去でき，

$$n_1 E_{\text{equiv}} + n_2 E_{\text{equiv}} = n_1 E°_1 + n_2 E°_2 \Leftrightarrow E_{\text{equiv}} = \frac{n_1 E°_1 + n_2 E°_2}{n_1 + n_2} \tag{5.14}$$

このように E_{equiv} は分析対象および滴定剤の濃度に依存せず，$E°_1$ と $E°_2$ の重み付き平均値に等しくなる．ただし，酸化還元反応に伴って二量体の生成・開裂などが起こり，Ox と Red の化学量論係数が変わるような酸化還元対（$Cr^{3+}/Cr_2O_7^{2-}$, I^-/I_3^-, $S_2O_3^{2-}/S_4O_6^{2-}$ など）では，Nernst 式中の濃度比にその係数が指数として加わるため，上のような計算で濃度比の項を消去することができない．このとき E_{equiv} は濃度に依存する．また，複数の被酸化物質を1つの酸化剤で滴定するときのように，3つ以上の半反応が酸化還元平衡に関与する場合も，E_{equiv} は濃度に依存する．

式(5.14)から，当量点付近で E が変化する程度を見積ることができる．1つの目安として，半当量点から当量点まで（被酸化物質の分析対象 Red1 を酸化剤 Ox2 で滴定する場合）の E の変化を計算すると，

$$E_{\text{equiv}} - E°_1 = \frac{n_2 (E°_2 - E°_1)}{n_1 + n_2} \tag{5.15}$$

となるので，反応に関与する電子数がより多く，かつ $E°_2 - E°_1$ がより大きくなるような滴定剤を選んだときほど当量点付近での E の変化がより急になり，滴定に有利であることが分かる．MnO_4^- や $Cr_2O_7^{2-}$ が滴定剤として多用されるのは，これらの条件をよく満たすからである．

5.3 酸化還元滴定曲線

酸化還元滴定の滴定曲線は，加えた滴定剤の体積に対して酸化還元電位をプロットしたものである．ここでも被酸化物質の分析対象 Red1 を酸化剤 Ox2 で滴定する場合を例として，その滴定曲線の式を求めてみよう．

まず，それぞれの還元体と酸化体の濃度の和を ［Red1］+［Ox1］= C_1，［Red2］+［Ox2］= C_2，Red1 の初濃度を $C°_1$，滴定剤の濃度を $C°_2$ とおく．Ox1 および Red2

の初濃度はいずれもゼロとする．Nernst 式(5.7)，式(5.8) を変形して，

$$[\text{Ox1}] = \frac{e_1}{1+e_1} C_1, \quad e_1 = \exp\left[\frac{n_1 F}{RT}(E - E°_1)\right] \tag{5.16}$$

$$[\text{Red2}] = \frac{1}{1+e_2} C_2, \quad e_2 = \exp\left[\frac{n_2 F}{RT}(E - E°_2)\right] \tag{5.17}$$

また，滴定開始前の試料溶液の体積を V_1，加えた滴定剤の体積を V_2 とおくと，

$$C_1 = \frac{V_1}{V_1 + V_2} C°_1 \tag{5.18}$$

$$C_2 = \frac{V_2}{V_1 + V_2} C°_2 \tag{5.19}$$

であるから，式(5.16)〜(5.19) を式(5.11) に代入して，

$$\frac{e_1}{1+e_1} n_1 C°_1 V_1 = \frac{1}{1+e_2} n_2 C°_2 V_2 \tag{5.20}$$

これが E と V_2 との関係を表す滴定曲線の式である．しかしこのままでは E について解くのが煩雑なので，以下の 2 つの極端な場合について近似的に解く．
(a) $E \ll E°_2$ のとき

$1/(1+e_2) \approx 1$ と近似できるので，式(5.20) は E について簡単に解くことができ，

$$E = E°_1 + \frac{RT}{n_1 F} \ln \frac{\frac{n_2}{n_1} C°_2 V_2}{C°_1 V_1 - \frac{n_2}{n_1} C°_2 V_2} \tag{5.21}$$

対数の中の分子は Ox1 の，分母は Red1 のモル数を表しており，この式は分析対象についての Nernst 式(5.7) と同じである．
(b) $E \gg E°_1$ のとき

$e_1/(1+e_1) \approx 1$ と近似できるので，式(5.20) は E について簡単に解くことができ，

$$E = E°_2 + \frac{RT}{n_2 F} \ln \frac{C°_2 V_2 - \frac{n_1}{n_2} C°_1 V_1}{\frac{n_1}{n_2} C°_1 V_1} \tag{5.22}$$

対数の中の分子は Ox2 の，分母は Red2 のモル数を表しており，この式は滴定剤についての Nernst 式(5.8) と同じである．

「2 つの極端な場合」と述べたが，実際の酸化還元滴定では，平衡を偏らせ当量点付近での E の変化を急にするために，$E°_1$ と $E°_2$ の差を十分大きくとる．そのた

め，当量点前のほとんどの領域で条件 (a) $E \ll E°_2$ が，また当量点後のほとんどの領域で条件 (b) $E \gg E°_1$ が成り立つ．したがって，酸化還元滴定曲線は近似的に，式(5.21)（当量点前），式(5.14)（当量点），式(5.22)（当量点後）を滑らかにつなぎ合わせたものと考えることができる．

図 5.1 は，表計算ソフト（エクセル）を用いて，$n_1 = n_2 = 1$, $E°_2 - E°_1 = 0.5\,\mathrm{V}$ のときの式 (5.20) に基づく理論曲線と，式(5.21)，式(5.14)，式(5.22) に基づく近似曲線とを描いたものである．式(5.20) は E について解くのが煩雑なので，逆に V_2 について解き，適当な間隔で E を変化させて曲線を得ている．図から明らかなように，$E°_1$ と $E°_2$ の差が十分大きいときは，理論曲線と近似曲線がほぼ一致する（演習問題 3 参照）．

先にも述べたように，酸化還元反応に伴って Ox と Red の化学量論係数が変わるような酸化還元対（$Cr^{3+}/Cr_2O_7^{2-}$，I^-/I_3^-，$S_2O_3^{2-}/S_4O_6^{2-}$ など）では，Nernst 式中の濃度比にその係数が指数として加わるため，滴定曲線の式は複雑になる．また 3 つ以上の半反応が酸化還元平衡に関与する場合も，滴定曲線の式は複雑になる．これらの滴定曲線は，紙面の都合上省略する．

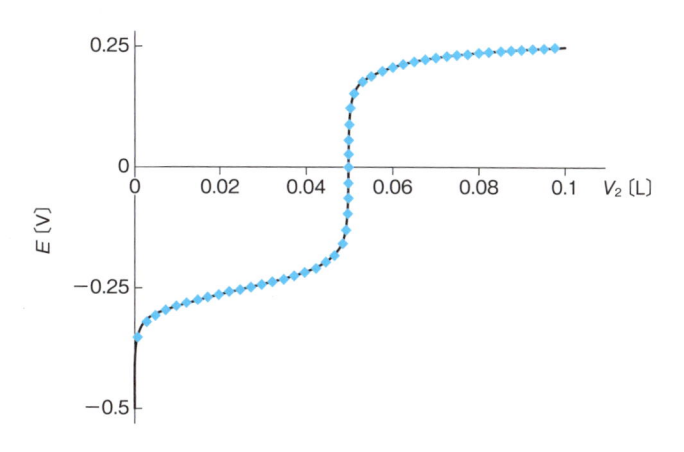

図 5.1　酸化還元滴定曲線

$n_1 = n_2 = 1$, $E°_1 = -0.25\,\mathrm{V}$, $E°_2 = +0.25\,\mathrm{V}$, $V_1 = 0.05\,\mathrm{L}$, $C°_1 = C°_2 = 0.1\,\mathrm{mol/L}$. 黒の実線は式(5.20)に基づく理論曲線，青の点は式(5.21)，式(5.14)，式(5.22) に基づく近似曲線．

5.4 終点の目視検出：指示薬

酸塩基滴定の場合には，当量点の pH の付近で明瞭に変色する指示薬を用いることで終点を決定することができた．これと同様に酸化還元滴定においても，当量点電位の付近に $E°$ をもち，その前後で明瞭に変色する酸化還元物質を指示薬として用いれば終点を決定できる．代表的な酸化還元指示薬とその $E°$ を表 5.2 に示す．

ただし，酸化還元滴定の滴定剤は，それ自身が強い色を示すことも多い．その場合，滴定剤そのものの色の変化により終点を決定することもできる．次の 5.5.1 項で述べる過マンガン酸滴定はその例である．

表 5.2 酸化還元滴定に用いられる指示薬

指示薬	変色点の酸化還元電位 V (pH 0)	還元体の色	酸化体の色	調製法
インジゴスルホン酸	+0.29	無	青	0.05％カリウム塩水溶液
メチレンブルー	+0.53	無	緑青	0.05％塩化物水溶液
ジフェニルアミン	+0.76	無	紫	1％ conc.H_2SO_4 溶液
エリオグラウシン A	+1.00	緑	赤	0.1％水溶液
p-ニトロジフェニルアミン	+1.06	無	紫	0.1％水溶液
トリス(1,10-フェナントロリン)鉄(Ⅱ)錯体	+1.14	赤	薄青	1,10-フェナントロリン 1.49g，$FeSO_4 \cdot 7H_2O$ 0.70g を 100mL に溶解
トリス(5-ニトロ-1,10-フェナントロリン)鉄(Ⅱ)錯体	+1.25	赤	薄青	5-ニトロ-1,10-フェナントロリン 1.69g，$FeSO_4 \cdot 7H_2O$ 0.70g を 100mL に溶解

【出典】日本分析化学会 編：改訂六版 分析化学便覧，丸善出版（2011），表 8.111

5.5 酸化還元滴定

原理的にはすべての酸化還元物質が酸化還元滴定の滴定剤として利用可能であるが，純度の高いものが安価に得られるかどうか，長期間安定に保存できるかどうか，といった制約により，一般に広く用いられる滴定剤の種類はそれほど多くない．また酸塩基滴定と同様，水以外の溶媒も用いられるが，有機溶媒の種類によっては滴定剤と反応してしまうこともあるため，注意が必要である．ここでは，よく行われる酸化還元滴定の例として，過マンガン酸滴定とヨウ素滴定の 2 つを取り上げる．

5.5.1 過マンガン酸滴定

MnO_4^- イオンを滴定剤として用いる酸化還元滴定を**過マンガン酸滴定**(permanganate titration) と呼ぶ．以下にその半反応式を示す．

$$MnO_4^- + 8H^+ + 5e^- = Mn^{2+} + 4H_2O \tag{5.23}$$

この反応の $E°$ は $+1.51\,V$ と極めて正であるため，MnO_4^- は強い酸化剤である．多くの有機化合物を含むたいていの被酸化物質はこれによって酸化できるので，適用範囲が広い．とくに環境分析の分野では，採取した環境水を過マンガン酸滴定することにより，被酸化物質の総量を求めることがよく行われる．このとき得られる滴定値を当量酸素量〔mgO_2/L〕に換算したものは**化学的酸素要求量**(chemical oxygen demand：COD) と呼ばれる．COD は主に環境水中の有機化合物の量で決まるので，人間活動による環境汚染の程度を示す指標となる．

過マンガン酸滴定にはいくつか注意を要する点がある．まず，当量点付近での E の変化をより急にするために酸性溶液中で反応を行わせる必要がある（演習問題 2 参照）．多くの場合，$0.5\,mol/L$ 程度の硫酸溶液が用いられる．塩酸や硝酸はそれらが酸化還元反応に関与するおそれがあるため通常は使用しない．また，先の 5.4 節でも述べたように，MnO_4^- イオンは極めて濃い紫色を呈する一方，生成物の Mn^{2+} イオンはほぼ無色であるため，指示薬を用いなくても滴定剤自身の色の変化で終点を決定できる．当量点までは MnO_4^- イオンが消費され無色であるが，当量点をわずかに過ぎると希薄 MnO_4^- 溶液の薄桃色を呈するようになる．厳密には，薄桃色を呈した時点で当量点を超えているので，必要に応じてブランク測定（被酸化物質なしでの測定）をし，その値を引くことも行われる．

被酸化物質と MnO_4^- イオンとの酸化還元反応は酸塩基反応ほどには速くないので，反応速度を上げる目的で試料溶液を 70℃ 程度まで加熱して行うことが多い．ただしそれ以上の温度に加熱すると副反応を生じやすくなる．また分析対象が有機化合物などの場合には，加熱によって分析対象が揮発あるいは分解して失われることもあるので，より低い温度のほうがよい場合もある．いずれにしても，滴定がある程度進むと生成した Mn^{2+} イオンが触媒として働くので，反応速度は滴定の進行とともにより速くなる．しかし当量点に近づくと被酸化物質の濃度がゼロに近づくので，反応速度はまた遅くなる．そのため，終点の決定においては，MnO_4^- イオンの薄桃色がしばらく（目安として 15 秒程度）消えないことを確かめなければならない．

5.5.2 ヨウ素滴定

ヨウ素 I_2 を用いる酸化還元滴定を一般に**ヨウ素滴定**と呼ぶ．I_2 は 2 電子還元されて I^- を生じる．

$$I_2 + 2e^- = 2I^- \tag{5.24}$$

I_2 は水への溶解度が低いため，水溶液を用いる滴定では I^- を多量に加えることで三ヨウ化物イオン I_3^- として溶解させる．このとき半反応式は

$$I_3^- + 2e^- = 3I^- \tag{5.25}$$

となる．この半反応の $E°$ は $+0.536\,\mathrm{V}$ であるため，MnO_4^- と比較すると I_3^- はより弱い酸化剤である．したがってヨウ素滴定は，過マンガン酸滴定では酸化が進みすぎて定量性が得られにくい場合などに有用である．例えば，アスコルビン酸（ビタミンC）は 2 電子酸化されてデヒドロアスコルビン酸を生じるが，アスコルビン酸を過マンガン酸滴定しようとすると生成物であるデヒドロアスコルビン酸もさらに酸化され定量性が得られにくいのに対し，ヨウ素滴定では反応が定量的に進行するので，アスコルビン酸の定量にはヨウ素滴定の方が適している（演習問題 4 参照）．

ヨウ素滴定は，滴定剤の選び方によって 2 種類に大別される．1 つ目は I_3^- を滴定剤とする方法，2 つ目はチオ硫酸イオン $S_2O_3^{2-}$ を滴定剤とし，それと I_3^- との反応，すなわち

$$I_3^- + 2S_2O_3^{2-} = 3I^- + S_4O_6^{2-} \tag{5.26}$$

を利用する方法である．前者を**ヨージメトリー**(iodimetry)，後者を**ヨードメトリー**(iodometry) と呼ぶ．分析対象が被酸化物質（すなわち還元剤）の場合は，そのままヨージメトリーを行うか，または一定過剰量の I_3^- を試料に添加して分析対象と定量的に反応させ，残った I_3^- についてヨードメトリーを行う．一方，分析対象が被還元物質（すなわち酸化剤）の場合は，I^- と反応させて定量的に I_3^- を生じさせ，ヨードメトリーを行う．いずれの場合でも，試料溶液がより酸性のときほど I^- と溶存酸素との反応

$$6I^- + O_2 + 4H^+ = 2I_3^- + 2H_2O \tag{5.27}$$

による妨害が顕著になるので，操作はできるだけ手早く行う（Column の Winkler 法を参照）．また，ヨージメトリーにおいては，I_3^- の光による分解の影響を少なくするため，褐色ビュレットを用いるのが望ましい．

ヨウ素滴定の指示薬にはデンプン溶液が用いられる．デンプン溶液は可溶性デン

プンを熱水に加えて糊化溶解させたものであり，ヨウ素デンプン反応によりごく微量の I_3^- 存在下でも明瞭な青紫色を呈する．つまりデンプン溶液は I_3^- の存在を強調するための試薬であって，5.4 節で述べた酸化還元指示薬とは異なる．デンプン溶液をヨージメトリーに用いた場合は当量点直後に青紫色を呈し，またヨードメトリーに用いた場合は当量点直後に青紫色が消えるので，これらの点を終点とすればよい．ただし，ヨードメトリーの場合，I_3^- が高濃度の溶液にデンプン溶液を添加すると，デンプン−ヨウ素複合体の遅い解離により青紫色が消えにくくなって系統誤差を生じてしまう．そのため，滴定の最初からデンプン溶液を入れるのではなく，当量点が近くなり I_3^- の褐色が淡黄色になってからデンプン溶液を加えなければならない．

Column　Winkler 法による溶存酸素の定量

　Winkler 法は，ヨードメトリーによる水中の溶存酸素の定量法として古くから広く用いられてきた方法である（演習問題 5 参照）．以下にその手順と原理を示す．
　まず，酸素瓶と呼ばれる試薬瓶（通常 100 mL）に試料水を採取する．酸素瓶の蓋は斜めに切ってあるので，蓋をするとき瓶の中に気泡が入りにくい形になっている（図 5.2）．また，酸素瓶は一本一本内容積が検定されている．採水後ただちに $MnSO_4$ 溶液と KI＋NaOH 溶液を（通常 1 mL ずつ）添加する．気泡が入らないよう蓋をし，瓶を転倒させて液を混ぜ合わせる．このとき $Mn(OH)_2$ の白色沈殿を生じるが，溶存酸素の量に応じて

$$2Mn(OH)_2 + O_2 = 2MnO(OH)_2 \tag{5.28}$$

の反応により褐色沈殿を生じる．これを溶存酸素の固定と呼ぶ．このとき試料水の水

図 5.2　酸素瓶

第5章 酸化還元反応と滴定

温を測っておくことが重要である（飽和酸素量が温度に依存するため）．ここまでは採水現場で行う．いったん溶存酸素を固定すれば長時間安定であるので，実験室に持ち帰ることができる．

実験室でしばらく静置し沈殿を沈めた後，HCl を加え，

$$MnO(OH)_2 + 3I^- + 4H^+ = Mn^{2+} + I_3^- + 3H_2O \tag{5.29}$$

の反応を起こさせる．このとき O_2 1 mol あたり I_3^- 2 mol が生成する．全反応式は先に述べた式(5.27)と同じである（式(5.28)と式(5.29)から式(5.27)が得られることを確かめよ）．生成した I_3^- をヨードメトリーにより定量する．

第 11 章で述べるような電流計測型の溶存酸素計も市販されており，それを用いて O_2 を定量することも可能であるが，その感度は温度によって変わるので，とくに環境水のようにサンプルごとに温度が大きく異なる場合には，測定のたびごとに校正を行わなければならず，かえって不便である．このような理由により，環境分析ではWinkler法による溶存酸素の定量が広く行われている．

演習問題

Q.1 5.00 mmol/L の $K_2Cr_2O_7$ 溶液を用いて，酸化還元滴定により未知量の Fe(II) を定量する．以下の問いに答えよ．

(1) 酸化還元対 Fe^{2+}/Fe^{3+} および $Cr^{3+}/Cr_2O_7^{2-}$ について，それぞれの半反応式を記せ．

(2) この滴定の反応式を記せ．

(3) 終点までに加えた滴定液の体積は 15.00 mL であった．滴定前に溶液中に含まれていた Fe(II) の物質量〔mol〕はいくらか．

Q.2 $KMnO_4$ 溶液を用いて，酸化還元滴定により未知量の H_2O_2 を定量する．滴定は 0.5 mol/L H_2SO_4 中で行い，滴定を通じて溶液中の水素イオン濃度は $[H^+] = 0.5$ mol/L と近似できるとする．以下の問いに答えよ．

(1) 酸化還元対 H_2O_2/O_2 および Mn^{2+}/MnO_4^- について，それぞれのNernst式を記せ．標準電位はそれぞれ $E°_O$, $E°_{Mn}$ とせよ．

(2) それぞれのNernst式を変形し，酸化還元対の濃度比にのみ依存する項と，$[H^+]$ を含むその他の項とに分離せよ．ここで後者を新たな定数項と見なし，形式酸化還元電位 $E°'_O$ および $E°'_{Mn}$ と呼ぶ（詳細は第10章を参照）．

(3) この実験条件における $E°'_O$ および $E°'_{Mn}$ を計算せよ．ただし $E°_O = 0.682$ V, $E°_{Mn} = 1.51$ V, 温度 25℃ において $2.303RT/F = 0.0592$ V とせよ．

(4) この実験条件における当量点電位 E_{equiv} を計算せよ．

演習問題

Q.3 表計算ソフト（エクセル等）を用いて，図 5.1 の二曲線を $E°_2 - E°_1 = 0.2\,\text{V}$ として比較せよ．

Q.4 ヨージメトリーにより清涼飲料水中のアスコルビン酸を定量する場合，どのような点に注意すればよいか考察せよ．

Q.5 Winkler 法により溶存酸素の定量を行った．採水時の気圧は 1 atm，水温は 21℃，用いた酸素瓶の容量は 102.00 mL，採水時に加えた $MnSO_4$ 溶液と KI + NaOH 溶液はいずれも 1 mL であった．12.50 mmol/L $Na_2S_2O_3$ を用いてヨードメトリーを行ったところ，終点までに加えた滴定液の体積は 8.00 mL であった．試料水中の溶存酸素濃度〔mgO_2/L〕および酸素飽和度〔%〕を求めよ（各温度での飽和酸素量は表 5.3 に示す）．

表 5.3 純水中の飽和溶存酸素量（760 mmHg，酸素 20.9%，水蒸気飽和大気中）

水温〔℃〕	飽和溶存酸素量〔mgO_2/L〕	水温〔℃〕	飽和溶存酸素量〔mgO_2/L〕
1	13.77	21	8.68
2	13.40	22	8.53
3	13.05	23	8.38
4	12.70	24	8.25
5	12.37	25	8.11
6	12.06	26	7.99
7	11.76	27	7.86
8	11.47	28	7.75
9	11.19	29	7.64
10	10.92	30	7.53
11	10.67	31	7.42
12	10.43	32	7.32
13	10.20	33	7.22
14	9.98	34	7.13
15	9.76	35	7.04
16	9.56	36	6.94
17	9.37	37	6.86
18	9.18	38	6.76
19	9.01	39	6.68
20	8.84	40	6.59

【出典】日本分析化学会北海道支部 編：水の分析 第 4 版，p.224，化学同人（1994），表 7.1 より抜粋

第 5 章　酸化還元反応と滴定

参考図書

1. 斎藤信房 編：大学実習 分析化学改訂版，裳華房（1988）

第6章
錯生成反応と滴定

本章について

　金属イオンを含む化合物は特有の色をもつものが多く，その鮮やかな色に惹かれて化学に興味をいだいた人も多いだろう．これらの色は，金属イオン自身の色ではなく，金属イオンと配位子からなる錯体の色である．錯体は古くから顔料に利用されてきたが，現在は有機ELなどの発光材料，太陽電池の光増感剤，有機合成のための触媒，抗がん剤などの医薬品にも幅広く利用され，先端技術に欠かせない材料となっている．一方，分析化学の分野では，錯体自身の性質とともに，錯体の生成反応に高い関心がもたれてきた．配位子の分子設計により，さまざまな金属イオンに選択的な錯生成反応が見い出され，金属イオンの分離・定量に利用されている．本章では分析化学的観点から錯生成反応の基礎を学ぶことに重点をおき，平衡論に立脚した錯生成反応の定量的な取り扱いと，錯生成反応を利用した古典的分析法であるキレート滴定の原理について解説する．

第6章

錯生成反応と滴定

6.1 錯体と生成定数：錯体の安定性

6.1.1 配位結合と錯体

非共有電子対をもつ原子がその電子対を他の原子に供与することを**配位**（coordination）[*1]といい，それによってできる化学結合を**配位結合**（coordination bond）と呼ぶ．**錯体**（complex）という用語は，配位結合やその他の比較的弱い結合を含む化学種全般に対して用いられるが，狭義には金属元素（通常は陽イオン）に他の分子やイオンが配位してできる化学種のことを指す．身近な例をあげると，水に溶けた金属イオンはすべて錯体である．つまり，水の中で金属イオンは裸の状態で存在するのではなく，その周りに水分子が配位した**アクア錯体**（aqua complex）になっている．錯体内の水分子は，そのO原子がもつ非共有電子対を金属イオンに供与して配位結合を形成している．この水分子のように，金属イオンに配位する分子またはイオンのことを**配位子**（ligand）という．金属イオンと直接結合する配位原子には，N, O, P, Sや，単原子イオンとして配位するハロゲン原子などがある．なお，Lewisの酸・塩基の定義によれば，配位子は塩基，金属イオンは酸に該当する．

反応する金属イオンと配位子の電荷によって，正または負の電荷をもつ**錯イオン**（complex ion）や，無電荷の中性錯体が生成する．錯イオンは一般に水に可溶であるが，中性錯体は水に溶けにくいものや有機溶媒に溶けやすいものが多い．金属イオンはさまざまな配位子と錯体をつくることにより，その物理的・化学的性質（溶解性，反応性，光学的性質など）を変化させる．この変化は，金属イオンの分離法・分析法にしばしば利用されている．

錯体において，中心金属イオンに配位している原子の数を**配位数**（coordination number）という．配位数は金属イオンの種類や酸化数，配位子の種類によって異

[*1] イオン結晶に対しては，イオン間の電子対授受の有無とは無関係に，あるイオンの周囲に別のイオンが隣接して配列することを配位という．

表 6.1 錯体の主な配位数と構造

配位数	構造（Mは金属，Lは配位子）		錯体の例
2	直線型	L—M—L	$[Ag(NH_3)_2]^+$，$[Ag(CN)_2]^-$，$[AuCl_2]^-$，$[HgCl_2]$
4	正四面体型		$[Li(H_2O)_4]^+$，$[BeF_4]^{2-}$，$[FeCl_4]^-$，$[CoBr_4]^{2-}$
4	正方形型		$[Ni(CN)_4]^{2-}$，$[Cu(NH_3)_4]^{2+}$，$[PtCl_4]^{2-}$，$[AuCl_4]^-$
6	正八面体型		$[Al(H_2O)_6]^{3+}$，$[Fe(CN)_6]^{4-}$，$[Co(NH_3)_6]^{2+}$，$[PtCl_6]^{2-}$

なり，通常は2～6の値であるが，ランタノイドの錯体のように7以上の配位数をとる場合もある．また，配位数は錯体の立体構造と密接に関係している．**表 6.1** に錯体の主な配位数と構造を示す．

6.1.2 錯体の生成定数

水溶液中で金属イオンM（電荷は省略）のアクア錯体$M(H_2O)_n$と配位子Lとが反応すると，Mに配位した水分子と水溶液中のLとの交換が起こる．その反応式と濃度平衡定数Kは，次のように表される．

$$M(H_2O)_n + L \rightleftharpoons M(H_2O)_{n-1}L + H_2O$$

$$K = \frac{[M(H_2O)_{n-1}L][H_2O]}{[M(H_2O)_n][L]} \tag{6.1}$$

希薄溶液ならば，定温下でKは錯体に固有の定数となる．また，希薄溶液では，金属イオンから脱離する水の量が非常に少ないため，溶媒である水の濃度は一定とみなせる．したがって，式(6.1)は，次のように水分子を省略して書くことができる．

$$M + L \rightleftharpoons ML \qquad K = \frac{[ML]}{[M][L]} \tag{6.2}$$

式(6.2)のKは，錯体の**生成定数**（formation constant）または**安定度定数**

(stability constant) と呼ばれる．式(6.2) は，水以外の溶媒中での錯生成反応にも用いることができるが，いずれの溶媒中でも実際には式(6.1) のように溶媒分子が関与していることを忘れてはならない．

1つの金属イオン M が複数の配位子 L と反応して，ML, ML_2, $\cdots$, ML_n などの錯体を生成する場合，各段階に対応する錯生成反応は次のように表される．

$$M + L \rightleftharpoons ML \qquad K_1 = \frac{[ML]}{[M][L]}$$

$$ML + L \rightleftharpoons ML_2 \qquad K_2 = \frac{[ML_2]}{[ML][L]}$$

$$\vdots \qquad \qquad \vdots$$

$$ML_{n-1} + L \rightleftharpoons ML_n \qquad K_n = \frac{[ML_n]}{[ML_{n-1}][L]} \tag{6.3}$$

ここで，K_1, K_2, $\cdots$, K_n を**逐次生成定数**（stepwise formation constant）あるいは**逐次安定度定数**（stepwise stability constant）という．

また，各錯体 ML_j （$j = 1, 2, \cdots, n$）の生成反応は，次のように表すこともできる．

$$M + jL \rightleftharpoons ML_j \qquad \beta_j = \frac{[ML_j]}{[M][L]^j} \tag{6.4}$$

β_j は**全生成定数**（overall formation constant）あるいは**全安定度定数**（overall stability constant）と呼ばれ，逐次生成定数とは次の関係にある．

$$\beta_j = K_1 K_2 \cdots K_j \tag{6.5}$$

生成定数は，錯体の熱力学的な安定性を表す尺度になる．錯体の生成定数の大きさは，金属イオンの種類や酸化数，配位子の構造，配位原子の種類，溶媒の物性，温度などさまざまな因子の影響を受ける．このうち金属イオンと配位原子の種類の影響については，R. G. Pearson による **HSAB**（hard and soft acids and bases）の原理が知られている．それによると，周期表の上の方の金属イオンや，+3 など酸化数が高い金属イオンは"硬い"酸（Lewis 酸）に分類される．これらは F, O, N などの配位原子をもつ"硬い"塩基（Lewis 塩基）と親和性が高い．硬い塩基の配位原子は一般に電気陰性度が高く，分極しにくい性質をもつ．一方，周期表の下の方の金属イオンや，酸化数の低い金属イオンは"軟らかい"酸に分類され，I, S, P などを配位原子とする"軟らかい"塩基と結合しやすい．軟らかい塩基の配位原子は比較的電気陰性度が低く，分極しやすい．HSAB の原理は定性

的ではあるが，錯体の安定性を考える際の指針を与える．

また，生成定数が大きい錯体であっても，必ずしも容易に錯生成反応が起こるとは限らない．例えば，Cr^{3+} のアクア錯体は，別の配位子と混合しても常温ではあまり反応しない．これは Cr^{3+} の配位子置換反応が非常に遅いためである．同様に配位子置換の起こりにくい金属イオンとして，Co^{3+}，Ru^{3+}，Rh^{3+}，Pt^{2+} などがある．このように，錯生成反応には速度論的な因子が関与する可能性も考慮しなければならない．

6.1.3 錯体の存在割合

いま，金属イオン M と配位子 L が一次錯体（ML）から n 次錯体（ML_n）までを生成するときの j 次錯体（ML_j）の割合を考える．式(6.4)の全生成定数 β_j を用いると，錯体 ML_j の濃度 $[ML_j]$ は $\beta_j[M][L]^j$ と表せる．したがって，金属イオンの全濃度を C_M とすると，全金属中の ML_j の割合（分率）は，次のように表される．

$$\frac{[ML_j]}{C_M} = \frac{[ML_j]}{[M]+[ML]+[ML_2]+\cdots+[ML_n]}$$
$$= \frac{\beta_j[L]^j}{1+\beta_1[L]+\beta_2[L]^2+\cdots+\beta_n[L]^n} \tag{6.6}$$

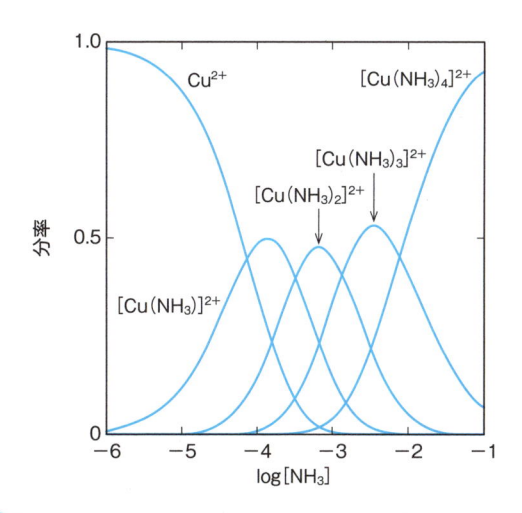

図 6.1　NH_3 濃度による Cu^{2+}-NH_3 錯体の組成の変化

第6章 錯生成反応と滴定

なお，L と結合していない M（遊離の M）の分率は，次式で表される．

$$\frac{[\mathrm{M}]}{C_\mathrm{M}} = \frac{1}{1+\beta_1[\mathrm{L}]+\beta_2[\mathrm{L}]^2+\cdots+\beta_n[\mathrm{L}]^n} \tag{6.7}$$

例えば，Cu^{2+} とアンモニアの錯体について，既知の生成定数を用いて各化学種の分率を計算し，遊離のアンモニアの濃度［NH_3］との関係を示すと，図 6.1 のようになる．アンモニアの濃度が高くなるにつれて，より高次の錯体が生成していく様子が分かる．このように，平衡定数の値が既知であれば，さまざまな条件において金属イオンがどのような化学種で存在するかを定量的に見積ることができる．

6.2 キレート化合物：EDTA と金属イオンとの反応

6.2.1 配位子の種類とキレート化合物

アンモニア，水，塩化物イオン，ピリジンなどのように，金属イオンに1個の

表 6.2 キレート試薬の例

配位原子数	構造式※		
2	エチレンジアミン	1,10-フェナントロリン	グリシン
3	ジエチレントリアミン	2,2′:6′,2″-テルピリジン	イミノ二酢酸
4	トリエチレンテトラミン		ニトリロ三酢酸
6	EDTA	18-クラウン-6	

※青字の原子が配位原子．カルボキシル基の OH は H^+ が解離した状態で配位する．

配位原子で結合する配位子は**単座配位子**（monodentate ligand）と呼ばれる．また，エチレンジアミンやジエチレントリアミンなどのように，2個以上の配位原子で結合するものは，配位原子の数に応じて**二座配位子**（bidentate ligand），**三座配位子**（tridentate ligand）などと呼ばれ，これらは**多座配位子**（polydentate ligand）と総称される．多座配位子がつくる錯体は，2個以上の配位原子によって1個の金属イオンがはさまれている様子が，カニがはさみでものをはさんでいるように見えることから，ギリシャ語のカニのはさみ（chele）にちなんで，**キレート化合物**（chelate compound），**キレート錯体**（chelate complex），あるいは単に**キレート**（chelate）と呼ばれる．また，多座配位子のことを**キレート配位子**（chelating ligand）または**キレート試薬**（chelating reagent）ともいう．キレート試薬の例を表 6.2 に示す．キレート試薬は，配位原子間に2個または3個の原子を含むものが多く，金属イオンに配位すると，それぞれ5員環，6員環を形成する．また，キレート錯体の安定性は，同種の配位原子をもつ単座配位子がつくる錯体よりも熱力学的にはるかに安定である．これを**キレート効果**（chelate effect）という．

6.2.2　EDTA と金属イオンとの反応

分析化学的に重要なキレート試薬の代表例は，**エチレンジアミン四酢酸**（ethylenediaminetetraacetic acid：EDTA，表 6.2 参照）である．EDTA は4塩基酸であり，これを H_4Y の略号で表すと，すべての H^+ が解離した Y^{4-} の状態で金属イオンと安定な錯体をつくる．このとき，EDTA は4個の O 原子と2個の N 原子により，最大で六座の配位子として機能する．典型的な金属–EDTA キレートの構造を図 6.2 に示す．金属イオンの種類によっては，さらに水などの他の配位子

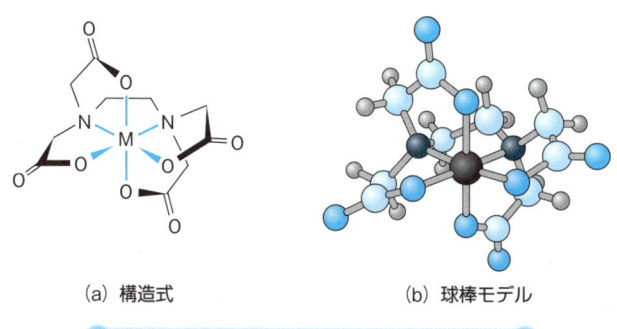

(a) 構造式　　　　　　　　(b) 球棒モデル

図 6.2　金属–EDTA キレートの立体構造

が結合する場合もあるが，金属イオンと EDTA の結合比は常に 1：1 である．また，金属-EDTA キレートは一般に電荷をもち，水に溶けやすいものが多い．

n 価の金属イオン M^{n+} と Y^{4-} との錯生成反応と生成定数 K_{MY} は，次のように表される．

$$M^{n+} + Y^{4-} \rightleftharpoons MY^{(n-4)+} \qquad K_{MY} = \frac{[MY^{(n-4)+}]}{[M^{n+}][Y^{4-}]} \qquad (6.8)$$

EDTA のキレート化合物は，大きなキレート効果と静電効果のために，生成定数が非常に大きい（10^{10}〜10^{20} mol^{-1}L に達する）．

EDTA は弱酸であるため，溶液中の全 EDTA のうち，Y^{4-} として存在する割合は，水素イオン濃度によって変化する．したがって，EDTA の錯生成平衡を考えるには，EDTA の酸解離平衡を考慮する必要がある．EDTA の 4 段階の酸解離反応は次のようになる．

$$H_4Y \rightleftharpoons H_3Y^- + H^+ \qquad K_{a1} = \frac{[H_3Y^-][H^+]}{[H_4Y]} \qquad (6.9)$$

$$H_3Y^- \rightleftharpoons H_2Y^{2-} + H^+ \qquad K_{a2} = \frac{[H_2Y^{2-}][H^+]}{[H_3Y^-]} \qquad (6.10)$$

$$H_2Y^{2-} \rightleftharpoons HY^{3-} + H^+ \qquad K_{a3} = \frac{[HY^{3-}][H^+]}{[H_2Y^{2-}]} \qquad (6.11)$$

$$HY^{3-} \rightleftharpoons Y^{4-} + H^+ \qquad K_{a4} = \frac{[Y^{4-}][H^+]}{[HY^{3-}]} \qquad (6.12)$$

ここで，K_{a1}〜K_{a4} は各段階の酸解離定数を表し，20℃では，$K_{a1} = 1.0 \times 10^{-2}$ mol/L，$K_{a2} = 2.1 \times 10^{-3}$ mol/L，$K_{a3} = 6.9 \times 10^{-7}$ mol/L，$K_{a4} = 5.5 \times 10^{-11}$ mol/L である．EDTA の全濃度を C_Y とすると，物質収支の関係から，C_Y は次のように表される．

$$\begin{aligned} C_Y &= [H_4Y] + [H_3Y^-] + [H_2Y^{2-}] + [HY^{3-}] + [Y^{4-}] \\ &= \left(\frac{[H^+]^4}{K_{a1}K_{a2}K_{a3}K_{a4}} + \frac{[H^+]^3}{K_{a2}K_{a3}K_{a4}} + \frac{[H^+]^2}{K_{a3}K_{a4}} + \frac{[H^+]}{K_{a4}} + 1 \right)[Y^{4-}] \\ &= \frac{[H^+]^4 + K_{a1}[H^+]^3 + K_{a1}K_{a2}[H^+]^2 + K_{a1}K_{a2}K_{a3}[H^+] + K_{a1}K_{a2}K_{a3}K_{a4}}{K_{a1}K_{a2}K_{a3}K_{a4}}[Y^{4-}] \end{aligned}$$
(6.13)

よって，EDTA 全体のうちの Y^{4-} の分率（$\alpha_Y = [Y^{4-}]/C_Y$）は，次式で与えられる．

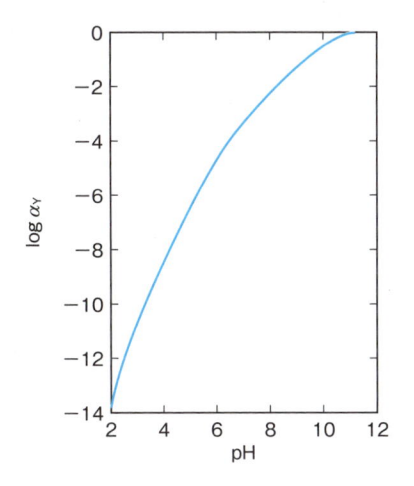

6.2 キレート化合物：EDTAと金属イオンとの反応

図6.3　pHによる $\log \alpha_Y$ の変化

$$\alpha_Y = \frac{K_{a1}K_{a2}K_{a3}K_{a4}}{[\mathrm{H}^+]^4 + K_{a1}[\mathrm{H}^+]^3 + K_{a1}K_{a2}[\mathrm{H}^+]^2 + K_{a1}K_{a2}K_{a3}[\mathrm{H}^+] + K_{a1}K_{a2}K_{a3}K_{a4}}$$

(6.14)

図 **6.3** に pH による $\log \alpha_Y$ の変化を示す．Y^{4-} の分率は，pH 11 以上ではほぼ一定（$\log \alpha_Y \fallingdotseq 0$，$\alpha_Y \fallingdotseq 1$）であるが，それよりも pH が低い条件では，pH の低下とともに急激に小さくなることが分かる．

また，式(6.8) に $[Y^{4-}] = \alpha_Y C_Y$ を代入して変形すると，次式が得られる．

$$\alpha_Y K_{MY} = K'_{MY} = \frac{[\mathrm{MY}^{(n-4)+}]}{[\mathrm{M}^{n+}]C_Y}$$

(6.15)

K'_{MY} は，K_{MY} の定義式(6.8) の $[Y^{4-}]$ を全濃度 C_Y [*2] に置き換えた形である．K_{MY} が錯体に固有の生成定数であるのに対し，K'_{MY} は K_{MY} と α_Y の積であるため，水素イオン濃度によって α_Y と同様の変化をする．ただし，水素イオン濃度が一定の条件では定数となるため，K'_{MY} のような定数を**条件生成定数**（conditional formation constant）という．

[*2] 金属に結合した EDTA の濃度は含まない．遊離の EDTA の全濃度を表す．

6.3　金属イオンのキレート滴定：滴定曲線

　金属イオンの水溶液（試料溶液）に，キレート試薬の標準液を少しずつ加えていったとき，加えられたキレート試薬のほとんどすべてが金属イオンと反応するならば，当量点の前後で遊離の金属イオンの濃度が劇的に変化する．この変化を何らかの方法で知ることができれば，それまでに加えたキレート試薬の量から，試料溶液中の金属イオン濃度を決定することができる．このようなキレート生成反応を利用した滴定法を，**キレート滴定**（chelatometric titration）[*3] という．キレート滴定に用いるキレート試薬は，多くの金属イオンと速やかに安定性の高い1:1キレートを生成することが必要である．また，終点の検出に指示薬を用いる場合を考慮すると，生成するキレートは無色・水溶性であることが望ましい．EDTAはこれらの条件を満たす最適なキレート試薬であり，キレート滴定ではほとんど常にEDTAが用いられている．この方法は，比較的低濃度（約 10^{-4} mol/L）の金属イオンでも手軽に精度よく定量することが可能で，適用できる金属イオンの種類も多いために，現在もさまざまな分野で利用されている．

　EDTAの酸型（H_4Y）は水に溶けにくいことから，キレート滴定では二ナトリウム塩（$Na_2H_2Y \cdot 2H_2O$）の水溶液（0.01 mol/L 程度）を用いることが多い．EDTAの二ナトリウム塩は，99.5%以上の高純度試薬が市販されているので，通常はこれを標準としてそのまま使用することができる．より正確さを必要とする場合は，亜鉛などの高純度金属から調製した金属イオン標準液を用いて，EDTA溶液の標定を行う．また，すでに述べたように，金属イオンとEDTAとの錯生成反応はpHに影響されるので，所定のpHを保つために試料溶液には緩衝液などを加える．

　滴定中の溶液に含まれる金属イオン M^{n+} の全濃度を $[M]_T$，EDTAの全濃度を $[Y]_T$ とすると，次の関係式が成り立つ．

$$[M]_T = [M^{n+}] + [MY^{(n-4)+}] \tag{6.16}$$

$$[Y]_T = C_Y + [MY^{(n-4)+}] \tag{6.17}$$

式(6.16)，式(6.17) より，

$$[Y]_T = [M]_T - [M^{n+}] + C_Y \tag{6.18}$$

また，式(6.15)，式(6.16) より，

[*3]　1946年にG. Schwarzenbachらによって初めて報告された．

6.3 金属イオンのキレート滴定：滴定曲線

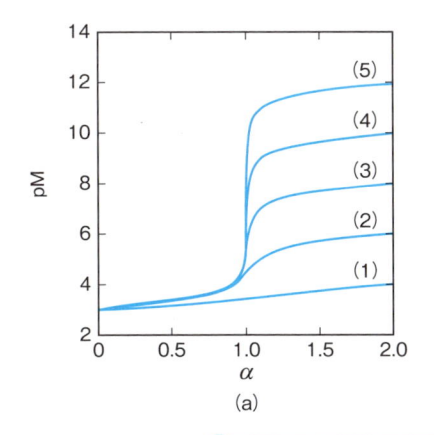

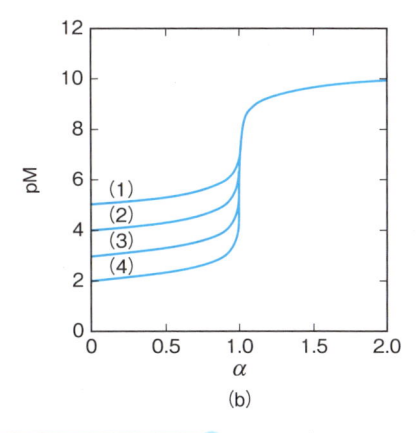

図 6.4　EDTA による金属イオンの滴定曲線

(a) 条件生成定数の影響：K'_{MY} [mol^{-1}L] $= 1 \times 10^4$ **(1)**，1×10^6 **(2)**，1×10^8 **(3)**，1×10^{10} **(4)**，1×10^{12} **(5)**．$[M]_T$ [mol/L] $= 1 \times 10^{-3}$．

(b) 全金属濃度の影響：$[M]_T$ [mol/L] $= 1 \times 10^{-5}$ **(1)**，1×10^{-4} **(2)**，1×10^{-3} **(3)**，1×10^{-2} **(4)**．K'_{MY} [mol^{-1}L] $= 1 \times 10^{10}$．

$$C_Y = \frac{[MY^{(n-4)+}]}{[M^{n+}]K'_{MY}} = \frac{[M]_T - [M^{n+}]}{[M^{n+}]K'_{MY}} \tag{6.19}$$

式(6.18)と式(6.19)から，滴定率 α（$= [Y]_T/[M]_T$）は次式で表される．

$$\begin{aligned}\alpha &= 1 - \frac{[M^{n+}]}{[M]_T} + \frac{C_Y}{[M]_T}\\ &= 1 - \frac{[M^{n+}]}{[M]_T} + \frac{1}{[M^{n+}]K'_{MY}} - \frac{1}{[M]_T K'_{MY}}\end{aligned} \tag{6.20}$$

$[M]_T K'_{MY} \gg 1$ の場合は，式(6.20)の最終項は無視することができ，次のように簡略化される．

$$\alpha \fallingdotseq 1 - \frac{[M^{n+}]}{[M]_T} + \frac{1}{[M^{n+}]K'_{MY}} \tag{6.21}$$

式(6.20)または式(6.21)を用いて，α と pM（$= -\log[M^{n+}]$）の関係を表す滴定曲線を描くことができる．なお，当量点における pM は，式(6.21)に $\alpha = 1$ を代入することによって，次のように求められる[*4]．

[*4]　式(6.22)は，当量点での関係（$[MY^{(n-4)+}] \fallingdotseq [M]_T$ および $[M^{n+}] = C_Y$）を，K'_{MY} の定義式(6.15)に代入することによっても導出される．

$$\text{pM} \risingdotseq \frac{\log K'_{\text{MY}} - \log [\text{M}]_{\text{T}}}{2} \tag{6.22}$$

図 6.4 に，いろいろな K'_{MY} 値および $[\text{M}]_{\text{T}}$ 値に対する滴定曲線を示す[*5]．図より，$[\text{M}]_{\text{T}}$ および K'_{MY} の値が大きいほど当量点付近での pM の飛躍が大きいことが分かる．一般に，K'_{MY} 値は 10^8 以上が望ましい．pH を高くするほど K'_{MY} は大きくなるが，金属イオンの水酸化物が生成する場合があるので，最適な pH を選定することが重要である．

6.4 終点の検出：指示薬

キレート滴定における終点の検出は，当量点における $[\text{M}^{n+}]$ の変化を知ることによって行うが，最も簡便な方法は**金属指示薬**（metal indicator）を用いる方法である．金属指示薬は金属イオンとの錯生成によって明瞭な色の変化を示すキレート試薬である．金属指示薬の例として，エリオクロムブラック T（BT あるいは EBT）と NN 指示薬の構造式を図 6.5 に示す．

以下 BT を例として，金属指示薬による終点検出の原理を説明する．BT は 3 塩基酸の一ナトリウム塩なので，これを NaH_2In の略号で表すと，pH により次のように変色する．

$$\underset{\text{赤色}}{\text{H}_2\text{In}^-} \xrightleftharpoons{\text{p}K_{\text{a2}} = 6.3} \underset{\text{青色}}{\text{HIn}^{2-}} \xrightleftharpoons{\text{p}K_{\text{a3}} = 11.6} \underset{\text{橙色}}{\text{In}^{3-}}$$

BT は pH 10 で使用されることが多いが，その条件での主要化学種は HIn^{2-} である．金属イオン M^{n+} が共存すると，次の反応により赤色のキレート $\text{MIn}^{(n-3)+}$ を生成する．

$$\text{M}^{n+} + \text{In}^{3-} \rightleftharpoons \text{MIn}^{(n-3)+} \tag{6.23}$$

指示薬の全濃度が金属イオンの全濃度よりも十分小さければ，BT のほとんどすべてが $\text{MIn}^{(n-3)+}$ となるため，溶液は赤色を呈する．この溶液を EDTA で滴定した場合，次のような配位子交換反応が起こる．

[*5] 滴定曲線の計算において，滴定に伴う体積の変化は無視した．厳密には体積増加による希釈の効果を考慮しなければならないが，通常の滴定実験の条件では，その影響は小さい．

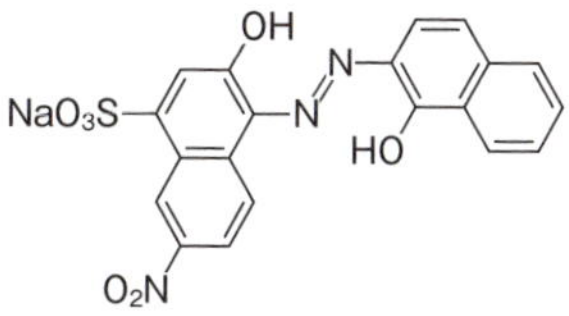

図6.5 金属指示薬の例

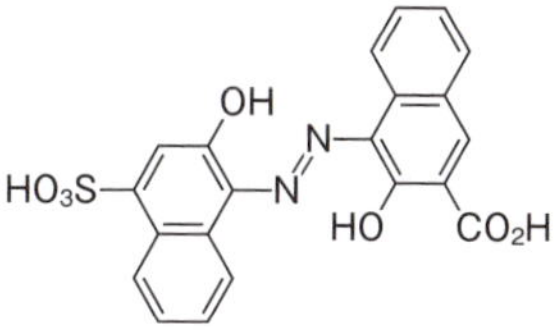

$$\mathrm{MIn}^{(n-3)+} + \mathrm{Y}^{4-} \rightleftharpoons \mathrm{MY}^{(n-4)+} + \mathrm{In}^{3-} \quad (6.24)$$

この反応により脱離した In^{3-} は,pH 10 では速やかに HIn^{2-} となる.$\mathrm{MY}^{(n-4)+}$ は通常無色なので,式(6.24)の反応が右側へ進むにつれて,溶液は HIn^{2-} の青色を呈するようになる.

指示薬の変色について,もう少し詳しく説明しよう.式(6.23)の反応の条件生成定数 K'_In は,次の式で表される.

$$K'_\mathrm{In} = \frac{[\mathrm{MIn}^{(n-3)+}]}{[\mathrm{M}^{n+}]C_\mathrm{In}} \quad (6.25)$$

ここで,C_In は遊離の指示薬の全濃度を表し,pH 10 の BT 溶液では,事実上 HIn^{2-} の濃度に等しい.溶液の色は,$[\mathrm{MIn}^{(n-3)+}]$(赤)と $[\mathrm{HIn}^{2-}]$(青)の比で決まるが,この比は式(6.25)右辺の $[\mathrm{MIn}^{(n-3)+}]/C_\mathrm{In}$ であり,よって $K'_\mathrm{In}[\mathrm{M}^{n+}]$ に等しい.このことから,指示薬の変色は $[\mathrm{M}^{n+}]$ の変化(pM の変化)に支配されていることが分かる.例えば,指示薬が 50% 変色した点,すなわち $[\mathrm{MIn}^{(n-3)+}]/C_\mathrm{In}=1$ のときの pM は,$\log K'_\mathrm{In}$ に等しい.また,$[\mathrm{MIn}^{(n-3)+}]/C_\mathrm{In}$ 比が 10(ほぼ赤色)から 0.1(ほぼ青色)の範囲を変色域と考えれば,対応する pM の範囲は $\log K'_\mathrm{In} - 1$ から $\log K'_\mathrm{In} + 1$ となる.ちょうど当量点で変色が起こるためには,当量点付近での pM 飛躍の範囲内に指示薬の変色域($\log K'_\mathrm{In} \pm 1$)が入ることが必要条件になる.なお,金属指示薬の変色域は,指示薬の種類ばかりでなく,滴定する金属イオンの種類や pH 条件によっても異なる(K'_In が変化するため).いくつかの金属イオンについて,EDTA によるキレート滴定で用いられる指示薬と pH の条件を**表 6.3** に示す.

第6章　錯生成反応と滴定

表6.3　EDTAによるキレート滴定の条件

金属イオン	金属指示薬※	滴定条件	終点での変色
Mg^{2+}	BT	NH_3–NH_4Cl（pH 10）	赤→青
Ca^{2+}	NN	KOH（pH 12〜13）	赤→青
Co^{2+}	MX	NH_3（pH 8）	黄→赤紫
Cu^{2+}	PAN	酢酸–酢酸ナトリウム（pH 2.5〜6），メタノールまたはジオキサン25%添加	赤紫→黄
Zn^{2+}, Cd^{2+}	BT	NH_3–NH_4Cl（pH 10）	赤→青
	XO	ヘキサミン（pH 5〜6）	赤紫→黄
希土類	XO	ヘキサミン（pH 4.5〜6）	赤紫→黄
Pb^{2+}	XO	ヘキサミン（pH 5〜6）	赤紫→黄

※ MX：ムレキシド，PAN：1-(2-ピリジルアゾ)-2-ナフトール，XO：キシレノールオレンジ．

6.5　錯生成反応のその他の利用

　分析化学における錯生成反応の利用は，キレート滴定にとどまらず，金属イオンのマスキングや発色反応，重量分析（第8章参照），溶媒抽出（第9章参照），イオン選択性電極（第10章参照）など多岐にわたっている．本章では，金属イオンのマスキングおよび発色反応への利用について述べる．それ以外の応用については，それぞれ関連する章を参照してほしい．

　分析化学における**マスキング**（masking）とは，ある成分を分離または定量する目的において妨害となる他の成分が共存する場合に，その妨害成分を分離することなく，妨害を与えない化学種に変換することをいう．妨害成分が金属イオンである場合には，その金属イオンと安定な錯体を生成する配位子を**マスキング剤**（masking agent）として加えることで，その金属イオンが目的の反応などに関わらないようにすることができる．例えば，Mg^{2+} を EDTA でキレート滴定する場合に，Zn^{2+} や Cd^{2+} が共存すると妨害になる．このときチオグリコール酸ナトリウム（$HSCH_2COONa$）をマスキング剤として加えると，Zn^{2+} や Cd^{2+} はチオグリコール酸イオンと水溶性の安定なキレートをつくって EDTA と反応しなくなるため，Mg^{2+} のみを選択的に定量することができる．**表6.4**にキレート滴定で用いられるマスキング剤の例を示す．キレート滴定以外では，EDTA もマスキング剤としてよく使用される．

　紫外可視吸光光度法（第12章参照）は微少量の成分を簡便・迅速に定量できる優れた分析法であるが，金属イオンは通常十分な光吸収をもたないため，そのま

表 6.4 キレート滴定で用いられるマスキング剤の例

マスキング剤	マスクされる金属イオン	使用条件
F^-（NH_4F）	Al^{3+}, Fe^{3+}, Sn^{4+}, Ti^{4+}, Zr^{4+}	弱酸性
I^-（KI）	Cd^{2+}, Hg^{2+}	
OH^-（NaOH, KOH）	Al^{3+}, Mg^{2+}（沈殿生成）	pH > 12
酒石酸	Al^{3+}, Fe^{3+}, Ti^{4+} Sb^{3+}, Sn^{4+}, UO_2^{2+}, Zr^{4+}	pH 10 pH 5〜6
チオグリコール酸	Cu^{2+}, Cd^{2+}, Hg^{2+}, Pb^{2+}, Zn^{2+}	pH 10
トリエタノールアミン	Al^{3+}, Fe^{3+}, Mn^{3+}, Tl^{3+}	pH 10〜12

までは吸光光度法による定量は困難である．このような場合，金属イオンを適当な配位子と反応させ，強い光吸収をもつ錯体に変換すれば，定量が可能になる．この目的に利用される配位子を，**発色試薬**（chromogenic reagent あるいは coloring reagent）という．例えば，1,10-フェナントロリン（phen，表 6.2 参照）は Fe^{2+} と反応して赤色の安定なキレート $[Fe(phen)_3]^{2+}$ を生成する．このキレートの 510 nm における吸光度を測定することによって，ppm レベルの鉄を定量することができる．これまでにさまざまな金属イオンに対して優れた発色試薬が開発されている．

また，金属イオンと蛍光性のキレートをつくる**蛍光試薬**（fluorescence reagent）も数多く開発されており，金属イオンの高感度定量や，生体内での金属イオンの動態を計測する技術などにも応用されている．

演習問題

Q.1 Co^{2+} とチオ硫酸イオン（$S_2O_3^{2-}$）を含む水溶液について，ある方法で全 Co^{2+} のうちの遊離の Co^{2+} の割合を求めたところ，遊離の $S_2O_3^{2-}$ 濃度が 0.010 mol/L のときに 47％ であった．Co^{2+} と $S_2O_3^{2-}$ が 1:1 錯体のみを生成するとして，錯体の生成定数を求めよ．

Q.2 Ag^+ と NH_3 は 1:1 および 1:2 の錯体をつくり，各錯体の全生成定数は $\beta_1 = 2.5 \times 10^3\,\mathrm{mol^{-1}L}$, $\beta_2 = 2.5 \times 10^7\,\mathrm{mol^{-2}L^2}$ である．0.010 mol/L の硝酸銀を溶かしたアンモニア水について，遊離の NH_3 濃度が 0.010 mol/L のときの，Ag^+，$[Ag(NH_3)]^+$，$[Ag(NH_3)_2]^+$ のモル濃度をそれぞれ求めよ．

第6章 錯生成反応と滴定

Q.3 Cu^{2+} と EDTA（H_4Y）とのキレート（CuY^{2-}）の生成定数が 6.3×10^{18} mol^{-1}L であるとき，pH 4.00 における CuY^{2-} の条件生成定数を求めよ．EDTA の酸解離定数は，6.2.2 項に記した値を用いること．

Q.4 高純度の亜鉛 0.6539 g を少量の 3 mol/L 塩酸に完全に溶かしたのち，メスフラスコ（全量フラスコ）を使って全量を水で 1L にした．この亜鉛溶液から正確に 10 mL をとり，濃度のわからない EDTA 水溶液で滴定したところ，終点までに 11.53 mL の滴下を要した．この EDTA 水溶液のモル濃度を求めよ．

Q.5 EDTA を用いる Mg^{2+} および Ca^{2+} のキレート滴定（pH 10.00）について，以下の問いに答えよ．必要な定数は下の表 6.5 の値を用いること．

表 6.5 金属–EDTA キレートおよび金属–BT キレートの pH 10.00 における条件生成定数の対数値

	EDTA（$\log K'_{MY}$）	BT（$\log K'_{In}$）
Mg^{2+}	8.24	5.44
Ca^{2+}	10.14	3.84

(1) 各金属イオンを単独で含む水溶液を滴定する場合について，当量点における pM を求めよ．ただし，当量点での金属イオンの全濃度はいずれも 1.0×10^{-3} mol/L であるとする．

(2) (1) の場合について，BT を指示薬として用いることができるか．理由を付して答えよ．

(3) Ca^{2+} と Mg^{2+} をともに含む水溶液を滴定する場合に指示薬として BT を用いると，これらの金属イオンの総量を求めることができる．その理由を説明せよ．

演 習 問 題

参考図書

1. F. A. Cotton, G. Wilkinson, P. L. Gaus 著，中原勝儼 訳：基礎無機化学 第3版，培風館（1998）
2. G. D. Christian 著，原口紘炁 監訳：原書6版 クリスチャン分析化学 I 基礎編，丸善（2005）
3. 上野景平 著：キレート滴定法，南江堂（1972）
4. 斎藤信房 編：大学実習 分析化学 改訂版，裳華房（1988）
5. 日本分析化学会 編：改訂5版 分析化学データブック，丸善（2004）

ウェブサイト紹介

1. **京都大学 全学共通科目化学系実験**
   http://www.chem.zenkyo.h.kyoto-u.ac.jp/
   ◉基本操作のページで，キレート滴定による Mg^{2+} の定量実験について，動画でわかりやすく説明されている．

2. **IUPAC Stability Constants Database (SC-Database)**
   http://www.acadsoft.co.uk/
   ◉国際純正・応用化学連合による錯体の安定度定数データベースソフトウェア SC-Database（有料）が紹介されている．ミニバージョンの Mini-SCDatabase は無料でダウンロードできる．

第7章
沈殿反応と滴定

本章について

　滴定の主反応として2種類のイオンが反応して難溶性沈殿が生成することを利用する沈殿滴定がある．沈殿生成反応は，ハロゲン化物イオンのような陰イオンの滴定によく用いられるだけでなく，水溶液から分析対象の金属イオンなどの成分を分離・精製するための手段の1つとしても重要である．沈殿の生成は，見た目には単純な現象だが，2つの混じり合わない相間での物質の移動を含む，平衡論的にも速度論的にも複雑な現象である．本章では，沈殿生成を利用した滴定方法における種々の計算と，均一でない互いに混じり合わない2つの相の間を行き来するイオンの熱力学的解釈について解説する．

第7章 沈殿反応と滴定

7.1 沈殿平衡と溶解度積

　塩化銀や硫酸バリウムのような水に対する溶解度の低い難溶性の塩を生成する反応は，あるイオンを水溶液から**沈殿**（precipitate）として分離・濃縮に用いられるほか，**沈殿滴定**（precipitation titration）として容量分析に用いることができる．生成する固体（solid）が水より重く，容器の底に沈むようになると「沈殿した」と呼ばれるが，これは結晶（crystal）の微粒子の集合体であったり，大量の溶液を含むゲル（gel）の集合体の場合もあるが，いずれも水溶液とは混じり合わない第二の相（phase）となっていることに注意する必要がある．

　このような固体が水溶液と接して飽和溶液となっているとき，水溶液内にわずかに溶けている固体の成分イオンと固体（沈殿）は平衡に達しており，熱力学的には両相の成分の化学ポテンシャル（活量）が等しくなった状態である．また固体表面のイオンは常に溶液内のイオンと入れ替わっており，速度論的には水溶液内のイオンが沈殿として固体に入る速度（沈殿速度）と表面から解離して水溶液内に出て行く速度（溶解速度）が釣り合って，見かけ上，変化がなくなった状態ともいえる．

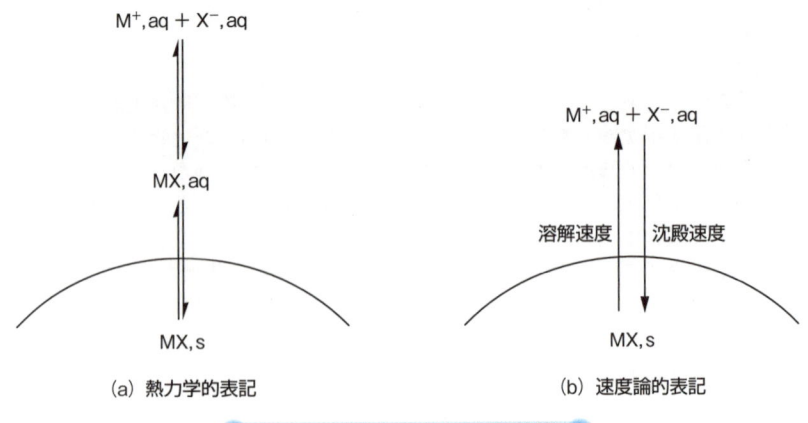

(a) 熱力学的表記　　(b) 速度論的表記

図 7.1　沈殿と水溶液の平衡状態

7.1 沈殿平衡と溶解度積

イオン M^+ と X^- からなる**難溶性塩**（MX, s）が，水と接して十分に時間が経過したとき，水溶液内で電離した各成分イオンと沈殿（固相）の間には平衡が成立している．この平衡は次のように表すことができる．

$$\text{MX, s} \rightleftharpoons \text{MX, aq} \rightleftharpoons M^+, \text{aq} + X^-, \text{aq} \tag{7.1}$$

$$\text{MX, s} \rightleftharpoons M^+, \text{aq} + X^-, \text{aq} \tag{7.2}$$

ここで","の後の記号 s は固相（沈殿）中の，aq は水溶液中の成分であることを表す．厳密には，水溶液内でもイオンに解離せずイオン対として存在する成分 MX, aq があるはずだが，難溶性塩ではこの濃度は非常に低いと考えられるのでその濃度を無視して，固相との平衡はふつう式(7.2)のように表す．

式(7.2)の平衡定数を $K_{\text{sp}}(\text{MX})$ と表すと，平衡状態では各成分の活量 $a(\text{MX, s})$，$a(M^+, \text{aq})$，$a(X^-, \text{aq})$ を用いて

$$K_{\text{sp}}(\text{MX}) = \frac{a(M^+, \text{aq}) \times a(X^-, \text{aq})}{a(\text{MX, s})} \tag{7.3}$$

と書ける．水溶液内の各イオンの活量は，平均活量係数 $\gamma_\pm$ とイオンの濃度の積で表せること，純粋な固体 MX, s の活量は 1 と定義されることを考慮して式(7.3)を書き直すと，

$$K_{\text{sp}}(\text{MX}) = \frac{\gamma_\pm [M^+] \gamma_\pm [X^-]}{1} = [M^+][X^-]\gamma_\pm^2 \tag{7.4}$$

となる．温度，圧力とイオン強度が一定ならば活量係数は一定とみなせるので，これらをまとめた式(7.2)の平衡定数 K_{sp} は**溶解度積**（solubility product）と呼ばれ，温度，圧力が一定であれば，ある沈殿に固有の定数となる．

多価のイオン M^{n+} と X^{m-} イオンからなる組成 $M_m X_n$ の沈殿であれば，沈殿の生成平衡式と溶解度積の式は次のように書き表せる．

$$M_m X_n, \text{s} \rightleftharpoons m M^{n+} + n X^{m-} \tag{7.5}$$

$$K_{\text{sp}}(M_m X_n) = [M^{n+}]^m [X^{m-}]^n \tag{7.6}$$

難溶性塩の水に対する溶解度は，溶液内のイオン濃度で表すことができる．溶解度を S で表せば，純水に MX を飽和させた溶液の溶解度は

$$S = [M^+] = [X^-] = K_{\text{sp}}(\text{MX})^{\frac{1}{2}} \tag{7.7}$$

で表すことができる．例えば塩化銀 AgCl では，

$$S(\text{AgCl}) = [Ag^+] = [Cl^-] = K_{\text{sp}}(\text{AgCl})^{\frac{1}{2}} = (1.8 \times 10^{-10})^{\frac{1}{2}} = 1.3 \times 10^{-5} \text{mol/L} \tag{7.8}$$

となる．また多価のイオンを含む場合の例として $Ag_2 CrO_4$ の溶解度を計算する．

Ag_2CrO_4 の沈殿生成反応は

$$2\,Ag^+ + CrO_4^{2-} \rightleftharpoons Ag_2CrO_4 \tag{7.9}$$

であり，この場合 1 mol の Ag_2CrO_4 沈殿を生成するのに Ag^+ は 2 mol，CrO_4^{2-} は 1 mol 要することに注意する必要がある．したがって

$$\begin{aligned} S(Ag_2CrO_4) &= \frac{[Ag^+]}{2} = [CrO_4^{2-}] \\ &= \left\{\frac{K_{sp}(Ag_2CrO_4)}{4}\right\}^{\frac{1}{3}} = \left(\frac{4.1 \times 10^{-12}}{4}\right)^{\frac{1}{3}} = 1.0 \times 10^{-4}\,\text{mol/L} \end{aligned} \tag{7.10}$$

となる．

溶解度積の数値そのものを AgCl と Ag_2CrO_4 とで比較すると Ag_2CrO_4 の方が小さいが，溶解度では AgCl の方が小さいことに注意する必要がある．溶解度積は溶液内に存在する成分イオン濃度のべき乗であるため，組成によって二乗 (AgCl) であったり三乗 (Ag_2CrO_4) であるように，次元が異なるためである．

7.2 溶解度に対する共存イオン効果 ― 溶解度積と活量係数 ―

7.2.1 共通イオン効果

前節で述べたように，ある温度で難溶性沈殿と共存している水溶液では溶液内の成分イオンの活量の積が一定ということは，成分イオンの一方の活量が大きければ，共存する他方のイオンの活量は必然的に小さくなることを意味する．さらにイオンの平均活量係数が一定とみなせるならば，各イオンの濃度の積が一定となることを表しており，一方の成分イオンの濃度が高くなれば，他のイオンの濃度が低くなる．すなわち，沈殿の成分イオンが溶液に共存すると，それがどのような形で供給されたか（沈殿から溶け出したのか，他の易溶性塩を溶かしたことで生じたのか）によらず，難溶性塩の溶解度が減少することを意味している．このことを**共通イオン効果**（common ion effect）と呼び，沈殿を定量的に生成させる際に重要な概念となる．

例として，濃度 c(NaCl) の塩化ナトリウムを含む水溶液に対する塩化銀 AgCl の溶解度 S(AgCl) を考える．NaCl が溶けて生じる Cl^- イオンは AgCl が溶けて生じる Cl^- イオンと区別ができないから，溶液内の Cl^- イオンの総濃度を [Cl, total]

で表せば

$$[\text{Cl, total}] = [\text{Cl, NaCl}] + [\text{Cl, AgCl}] = c(\text{NaCl}) + [\text{Cl, AgCl}] \quad (7.11)$$

と表すことができる．一方，溶解度積より

$$K_{\text{sp}}(\text{AgCl}) = [\text{Ag, AgCl}][\text{Cl, total}] = [\text{Ag, AgCl}]\{c(\text{NaCl}) + [\text{Cl, AgCl}]\} \quad (7.12)$$

$$S(\text{AgCl}) = [\text{Ag, AgCl}] = \frac{K_{\text{sp}}(\text{AgCl})}{c(\text{NaCl}) + [\text{Cl, AgCl}]} \quad (7.13)$$

となるから，$S(\text{AgCl})$ は $c(\text{NaCl})$ の影響を受けることは明らかである．

式(7.8)で計算したように，純水に AgCl を溶かしても [Cl, AgCl] はせいぜい 10^{-5} mol/L のオーダーであるから，NaCl 濃度が十分に大きければ [Cl, total] = $c(\text{NaCl})$ とみなすことができ，$S(\text{AgCl}) = K_{\text{sp}}(\text{AgCl})/c(\text{NaCl})$ として求めることができる．例として 10^{-3} mol/L の NaCl 溶液への AgCl の溶解度を求めてみると

$$S(\text{AgCl}) = \frac{1.8 \times 10^{-10}}{10^{-3}} = 1.8 \times 10^{-7} \text{mol/L} \quad (7.14)$$

となり，純水に対する溶解度より小さくなっていることが明らかである．このように，共通イオンを加えることにより溶液に残る他のイオンの濃度，すなわち溶解度は劇的に減少するから，共通イオン効果は沈殿を定量的に生成させるために重要である．

7.2.2 異種イオン効果

沈殿の成分に含まれない，沈殿の生成反応や溶解度には一見無関係なイオンであっても，その濃度が高い場合は活量に影響を与える．最初に述べたように，溶解度積は本来は溶液内イオンの活量において成立する関係である．難溶性塩の溶解度は非常に低いので，純水に難溶性塩を溶かしたようなイオン強度の低い溶液では活量係数は1と見なすことができるが，他のイオンを高濃度に含む場合は，イオン強度が高くなり，平均活量係数 $\gamma_\pm$ も希薄溶液のときより小さくなりイオンの濃度は増加する．このように沈殿反応には無関係なイオン（異種イオン）の濃度変化のために活量係数が変わり，結果として沈殿の溶解度が変化することを**異種イオン効果**（divers ion effect）と呼ぶ．

活量係数の変化は共存する異種イオンの種類，電荷，濃度に依存するが，活量係数の式で表せるような範囲では濃度の増加に伴い，活量係数は1より小さくなる．例えば，海水は塩化ナトリウムを主とするイオン強度約 0.7 の溶液であるから，活

量係数は純水に比べて小さくなり，種々の難溶性塩の溶解度は純水への溶解度に比べて増加することになる．これは，例えば空気中の二酸化炭素が海水中で炭酸塩として固定される効果を考える際には，純水への溶解度や溶解度積の値は利用できないことを意味する．

7.3 沈殿の溶解度に対する酸性度の影響

難溶性塩の成分イオンに酸解離平衡に関係する塩基が含まれている場合，難溶性塩の溶解度はその溶液の酸性度（pH）に大きく依存する．例えば，定性分析における分族試薬である硫化物イオン S^{2-} は

$$S^{2-} + H^+ \rightleftharpoons HS^- \tag{7.15}$$

$$HS^- + H^+ \rightleftharpoons H_2S \tag{7.16}$$

の平衡状態にあり，H_2S の飽和溶液であっても溶液の pH に応じて S^{2-} 濃度は何桁にも変わる．これは，定性分析における硫化物による金属イオンの分族の際の条件からも明らかである．

また，種々の金属の水酸化物，炭酸塩，リン酸塩，硫酸塩などの沈殿でも，pH に応じて OH^-，CO_3^{2-}，PO_4^{3-}，SO_4^{2-} の濃度が変わるため，各イオンの酸塩基平衡より明らかなように，これらの塩の溶解度は酸性になるほど増加する．また水酸化物と反応しやすい Al^{III}, Fe^{III}, Zn^{II} などは，強アルカリ性では $Al(OH)_4^-$, $Fe(OH)_4^-$, $Zn(OH)_4^{2-}$ となって溶解する．

多価のイオンでは水素を含む陰イオン（HCO_3^-, HPO_4^{2-}, $H_2PO_4^-$, HSO_4^- など）との塩も生成してそもそもの沈殿の組成が変わる場合があるため，個々の例は取り上げないが，沈殿生成時の溶液の pH は重要である．

7.4 溶解度に対する錯形成反応の影響

7.4.1 共通イオンの錯形成

Ag^+ イオンは Cl^- イオンと AgCl の沈殿を生成するだけでなく，過剰の Cl^- と反応して $[AgCl_2]^-$，$[AgCl_3]^{2-}$，$[AgCl_4]^{3-}$ といった錯陰イオンを形成する．このような錯陰イオンを考慮すると，溶解度 $S(AgCl)$ は，

7.4 溶解度に対する錯形成反応の影響

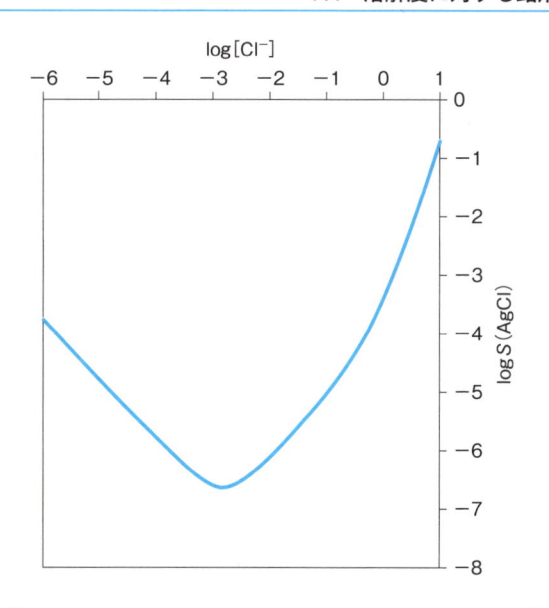

図7.2 塩化物イオンを含む溶液へのAgClの溶解度

$$S(\text{AgCl}) = [\text{Ag}^+] + [\text{AgCl}_2^-] + [\text{AgCl}_3^{2-}] + [\text{AgCl}_4^{3-}] \tag{7.17}$$

となり，各錯陰イオンが生成した分だけ溶解度が増加することが分かる．各錯陰イオンの全生成定数 β_2, β_3, β_4 と溶解度積を用いて書き直すと，

$$S(\text{AgCl}) = [\text{Ag}^+]\,(1+\beta_2[\text{Cl}^-]^2+\beta_3[\text{Cl}^-]^3+\beta_4[\text{Cl}^-]^4)$$

$$= \frac{K_{\text{sp}}(\text{AgCl})\,(1+\beta_2[\text{Cl}^-]^2+\beta_3[\text{Cl}^-]^3+\beta_4[\text{Cl}^-]^4)}{[\text{Cl}^-]} \tag{7.18}$$

となり，Cl$^-$ 濃度が増加するとAgClの溶解度も増加することになる．したがって，Ag$^+$ を沈殿させる場合，小過剰のCl$^-$ の存在は共通イオン効果によりAgClの溶解度を減少させるが，大過剰になると溶解度は増加し逆効果になる．既知の錯体の生成定数を用いて計算した塩化物イオン濃度に対する溶解度を図 7.2 に示すが，Cl$^-$ 濃度が約 10^{-3} mol/L のとき AgCl の溶解度は最小となり，それ以上の濃度では溶解度が増加することが分かる．

7.4.2 他の錯形成剤の存在

共通イオンではない錯形成剤によっても，沈殿の溶解度は増加する．例えば，アンモニア（NH$_3$）は Ag$^+$ イオンと反応して [Ag(NH$_3$)]$^+$, [Ag(NH$_3$)$_2$]$^+$ を形成する．

第 7 章　沈殿反応と滴定

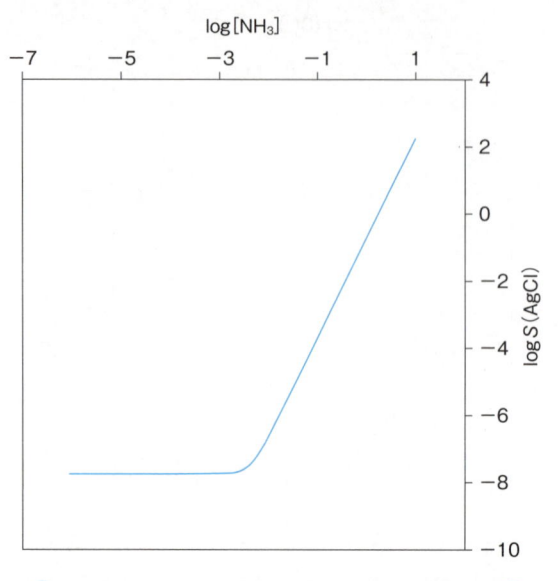

図 7.3　AgCl 溶解度に対する NH_3 濃度の影響

このようなとき溶解度 $S(AgCl)$ は，

$$S(AgCl) = [Ag^+] + [Ag(NH_3)^+] + [Ag(NH_3)_2^+] \tag{7.19}$$

となり，各アンミン錯体が生成した分だけ溶解度が増加することになる．各アンミン錯体の全生成定数 β_1, β_2 を用いて書き直すと，

$$\begin{aligned} S_{(AgCl)} &= [Ag^+]\,(1+\beta_1[NH_3]+\beta_2[NH_3]^2) \\ &= \frac{K_{sp}(AgCl)\,(1+\beta_1[NH_3]+\beta_2[NH_3]^2)}{[Cl^-]} \end{aligned} \tag{7.20}$$

となり，アンモニア濃度の増加に伴い溶解度が増加する（**図 7.3**）．

このような金属イオンに対する錯形成反応は，沈殿反応を主反応としたときの副反応とみなすことができる．したがって，錯形成の程度に違いはあるが，錯形成剤の存在は溶解度を増加させることになる．さらに，アンモニアにせよ EDTA のようなキレート剤にせよ，水溶液内でのプロトン付加平衡（酸解離平衡の逆反応）の影響を受ける（錯形成を副反応と見なせば，これは**副反応の副反応**といえる）．すなわち，溶液の pH 変化で条件生成定数が変化するため，単に錯形成剤が共存する

というだけでなく，その溶液の pH によっても沈殿の溶解度が変化する．もし条件生成定数が大きく，沈殿に比べて十分な濃度の錯形成剤が共存すれば，沈殿は完全に溶解してしまうだろう．

7.5 沈殿滴定

7.5.1 銀滴定

難溶性塩には炭酸塩や硫化物塩を始めとして多くあるが，沈殿滴定の対象となるイオンは，フッ化物イオンを除くハロゲン化物イオン，チオシアン酸イオン，硫酸イオンなど，あまり多くはない．特に塩化銀のような銀イオンとの難溶性塩の生成を利用した沈殿滴定を**銀滴定**（argentometry）と呼んでいる．

7.5.2 滴定曲線

AgCl の生成を利用して，濃度 $c(\text{NaCl})$ の NaCl を含む溶液を $AgNO_3$ 標準液で滴定する銀滴定の滴定曲線を描いていく．

滴定反応は

$$\text{Ag}^+, \text{aq} + \text{Cl}^-, \text{aq} \longrightarrow \text{AgCl}, \text{s} \tag{7.21}$$

で表され，溶解度積は

$$K_{sp}(\text{AgCl}) = [\text{Ag}^+][\text{Cl}^-] \tag{7.22}$$

である．滴定率 α は，滴定開始前に含まれていた Cl^- の物質量に対し，加えた Ag^+ の物質量の比で表すことができる．しかし，加えた Ag^+ のうちのいくらかと初めにあった Cl^- のうちのいくらかは滴定に伴って沈殿してしまうため，滴定率に対応する溶液内のイオンの濃度で明らかなものは $[\text{Na}^+]$ と $[\text{NO}_3^-]$ であり，

$$\alpha = \frac{[\text{NO}_3^-]}{[\text{Na}^+]} \tag{7.23}$$

で表すことができる．また溶液は電気的には中性なので

$$[\text{Ag}^+] + [\text{Na}^+] = [\text{Cl}^-] + [\text{NO}_3^-] \tag{7.24}$$

が成り立っているから，式(7.22)〜(7.24) を連立させると $[\text{Cl}^-]$ について

$$[\text{Cl}^-]^2 - c(\text{NaCl})(1-\alpha)[\text{Cl}^-] - K_{sp}(\text{AgCl}) = 0 \tag{7.25}$$

の二次式が得られる．これを解くと任意の滴定率における $[\text{Cl}^-]$ が得られる．その計算結果を図 **7.4** に示す．

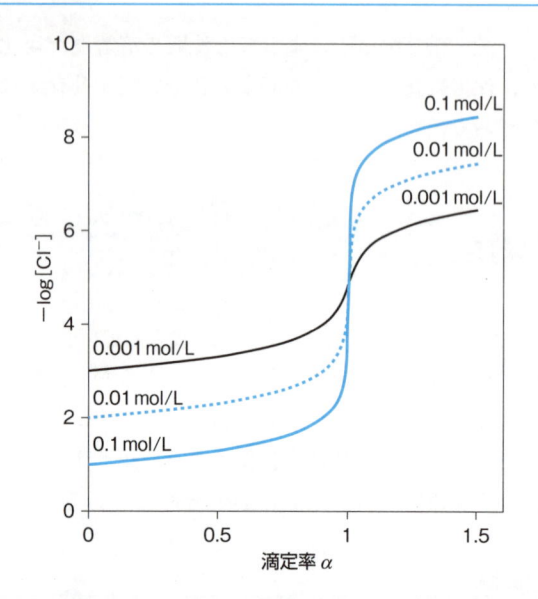

図 7.4　AgNO$_3$ 標準液による種々の濃度の NaCl 溶液の沈殿滴定の滴定曲線

　最初の濃度にかかわらず，当量点での Cl$^-$ 濃度は同じである．これは，生成する沈殿は濃度にかかわらず同じ AgCl なので当然といえる．そのため，当量点での塩化物イオン濃度変化（**pCl ジャンプ**）の大きさは最初の濃度に応じて異なり，0.001 mol/L のとき約 2 であり，指示薬を用いて終点を検出できる下限の濃度と考えられる．

　また溶解度積の異なる他のハロゲン化物イオンについて，それぞれの K_{sp} を用いて同様に計算した結果が図 7.5 である．溶解度積の小さなハロゲン化銀ほど当量点でのハロゲン化物イオンの濃度変化が大きく，ヨウ化物イオンでは 8 桁に達することが分かる．このように主反応の平衡定数が大きいと当量点での濃度変化が大きくなることは，他の滴定における平衡定数の大小と当量点での濃度変化の関係と全く同じである．

7.5.3　銀滴定における当量点の検出法

　沈殿滴定でも当量点で大きな濃度変化が起きることが分かった．これを検出して終点を定める方法を以下に説明する．

〔1〕Mohr 法

　これは当量点を超えて過剰になった沈殿剤の Ag$^+$ イオンと指示薬として働くイ

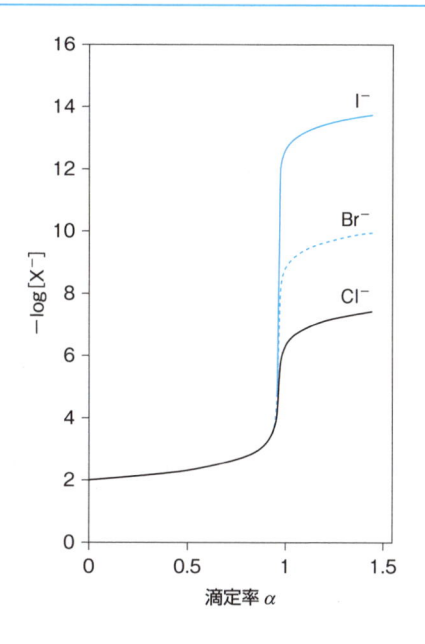

図 7.5 AgNO$_3$ 標準液による種々の 0.01 mol/L ハロゲン化物イオンの沈殿滴定の滴定曲線

オン CrO$_4^{2-}$ が，濃赤褐色の難溶性塩 Ag$_2$CrO$_4$ を形成することを利用した終点の検出法である．塩化物イオン Cl$^-$ や臭化物イオン Br$^-$ を含む試料に AgNO$_3$ 標準液を滴下してゆくと，

$$\mathrm{Cl^- + Ag^+ \longrightarrow AgCl,\ s} \tag{7.26}$$

の沈殿を生成する．当量点を過ぎて Ag$^+$ イオンがわずかに過剰になると

$$\mathrm{CrO_4^{2-} + 2\,Ag^+ \longrightarrow Ag_2CrO_4,\ s} \tag{7.27}$$

の赤褐色沈殿が生じる．
　この反応に関わる塩の溶解度積は，

$$K_{\mathrm{sp}}(\mathrm{AgCl}) = 1.8 \times 10^{-10} \tag{7.28}$$

$$K_{\mathrm{sp}}(\mathrm{Ag_2CrO_4}) = 4.1 \times 10^{-12} \tag{7.29}$$

であり，当量点は Ag$^+$ と Cl$^-$ が等量で存在するので

$$[\mathrm{Ag^+}] = [\mathrm{Cl^-}] = K_{\mathrm{sp}}(\mathrm{AgCl})^{\frac{1}{2}} = 1.3 \times 10^{-5}\,\mathrm{mol/L} \tag{7.30}$$

であり，このとき Ag$_2$CrO$_4$ の沈殿が生じるためには CrO$_4^{2-}$ 濃度は少なくとも 2.3×10^{-2} mol/L が必要である．これより CrO$_4^{2-}$ 濃度が高ければ当量点より前に Ag$_2$CrO$_4$ の溶解度積を超えて沈殿が生じて終点を示すことになり，逆に CrO$_4^{2-}$ 濃

第 7 章 沈殿反応と滴定

度が低ければ当量点より後に Ag_2CrO_4 沈殿が生じて終点を示すことになる．

実際にはある程度の量の Ag_2CrO_4 沈殿が生じなければ赤色の着色を確認できないが，一方 CrO_4^{2-} イオンの黄色が強すぎても赤色が確認しづらいので，あまり過剰の指示薬を使うことはできない．このため，ほんの微かな着色を見極めることが難しい場合は，あらかじめ Cl^- を含まない溶液で Ag_2CrO_4 沈殿を確認できる滴下量を確認しておき，ブランクとして差し引いて滴定量とする．

同じハロゲン化物イオンでも Br^- や I^- の滴定においては CrO_4^{2-} は指示薬としては使えない．これは，AgBr や AgI の溶解度積が小さ過ぎて，あまりにも濃い CrO_4^{2-} 濃度が必要であったり（Br^-），いかなる濃度でも Ag_2CrO_4 の沈殿が生じない（I^-）ためである．

またこの方法では，滴定可能な pH にも注意を要する．これは，

$$CrO_4^{2-} + H^+ \rightleftharpoons HCrO_4^- \tag{7.31}$$
$$2HCrO_4^- \rightleftharpoons Cr_2O_7^{2-} + H_2O \tag{7.32}$$

の反応のため，酸性では CrO_4^{2-} 濃度が低下し，かつ $Cr_2O_7^{2-}$ の赤色が生じるため終点が判定できなくなるためと，アルカリ性では

$$Ag^+ + 2OH^- \longrightarrow Ag_2O\downarrow + H_2O \tag{7.33}$$

の反応で褐色の Ag_2O の沈殿が生じて終点が判定できなくなるためである．これらの影響のため，Mohr 法は中性〜弱アルカリ性の pH に限られる．

〔2〕Fajans 法

沈殿の電荷は全体としてみると中性だが，水溶液内では沈殿表面には正負どちらかの過剰の成分イオンが優先的に吸着しており，さらにその外側に反対電荷のイオ

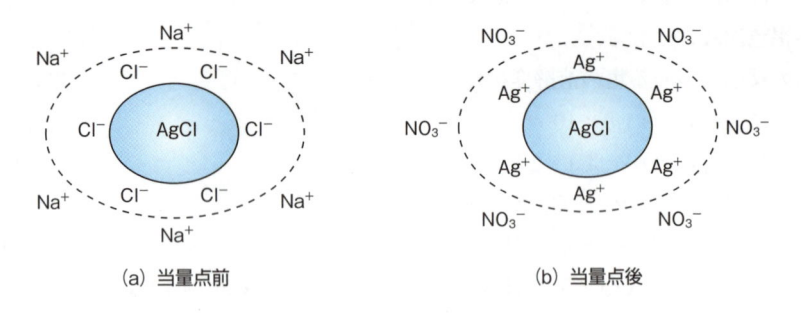

(a) 当量点前　　　　　　　　　　(b) 当量点後

● 図 7.6　沈殿へのイオンの吸着

ンが存在している．当量点の前後では過剰になるイオンの電荷が逆転するので，それに伴って沈殿の表面の電荷も逆転するため，電荷をもった色素を溶液内に共存させると沈殿の色が当量点前後で変化して終点を知ることができる．

例えば AgCl であれば，当量点前は Cl^- が優先的に吸着して AgCl 表面は負に帯電した層を形成し，その外側に正電荷の Na^+ や H^+ を緩く引きつけている．当量点後は過剰の Ag^+ イオンを優先的に吸着して AgCl 表面は正に帯電した層を形成する．

このような沈殿表面の帯電状態の変化は，滴定開始時に生成する沈殿は細かく溶液中に分散するのに対し，当量点近くでは凝集してきてガサガサな沈殿になることからも見て取れる．すなわち，滴定開始時は多量の過剰イオンを吸着して静電的に強く反発するため分散しているが，当量点近くでは過剰のイオンが少なくなり，静電的反発が弱まって凝集しやすくなるのである．

Fajans 法での沈殿生成反応自体は，Mohr 法と同じで

$$Ag^+ + Cl^- \longrightarrow AgCl \tag{7.34}$$

である．Cl^- を含む試料を $AgNO_3$ 標準液で滴定すると，はじめは Cl^- が過剰なため，生成した AgCl 沈殿の表面に Cl^- が吸着して表面は負に帯電している．**フルオレセイン**のような陰イオンで蛍光性の指示薬を加えておくと，当量点前の Cl^- 過剰なうちは，フルオレセインは溶液内に留まり，溶液は緑黄色の蛍光を発する．当量点を過ぎると今度は Ag^+ が過剰になるため AgCl には Ag^+ が吸着して表面は正に帯電するようになる．これに陰イオンのフルオレセインが吸着して沈殿は微紅色となり，かつ溶液の蛍光は消えて終点が分かる．

Fajans 法では指示薬が陰イオンでないと吸着が起きないため，酸解離定数よりアルカリ性の溶液でないと終点がわからない欠点があるが，**エオシン**のような pK_a の小さな指示薬を使えば，比較的酸性度の高い溶液（pH 2 程度）でも銀滴定が行える．また Mohr 法のように滴定できないハロゲン化物イオンはないが，ハロゲン化物の種類によって AgX への指示薬の吸着の度合いが違うため，例えばエオシンは AgCl には使えない．

〔3〕**Volhard 法**

これは，濃度未知のハロゲン化物イオンを含む試料に過剰の $AgNO_3$ 標準液を加えて AgX の沈殿を生成させ，過剰の Ag^+ を SCN^- を含む標準液で逆滴定して，ハロゲン化物イオンを定量する方法である．

終点検出には，指示薬として Fe^{3+} を加えておき，過剰の SCN^- によるチオシアン酸鉄錯体の赤色を利用する．Volhard 法では，AgSCN の溶解度積が AgCl より

大きいため，$AgNO_3$ 標準液で生成させた $AgCl$ はあらかじめろ過して除去するか，ニトロベンゼンやジクロロエタンのような水より比重の大きい有機溶媒を加えて溶液をよく振り，$AgCl$ 沈殿を覆い隠してから SCN^- 標準液で滴定する．$AgBr$ や AgI は $AgSCN$ より溶解度積が小さいので，沈殿の分離のような操作の必要はない．また，Fe^{3+} は容易に加水分解して $Fe(OH)_3$ などの沈殿を生じるため，通常は 1 mol/L 程度の硝酸酸性で行う．Mohr 法や Fajans 法は強酸性溶液中のハロゲン化物イオンの定量には使えないが，Volhard 法はそのような問題がないため，酸性溶液中のハロゲン化物イオンの沈殿滴定によく用いられている．

演習問題

Q.1 Mohr 法による Cl^- の銀滴定を，0.10 mol/L の $AgNO_3$ 標準液を用いて 20 mL の試料を滴定するとき，以下の問いに答えよ．$K_{sp}(AgCl) = 1.8 \times 10^{-10}$ $(mol/L)^2$，$K_{sp}(Ag_2CrO_4) = 4.1 \times 10^{-12}$ $(mol/L)^3$．
(1) 当量点での Ag^+ 濃度を求めよ．
(2) 当量点で Ag_2CrO_4 が沈殿し始めるのに必要な CrO_4^{2-} の濃度を求めよ．
(3) 1.0×10^{-6} mol の Ag_2CrO_4 沈殿が生じると終点が判定可能と仮定すると，CrO_4^{2-} が (2) の濃度のとき，当量点より何 mL 過剰になったときが終点と判定されるか．
(4) 試料の Cl^- 濃度が 0.010 mol/L と 0.10 mol/L のとき，滴定誤差はそれぞれ何%になるか．

Q.2 金属イオンの系統的定性分析では，硫化物沈殿をつくるときの pH が重要である．2 属と 4 属のイオンをそれぞれ 0.0010 mol/L ずつ含む試料溶液から，定量的に分離（2 属は 99% 以上沈殿し，4 属は 1% 以下しか沈殿しない）できる水素イオン濃度の範囲を求めよ．
　溶解度積：CdS：2.0×10^{-28}，CuS：6.0×10^{-36}，HgS：4.0×10^{-53}，PbS：8.0×10^{-28}，CoS：4.0×10^{-21}，MnS：3.0×10^{-13}，NiS：3.0×10^{-19}，ZnS：2.0×10^{-24}．H_2S の $pK_{a1} = 7.0$，$pK_{a2} = 13.9$．硫化水素を飽和させるので $[H_2S] = 0.10$ mol/L で一定とみなせる．

Q.3 純水 200 mL に硫酸バリウム（分子量 233.4）0.47 g を加えて飽和させた溶液を調製した．さらに EDTA を 0.10 mol/L になるように加え，pH を 9.0 に調整したが，硫酸バリウムは完全には溶けない．この理由について，以下の問

いに答えよ．ただし，操作に伴う体積変化はないものとする．$K_{sp}(BaSO_4) = 1.3 \times 10^{-10}$ $(mol/L)^2$，EDTA（H_4Y）の酸解離定数 $pK_{a1} = 2.1$，$pK_{a2} = 2.8$，$pK_{a3} = 6.2$，$pK_{a4} = 10.3$，$\log K_{BaY} = 7.8$ とする．

(1) 純水に硫酸バリウムを飽和させた溶液中の Ba^{2+} の濃度を求めよ．

(2) 充分量の EDTA を加えて完全に溶解したとき，硫酸バリウムが完全に溶ける遊離の Ba^{2+} 濃度の上限はいくらか．

(3) EDTA を加えた溶液での $[Ba^{2+}]$ を求め，硫酸バリウムが溶けないことを示せ．

(4) EDTA を何 mol/L 以上にすれば，硫酸バリウムは完全に溶けるか．

参考図書

1. JIS K0400-35-10：99 水質－塩化物の定量－クロム酸塩を指示薬とする硝酸銀滴定（モール法）

ウェブサイト紹介

1. 目で見てわかる化学反応と化学平衡
   http://rikanet2.jst.go.jp/contents/cp0220e/start.html

第8章 重量分析

本章について

重量分析（gravimetry）は，分析対象である成分の質量を直接測定することにより定量する方法である．質量保存の法則，定比例の法則，ドルトンの法則など，化学量論の根幹をなす概念も，種々の反応の前後での質量の測定に始まり確立されたように古典的な定量方法であるが，現在でも欠かすことができない分析法である．すなわち「天秤で重さを量る」という物理量の基本単位のみに依存し，容量分析（滴定）や種々の分光法のような標準物質を必要としない，絶対分析法（absolute analysis mtehod）として，種々の標準物質の値付けから通常の実験室でも用いられている．

第8章 重量分析

8.1 重量分析の種類と手順

重量分析（gravimetry）では，分析対象である成分の質量を測定するため，対象を一定組成の難溶性の化合物か単体として分離しなければならない．そのため，対象を分離する手段に基づいて，次に述べるような3つの方法に大別される．

8.1.1 沈殿重量法

おそらく一番最初に思いつく重量分析の方法が，分析目的である成分を水溶液から沈殿として分離する「**沈殿重量法**（precipitation gravimetry）」であろう．この方法で重要なのは，分析目的である成分イオンを選択的かつ定量的に沈殿させ，他の共存物質で汚染されないようにすることである．前章の溶解度と溶解度積で述べたように，ある目的成分イオンを定量的に沈殿させる反応は，沈殿剤の濃度を主とする反応条件によってコントロールすることができる．しかし，重量分析のためには，この沈殿生成の反応とそれによって得られる沈殿に，次のような性質が望まれる．

〔1〕**一定組成の化合物か単体が得られること**

生成する沈殿が単体であれば，分析目的の成分と得られた沈殿の質量は等しいから物質量をそのまま測定することができる．化合物として沈殿する場合は，目的成分以外の沈殿剤の成分が含まれることになるので，沈殿をつくるたびに組成が異なるようでは定量に用いることができない．

目的成分を沈殿させて試料から分離するときの沈殿の組成・化学形を「**沈殿形**（precipitation form）」と呼び，その後の乾燥などの手順を経て，実際に質量を量るときの組成・化学形を「**秤量形**（weighing form）」と呼んでいる．沈殿を分離後，単純な加熱乾燥などでそのまま質量測定ができる場合は，沈殿形と秤量形は同じであるが，金属の水酸化物沈殿などでは加熱により酸化物に変化してしまう場合があり，これは沈殿形と秤量形が異なる場合といえる．

このようなときには，乾燥時に組成が変化しなくなるまで強熱するなどして，一

定組成の安定な化学形に変える必要がある．

〔2〕溶液内に残る成分が無視できる程度に定量的に進行すること

　一般に，物質の溶解度は温度が高いほど大きいので，定量的に沈殿させるならば低温の方が有利のように思われる．しかし，重量分析で沈殿を生成させるような難溶性塩の溶解度の温度変化はそれ程大きくない（例えば，硫酸バリウム）．それに対し，共通イオン効果によって溶解度は数桁以上減少させることができるので，沈殿剤を小過剰加えて共通イオン効果によって溶液内に残る成分イオンの濃度をできる限り低くする．

〔3〕目的成分に対して選択性が高い，あるいは特異的であること

　多くの金属イオンは，高 pH では水酸化物の沈殿を生じるが，2 価と 3 価の金属イオンのようにイオンの電荷が異なる場合はともかく，同じ 2 価イオンであればいずれも pH 10 前後で水酸化物沈殿が生じる．あるいは定性分析実験を思い出してみれば分かるように，定性分析で同じ族のイオンは同一条件で硫化物沈殿が生じ，選択性は低い．共存する他の金属イオンを除くために，適当な錯形成剤などによりマスクして沈殿が生じないようにする．

　これに対し，有機化合物の錯形成を利用した沈殿生成は特定の金属イオンに対する選択性が高いことが多い．ジメチルグリオキシムはほぼニッケル（Ⅱ）に特異的（他にパラジウム（Ⅱ）も沈殿を生じる）で，定性分析のニッケルの確認にも用いられている．

〔4〕沈殿は熱や光に対して安定であること

　沈殿を溶液から分離した段階では，結晶の隙間にまだ溶液（母液）を含んだままであり，これを何回か洗浄しても，やはり結晶の隙間の水は乾燥させなければならない．そのために加熱する過程で化学変化を起こして組成が変わるものは，それ以上の化学変化がない化学形に変える必要がある（例えば，ゲル状の沈殿を生じる $Al(OH)_3$ は強熱して Al_2O_3 の秤量形に変える）．

〔5〕他の成分により汚染されにくく分離しやすい，結晶性の沈殿が得られること

　沈殿滴定では沈殿を分離する必要がないため，定量的に沈殿が生成し，当量点で濃度ジャンプが起きることが重要である．重量分析では定量的な沈殿の生成だけでなく，純粋な汚染の少ない沈殿を得ることも重要である．重量分析では，沈殿として分離した固体すべての質量を，目的物であるか否かにかかわらず測定するからである．このためには結晶性のよい沈殿の生成が欠かせない．沈殿の表面積が小さい

8.1.2 電解重量法

電気化学的方法でも述べるが，分析対象イオンを含む溶液に不活性な電極を挿入し，外部の電池による酸化還元反応により単体として電極に析出させる．このように電極に付着した（電析）電極の質量の増加から定量する方法である．

電極間にかける電位のコントロールにより，析出させるべきイオンを選択するとともに，溶液に残るイオンを無視できる程度まで定量的に析出させることができる．このとき，一定電位で電解を行う**定電位電解**と，一定電流が流れるよう電位を変える**定電流電解**がある．また，電解後の質量変化を量るのではなく定量的に析出させるのに要した電気量から定量する電量分析法もある．

8.1.3 減量重量法

シリカゲルのような物質の表面に吸着した水分などは，加熱によって揮散して，質量は減ってゆく．これを水分だけに限って定量的に行えれば，減少した質量分が元の吸着していた水の質量にあたる．あまり例は多くないが，目的物質のみ選択的に気化・揮散できれば，それによって減少した質量から定量が可能である．ここでは詳しく述べないが，加熱に伴う質量変化を機器を用いて追跡する**熱重量分析**（thermo-gravimetric analysis：TG）も，重量分析の一種である．

8.2 重量分析の計算

8.2.1 重量分析係数

秤量する化合物が単体でない限り沈殿の質量そのものが目的成分ではないから，沈殿に含まれる目的成分（元素）の比率は，その組成と各元素の原子量から求めることが必要となる．IUPACにおいて2009年に原子量が改訂され，いくつかの元素では変動範囲を上限と下限で示すようになった．例えば，AgCl中のAgの原子量は従来どおり107.8682(2)であるが，Clは［35.446；35.457］という下限と上限で示されている．このため構成元素の上限・下限の原子量を用いてAgCl中のAgの比率を表せば，

原子量の下限を用いた場合：$\dfrac{107.8682}{(107.8682 + 35.446)} = 0.75267$

原子量の上限を用いた場合：$\dfrac{107.8682}{(107.8682 + 35.457)} = 0.75261$

と表すことができる．また先に述べたニッケルのグリオキシム沈殿では，ジメチルグリオキシムの全元素について原子量の上限と下限が示されているので，

原子量の下限を用いた場合：$\dfrac{58.6934}{(58.6934 + 230.20640)} = 0.20316$

原子量の上限を用いた場合：$\dfrac{58.6934}{(58.6934 + 230.23454)} = 0.20314$

と表すことができる．

 原子量として上限，下限を用いるか平均を用いるかによらず，一般に有機化合物との錯形成をさせた方が，沈殿中に占める金属イオンの比率は小さくなり，少量の成分でも定量に有利になる．

 このような秤量形における分析成分の比率は**重量分析係数**（gravimetric factor）と呼ばれ，よく知られた秤量形やルーチンワークとして重量分析を行うときは，あらかじめ計算しておくと便利である．さらにこの係数と生じた沈殿の質量から，元の試料溶液に含まれていた分析対象の質量が求められる．

分析目的成分の質量＝沈殿の質量×重量分析係数

8.2.2 混合物の分析

 分析試料が2つの成分の混合物の場合も，分子量の異なる沈殿に変えることで，混合物の質量と沈殿の質量から得られる物質量を含む連立方程式の解として，成分を分離することなく定量（**分別定量**）できる場合がある．例えば，$FeCl_3$ と $AlCl_3$ の混合物を Fe_2O_3 と Al_2O_3 の秤量形に変えて質量を求めるような，分離しにくい金属イオンの塩を同一条件で乾燥・秤量できる場合に用いることができる（詳しい計算例は章末の演習問題を参照）．

第8章 重量分析

8.3 沈殿の生成と汚染

　重量分析では汚染の少ない純粋な沈殿をつくることが重要であり，一般的操作法として，高温にした試料溶液をよくかき混ぜながら，希薄な沈殿剤溶液を少しずつ加えるという操作が勧められている．なぜこのような操作をするのかについては，単なる沈殿平衡では説明できないので，以下で沈殿の生成機構と汚染のメカニズムについて述べる．

8.3.1 沈殿の生成機構

　そもそも溶液にイオンが溶けているときには個々のイオンは全く見えないが，沈殿となってろ過するときには明らかに形をもった結晶として見えるようになっている．沈殿が生成するのは，沈殿の成分イオン濃度（正確には活量）の積が溶解度積を越えた**過飽和溶液**（supersaturated solution）となるからであり，過剰なイオンは飽和に達するまで濃度が低くなる．平衡に達した飽和溶液中の濃度に比べて濃度が高い**過飽和**であれば直ちに沈殿が生成するかというと，そうでない場合がある．

　図 **8.1** に溶解度の温度変化（**溶解度曲線**）を示した．この図で，溶解度曲線より上になる領域は濃度でいえば過飽和であり，このような濃度の溶液は沈殿の生成平

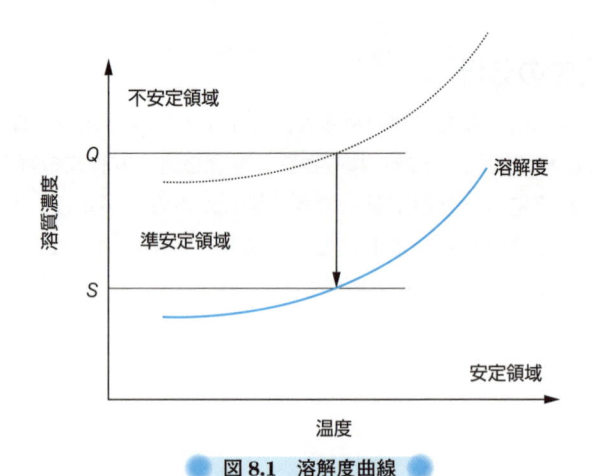

図 8.1　溶解度曲線
（Q：過飽和溶液中の溶質の濃度，S：平衡溶解度）

衡では存在しないはずである．しかし，飽和濃度よりほんの少し高い濃度の溶液では，短時間は過飽和を保ったまま沈殿せず，結晶が目に見える大きさになって沈殿してくるまでに時間がかかることがある．このように過飽和だが短時間は安定に存在する濃度領域を「**準安定領域（metastable region）**」と呼んでいる．

この現象は，溶液の温度を下げていって凝固点を下回ったのに固化しない過冷却現象と似ており，沈殿や結晶といった原子やイオンの集団ができるときには，濃度だけでなく速度が問題になることを示している．

結晶のような，イオンが整然と並んだ構造をつくって目に見えるようになるまでには，ある程度の数のイオンが整然と並んだ結晶核が生成する段階（**核生成, nucleation**）が必要であり，これに過飽和のイオンが空間的に拡がってゆく**核生長**段階を経てコロイド粒子，沈殿となると考えられている．

過飽和の程度が非常に低い溶液では，溶液中のゴミやガラス片（ガラス棒でビーカーの壁を引っ掻くと生じる）などを中心に不均一に核が生じる．もう少し過飽和の程度が高い溶液では，溶液中を自由に熱運動している何個かのイオンどうしが衝突してできる**クラスター（cluster）**と呼ばれる集合体が結晶核になると考えられている．このような衝突は溶液内のどこでも起きる均一的な核生成過程であり，過飽和の程度が高いとそのチャンスも多くなり，生成する核の数も増える．図8.1に示すように，濃度の差 $Q-S$ は絶対的な過飽和度であり，飽和溶解度に対する**相対的過飽和度** $(Q-S)/S$ の方が，このような均一的核生成には重要であると考えられている．

この関係は，初期の沈殿生成の速度 (v) に関する von Weimarn の式として知られ，

$$v = \frac{K(Q-S)}{S} \tag{8.1}$$

で表される．

8.3.2 沈殿の生長

結晶核から生成したばかりの溶液中には，まだ小さい結晶や結晶構造が不完全な結晶が多い．微結晶では結晶を構成するイオンの数に対して表面積が大きいので，結晶の成長速度よりも溶解速度が上回って溶液内に溶け出すイオンが多いため，いずれ消滅してしまう．一方，ある程度大きくなった結晶は，このように微結晶や不完全結晶から溶け出したイオンを集めてより大きな結晶に育ってゆく．このような過程を**熟成**（aging）または**温浸**（digestion）と呼び，沈殿をろ過する前にしばらく高温に保ったまま放置する操作がこの過程を進行させるために行われる．

8.3.3 沈殿の汚染

沈殿の汚染（contamination）は，沈殿に目的以外の成分が取り込まれてしまう現象で共同沈殿あるいは**共沈**（coprecipitation）によって起きる．

〔1〕**吸着（adsorption）**

前章で述べたように，結晶表面は溶液中に過剰に存在するイオンを吸着しやすい．これは，結晶の表面では他のイオンに取り囲まれないイオンが必ず存在するためで，ここに反対電荷のイオンが集まり**一次吸着層**を形成し，その上に反対電荷のイオンが緩く集まり**二次吸着層**を形成する．この様子を図 8.2 に模式的に示した．このような機構による吸着はイオン性の結晶である限り防げないが，結晶表面積が小さければ吸着層の面積も小さくなるので，熟成により大きな結晶にすることで，その影響を小さくすることができる．

また，沈殿をいったんろ過して純水に溶解し，再度沈殿させる**再沈殿法**（reprecipitation）は，再沈殿のときには元の結晶にあった吸着物質の濃度を低くすることができるので，吸着による汚染が起きている場合に沈殿の純度を上げるのに有効である．

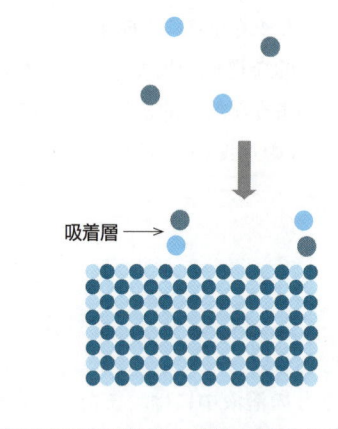

図 8.2　結晶表面への吸着の模式図

〔2〕**吸蔵（occulusion）**

吸蔵とは，沈殿内部まで不純物が取り込まれ汚染が生じることで，この原因にはイオン半径がほぼ同じで結晶構造も同一なイオンが，目的結晶の構造を乱すことなく取り込まれて**混晶**（mixed crystal）が生成してしまう場合と，結晶の成長速度

8.3 沈殿の生成と汚染

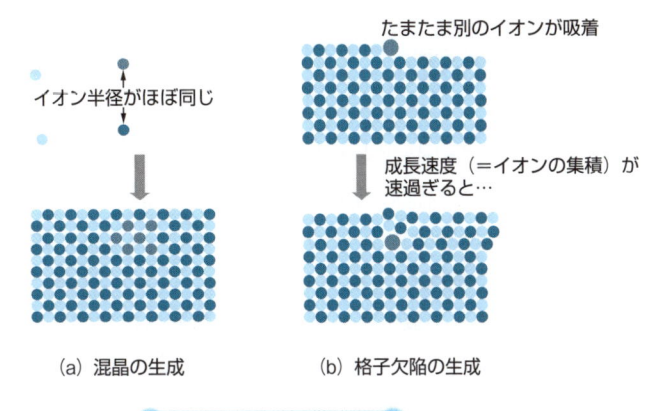

(a) 混晶の生成　　　(b) 格子欠陥の生成

図 8.3　吸蔵の模式図

が速過ぎて，たまたま結晶表面に吸着していた不純物のイオンが解離する前に結晶が成長してしまい**格子欠陥**（lattice defect）が生成する場合がある．

　混晶は熟成や再沈殿でも取り除くことはできないため，不純物に選択的な錯形成剤を用いて沈殿させるなどの必要がある．一方，この性質を利用して溶解度積には達しないような極微量の金属イオンを多量に存在するイオンの結晶とともに濃縮・分離することもできる（放射性 Ra^{2+} の $BaSO_4$ による捕集）．

　格子欠陥による吸蔵は，結晶の成長速度が速すぎるためなので，ゆっくり成長させたり，熟成や再沈殿により純度を上げることができる．

[3] 後期沈殿（post precipitaion）

　溶液内にある結晶では，表面のイオンは溶液内に残る成分イオンと常に入れ替わっており，表面付近の濃度は溶液全体の平均の濃度より高い．このため，局部的に他のイオンについても過飽和になり，第二の成分を含む沈殿が生成して目的沈殿を汚染する．これを後期沈殿と呼ぶ．このようなときは，熟成を長く行わず短時間で終わらせる必要がある．

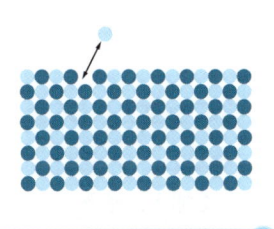

図 8.4　後期沈殿の模式図

8.4 均一沈殿法

　沈殿の生成過程と汚染の原因を考慮すると，前節の最初に述べたような操作は有効であるが，いくら希薄な沈殿剤を加えたところで希釈には限度があり，また溶液が落下したその場所は局部的・瞬間的には高濃度になるため，**相対的過飽和度**を低く保つことはできず，多数の結晶核が生じることになってしまう．

　沈殿剤を試料とは別の溶液として添加するのに対し，化学反応により沈殿剤を試料溶液内で均一に発生させ，局部的な過飽和度の上昇を抑える方法が**均一沈殿法**（precipitaion from homogeneous solution：PFHS 法）である．沈殿剤を発生させる反応には，尿素の加水分解により溶液の pH を徐々にあげ，生成する OH^- 濃度の上昇により水酸化物を沈殿させたり，シュウ酸やジメチルグリオキシムなどの酸解離によりシュウ酸イオンやジメチルグリオキシマトイオン濃度を徐々に上昇させる方法があり，過飽和度を低く保つことができる．また，チオアセトアミドやアミド硫酸を加えて加熱，加水分解して H_2S や SO_4^{2-} を発生させる沈殿剤生成法もある．

8.5 重量分析の例

8.5.1 硫酸バリウム沈殿による硫酸イオンの定量

　硫酸バリウムの溶解度積は 25℃ で 1×10^{-10} $(mol/L)^2$ と小さいので，水溶液中のバリウムイオンや硫酸イオンの定量によく用いられる．SO_4^{2-} を含む試料溶液を塩酸酸性として加熱しておき，この溶液に加熱した $BaCl_2$ 溶液を，溶液が微かに濁るまではよくかき混ぜながら1滴ずつ滴下してゆき，その後は滴下速度を速めて，$BaCl_2$ が小過剰になる濃度まで加える．そのまましばらく熟成後，ろ紙を用いてろ過し，ろ紙を焼成灰化して，$BaSO_4$ の質量から溶液中の SO_4^{2-} を計算・定量する．

8.5.2 均一沈殿法によるニッケルジメチルグリオキシム錯体の生成

　ニッケル試料 0.2g を正確に秤量し，ビーカーに移す．水で溶解し 200mL 程度に希釈して，6mol/L 塩酸 2mL を加え，溶液を弱酸性にする．1％ジメチルグリオキシム溶液約 30mL と尿素 40g を試料溶液に加え，完全に溶かす．時計皿でふた

演 習 問 題

をして水浴上で加温し，約80℃に保つ．およそ1時間で尿素の加水分解は完了し，溶液のpHは9程度になり，沈殿の生成も完結している．

恒量にしたガラスフィルターで，沈殿を吸引ろ過，熱水で沈殿を洗浄する．120℃で60分（2回目からは30分）乾燥，30分の放冷，秤量を恒量になるまで繰り返し，ガラスフィルターの風袋との差から沈殿の質量を求め，ニッケルの定量を行う．

演習問題

Q.1 0.010 mol/L の $BaCl_2$ 溶液と 0.010 mol/L の H_2SO_4 溶液を，(1)～(3)の体積で混合したときの溶液中の Ba^{2+} 濃度と SO_4^{2-} 濃度を求めよ．$K_{sp}(BaSO_4) = 1.3 \times 10^{-10}$ $(mol/L)^2$.
  (1) 150 mL $BaCl_2$ + 150 mL H_2SO_4
  (2) 200 mL $BaCl_2$ + 20 mL H_2SO_4
  (3) 50 mL $BaCl_2$ + 150 mL H_2SO_4

Q.2 pHが13.0のとき，1.0×10^{-3} mol/L の Mg^{2+} の99%以上が沈殿するためには，$Mg(OH)_2$ の溶解度積はいくら以下でなければならないか．

Q.3 $NaHCO_3$ 炭酸水素ナトリウムは，加熱すると以下のように分解する．
$$2NaHCO_3 \longrightarrow Na_2CO_3 + CO_2(g) + H_2O(g)$$
Na_2CO_3 と $NaHCO_3$ の混合物 1.00 g を加熱処理したところ，0.78 g の純粋な Na_2CO_3 が得られた．加熱前の混合物中の $NaHCO_3$ の割合を%（質量分率）で示せ．

Q.4 以下の目的物質と沈殿（秤量形）の重量分析係数を計算せよ．
  (1) Al, Al_2O_3
  (2) Al, $Al(C_9H_6NO)_3$ （8-キノリノール塩）
  (3) K, $KB(C_6H_5)_4$ （テトラフェニルボレート）
  (4) Mg, $Mg_2P_2O_7$
  (5) P, $(NH_4)_3PO_4 \cdot 12MoO_3$
  (6) PO_4, $(NH_4)_3PO_4 \cdot 12MoO_3$
  (7) U, U_3O_8

Q.5 NaCl と KCl からなる試料 2.00 g を水に溶かし，$AgNO_3$ 溶液を少過剰に加えて得られた AgCl の質量は 4.27 g であった．試料中の NaCl，KCl の含有量 (g) を求めよ．

第8章 重量分析

参考図書

1. JIS R9301-3-1：99　アルミナ粉末−第3部：化学分析方法−1：乾燥減量の定量
2. JIS R9301-3-2：99　アルミナ粉末−第3部：化学分析方法−2：強熱減量の定量
3. JIS P3801-01：95　ろ紙（化学分析用）
4. JIS R1301：87　化学分析用磁器るつぼ
5. JIS R3503：94　化学分析用ガラス器具（るつぼ形ガラスろ過器）

ウェブサイト紹介

1. 暮らしの中で生きる化学分析
   http://rikanet2.jst.go.jp/contents/cp0260e/start.html

第9章
溶媒抽出と固相抽出

本章について

　分析対象は通常「混合物」であるため,分析に先立ち目的物を取り出しておく「分離」を行うことが,その後の分析操作にとって大変重要である.また,分析操作の際に定量を妨害しうる共存物質から目的物を切り離すという意味でも,分離は大きな意味をもつ操作といえる.本章では,化学反応を用いる物質分離の手法として広く用いられている溶媒抽出(水溶液から有機溶媒への目的物質の輸送分離)と,近年急速に研究開発が進んでいる固相抽出(水溶液から固体表面への目的物質の捕集分離)の2つを取り上げ,その詳細について学んでいく.なお,古くから金属イオンなどの分離法として知られているイオン交換は,最近では固相抽出の一形態として扱われることが多くなっているため,本章ではこれらについても併せて紹介する.

第9章

溶媒抽出と固相抽出

9.1 二相を用いる物質分離

多成分を含む相から特定の物質を分離しようとする場合，目的成分を取り出すためにもう1つの相が必要になる．目的成分を沈殿させる場合は，それ自体によって新たな相が形成されるが，多くの場合には，あらかじめ用意されたもう1つの相に目的成分を移動させることになる．このように，ある相から別の相へと物質を移動させる操作を一般に**抽出**（extraction）という．

水溶液から目的成分を抽出する場合には，抽出相として水と混ざり合わない相を用意する必要があるが，多くの場合，これには疎水性の有機溶媒が用いられる．このような液相から液相への抽出は**溶媒抽出**（solvent extraction）と呼ばれる．これに対し，抽出相として固相（正確には固体表面）を用いる抽出は**固相抽出**（solid phase extraction）と呼ばれる．

9.2 溶媒抽出

9.2.1 溶媒抽出と分配平衡

〔1〕分配平衡と分配係数

溶媒抽出は液-液二相間の物質輸送に基づいているが，液-液界面を横切るこの物質輸送には平衡状態が存在する．この平衡のことを**分配平衡**（distribution equilibrium または partition equilibrium）[*1]と呼ぶ．ある物質Sについて水相と有機相との間の分配平衡を考えると，平衡式は

$$S_{(aq)} \rightleftharpoons S_{(org)} \tag{9.1}$$

[*1] 目的とする成分がどちらの相に存在する状態から始めても，最終的な状態は同じになる．すなわち，目的成分を2つの相にどのように振り分けるかと考えることになるため，「分配」という用語が用いられる．

のように表される(添字 aq は水相を,org は有機相を示す.ただし,aq は省略されることが多い).この平衡の平衡定数 K_D[*2] は,**分配係数**(distribution coefficient または partition coefficient)と呼ばれ,

$$K_D = \frac{[\mathrm{S}]_\mathrm{org}}{[\mathrm{S}]_\mathrm{aq}} \tag{9.2}$$

のように表される.分配係数は,2つの溶媒に対する目的物質の溶解度の比におおむね一致する.

[2] 分配比

ある成分を二相間で分配させたとき,その成分がそれぞれの相で単一の化学種として存在するとは限らない.分配係数は特定の化学種についての平衡定数であり,複数の化学種が存在する場合には,分配係数のみで溶媒抽出を解釈することはできない.**分配比**(distribution ratio)D を

$$D = \frac{(\text{有機相中の S の全濃度})}{(\text{水相中の S の全濃度})} \tag{9.3}$$

と定義すると,複数の化学種が存在する場合には D と K_D は一致しない.

例えば安息香酸(C_6H_5COOH,以下 HBz[*3] と略記)を水相とジエチルエーテル相との間で分配させる場合を考えてみよう.この系において,HBz の K_D は $10^{1.38}$ であるが,HBz は弱酸であるから水相ではその一部が次式のように酸解離する.

$$\mathrm{HBz} \rightleftharpoons \mathrm{H}^+ + \mathrm{Bz}^- \tag{9.4}$$

$$K_a = \frac{[\mathrm{H}^+][\mathrm{Bz}^-]}{[\mathrm{HBz}]} = 10^{-4.20} \tag{9.5}$$

したがって,HBz の分配比 D は,

$$\begin{aligned}
D &= \frac{[\mathrm{HBz}]_\mathrm{org}}{[\mathrm{HBz}] + [\mathrm{Bz}^-]} \\
&= \frac{[\mathrm{HBz}]_\mathrm{org}}{[\mathrm{HBz}]} \left(1 + \frac{K_a}{[\mathrm{H}^+]}\right) \\
&= \frac{K_D}{1 + \dfrac{K_a}{[\mathrm{H}^+]}}
\end{aligned} \tag{9.6}$$

[*2] 記号として P が用いられる場合もある.
[*3] HBz の先頭にある H は,酸解離する水素を示す.

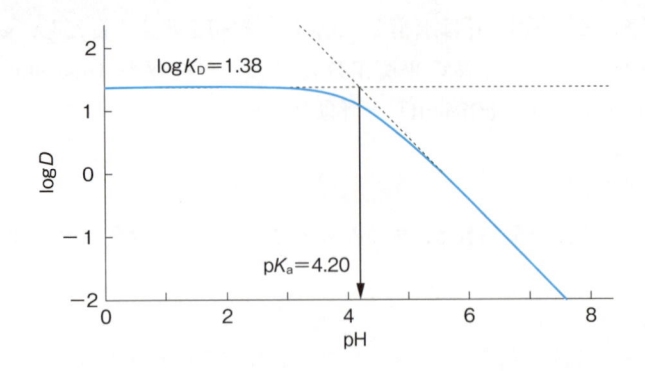

図 9.1 安息香酸(HBz)のジエチルエーテル–水間での分配比(D)と水相 pH との関係

すなわち，HBz の D は水相の pH によって変化することになる．この様子を $\log D$ vs pH でプロットしたものを**図 9.1** に示す．酸性側で $[\mathrm{H^+}] \gg K_\mathrm{a}$（pH $\ll$ pK_a）となる領域では $D = K_\mathrm{D}$ と近似される．これに対し，塩基性側で $[\mathrm{H^+}] \ll K_\mathrm{a}$（pH $\gg$ pK_a）となる領域では $D = K_\mathrm{D}[\mathrm{H^+}]/K_\mathrm{a}$，すなわち $\log D = \log K_\mathrm{D} + \mathrm{p}K_\mathrm{a} - \mathrm{pH}$ と近似され，$\log D$ vs pH のプロットは傾き -1 の直線となる[*4]．

アニリン（$\mathrm{C_6H_5NH_2}$）のような塩基の場合も同様に考えればよい．この場合，$\log D$ vs pH のプロットは酸性側では傾き $+1$ の直線，塩基性側では傾き 0 の直線となる．

[3] 抽出百分率

分析化学における溶媒抽出では，目的物質を定量的に有機相に抽出することが大きな目標となる．そこで，この抽出の度合いを評価するための指標として**抽出百分率**（percent extraction）%E が用いられる．%E は

$$\%E = 100 \times \frac{(\text{有機相中の S の全物質量})}{(\text{S の総物質量})}$$

$$= 100 \times \frac{(\text{有機相中の S の全物質量})}{(\text{有機相中の S の全物質量}) + (\text{水相中の S の全物質量})} \quad (9.7)$$

[*4] 有機相としてベンゼンやヘキサンなどの無極性溶媒を用いると，有機相中で
$$2\,\mathrm{HBz_{(org)}} \rightleftharpoons (\mathrm{HBz})_{2(\mathrm{org})}$$
の二量化反応が生じるため，HBz の分配比 D は
$$D = \frac{[\mathrm{HBz}]_\mathrm{org} + 2[(\mathrm{HBz})_2]_\mathrm{org}}{[\mathrm{HBz}] + [\mathrm{Bz^-}]}$$
のようになり，計算はさらに複雑になる．

と定義される[*5]．したがって，水相と有機相の体積をそれぞれ V_{aq}，V_{org} とすると，%E と D との関係式は

$$\frac{100}{\%E} = 1 + \frac{V_{aq}}{DV_{org}}$$

$$\therefore \quad \%E = \frac{100}{1 + \dfrac{V_{aq}}{DV_{org}}} = \frac{100D}{D + \dfrac{V_{aq}}{V_{org}}} \tag{9.8}$$

となり，$V_{aq} = V_{org}$ の場合には

$$\%E = \frac{100D}{D+1} \tag{9.9}$$

となる．この関係を図 9.2 に示すが，抽出の際に濃縮をも試みる（$V_{aq} > V_{org}$ とする）場合には，より大きな D が求められるということが分かる．例えば，99%の抽出を達成するためには，$V_{aq} = V_{org}$ の場合には $D > 10^2$ であればよいのに対し，$V_{aq} = 10V_{org}$（10 倍濃縮）の場合には $D > 10^3$ が必要となる．

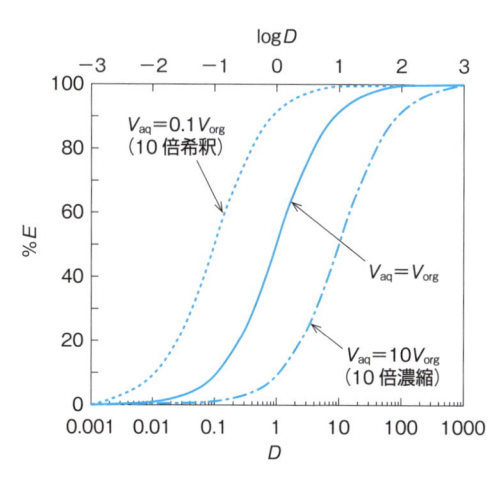

図 9.2 抽出率（%E）と分配比（D）との関係

[*5] 厳密には（S の総物質量）=（有機相中の S の全物質量）+（水相中の S の全物質量）とはならない場合もある（抽出操作中に目的物質の一部が沈殿してしまう場合など）．

9.2.2 溶媒抽出の器具と操作

溶媒抽出は，界面での物質輸送を伴う不均一系の反応である．したがって，反応を効率よく行うには，界面の面積を大きくし，かつ強く撹拌する必要がある．このため，実験室における溶媒抽出実験には**分液漏斗**（separating funnel）が用いられる．分液漏斗を用いる溶媒抽出操作の概要を図 9.3 に示す．振り混ぜには装置（振とう機）が用いられることも多い．また，研究目的での溶媒抽出実験では遠沈管もよく用いられる．この場合は振り混ぜ後の分相を遠心分離機で行うことが可能になり，実験時間が短縮される．一方，工業的な大規模の溶媒抽出では，振り混ぜが原理的に困難であるため，撹拌用のプロペラを装備した反応槽などが用いられる．

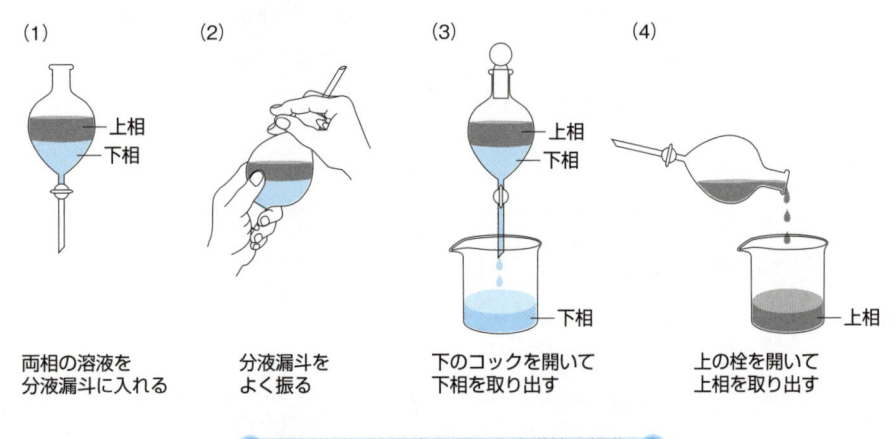

(1) 両相の溶液を分液漏斗に入れる
(2) 分液漏斗をよく振る
(3) 下のコックを開いて下相を取り出す
(4) 上の栓を開いて上相を取り出す

図 9.3 分液漏斗を用いる溶媒抽出操作

9.2.3 金属イオンの溶媒抽出

[1] キレート抽出

金属イオンの分離は，溶媒抽出の最も代表的な応用例の1つである．金属イオンは電荷を有し，しかも強く水和されているため，これをそのまま有機溶媒に抽出することは不可能である．したがって，金属イオンの抽出を行うためには，何らかの手法でこれを電気的に中性な疎水性化学種に変換することが必須である．

水和している水分子を疎水性の配位子で置換すると，疎水性の錯体が形成され

る．このとき，負電荷を有する配位子を利用すれば，中性の錯体として有機相に抽出することも可能である．とくに，多座配位子であるキレート試薬を用いて中性のキレート錯体を抽出する方法が広く用いられており，**キレート抽出**（chelate extraction）と呼ばれている．

キレート抽出においては，通常，Brønsted 弱酸であるキレート試薬を有機相に溶解して用いる[*6]．用いられる代表的なキレート試薬を**図 9.4** に示す．ここでは，

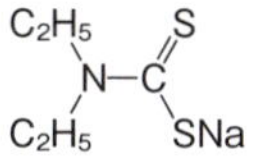

ジエチルジチオカルバミン酸ナトリウム（NaDDTC）

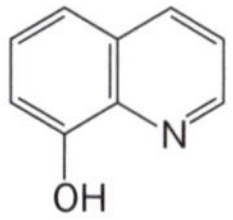

8-キノリノール（8-ヒドロキシキノリン，オキシン）（HQ）

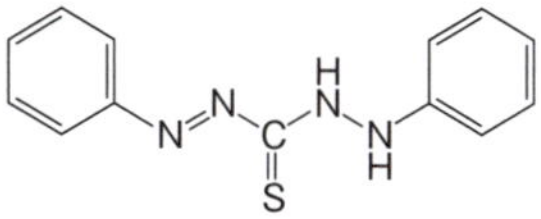

ジフェニルチオカルバゾン（ジチゾン）（HDz）

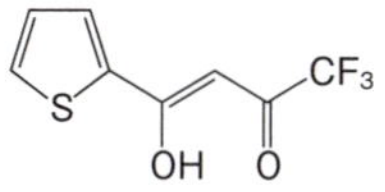

テノイルトリフルオロアセトン（HTTA）

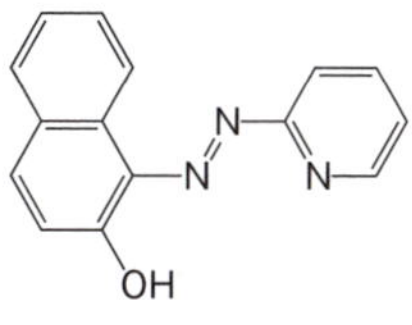

1-(2-ピリジル)アゾ-2-ナフトール（HPAN）

図 9.4　キレート抽出に用いられるキレート試薬の例

[*6] ジエチルジチオカルバミン酸ナトリウム（NaDDTC）のように，塩状態の試薬を水相に溶解して用いる場合もある．

第 9 章　溶媒抽出と固相抽出

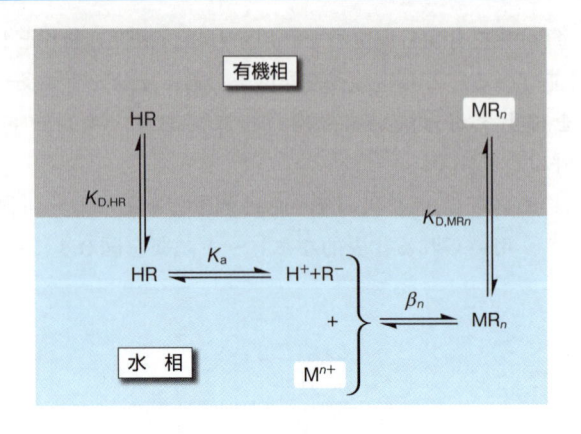

図 9.5　キレート抽出の模式図

1 塩基酸のキレート試薬（以下 HR と略記）を用いる n 価金属イオン M^{n+} のキレート抽出を例として，キレート抽出の全体像を紹介する．

このキレート抽出の模式図を図 9.5 に示す．有機相に溶解した HR は，まず水相に分配される．

$$HR \rightleftharpoons HR_{(org)} \tag{9.10}$$

$$K_{D,HR} = \frac{[HR]_{org}}{[HR]} \tag{9.11}$$

水相に分配された弱酸 HR は，酸解離を生じる．

$$HR \rightleftharpoons H^+ + R^- \tag{9.12}$$

$$K_a = \frac{[H^+][R^-]}{[HR]} \tag{9.13}$$

生じた R^- は M^{n+} と逐次錯形成し，中性錯体 MR_n の生成に至る．

$$M^{n+} + nR^- \rightleftharpoons MR_n \tag{9.14}$$

$$\beta_n = \frac{[MR_n]}{[M^{n+}][R^-]^n} \tag{9.15}$$

最後に，生成した MR_n が有機相に分配される．

$$MR_n \rightleftharpoons MR_{n(org)} \tag{9.16}$$

$$K_{D,MR_n} = \frac{[MR_n]_{org}}{[MR_n]} \tag{9.17}$$

この抽出過程全体を示す平衡である**抽出平衡**（extraction equilibrium）は

$$\mathrm{M}^{n+} + n\mathrm{HR} \rightleftharpoons \mathrm{MR}_{n(\mathrm{org})} + n\mathrm{H}^{+} \tag{9.18}$$

のように表され，その平衡定数である**抽出定数**（extraction constant）K_{ex} は

$$K_{\mathrm{ex}} = \frac{[\mathrm{MR}_n]_{\mathrm{org}}[\mathrm{H}^{+}]^n}{[\mathrm{M}^{n+}][\mathrm{HR}]_{(\mathrm{org})}^n} = \frac{K_{\mathrm{D,\,MR}n}\beta_n K_{\mathrm{a}}^n}{K_{\mathrm{D,\,HR}}^n} \tag{9.19}$$

となる．これより，一般に K_{a} が大きい（すなわち Brønsted 酸性の強い）キレート試薬ほど抽出に有利であると考えられる．ただし，酸性が強くなると錯体の安定度が低下する（β_n が小さくなる）傾向が見られることから，両者のバランスを考慮する必要がある．

キレート抽出では一般に $K_{\mathrm{D,\,HR}}$, $K_{\mathrm{D,\,MR}n}$ が大きい HR を用いるため，抽出対象である M^{n+} より十分多量の HR が存在すれば，水相中の中性錯体 MR_n およびその他の錯体は無視できる濃度となる．すなわち M^{n+} の分配比 D は

$$D = \frac{[\mathrm{MR}_n]_{\mathrm{org}}}{[\mathrm{M}^{n+}]} = \frac{K_{\mathrm{ex}}[\mathrm{HR}]_{(\mathrm{org})}^n}{[\mathrm{H}^{+}]^n} \tag{9.20}$$

と近似することができ，

$$\log D = \log K_{\mathrm{ex}} + n\log[\mathrm{HR}]_{(\mathrm{org})} + n\mathrm{pH} \tag{9.21}$$

という関係式が得られる．式(9.21)から分かるように，キレート抽出では水相のpHが大きな意味をもっている．K_{ex} が大きい金属イオンは，より低い pH で高い抽出率を達成できることになり，水相の pH を制御することで選択的な抽出分離を達成することが可能になる．

[2] 陽イオン錯体のイオン会合抽出

金属イオンと中性配位子との錯体は正電荷を有するため，これが単独で有機相に抽出されることはない．しかし，適当な陰イオンが存在する場合には，これとのセットで有機相に抽出可能になる場合がある．このような陽イオンと陰イオンの組み合わせによる抽出を，一般に**イオン会合抽出**（ion association extraction）と呼ぶ．イオン会合抽出の多くでは，陽陰両イオンからなる**イオン対**（ion-pair）が中性種として抽出されているが，両イオンが電気的中性を保ちつつバラバラに抽出される場合も存在する[*7]．

金属イオンを陽イオン錯体としてイオン会合抽出する際に用いられる配位子の例

[*7] ニトロベンゼンのような高極性溶媒を用いた場合には，後者の抽出がしばしば生じる．抽出機構として，有機相に移動したイオン対が解離するという考え方をする場合もある．

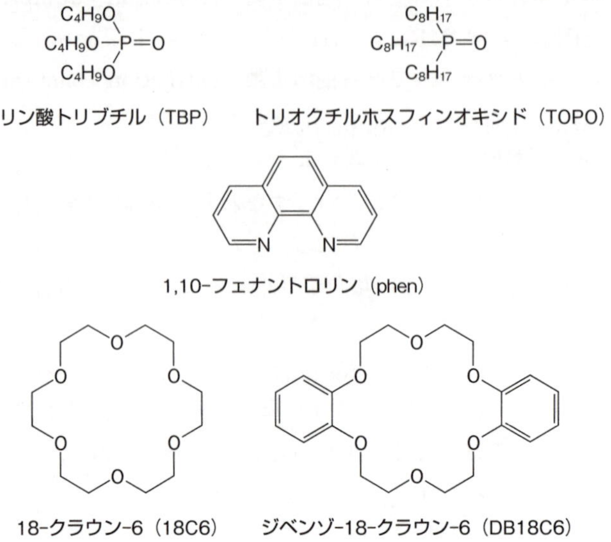

図 9.6 金属イオンをイオン会合抽出する際に用いられる中性配位子の例

を図 9.6 に示す．用いられる配位子は，有機リン系単座配位子，中性キレート試薬，大環状配位子に大別される（なお，リン酸トリブチル（TBP）は液体であり，それ自体を抽出溶媒として用いることも可能である）．また陰イオンとしてはハロゲン化物イオンや，比較的疎水性の高いチオシアン酸イオン，過塩素酸イオン，ピクリン酸（2,4,6-トリニトロフェノラート）イオン，テトラフェニルホウ酸イオン（$(C_6H_5)_4B^-$）などがしばしば用いられる．

クラウンエーテルに代表される大環状配位子は，金属イオンをその内側に取り込む形で錯イオンを形成するため，金属イオンのサイズ認識が可能になる．例えばジベンゾ-18-クラウン-6（以下 DB18C6 と略記）は，アルカリ金属イオンの中で K^+ と強く錯形成して，次式のようにイオン会合抽出することができる．

$$K^+ + DB18C6_{(org)} + ClO_4^- \rightleftharpoons K(DB18C6)^+ \cdot ClO_4^-{}_{(org)} \tag{9.22}$$

〔3〕陰イオン性化学種のイオン会合抽出

塩酸酸性水溶液中では，金属イオンは Cl^- との錯形成により $FeCl_4^-$，$GaCl_4^-$，$SbCl_6^-$ などのクロロ錯陰イオンとして存在する．また，高酸化数状態の金属は，

水溶液中で MnO_4^- などのオキソ酸イオン[*8]として存在する．これらの比較的かさ高い陰イオンは，適当な疎水性陽イオンを用いてイオン会合抽出することが可能である．例えば，テトラフェニルアルソニウムイオン（$(C_6H_5)_4As^+$）を用いて MnO_4^- をイオン会合抽出する場合の抽出平衡は次のようになる．

$$(C_6H_5)_4As^+ + MnO_4^- \rightleftharpoons (C_6H_5)_4As^+ \cdot MnO_4^-{}_{(org)} \tag{9.23}$$

同様の抽出機構は，陰イオン界面活性剤の抽出にも利用できる．例えば JIS K0101：1998 工業用水試験方法や JIS K0102：2008 工場排水試験方法では，陰イオン界面活性剤を陽イオン性色素であるメチレンブルーとのイオン対としてクロロホルムに抽出し，抽出されたメチレンブルーを測定することによって陰イオン界面活性剤の定量を行う．

9.3 固相抽出

9.3.1 固相抽出の分類

有機溶媒を使わずに抽出分離を実現する方法の1つとして近年広く用いられているのが固相抽出である．固相抽出では目的物質を固体表面に捕集[*9]するため，表面の構造が重要な意味をもつ．固相の土台となる基材にはシリカゲルやスチレン-ジビニルベンゼン共重合体など，機械的強度に優れ，かつ表面積を大きくできる[*10]素材が用いられ，捕集の方法に応じて表面に必要な化学修飾が施される．

固相抽出における代表的な捕集機構を図 **9.7** に示す．シリカゲル表面にオクタデシル基（$-C_{18}H_{37}$）やフェニル基（$-C_6H_5$）などの疎水基を導入した固相に対しては，試料物質は疎水性相互作用に基づいて捕集される[*11]．スチレン-ジビニルベンゼン共重合体や活性炭などはそれ自体の表面が疎水性であるため，これらを用いた場合も同様の捕集機構となる．この機構は，通常の溶媒抽出に最も近い仕組みである．

これに対し，基材表面にシアノプロピル基（$-C_3H_6CN$）やジオール基（$-CH$

[*8] オキソ酸イオンは，O^{2-} が配位した錯陰イオンと考えることも可能である．
[*9] 「抽出」という用語を用いているが，感覚的には「捕捉」あるいは「捕集」である．
[*10] シリカゲルでは多孔性とすることにより，またスチレン-ジビニルベンゼン共重合体では架橋構造を制御して網目状とすることにより表面積を大きくする．
[*11] この捕集機構は，第17章で述べる逆相液体クロマトグラフィーの原理と本質的に同じである．

第 9 章 溶媒抽出と固相抽出

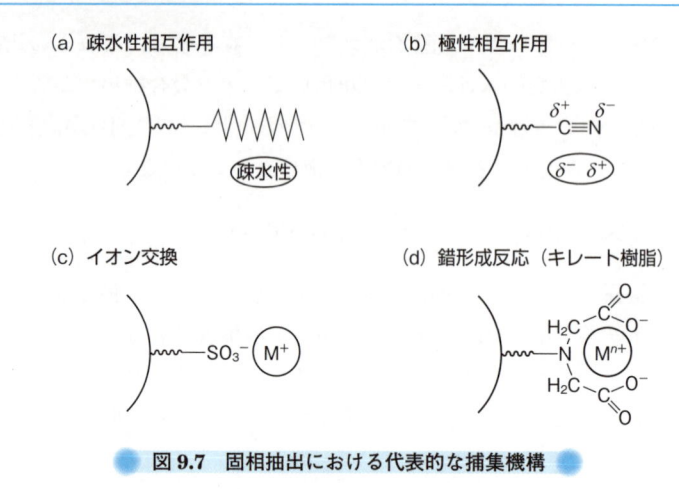

(a) 疎水性相互作用

(b) 極性相互作用

(c) イオン交換

(d) 錯形成反応（キレート樹脂）

図 9.7　固相抽出における代表的な捕集機構

（OH）-CH$_2$OH）などの極性基を導入した場合には，試料物質は双極子-双極子相互作用や水素結合など，その極性に起因する相互作用に基づいて捕集される．また，基材表面にイオン性の官能基を結合させたものは**イオン交換体**（ion-exchanger）もしくは**イオン交換樹脂**（ion-exchange resin）と呼ばれ，反対電荷のイオンを静電的に捕集する．このとき，結合したイオン性官能基を**イオン交換基**（ion-exchange group）と呼ぶ．さらに，イミノ二酢酸基（-N(CH$_2$COOH)$_2$）のような多座配位子で表面を修飾したものは**キレート樹脂**（chelating resin）と呼ばれ，錯形成反応により金属イオンを選択的に捕集する．

　固相抽出は固体表面への抽出を行うため，溶媒抽出と比較するとスケールアップが難しく，多量の試料溶液からの分離操作や高濃度成分の捕集にはあまり向いていない．ただし，イオン交換体やキレート樹脂は歴史も古く，また比較的安価に製造することが可能なことから，イオン交換体を用いた純水（脱イオン水）の製造や，キレート樹脂による廃液からの有害金属イオンの除去など，数多くの応用例がある．

9.3.2　固相抽出の操作と特徴

　固相抽出で行われる操作は，**バッチ法**（batch method）と**カラム法**（column method）に大別される．バッチ法では，微粉末もしくは微粒子の固相を試料溶液中に分散させ，よくかき混ぜて目的成分を捕集する．ろ過や遠心分離によって溶液から固相を分離した後，適切な溶離液を用いて捕集されている目的成分を溶出させ

9.3　固相抽出

① コンディショニング　② 捕集　③ 洗浄　④ 溶出

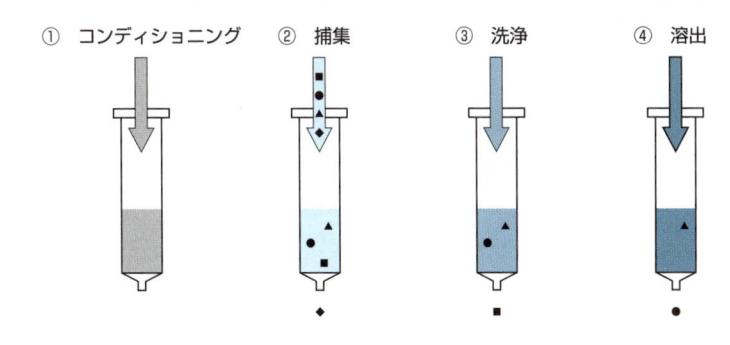

図 9.8　カートリッジ型デバイスにおける固相抽出操作

る．カラム法では，円筒状の管に固相粒子を充填し（これをカラム[*12]という），これに上から試料溶液を通過させて目的成分を捕集する．その後，溶離液を上から流して目的成分を溶出させる．

近年，シリンジ型容器の円筒部先端に固相を充填したカートリッジ型の固相抽出デバイスが広く用いられている．これはカラム法の1つに分類される．固相抽出の一般的な操作は，コンディショニング，捕集，洗浄，溶出の四段階で構成されるが，カートリッジ型デバイスにおけるこの操作段階の模式図を図 9.8 に示す．コンディショニングは，抽出に最適な条件となるように固相を設定する操作で，疎水性の固相の場合は親水性有機溶媒の通液によって表面を水になじませ，イオン交換体の場合は対イオン（イオン交換基と反対電荷を有するイオン）を設定する．また，洗浄の際に目的成分以外を溶出させたり，溶出の際に目的成分以外のものが固相にとどまるようにすることも可能である．

膜による固相抽出もしばしば行われる．通常，膜分離は細孔のサイズに基づくものであるが，細孔表面をそのまま，あるいは適当な修飾を施して固相抽出に用いることも可能である．これは，極端に長さの短いカラム法と考えることができる．

9.3.3　固相抽出と吸着等温式

疎水性相互作用や極性相互作用に基づく固相への捕集は，化学平衡で表現するこ

[*12] 縦長の円筒状もしくは柱状のものを一般に "column" と呼ぶ．表計算ソフト（エクセル）における縦の並びである「列」も英語で "column" という．新聞や雑誌の小さな囲み記事を「コラム」というが，これも英語では "column" である（英字新聞などではコラムは縦長になる）．

とが難しい．そこで，固体表面への気体分子の吸着を解析したモデルである**吸着等温式**（adsorption isotherm）を拡張してこれを解釈することが多い．ここでは，代表的な吸着等温式について紹介する[*13]．

〔1〕**Langmuir の吸着等温式**

固相表面に均一に存在する特定のサイトに，目的成分がそれぞれ1つだけ吸着[*14]される（単分子層吸着）と仮定したモデルである．固相の単位質量あたりの目的成分吸着量を W，溶液中の目的成分の平衡濃度を C とすると，両者には

$$W = \frac{aW_sC}{(1+aC)} \tag{9.24}$$

の関係が成り立つ．ここで W_s は，飽和吸着量（吸着サイト数）であり，a は吸着エネルギーに関係する定数となる．式(9.24) を変形すると

$$\frac{C}{W} = \frac{1}{aW_s} + \frac{C}{W_s} \tag{9.25}$$

となり，C/W を C に対してプロットすると a，W_s を求めることができる．この式は本来化学吸着（反応を伴う吸着）について導かれたものであるが，物理吸着にも広くあてはまる．

〔2〕**Freundrich の吸着等温式**

多くの化学吸着について経験的に導かれた式で，理論的には不均一表面への単分子層吸着を仮定すると導かれる．この場合，W と C の関係式は

$$W = kC^{\frac{1}{n}} \tag{9.26}$$

となる．式(9.26) を変形すると

$$\log W = \log k + \frac{1}{n}\log C \tag{9.27}$$

となり，$\log W$ を $\log C$ に対してプロットすることにより k，n を求めることができる．$n=1$ の場合を特に Henry の吸着等温式[*15]と呼ぶ．

これらの式に基づく W と C との関係（吸着等温線）を**図 9.9** に示す．これらの式は完全に独立したものではない．例えば，C が十分小さいときには Langmuir

---

[*13] 本来の吸着等温式では吸着量と気体分子の圧力との関係が示されているが，ここでは捕集量と溶液中の目的成分濃度との関係式として示す．
[*14] 混乱を避けるため，ここでは「捕集」の代わりに「吸着」の語を用いる．
[*15] 液体への気体の溶解に関する Henry の式と同じ形になっている．Freundrich の吸着等温式は，Henry の吸着等温式を拡張して生まれたものである．

9.3 固相抽出

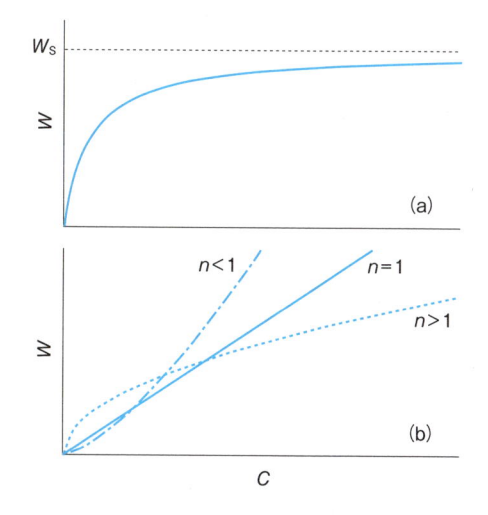

図 9.9 Langmuir 型（a）および Freundlich 型（b）の吸着等温線の例

式は Henry 式で近似され，また Freundrich 式はある条件下では Langmuir 式で近似される．なお，この他にも多層吸着を仮定した BET 式（Brunauer-Emmett-Teller の吸着等温式）などのモデル式が存在する．

9.3.4 イオン交換体とイオン交換平衡

　イオン交換体は，固相抽出という用語が一般化するよりはるか昔から広く用いられてきた分離材である．古くはアルミノケイ酸塩型などの無機イオン交換体が用いられていたが，近年ではスチレン-ジビニルベンゼン共重合体などを基材とする有機イオン交換体が主流になっている．

　イオン交換体は，基材に結合したイオン性官能基（イオン交換基）の電荷によって2種類に大別される．陰イオン性官能基を結合したものは陽イオンを捕集できるため，**陽イオン交換体**（cation-exchanger）と呼ばれる．逆に，陽イオン性官能基を結合したものは陰イオンを捕集できるため，**陰イオン交換体**（anion-exchanger）と呼ばれる．これらはさらに電荷の安定性によって分類される．陽イオン交換体では，カルボキシ基（$-CO_2H$）などを導入した場合は溶液の pH が高くないと陽イオン交換体として機能しない（弱酸性陽イオン交換体）のに対し，スルホ基（$-SO_3H$）などを導入した場合は溶液の pH によらず陽イオン交換体として利用可能である（強酸性陽イオン交換体）．陰イオン交換体の場合も同様で，第

三級アミノ基（$-NR_2$）などを導入したものは低 pH 条件でのみ機能する（弱塩基性陰イオン交換体）が，第四級アンモニウム基（$-NR_3^+Cl^-$）などを導入した場合は pH 依存性を示さない（強塩基性陰イオン交換体）．

イオン交換体表面は電気的中性を保つ必要があるため，イオン交換体へのイオンの捕集は，イオン性官能基と静電的に結合するイオンの交換という形でなされる．この平衡を**イオン交換平衡**（ion-exchange equilibrium）という．例えば，スルホ基を導入した強酸性陽イオン交換体上での H^+ と Na^+ のイオン交換平衡は

$$R\text{-}SO_3^-H^+ + Na^+ \rightleftharpoons R\text{-}SO_3^-Na^+ + H^+ \tag{9.28}$$

のように表される（R はイオン交換体の基材を表す）．イオン交換平衡の平衡定数を**選択係数**（selectivity coefficient）といい，例えば，式(9.28) の選択係数 K_H^{Na} は

$$K_H^{Na} = \frac{[R\text{-}SO_3^-Na^+][H^+]}{[R\text{-}SO_3^-H^+][Na^+]} \tag{9.29}$$

と表される．このとき，固相濃度の単位には $mmol\ g^{-1}$（イオン交換体の乾燥質量当たり）または $mmol\ mL^{-1}$（水で膨潤したイオン交換体の単位体積当たり）が用いられる．また，目的イオンの捕集の程度を評価する方法として，溶媒抽出の場合と同様，K_D や D も用いられる[*16]．

イオン交換では，捕集可能なイオンの総量は原理的にイオン交換基の総量に制約される．一定量のイオン交換体が捕集しうるイオンの総量を**交換容量**（exchange capacity）といい，単位には一般に $meq\ g^{-1}$ または $meq\ mL^{-1}$ が用いられる．ここで eq は当量（equivalent）であり，簡単にいうと「電荷の物質量」をさす．

イオン交換体がどのようなイオンを選択的に捕集するかは種々の条件の影響を受けるが，イオン交換は静電引力に基づく捕集であることから，一般には電荷数が大きなイオンを選択的に捕集すると考えてよい．また，電荷数の等しいイオン間で比較すると，電荷密度の大きいイオン，すなわち水溶液中では水和イオン半径の小さなイオンを選択的に捕集する．例えばアルカリ金属イオン相互間では，陽イオン交換体における選択性は，$Cs^+ > Rb^+ > K^+ > Na^+ > Li^+$ の順になる[*17]．

[*16] 溶媒抽出の場合と異なり，イオン交換では交換対象となるイオンが存在するため，K_D の値は実験条件により変化する．すなわち，イオン交換における K_D は平衡定数ではない．

[*17] 結晶イオン半径の大小は $Cs^+ > Rb^+ > K^+ > Na^+ > Li^+$ の順であるが，小さなイオンほど溶媒である水分子を静電引力で強く引きつけるため，水和イオン半径は逆転して $Li^+ > Na^+ > K^+ > Rb^+ > Cs^+$ の順になる．

演習問題

Q.1 ある中性分子 X のヘキサン–水間の分配係数は $K_D = 3.00$ である．
(1) 濃度 C〔mol/L〕の X を含む水溶液 30.0 mL からヘキサン 30.0 mL に X を抽出したとき，水相に残る X の濃度を求めよ．
(2) (1) と同じ水溶液から，ヘキサンを 10.0 mL ずつ用いて 3 回 X を抽出したとき，水相に残る X の濃度を求めよ．
(3) 上の結果より，有機溶媒を一度に用いて抽出する操作と，少しずつ小分けにして繰り返し抽出する操作との優劣を比較せよ．

Q.2 8–キノリノール（HQ）は，水溶液中で以下の酸解離平衡状態にある．
$H_2Q^+ \rightleftharpoons H^+ + HQ$　　$pK_{a1} = 4.95$
$HQ \rightleftharpoons H^+ + Q^-$　　$pK_{a2} = 9.63$
また，HQ のトルエン–水間の分配係数は $K_D = 10^{2.21}$ である．これらのデータを用いて，トルエン–水間における HQ の $\log D$ と水相 pH との関係を図示せよ．

Q.3 テノイルトリフルオロアセトン（HTTA）を用いるクロロホルムへの Cu^{2+} の抽出を考える．
(1) 抽出平衡式を示せ．
(2) 次の数値を用いて，$Cu(TTA)_2$ の安定度定数 β_2 を有効数字 2 桁で求めよ．
　　$K_a = 10^{-6.21}$，$K_{D, HTTA} = 10^{1.73}$，$K_{D, Cu(TTA)_2} = 10^{5.24}$，$K_{ex} = 10^{-1.37}$

Q.4 水相の pH によって抽出率が変化するような抽出系において，ターゲットの 50 % が抽出される（$\%E = 50\%$）ような pH 条件のことを半抽出 pH（$pH_{1/2}$）という．式 (9.18) で示されるキレート抽出系において，
(1) 水相と有機相の体積が等しい場合（$V_{aq} = V_{org}$）
(2) 有機相の体積が水相の 1/10（$V_{aq} = 10V_{org}$）の場合
のそれぞれにおける $pH_{1/2}$ を，K_{ex} と $[HR]_{(org)}$ を用いて表せ．

Q.5 C が十分小さいときには Langmuir の吸着等温式は Henry の吸着等温式で近似される．この近似が成り立つときの，Langmuir 式の定数 a と Henry 式の定数 k との関係を示せ．

Q.6 ある陽イオン交換体において，K_H^{Na} と K_H^K の値が既知であるとする．これらを用いて K_{Na}^K の値を表せ．

第 9 章 溶媒抽出と固相抽出

参考図書

1. 日本化学会 編：第 5 版実験化学講座 20-1 分析化学，丸善（2007）
2. 日本分析化学会 編：改訂六版 分析化学便覧，丸善出版（2011）
3. 田中元治，赤岩英夫 共著：溶媒抽出化学，裳華房（2000）
4. 横山晴彦，田端正明 編著：錯体化学会選書 8 錯体の溶液化学，三共出版（2012）
5. ジーエルサイエンス 編：固相抽出ガイドブック，ジーエルサイエンス（2012）

第10章
電極電位と電位差測定

本章について

「電気化学分析法」は，広い意味では電気化学的事象を用いる分析法一般を指し，例えば電気泳動を利用した分離法などもこれに含まれるが，本書ではより狭い意味でこの語を用い，「試料に電極を接触させて何らかの電気的信号を得，それに基づいて分析対象を定量する方法」を電気化学分析法と呼ぶこととする（「電極」の定義については10.1節を参照）．得られる電気的信号は，電圧，電流，電気抵抗などである．本章では，分析対象の濃度に依存して変化する電圧信号を得る方法，すなわち電位差測定（ポテンショメトリー）について述べ，それ以外の方法は第11章で述べる．

第10章 電極電位と電位差測定

10.1 電極,電極反応,電極電位

　ある分析対象となる物質を含む溶液に,ある金属を入れると,その金属の表面で電子の授受,すなわちその物質の酸化または還元反応が起こりうる.それと同時に,溶液と金属は互いに混じり合うことなく別々の相を形成するので,それらの間には内部電位の差が生じている.このとき,この両相の内部電位の差は,分析対象となる物質の酸化または還元のされやすさと一定の関係があると考えられる.酸化または還元のされやすさはその濃度と関係するので,もしこの内部電位の差を測定できれば,溶液中の物質の定量も可能になるかも知れない.

　ポテンショメトリー(**電位差測定**)は,このような溶液 | 金属間の内部電位の差と溶液中の物質の濃度との関係に基礎をおいている.したがって,ポテンショメトリーにおいて最も重要なことは,溶液 | 金属間の内部電位の差をどのようにして測定するのか,そしてこの電位差が物質の濃度とどのように関係するのか,という2点を知ることにある.

　この2点について記述する前に,まずいくつかの用語について述べておきたい.「**電極**(electrode)」という用語は,広い意味では「電子伝導体とイオン伝導体とが接したもの」と定義される[1].電極を構成する電子伝導体としては,主として各種金属が用いられるが,グラファイトなどの電子伝導体も電極に用いられる.一方,電極を構成するイオン伝導体としては,固体電解質や気体(プラズマ)も用いられうるが,通常は電解質溶液である.一般的に電極という用語は,それを構成する電子伝導体の部分のみを指し,イオン伝導体の部分を含めない場合も多い.そこで本書では簡単に,「電解質溶液に接した金属(グラファイトなども含む)」を電極と呼ぶこととする.

　電極の表面で起こる反応を**電極反応**(electrode reaction)と呼ぶ.電子の授受を伴うのであるから,電極反応は酸化反応または還元反応,あるいはその両方である.例えば簡単な例として,金属鉄を酸で溶解する反応も電極反応である.この場合,電極表面で金属鉄の酸化と水素イオンの還元が同時に進行している.電極反応

10.2 電極電位の測定

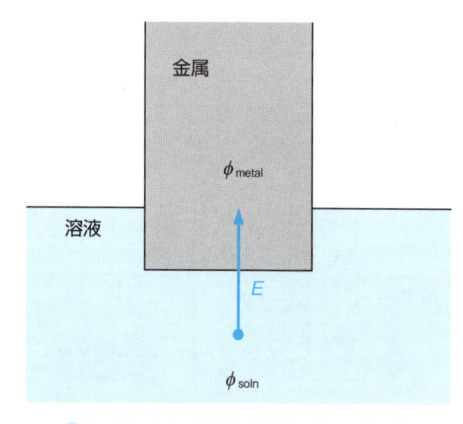

図10.1 電極電位（E）の定義

にはいくつかの種類があり，電極表面で電子の授受のみを行うものや，電極自身が電極反応に関与するものがある．それらについては後述する．

互いに接した金属と電解質溶液の各内部電位の差を**電極電位**（electrode potential）と呼ぶ．すなわち，金属相，電解質溶液相の内部電位をそれぞれ ϕ_{metal}，ϕ_{soln} とすると，電極電位 E は以下のように定義される（**図10.1**）．

$$E = \phi_{\mathrm{metal}} - \phi_{\mathrm{soln}} \tag{10.1}$$

電極電位 E の測定に基づく分析法が**ポテンショメトリー**（potentiometry）である．

10.2　電極電位の測定

次に，電極電位をどのようにして測定するかについて考えてみよう．まず簡単に，電圧計の2つの探針を電極と溶液のそれぞれに接触させることを考えてみる．電圧計の探針は金属であるから，溶液にそれを接触させると，そこには新たな溶液｜金属界面が形成されてしまう．つまり，電圧計の探針を直接溶液に入れることは，新しい未知の電位差を生じさせることになるので，電極電位はこのような方法で実測することができない（**図10.2**）．

一般に，異なる二相間の内部電位の差は実測できないことが知られている[1]．電極電位も異なる二相間の内部電位の差であるから，実測不可能な量である．それで

第 10 章　電極電位と電位差測定

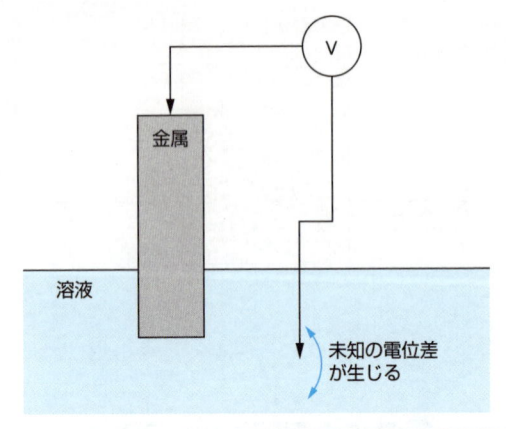

図 10.2　電極電位の測定（電圧計の探針を直接溶液に入れた場合）

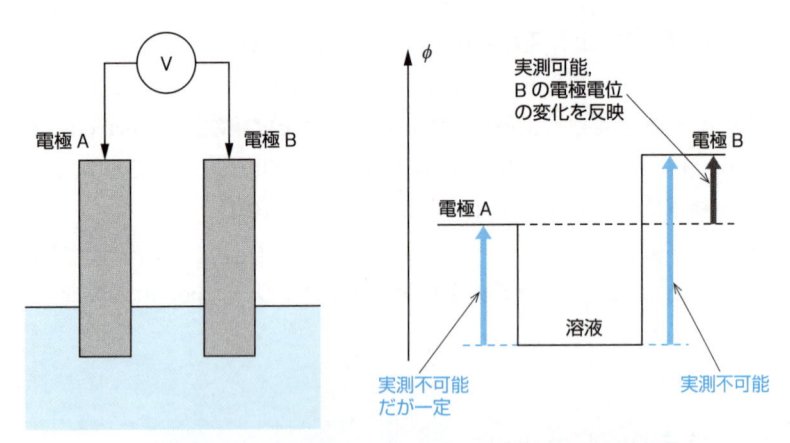

図 10.3　電極電位の測定（参照電極を用いた場合）

は，どのようにすればポテンショメトリーが成立しうるだろうか．

　今度は 2 本の電極を同じ溶液に接触させることを考えてみる．このようにすれば 2 つの電極の端子間の電圧は実測できる．ただしこの場合でも，未知の電極電位が 2 つ存在するため，状況としては先の電圧計の探針を直接溶液に入れた場合と変わりはない．しかし，もしここでどちらか一方（電極 A とする）の電極電位が他方（電極 B とする）の電極電位よりも変化しにくい，という状況がつくれれば，実測可能な端子間電圧が電極 B の電極電位のみを反映することになる（図 10.3）．

図 10.3 で，電極 A，B の電極電位はともに実測不可能であるが，電極 A の電極電位が一定と見なせれば，電極 B の電極電位が変化した分だけ端子間電圧が変化する．言い換えれば，電極 A の電極電位を比較の対照として，電極 B の電極電位が相対的に測定されうる．この図の電極 A のように，電極電位の比較の対照として用いられる電極を**参照電極**（reference electrode）と呼ぶ．これに対して，電極 B のように，対象となる電極反応を起こさせ，その電位応答を観察しようとする電極を**指示電極**（indicator electrode）または**作用電極**（working electrode）と呼ぶ．

　最も簡単には，2 つの電極に同じ素材を用い，片方の電極の表面積を大きくすれば，そちらが参照電極，小さいほうが指示電極となる．これは，2 本の電極と溶液から構成される電気回路が閉じて電流が流れるとき，表面積の大きい電極では電流密度が小さいので電極近傍の組成が変化しにくいのに対し，表面積の小さい電極では電流密度が大きいので電極近傍の組成が変化しやすいことによる．後述するように電極近傍の組成の変化が電極電位に影響を与えるので，表面積の広い電極では相対的に電極電位が変化しにくい．また，どのような試料溶液に対してもほぼ一定の電極電位を与えるよう工夫された電極がいくつか知られており，しばしば参照電極として用いられる．これらについても後述する．

　以上のようにポテンショメトリーは，電極電位が変化しにくい電極と変化しやすい電極とを溶液に入れ，両電極の端子間電圧を測定することにより行われる．電解質溶液に電極を 2 本入れたものは**電気化学セル**（electrochemical cell，すなわち**電池**）であり，以下のような電池式を用いて測定系を記述すると分かりやすい．

$$\text{Pt(s)} \mid \text{H}_2\text{(g)} \mid \text{HCl(aq)} \mid \text{AgCl(s)} \mid \text{Ag(s)} \tag{10.2}$$

ここで縦の実線 | は界面を表し，s，g，aq はそれぞれ固体，気体，溶液を示す．IUPAC では参照電極を左，指示電極を右に配置して記述することを推奨しており[2]，本書でもそれに従うことにする．

10.3　Nernst 式

　次に，電極電位と溶液中の物質の濃度との関係について記述しよう．理論の詳細については紙面の都合上省略するが，一般に電極反応を

$$a\text{A} + b\text{B} + c\text{C} + \cdots + ne^- = p\text{P} + q\text{Q} + r\text{R} + \cdots \tag{10.3}$$

と表したとき（$a, b, c, \cdots, p, q, r, \cdots$ は化学量論係数，n は電極反応に関与する電子数），平衡状態における電極電位（equilibrium potential：**平衡電位**）E_{eq} と反応に関与する物質それぞれの活量との関係を表す理論式として，以下の Nernst 式が知られている．

$$E_{\text{eq}} = E° + \frac{RT}{nF} \ln\left(\frac{(\text{A})^a(\text{B})^b(\text{C})^c \cdots}{(\text{P})^p(\text{Q})^q(\text{R})^r \cdots}\right)_{\text{eq}} \tag{10.4}$$

ここで，$E°$ は**標準電極電位**あるいは単に**標準電位**（standard potential）と呼ばれる酸化還元のされやすさを表す特性値，R, T, F はそれぞれ気体定数，絶対温度，Faraday 定数である．また丸括弧 (X) はそれぞれの物質の活量を表す（活量と濃度の関係については第 2 章を参照）．以下の議論においては，とくに断らないかぎり活量は濃度と等しいと見なす．なお，電極電位と活量の添え字 eq は平衡状態での値であることを表すが，以降の議論において平衡状態であることが明らかな場合にはこれを省略する．

標準電位 $E°$ は電極反応に固有の定数であり，式(10.4) から明らかなように，反応に関与する物質の活量がすべて 1 のときの平衡電位に等しい．多くの電極反応について，正確かつ精密な実験によりそれらの $E°$ が求められている．代表的なものを付録 A（付表 6 参照）に示す．以下で，電極を反応の形式に基づいて 3 種類に大別し，それぞれの反応と Nernst 式について詳しく見ていくことにする．

10.4 酸化還元電極

1 つ目の形式は，酸化体と還元体の両者が溶液中に溶けており，電極自身が反応式中に現れないものである．

$$\text{Ox} + ne^- = \text{Red} \tag{10.5}$$

このような電極を**酸化還元電極**（redox electrode）と呼ぶ．酸化還元電極の電極表面では，電子の授受のみが行われる．もし電極自身の反応性が高ければ，電極自身が反応に関与してしまうので，このような反応を起こさせるためには，電極自身の反応性が低くなければならない．酸化還元電極に用いることができるような，電極自身の反応性が低い電極を**不活性電極**（inert electrode）と呼んでいる．白金，金などの貴金属電極や，グラファイトなどの炭素電極が最も多く用いられる不活性電極である．ただし，ここでの「不活性」という用語は，電極自身が反応に関与せ

ず電子の授受のみを行うことを示しているのであって，電極反応が遅いことを意味しているのではない．実際に白金電極やある種の炭素電極は，電極表面が清浄であれば多くの酸化還元物質に対して速い電極反応速度を与えることが知られている．ポテンショメトリーにおいても，次章で述べる他の電気化学分析法においても，ほとんどの場合，電極反応速度は速いほうが望ましいので，測定の前には電極表面を磨くなどして清浄にすることが重要である．

酸化還元電極の平衡電位を**酸化還元電位**（redox potential）という．第 5 章において，均一溶液中における酸化還元平衡を記述するために酸化還元電位を導入したが，この値は，その溶液に不活性電極と適当な参照電極を入れ，ポテンショメトリーを行ったときに得られる平衡電位を意味していたのである．実際に酸化還元滴定において，滴定剤や酸化還元指示薬の色の変化を見るかわりに，ポテンショメトリーで当量点付近での急激な平衡電位の変化を観測し，終点とする方法も用いられる．このような方法は電位差滴定と呼ばれる（10.11 節参照）．

電極反応が式(10.5)のように簡単に表される場合には，Nernst 式も簡単に

$$E = E^\circ + \frac{RT}{nF} \ln \frac{[\text{Ox}]}{[\text{Red}]} \tag{10.6}$$

と表される．電極反応に水素イオンやその他のイオン・分子が関与する場合，例えば

$$\text{Ox} + m\text{H}^+ + n\text{e}^- = \text{Red} \tag{10.7}$$

のような場合には，Nernst 式は

$$\begin{aligned} E &= E^\circ + \frac{RT}{nF} \ln \frac{[\text{Ox}][\text{H}^+]^m}{[\text{Red}]} \\ &= E^\circ + \frac{RT}{nF} \ln [\text{H}^+]^m + \frac{RT}{nF} \ln \frac{[\text{Ox}]}{[\text{Red}]} \\ &= E^\circ - \frac{2.303mRT}{nF} \text{pH} + \frac{RT}{nF} \ln \frac{[\text{Ox}]}{[\text{Red}]} \end{aligned} \tag{10.8}$$

となり，酸化還元電位がそれらのイオンや分子の濃度（ここでは pH）に依存することになる（演習問題 5 のキンヒドロン電極がよい例である）．ここで右辺の第 1 および第 2 項を合わせて

$$E^{\circ\prime} = E^\circ - \frac{2.303mRT}{nF} \text{pH} \tag{10.9}$$

とおけば，式(10.5) と同じ形，すなわち

$$E = E^{\circ\prime} + \frac{RT}{nF} \ln \frac{[\text{Ox}]}{[\text{Red}]} \tag{10.10}$$

になる．$E^{\circ\prime}$ は**形式**（formal）あるいは**条件**（conditional）**酸化還元電位**と呼ばれる．緩衝液を用いるなどして pH を一定に保つことができれば，$E^{\circ\prime}$ はその条件において定数と見なすことができ，Nernst 式(10.10) を式(10.6) と同様に扱うことができる．水素イオン以外のものが関与する場合でも同様に，それらの濃度を一定と見なすことができれば定数項に含めることができる．

　酸化還元電極の中でもとくに重要なものに**標準水素電極**（normal hydrogen electrode：NHE，または standard hydrogen electrode：SHE）がある．その電極反応を以下に示す．

$$2\text{H}^+ + 2\text{e}^- = \text{H}_2 \tag{10.11}$$

NHE は図 10.4 のような構成になっており，通常は白金黒付き白金電極を用い，水素ガスを吹き込んだ水溶液中で測定を行う．電気化学セルの式中では

$$\text{Pt} \mid \text{H}_2(\text{g}) \mid \text{H}^+(\text{aq}) \tag{10.12}$$

などと表記される．Nernst 式は，

$$E = E^{\circ}_{\text{NHE}} + \frac{RT}{2F} \ln \frac{[\text{H}^+]^2}{\dfrac{p_{\text{H}_2}}{p^{\circ}}}$$

$$= E^{\circ}_{\text{NHE}} - \frac{2.303RT}{F}\text{pH} - \frac{RT}{F} \ln \sqrt{\frac{p_{\text{H}_2}}{p^{\circ}}} \tag{10.13}$$

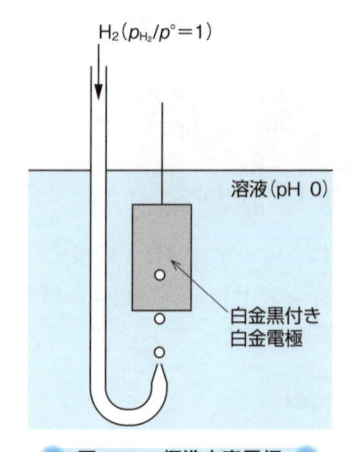

図 10.4　標準水素電極

である．ここで p_{H_2} は H_2 ガスの分圧，$p°$ は大気圧を表す．水素ガスを吹き込んだ条件では $p_{H_2}/p° = 1$ と見なせるので右辺第3項は無視でき，平衡電位は pH にのみ依存する．さらに pH 0 の条件で測定すれば右辺第2項も無視でき，$E = E°_{NHE}$ となる．

　10.2節において，電極電位の絶対値は実測不可能であること，ある参照電極に対する相対値のみが実測できることを述べたが，NHE は最も重要な参照電極のうちの1つである．とくに電極電位の値を比較する際，異なる参照電極を用いて測定されたものどうしは直接比較できないが，もしそれぞれの用いた参照電極の電位と NHE の電位との差が既知であれば，測定された電位の値をすべて NHE に対する相対値に換算して，言い換えれば $E°_{NHE} = 0$ と定義して，容易に比較できるようになる（付録A 付表6および演習問題1参照）．実験上は，常に水素ガスを吹き込む必要があり不便であるため，実際のポテンショメトリーで用いられることは比較的まれであるが，このように電位を比較する際の基準を与える電極としては NHE が最もよく用いられる．

10.5　金属｜金属イオン電極

　2つ目の形式は，金属電極 M と同元素の金属イオン M^{n+} が溶液中に溶けているものである．

$$M^{n+} + ne^- = M \tag{10.14}$$

固体 M の活量は一定と見なせるのでそれを1とおくと，平衡電位は M^{n+} の濃度のみに依存し，

$$E = E° + \frac{RT}{nF} \ln [M^{n+}] \tag{10.15}$$

となる．このように自身が電極反応に関与する電極を，先の不活性電極に対して活性電極と呼ぶこともある．これを指示電極として用いた場合，原理的にはすべての金属イオンが測定対象となり得るが，多くの反応性の高い金属電極は試料溶液に触れたとき，電極自身が溶媒と反応したり表面に酸化被膜を形成したりするなど，式(10.14)以外の反応の影響が大きいため，実際のポテンショメトリーに使用できるのは安定な電極表面を維持できるものに限られる．例として Ag/Ag^+，Cu/Cu^{2+} などがある．

この種の電極は，溶液中の金属イオンの濃度を一定に保つことができれば，参照電極として用いることもできる．とくに，この次の10.6節で述べる金属｜難溶性塩電極で参照電極を作製するのが困難な非水溶液中での測定において，例えばAg^+イオン濃度が既知の溶液にAg電極を入れることによって参照電極とする方法がよく用いられる．

10.6　金属｜難溶性塩電極

3つ目の形式は，金属電極Mの表面に，その金属の難溶性塩が固定されているものである．反応式は，例えばハロゲン化物イオンのような1価陰イオンX^-が関与する場合，

$$MX_n + ne^- = M + nX^- \tag{10.16}$$

であり，Nernst式は，固体M，MX_nの活量が一定と見なせるのでそれらを1とおくと，

$$E = E° - \frac{RT}{nF} \ln[X^-] \tag{10.17}$$

となり，EはX^-の濃度のみに依存する．この種の電極では，酸化体と還元体の両方が固体であり，溶液中の陰イオンがそれ自身は酸化も還元もされないというところが先の2種類と大きく異なる点である．これを指示電極として用いた場合，金属との間で難溶性塩を形成する多くの陰イオンが分析対象となりうる．とくにF^-イオンを除くハロゲン化物イオンはAg電極表面に比較的安定な難溶性塩を形成するため，定量が可能である．

この種の電極は，電極反応に関与する陰イオンの濃度を一定に保つことができれば，参照電極としても用いることができる．以下，とくに重要な参照電極を2つあげる．

飽和カロメル電極（saturated calomel electrode：SCE）は，HgとカロメルHg_2Cl_2を練り合わせて作製した電極を飽和KCl水溶液中に入れたもので，極めて再現性のよい安定した電位を与えることから，参照電極としてよく用いられる．電極反応は以下のとおりである．

$$Hg_2Cl_2 + 2e^- = 2Hg + 2Cl^- \tag{10.18}$$

電気化学セルの式中では

$$\text{Hg} \mid \text{Hg}_2\text{Cl}_2 \mid \text{KCl(飽和)} \parallel \tag{10.19}$$

などと表記される（ここで $\parallel$ は液間電位差が無視できる液絡を示す[2]）. 25°C で NHE に対して $+0.2412\,\text{V}$ の電位をもつ.

銀｜塩化銀電極は，Ag 表面に AgCl を付着させた電極を KCl 水溶液に入れたもので，これも SCE と同様，参照電極としてよく用いられる．電極反応は以下のとおりである．

$$\text{AgCl} + \text{e}^- = \text{Ag} + \text{Cl}^- \tag{10.20}$$

電気化学セルの式中では

$$\text{Ag} \mid \text{AgCl} \mid c\,\text{mol/L KCl} \parallel \tag{10.21}$$

などと表記される．内部溶液の KCl 濃度はさまざまのものが用いられるが，飽和 KCl 場合は 25°C で NHE に対して $+0.197\,\text{V}$ の電位をもつ.

10.7　平衡電位と混成電位

以上で述べてきたように，いずれの形式の電極においても，溶液中の物質の濃度は Nernst 式によって平衡電位 E_eq と関連付けられている．したがって，ポテンショメトリーにおいては，電圧計により測定される電位が E_eq と等しいかどうかに注意を払う必要がある.

電圧計は，その機構については紙面の都合上省略するが，参照電極と指示電極の端子間につないだ場合，回路に流れる電流がゼロとなるときの指示電極電位（ただし参照電極電位に対する相対値）を示す．もし，指示電極で起こる電極反応が 1 つだけと見なすことができ，他の電極反応が無視できる場合，電圧計により測定される電流ゼロの電位は，その電極反応の Nernst 式の E_eq と等しくなる．このとき，その電極反応を**電位決定反応**（potential-determining reaction）と呼ぶ.

それに対して，指示電極で 2 つの電極反応が同時に起こり，一方の反応により流れる酸化電流と他方の反応により流れる還元電流が等しければ，それらが相殺され，平衡状態でなくとも電流はゼロとなり，電圧計はそのときの電位を示すことになる．このときの電位は平衡電位 E_eq ではなく，**混成電位**（mixed potential）E_mix と呼ばれる．E_mix は，Nernst 式では表されず，それぞれの電極反応における電荷移動過程や拡散過程の速度に依存する．そのため E_mix は，電極の素材や表面の状態などによっても変化する．ただし，2 つ以上の電極反応が関与する場合で

第10章　電極電位と電位差測定

あっても，それらが溶液中で酸化還元平衡にあるときは，電圧計により測定される電位はそれらの E_{eq} に等しい．

ポテンショメトリーにおいては，混成電位ではなく平衡電位がきちんと測定できていること，言い換えれば電位決定反応が明確になっていることが重要である．

10.8　液絡と液間電位差

ポテンショメトリーでは参照電極系と指示電極系とをつないで電気化学セルを構成するが，その電気化学セルの中にはしばしば異なる溶液の接する面が含まれる．このような電気化学セル内の2液の境界面のことを**液絡**（liquid junction）と呼び，その2液間の内部電位差を**液間電位差**（liquid junction potential）と呼ぶ．液間電位差が顕著である場合，ポテンショメトリーに系統誤差を与えるので，できるだけその影響が少なくなるようにしなければならない．

液間電位差は，以下の3種類に分類できる[3]．まず1つ目は，2液間での電解質の濃度差に起因するもので，この種の液間電位差はとくに**拡散電位**（diffusion potential）と呼ばれる．イオンはそれぞれに固有の移動度をもっているが（**表10.1**），電解質を構成する陽イオンと陰イオンの移動度の差が大きいときほど，それが濃い溶液から薄い溶液へ拡散するときにより大きい拡散電位を生じる[4]．した

表10.1　主なイオンの移動度（25℃）

陽イオン	イオン移動度 $[10^{-4} cm^2 V^{-1} s^{-1}]$	陰イオン	イオン移動度 $[10^{-4} cm^2 V^{-1} s^{-1}]$
H^+	36.25	OH^-	−20.55
Li^+	4.008	F^-	−5.74
Na^+	5.192	Cl^-	−7.913
K^+	7.618	Br^-	−8.098
Rb^+	8.064	I^-	−7.964
Cs^+	8.007	NO_3^-	−7.406
NH_4^+	7.623	HCO_3^-	−4.612
Mg^{2+}	5.498	$HCOO^-$	−5.658
Ca^{2+}	6.167	CH_3COO^-	−4.239
Sr^{2+}	6.161	SO_4^{2-}	−8.293
Ba^{2+}	6.595	CO_3^{2-}	−7.18
Fe^{2+}	5.54	$Fe(CN)_6^{3-}$	−10.46
Pb^{2+}	7.20		
Al^{3+}	6.5		
Fe^{3+}	7.0		

【出典】花井哲也 著：膜とイオン 物質移動の理論と計算, pp.35-36, 化学同人（1978），表1-4 より抜粋

がって拡散電位は，移動度の近い陽イオンと陰イオンからなる電解質を用いることで軽減することができる．KCl は，K^+ イオンと Cl^- イオンの移動度（の絶対値）が近いため，拡散してもほとんど拡散電位を生じない．SCE や銀｜塩化銀電極の内部溶液に KCl が多用されるのはこのためである．次に 2 つ目は，異種溶媒間でのイオンの分配に起因するもので，この種の液間電位差は分配するイオンの溶媒和エネルギーの差と関連付けられる．そして 3 つ目は，異なる溶媒分子間での相互作用に起因するものである．液絡を構成する 2 溶液に同じ溶媒を用いた場合は，2 つ目と 3 つ目の液間電位差が無視できるので，拡散電位のみで液間電位差が決定される．

ここで，参照電極の内部溶液としてよく用いられる KCl 水溶液と，適当な電解質として例えば HCl を含む水溶液との液絡，すなわち

$$x\,\text{mol/L KCl(aq)} \;\vdots\; y\,\text{mol/L HCl(aq}') \tag{10.22}$$

の液間電位差について考察してみよう（ここで $\vdots$ は界面が形成されない液絡を示す[2])．もし $x \gg y$ であれば，液絡を横切るイオンの大部分は aq から aq' への K^+ および Cl^- であるので拡散電位は無視しうるほど小さい．しかし x と y が同程度であれば，K^+ と H^+ のイオン移動度の違いによって大きい拡散電位（例えば $x = y = 0.1$ であれば $\phi_{aq'} - \phi_{aq} = -27\,\text{mV}$）を生じる．したがって，どのような種類および濃度の試料溶液に対しても拡散電位を抑えようとすれば，KCl 濃度を過剰にする必要がある．SCE や銀｜塩化銀電極の内部溶液に飽和もしくはそれに近い濃厚 KCl 水溶液が用いられるのはこのためである．ガラス管などに濃厚 KCl 水溶液を入れ寒天で固めたものは**塩橋**（salt bridge）と呼ばれ，2 つの溶液をこれでつなぐことにより 2 液間の電位差を最小限にすることができる．

しかしながら，濃厚 KCl 水溶液が試料溶液と接すれば，長時間の測定では多量の KCl が試料溶液に混入してしまい，とくに試料溶液のイオン強度が低いときや体積が小さいときはそれによる活量係数の変化が著しい．これは電気化学測定において実験者がしばしば陥るジレンマ（液間電位差を減らすために濃い KCl を用いると試料溶液の組成が変化してしまう一方，試料溶液の組成を保つために薄い KCl を用いると液間電位差が大きくなってしまう）である．とくに試料溶液のイオン強度が低いときや体積が小さいときは，最適な KCl 濃度を選ばなければならない．

近年，この問題を解決するためにイオン液体を用いる塩橋が考案された．詳細は紙面の都合上省略するが，この液絡の液間電位差は上記 3 種類のうち 2 つ目の，イオンの分配に基づくものであり，拡散電位の影響がないため，とくに低イオン強度の試料溶液の測定に適している（演習問題 3 参照）．

10.9　膜電位とイオン選択性電極

もし，ある膜が特定のイオンのみを選択的に透過させることができ，他のイオンの透過を排除できるなら，その膜を電気化学セルに組み入れることにより，選択性の高いポテンショメトリーを行うことができる．

ここで単純な膜のモデルについて考えてみよう．異なる2種の溶媒（α および β とする）の間でイオン（M^{z+} とする）が分配するとき，平衡状態での液間電位差 $\Delta\phi$（$=\phi_\beta - \phi_\alpha$）は Nernst 式

$$\Delta\phi = \Delta\phi^\circ + \frac{RT}{zF} \ln \frac{[M^{z+}]_\alpha}{[M^{z+}]_\beta} \tag{10.23}$$

で表される．ここで $\Delta\phi^\circ$ は標準イオン移動電位と呼ばれる定数である．

ある膜（mem）が2つの水溶液（aq, aq'）に挟まれており，それぞれに M^{z+} が分配するとき，

$$M^{z+}(aq) \mid M^{z+}(mem) \mid M^{z+}(aq') \tag{10.24}$$

ここで膜中のイオン（ここでは陽イオン）は，膜中に添加した固定電荷（陽イオン交換体や極めて疎水性の高いアニオンなど）によって保持されるものとする．膜の左の界面 L での電位差 $\Delta\phi_L$（$=\phi_{aq} - \phi_{mem}$）は，

$$\Delta\phi_L = \Delta\phi^\circ + \frac{RT}{zF} \ln \frac{[M^{z+}]_{mem}}{[M^{z+}]_{aq}} \tag{10.25}$$

また，膜の右の界面 R での電位差 $\Delta\phi_R$（$=\phi_{aq'} - \phi_{mem}$）は，

$$\Delta\phi_R = \Delta\phi^\circ + \frac{RT}{zF} \ln \frac{[M^{z+}]_{mem}}{[M^{z+}]_{aq'}} \tag{10.26}$$

である．ここで**膜電位**（membrane potential）$\Delta\phi_{mem}$ を，膜を挟む両側の溶液間の内部電位差，すなわち $\phi_{aq'} - \phi_{aq}$ と定義すると，

$$\Delta\phi_{mem} = \Delta\phi_R - \Delta\phi_L$$
$$= \frac{RT}{zF} \ln \frac{[M^{z+}]_{aq}}{[M^{z+}]_{aq'}} \tag{10.27}$$

となり，$\Delta\phi_{mem}$ は膜中の M^{z+} イオンの濃度とは無関係に，2つの溶液中の M^{z+} イオンの濃度比のみによって決まる．ここで例えば，

$$\text{SCE} \parallel 試料溶液(aq) \mid (mem) \mid M^{z+} \text{ および } Cl^- 濃度が既知の溶液(aq') \mid$$
$$\text{AgCl} \mid \text{Ag} \tag{10.28}$$

表 10.2 主なイオン選択性電極

測定対象	膜の種類（組成）	測定範囲 [mol/L]	主な妨害成分
H^+	ガラス膜（Na_2O-CaO-SiO_2）	pH 0〜10	
	ガラス膜（Li_2O-Cs_2O-La_2O_3-SiO_2）	pH 0〜14	
Na^+	ガラス膜（Na_2O-Al_2O_3-SiO_2）	$1 \sim 10^{-8}$	Ag^+, H^+
K^+	ガラス膜（Na_2O-Al_2O_3-SiO_2）	$1 \sim 5 \times 10^{-6}$	H^+, Na^+, NH_4^+
	液膜（バリノマイシン/K^+）	$1 \sim 10^{-6}$	Cs^+
Ca^{2+}	液膜（ジデシルリン酸/Ca^{2+}）	$1 \sim 10^{-5}$	H^+, Zn^{2+}, Fe^{2+}
F^-	固体膜（LaF_3）	$1 \sim 10^{-6}$	OH^-
Cl^-	固体膜（$AgCl$：$AgCl$-Ag_2S）	$1 \sim 10^{-5}$	S^{2-}, I^-

【出典】日本分析化学会 編：改訂六版 分析化学便覧, pp.730-731, 丸善出版（2011）, 表 8.160 より一部改変

といった電気化学セルを構成すると，その端子間電圧 E_{cell} は，

$$E_{cell} = -E_{SCE} + \Delta\phi_{mem} + E_{Ag/AgCl}$$

$$= -E_{SCE} + \frac{2.303RT}{zF}\log\frac{[M^{z+}]_{aq}}{[M^{z+}]_{aq'}} + \left(E°_{Ag/AgCl} - \frac{2.303RT}{F}\log[Cl^-]\right)$$

$$= \text{const} + \frac{2.303RT}{zF}\log[M^{z+}]_{aq} \tag{10.29}$$

となって，試料溶液中の M^{z+} イオンの定量が可能となる．

現在までに，特定のイオンとの親和性の高い化合物を膜中に添加することで，そのイオンに対して選択的に電位応答する膜が種々考案されてきた．このような膜を用いた電極系は**イオン選択性電極**（ion selective electrode：ISE）と呼ばれ，いくつか市販もされている（**表 10.2**）．しかしながら現状では，特定のイオンの濃度のみで膜電位が決定されるような理想的な膜を作製することが困難であり，測定対象以外のイオンも移動して混成電位の影響が無視できないため，電位応答はより複雑となる．実際の測定においてこのような電極を用いる場合には，共存する妨害イオンの濃度をできるだけ低くするよう注意しなければならない．現在知られている中で最も理想に近い電位応答を示す膜は，ほぼ H^+ イオン濃度のみで膜電位が決定されるガラス薄膜であろう（10.10 節参照）．

10.10　ポテンショメトリーの実例 1：pH の測定

現在，世界中の実験室で最も広く行われているポテンショメトリーは，pH の測定である．pH は溶液を特徴付ける最も重要なパラメーターの 1 つであるため，古

くからさまざまな方法で測定されてきたが（演習問題4, 5参照），ここでは2種類のポテンショメトリーによるpHの測定法について述べる．

1つ目はNHEを用いる方法である．先にも述べたとおり，NHEの電極電位は水素ガスを吹き込んだ条件でpHにのみ依存するので，NHEを指示電極とし，適当な参照電極を用いてポテンショメトリーを行うことによって溶液のpHを知ることができる．なかでも液絡を用いずに銀｜塩化銀参照電極と組み合わせた電気化学セル

$$\text{Ag} \mid \text{AgCl} \mid \text{Cl}^- \text{ の濃度が既知の試料溶液} \mid \text{H}_2 \mid \text{Pt} \qquad (10.30)$$

はHarnedセルと呼ばれ，極めて再現性が高い測定系であるため，pHの一次測定方法（primary method of measurement）としてIUPACより推奨されている[5]．このとき測定される端子間電圧 E_cell は，Cl^- イオンの活量係数を1とすれば

$$E_\text{cell} = \left(E°_\text{NHE} - \frac{2.303RT}{F}\text{pH}\right) - \left(E°_\text{Ag/AgCl} - \frac{2.303RT}{F}\log[\text{Cl}^-]\right) \qquad (10.31)$$

であるから，pHは

$$\text{pH} = \frac{F}{2.303RT}\left(E°_\text{NHE} - E°_\text{Ag/AgCl} - E_\text{cell}\right) + \log[\text{Cl}^-] \qquad (10.32)$$

と求められる．ここで $E°_\text{NHE} - E°_\text{Ag/AgCl}$ は，濃度既知（$c\,[\text{mol/L}]$ とする）のHCl溶液を用いたHarnedセルについて端子間電圧 $E_\text{cell,HCl}$ を測定し，

$$E_\text{cell,HCl} = \left(E°_\text{NHE} + \frac{2.303RT}{F}\log c\right) - \left(E°_\text{Ag/AgCl} - \frac{2.303RT}{F}\log c\right)$$

$$E°_\text{NHE} - E°_\text{Ag/AgCl} = E_\text{cell,HCl} - 2\times\frac{2.303RT}{F}\log c \qquad (10.33)$$

と決定できる．したがってこの方法では，pH標準液による校正が不要である．ただしこの方法は先にも述べたとおり，つねに水素ガスを吹き込む必要があり不便であるため，実際のpH測定で用いられることはほとんどない．むしろこの方法は，以下で述べるガラス電極用のpH標準液を検定するために用いられることが多い．

もう1つの方法は，**ガラス電極**と呼ばれる，ガラス薄膜と銀｜塩化銀電極を組み合わせた電極を用いる方法である．通常，下端を極めて薄く加工したガラス管内に，Cl^- イオンを含む緩衝液と，銀｜塩化銀電極とを入れて密封したものが用いられる（図10.5(a)）．pH測定のための電気化学セルは以下のように表される．

$$\underbrace{\text{Ag} \mid \text{AgCl} \mid 濃厚\text{KCl}溶液}_{銀｜塩化銀参照電極} \parallel 試料溶液 \mid \underbrace{ガラス \mid \text{Cl}^-イオンを含む緩衝液 \mid \text{AgCl} \mid \text{Ag}}_{ガラス電極}$$

$$(10.34)$$

10.10 ポテンショメトリーの実例1：pHの測定

　近年は，ガラス電極と銀｜塩化銀参照電極とを一体化した**複合電極**（図10.5(b)）も多く市販されている．たいていの場合，下端にガラス薄膜が，側面に参照電極内部溶液との液絡があるので，ガラス薄膜部分だけを試料溶液に浸しても上記セルが構成されず，正しくpHを測定することができない．測定前には液絡の位置を確認し，そこまで試料溶液に浸すよう，十分気を付けなければならない．

　ガラス薄膜の膜電位がH^+イオン濃度に対して選択的に応答することは古くから知られてきた現象であり，ガラス表面のケイ酸ナトリウム（$-SiO^-Na^+$）がH^+に特異的なイオン交換体として働くという機構により説明されているが，詳細は現在も不明である[6]．ガラス薄膜のpHに対する電位応答は，Nernst式の傾きの理論値$2.303RT/F$（25℃のとき59.2 mV）よりも通常やや小さく，またガラス表面の汚れ具合などによっても変化する．そのため，ガラス電極でpHを測定する場合，測定前にはpHが既知の標準液で校正を行う必要がある．自らHarnedセルによりpH標準液を検定した上でガラス電極を校正するのが理想的であるが，それを行わない場合は，IUPACの勧告に基づいて調製されpHの認証値が記載された市販のpH標準液を購入することが望ましい（付録A付表7参照）．もしそれが手に入らない場合は，IUPACの勧告あるいはJIS規格Z8802に従ってpH標準液を調製すべきである[5,7]．なお，ガラス薄膜の表面は乾燥させるとpHに対する電位応答が低下することが知られている．長時間使わないときは，ガラス薄膜の部分を水でよく洗い，湿らせた状態で必ずキャップをしなければならない．

　ガラス薄膜の部分は，薄いとはいえ基本的に絶縁体であるので，大きな抵抗をもつ．市販のガラス電極の内部抵抗は，通常100 MΩ程度である（JIS規格Z8805

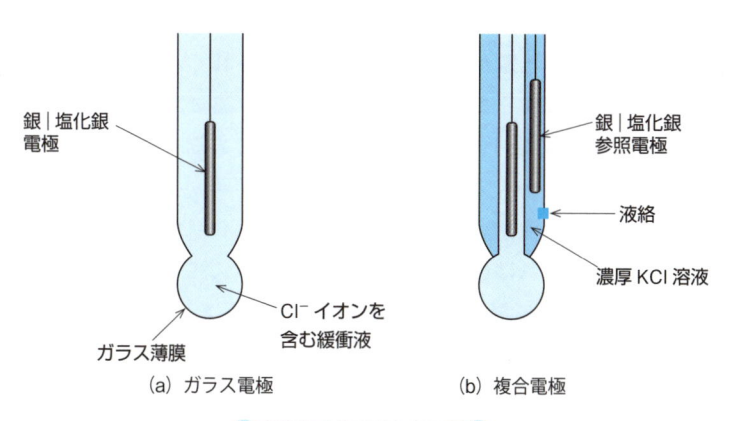

図10.5　ガラス電極
(a) ガラス電極　(b) 複合電極

は300 MΩ以下とするよう定めている）．これを一般的な入力抵抗100 MΩ程度の電圧計で測定しようとすると，ガラス電極の内部抵抗による電圧降下のために大きな系統誤差を生じてしまう．したがってガラス電極を用いてポテンショメトリーを行うときには，入力抵抗がとくに大きい電圧計を用いなければならない．市販のpHメーターに用いられている電圧計の入力抵抗は，通常1 TΩ（＝10^{12} Ω）程度である．

かつて市販されていたガラス電極のガラス薄膜は，塩基性溶液中では陽イオンの種類と濃度により異なる誤差を与えたため，測定可能なpH範囲も11程度までに限られていた．このような誤差は「アルカリ誤差」と呼ばれた．しかしながら，近年はガラス素材の改良が進んだことによりアルカリ誤差が抑えられ，pH 14まで測定できるようになった（表10.2）．ガラス電極によるpH測定法は，現在実用されているすべての機器分析法の中で最も広い濃度範囲（14桁）をカバーできる測定法といえる．

10.11　ポテンショメトリーの実例2：電位差滴定

先にも述べたとおり，滴定において指示薬の代わりにポテンショメトリーで終点を決定する方法を**電位差滴定**（potentiometric titration）という．電位差滴定は第4〜7章で述べたすべての種類の滴定に用いることができる．例えば，ガラス電極を用いてpHを測定すれば，酸塩基滴定の当量点付近でpHの急激な変化が見られるため，それにより終点を決定できる．

電位差滴定の利点の1つとして，自動化しやすいという点があげられる．もし当量点付近でのpHや酸化還元電位の変化率が予測されていれば，ポテンショメトリーの示す値がそれに達するまで滴定剤を入れ続け，当量点に達した時点で自動的に滴定を止めるよう機械制御することは比較的容易である．実際に，そのような機構に基づく自動滴定装置が市販されている．

電位差滴定を行う際の注意点として，滴定とポテンショメトリーとが互いに干渉しないよう気を付けなければならない．なかでもとくに注意が必要なのは，参照電極の内部溶液が滴定試料に混入する影響である．例えば，Cl^-イオンの$AgNO_3$溶液による沈殿滴定の終点をCl^-イオンまたはAg^+イオンのポテンショメトリーで決定することは可能であるが，もちろんその際，KCl溶液が滴定試料に接することは避けなければならない（演習問題6参照）．

演習問題

Q.1 5本の電極 A〜E の電極電位が 25℃でそれぞれ（A）0.125 V vs SCE, （B）0.173 V vs Ag｜AgCl｜飽和 KCl, （C）0.156 V vs Ag｜AgCl｜1.0 mol/L KCl, （D）0.098 V vs Ag｜AgCl｜0.1 mol/L KCl, （E）0.379 V vs NHE と測定された．電極電位が負のものから正のものへ順に並べよ．ただし Ag｜AgCl｜1.0 mol/L KCl および Ag｜AgCl｜0.1 mol/L KCl の電極電位はそれぞれ 0.236 V vs NHE, 0.289 V vs NHE とせよ．

Q.2 Ag を用いる以下の3つの電極反応について，以下の問に答えよ．
（I）　$Ag^+ + e^- = Ag$ 　　　　　　　　$E°_{Ag/Ag^+} = 0.799\,V$
（II）　$[Ag(NH_3)_2]^+ + e^- = Ag + 2NH_3$ 　$E°_{Ag/[Ag(NH_3)_2]^+} = 0.373\,V$
（III）　$AgCl + e^- = Ag + Cl^-$ 　　　　　$E°_{Ag/AgCl} = 0.222\,V$
（1）電極反応（I），（II），（III）それぞれの Nernst 式を記せ．
（2）$E°_{Ag/Ag^+}$ とアンミン錯体の錯生成定数 $K_f = [[Ag(NH_3)_2]^+]/([Ag^+][NH_3]^2)$ とを用いて $E°_{Ag/[Ag(NH_3)_2]^+}$ を表せ．
（3）標準電位の値から K_f を計算せよ．
（4）同様にして標準電位の値から塩化銀の溶解度積 $K_{sp} = [Ag^+][Cl^-]$ を計算せよ．

Q.3 イオン液体を用いる塩橋についての以下の文献を読んで内容を要約せよ．
垣内　隆：*Electrochemistry*, **78**, 683（2010）

Q.4 アンチモン電極はアンチモン Sb の表面に酸化アンチモン Sb_2O_3 が固定された電極であり，ガラス電極が普及する以前，溶液の pH 測定のためにしばしば用いられた．
（1）アンチモン電極の電極反応式を記せ．
（2）アンチモン電極の Nernst 式を記せ．pH が1大きくなるごとに平衡電位 E は正または負に何 V シフトするか．試料溶液の温度は 25℃であるとせよ．
（3）アンチモン電極とガラス電極の長所，短所について調べ，考察せよ．

Q.5 キンヒドロン電極もまた，ガラス電極が普及する以前，溶液の pH 測定のためにしばしば用いられた電極である．試料溶液にキンヒドロン（p-キノン Q と p-ヒドロキノン H_2Q の等モル混合物）を添加し，酸化還元電位 E を測定する．本電極の半反応式は以下のとおりである．
（I）　pH＜pK_{a1} のとき 　　　　　$Q + 2H^+ + 2e^- = H_2Q$ 　（標準電位：$E°_I$）

第10章 電極電位と電位差測定

　（Ⅱ）　$pK_{a1} < pH < pK_{a2}$ のとき　　$Q + H^+ + 2e^- = HQ^-$　　（標準電位：$E°_Ⅱ$）
　（Ⅲ）　$pH > pK_{a2}$ のとき　　　　　　$Q + 2e^- = Q^{2-}$　　　　（標準電位：$E°_Ⅲ$）

ここで，Q, H_2Q, HQ^-, Q^{2-} の構造式はそれぞれ以下のとおりである．

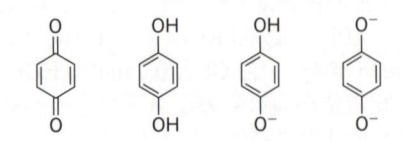

また，$K_{a1} = ([HQ^-][H^+])/[H_2Q]$，$K_{a2} = ([Q^{2-}][H^+])/[HQ^-]$ である．各イオン種の活量係数は1とし，E は溶存酸素および液間電位差の影響を受けないものとする．

(1) pH領域（Ⅰ），（Ⅱ），（Ⅲ）のそれぞれについて，Nernst式を記せ．
(2) pH領域（Ⅰ），（Ⅱ），（Ⅲ）のそれぞれについて，pHが1大きくなるごとに E は正または負に何Vシフトするか．ここで試料溶液の温度は25℃であるとせよ．
(3) $E°_Ⅰ = 0.699\,\text{V vs NHE}$，$pK_{a1} = 9.9$，$pK_{a2} = 11.4$ として，pH 0〜14 の範囲の E とpHとの関係を図示せよ．図に基づき，キンヒドロン電極で測定できるpHの範囲を示せ．
(4) E の測定値が 0.403 V vs NHE のとき，試料溶液のpHはいくらか．

Q.6　Cl^- イオンの $AgNO_3$ 溶液による沈殿滴定を電位差滴定で行う場合，どのような参照電極系を用いるのが適当か考えよ．

参考図書

1. 玉虫伶太 著：電気化学 第2版，第1章，東京化学同人（1991）
2. R. Persons: *Pure Appl. Chem.*, **37**, 499（1974）
3. 伊豆津公佑 著：非水溶液の電気化学，p.161，培風館（1995）
4. 花井哲也 著：膜とイオン 物質移動の理論と計算，第1〜4章，化学同人（1978）
5. R. P. Buck, et al.: *Pure Appl. Chem.*, **74**, 2169（2002）
6. C.-M. Huang, et al.: *J. Electrochem. Soc.*, **142**, L175（1995）
7. JIS Z8802：2011 pH測定方法

第11章
電気化学分析法

本章について

　電気化学分析では，荷電粒子（電子およびイオン）の反応（移動ややりとり）について，電位と電流を反応のギブズエネルギーと反応の進行速度（一定時間の反応量）に相当する物理量として求め，解析する．また，電気化学分析は，簡単な電解セルと比較的安価な装置で行える利点を有するが，得られたデータの解釈には広い領域の知識と数式の取り扱いが必要であるため，敬遠されることも多いのが現状である．
　本章では，紙数の制限もあるので，一般的によく用いられる手法にテーマを絞り，基礎原理と実験上の注意点について解説する．

第11章

電気化学分析法

11.1 電気分解の基礎

　電気化学セルに満たした電解質溶液中に挿入した2つの電極（陽極と陰極）間の電位差を，静止電位（平衡状態の電位）とは異なる電位（E）に変化させると，平衡がずれて電極反応に伴う電流（i）が流れる．ここで観測されるiは，**Faraday**（ファラデー）**電流**（i_f, **電解電流**）と**非ファラデー電流**（i_{nf}, **充電電流**）と呼ばれる異なる性質の2種類の電流の和となっている．

$$i = i_f + i_{nf} \tag{11.1}$$

ファラデー電流とは，次のような酸化還元反応，

$$O + ne^- \underset{v_b}{\overset{v_f}{\rightleftarrows}} R \tag{11.2}$$

が電極界面で進行する場合に電荷移動が生じることによって流れる電流であり，電極界面での酸化還元反応の速度を反映している．その電流はファラデーの法則に従い，次のように表される．

$$-i_f \left(\equiv \frac{dq_f}{dt} \right) = nF \frac{dN_O}{dt} \left(= -nF \frac{dN_R}{dt} \right) \tag{11.3}$$

ここで，q_fとN_Oは，それぞれ電解における**電気量**と消費された酸化体（O）の**物質量**で，n, Fはそれぞれ，**電子数**と**ファラデー定数**である．還元体（R）の物質量（N_R）についてはその逆になる．電極反応速度v（$= v_b - v_f$）は$\mathrm{mol\ s^{-1}\ cm^{-2}}$の次元をもつので，$dN_O/dt = Av$となる．なお，$A$は**電極表面積**〔$\mathrm{cm^2}$〕である．したがって，$i_f$を$A$で割った**電流密度**$j_f$は次式で表される．

$$j_f = -nFv \tag{11.4}$$

　一方，電極–溶液界面は一種のコンデンサーのようにも振る舞う．**容量**（C）のコンデンサーを想定すると，コンデンサー両端の電圧がE_cのとき**電荷**（q_c）が蓄積される．

$$q_c = CE_c \tag{11.5}$$

　したがって，電解とは必ずしも関係なく，CやE_cの変化に伴って非ファラデー

11.1 電気分解の基礎

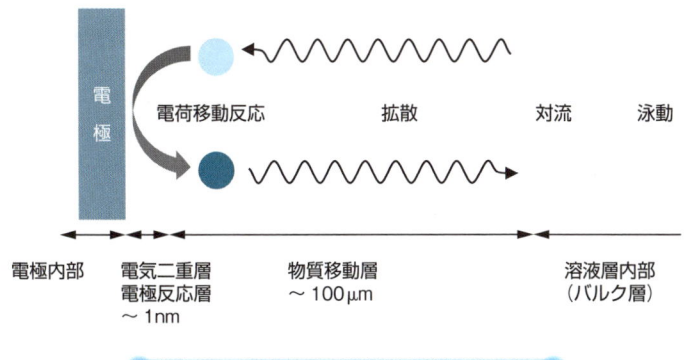

電極内部　電気二重層　物質移動層　溶液層内部
　　　　　電極反応層　～100μm　（バルク層）
　　　　　～1nm

図 11.1　電極からの距離と電極反応過程

電流が生じる．

$$i_{\mathrm{nf}} = \frac{dq_{\mathrm{c}}}{dt} \tag{11.6}$$

このように，i_{f} からは電極表面での酸化還元反応に関する情報が得られ，i_{nf} からは電気二重層などの電極界面構造に関する情報が得られる．

電極反応は，一般的に（1）溶液中および電極表面の間で起こる電極反応関与物質の物質輸送，（2）電極表面での電子移動反応，（3）先行もしくは後続化学反応，（4）吸着などの表面反応，の過程が存在する．全体の反応速度は最も遅い過程（律速過程）の速度で決まる．

図 11.1 に示すように，溶液中の反応物が電極と電子のやりとりでできる距離は，電極表面から 1 nm 程度までである．反応物はその距離まで電極に接近する必要があり，反応物と電極の間で電荷移動反応が生じると，電極表面近傍では反応物が減少すると同時に生成物が増加する．次に，それらの電極表面近傍と溶液層内部との濃度差に従って（厳密には電気化学ポテンシャルがより小さくなるように），反応物は溶液層内部側から供給され，生成物は溶液層内部へ拡散していく．このようにして電極表面近傍に反応物および生成物の濃度勾配が形成される．このとき，電荷移動過程と（電極反応に関与する物質の）物質移動過程は直列に並んでいる．したがって，反応物と電極の間で生じる電荷移動反応が物質移動過程に比べて遅いときに，電荷移動過程が律速となり，電流は電極電位（E）に大きく依存する．

図 11.2(a) に示すように外部から一定の電圧を電極に印加し，電解電流を測定する方法を**ポテンシャルステップクロノアンペロメトリー**（**potential step**

第 11 章 電気化学分析法

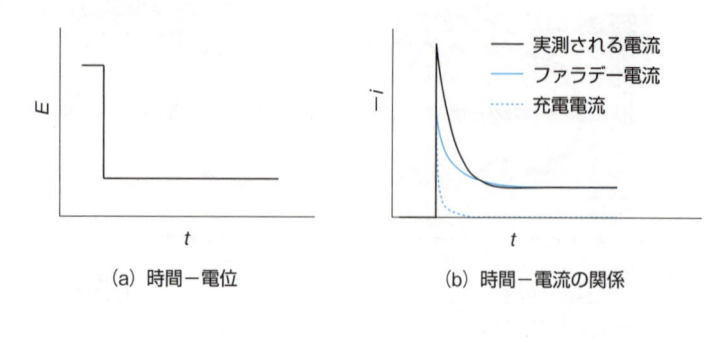

(a) 時間－電位

(b) 時間－電流の関係

図 11.2 ポテンシャルステップクロノアンペロメトリーの原理

chronoamperometry：**PSCA**）という．

このときの電流の時間変化は，図 11.2(b) のようになる．反応物質の有無にかかわらず，平衡電位と異なる電位をステップ状に印加した直後は，電極界面の電気二重層を充電するための充電電流が流れ，極めて短時間のうちに減衰する．反応物質の酸化体が電解液に含まれるときは，酸化体がすべて酸化される電位から，すべて還元される電位（それぞれ反応物質の式量電位から約 0.2－0.3 V 負の電位）にステップさせると，電極表面に酸化体の濃度勾配が形成され，図 11.2(b) の実線で示す電流が流れる．すなわち，電極表面の酸化体の濃度はゼロになり，酸化体は溶液相の内部から拡散によって供給されるが，反応の進行とともに供給量が減少し，ファラデー電流は徐々に減少する．この電流の減少の様子は，11.4 節で解説する**サイクリックボルタンメトリー**（**CV**）におけるピーク以降の電流の減少 (diffusion tail) と同じである．

11.2 コンダクトメトリー

電解質溶液中に等面積の 2 枚の電極板を平行に入れて，電極間に電位差（E）を印加すると電流（i）が流れる．このとき，電解質溶液の**抵抗**（R, **resistance**）を用いると，**Ohm**（オーム）**の法則**から次式が成り立つ．

$$E = iR \tag{11.7}$$

ここで，電極板の**表面積**を A [m^2]，電極板間の**距離**を l [m] とすると，R は溶

液の**比抵抗** ρ（**specific resistance**）〔Ωm〕と以下の関係にある．

$$R = \rho \frac{l}{A} \tag{11.8}$$

電気抵抗の逆数である**電気伝導率** G（**conductance**）〔S（= Ω^{-1}）〕で表すと次のようになる．

$$G \equiv \frac{1}{R} = \left(\frac{1}{\rho}\right)\frac{A}{l} = \kappa \frac{A}{l} \tag{11.9}$$

ここで，κ〔Sm^{-1}（= Ωm^{-1}）〕は比伝導率（specific conductance）である．電解質溶液中では電荷を帯びたイオンの移動によって電流が流れるので，電気伝導率は溶液中でのイオンの移動速度と濃度に依存し，次式で表される．

$$\kappa = \sum |z_i| F c_i u_i \tag{11.10}$$

ここで，z_i はイオン i^z の電荷（カチオンの場合は正，アニオンの場合は負），F はファラデー定数，c_i〔mol/L〕は i^z の濃度，u_i〔m^2 V^{-1} s^{-1}〕は**イオン移動度**（ionic mobility）である．u_i は単位電位勾配下（1 V m^{-1}）でのイオンの移動速度である．u_i に電荷の絶対値 $|z_i|$ と F をかけたものを i^z の**イオン電気伝導率**または**モル電気伝導率**（molar electric conductivity）〔Sm^2 mol^{-1}〕といい，λ_i で表す．

$$\lambda_i = |z_i| F u_i \tag{11.11}$$

電解質溶液の比伝導率は電解質濃度によって変化する．そこで，電解質1モルあたりに換算した比伝導率をその電解質のモル電気伝導率 Λ〔Sm^2 mol^{-1}〕と定義する．

$$\Lambda = \frac{\kappa}{c} \tag{11.12}$$

ここで，c は電解質のモル濃度〔mol/L〕である．電解質を構成するカチオンの濃度および λ_+ を c_+ および λ_+ とし，アニオンのそれらを c_- および λ_- とすると，Λ とそれを構成するイオンの λ_i には以下の関係がある．

$$\Lambda = \left(\frac{c_+}{c}\right)\lambda_+ + \left(\frac{c_-}{c}\right)\lambda_- \tag{11.13}$$

電解質溶液の電気伝導率の測定は**図 11.3** に示す回路を用いる．この回路は，Kohlrausch によって考案されたので**コールラウシュブリッジ**（**Kohlrausch bridge**）と呼ばれる．

溶液を入れた伝導率測定セルに数百 Hz～10 kHz の交流電圧を印加して測定を行う．伝導率測定セルの典型例を**図 11.4** に示す．

第11章 電気化学分析法

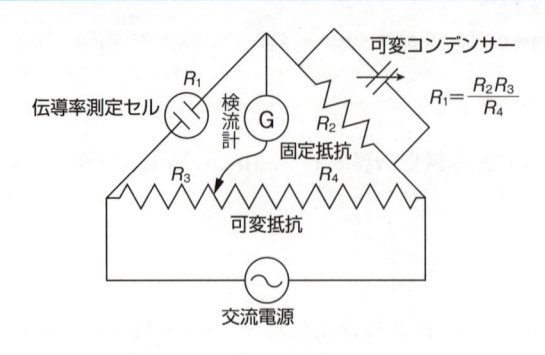

図 11.3 コールラウシュブリッジ

検流計に電流が流れないように R_2, R_3, R_4 および可変コンデンサーを調節する．

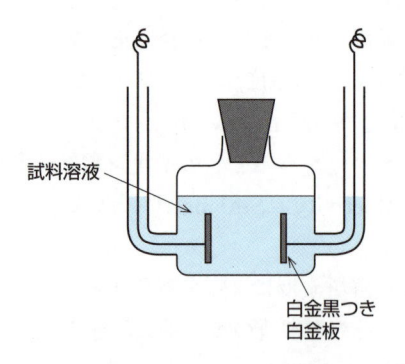

図 11.4 電気伝導率測定セルの例

　交流を用いるのは，2つの電極で生じる反応を周期的に反転することで，反応の進行に伴う電極電位のずれを小さくするためである．また，電極として白金黒つき白金板を用いることが多いが，実効表面積を大きくして電極電位のずれを小さくするためである．

　実際の電気伝導率の測定においては，あらかじめ電気伝導率が既知の溶液（表11.1）を伝導測定セルに満たして抵抗を測定し，式（11.8）の関係からセルの幾何学的形状に依存する l/A を求めるが，これを**セル定数** θ（**cell constant**）という．なお，電気伝導率は，表11.1に示すように，温度によって大きく変化するので精密な実験を行うためには温度制御に充分な注意を払う必要がある．

表 11.1 KCl 水溶液の比電気伝導率 κ

溶液組成（真空中秤量）	κ 〔Sm^{-1}〕		
g-KCl/kg-H$_2$O	0℃	18℃	25℃
76.5829	6.5144	9.782	11.132
7.47458	0.7134	1.1164	1.2853
0.745819	0.07733	0.12202	0.14085

【出典】大堺利行・加納健司・桑畑進 著：ベーシック電気化学，化学同人（2000），表 2.1

電解質溶液の比伝導率は電解質濃度によって変化するので，モル濃度 c の電解質溶液の比伝導率 κ を電解質 1 mol/L あたりに換算した Λ（式(11.13)）を用いて伝導率を考えてみる．図 11.5 は，いくつかの電解質について，モル電気伝導率を濃度の平方根に対してプロットしたものである．強電解質である HCl，NaCl，CH$_3$COOH などでは，Λ は濃度の平方根とほぼ直線関係にある．これは**コールラウシュの平方根則**と呼ばれ，次式の関係がある．

$$\Lambda = \Lambda^\infty - kc^{\frac{1}{2}} \tag{11.14}$$

ここで，Λ^∞ は c が無限に希釈された際の Λ（$c=0$ に補外した値）であり，**無限希釈におけるモル電気伝導率（molar electric conductivity at infinite dilution）**という．定数 k は，電解質の種類によらず，1：1 電解質ではほぼ等しく，2：2 電解質ではその約 4 倍になる．このことは Onsager によって説明されたが，詳

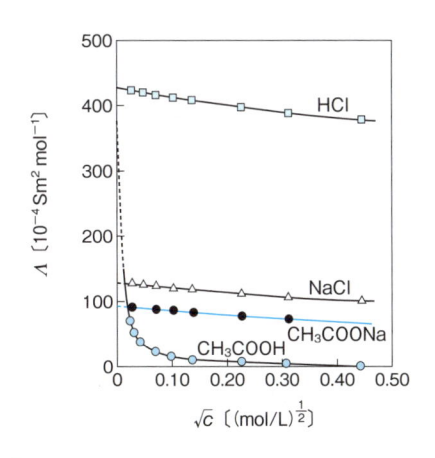

図 11.5 モル電気伝導率と濃度の平方根の関係

【出典】大堺利行・加納健司・桑畑進 著：ベーシック電気化学，化学同人（2000），図 2.4

第 11 章　電気化学分析法

表 11.2　共通イオンをもつ一対の電解質塩の Λ
（10^{-4} S m^2 mol^{-1}，水溶液，25℃）

	Λ		Λ	差
KCl	149.86	KNO$_3$	144.96	4.90
LiCl	115.03	LiNO$_3$	110.1	4.93
差	34.83	差	34.86	

【出典】大堺利行・加納健司・桑畑進 著：ベーシック電気化学，化学同人（2000），表 2.2

細は他書に譲る．一方，弱電解質の場合は濃度の上昇とともに急激に Λ が低下したが，これは未解離のものの割合が増加したためである．

Kohlrausch はさまざまな強電解質の Λ^∞ を比較して，**イオン独立移動の法則**（**law of independent ionic migration**）を発見した．**表 11.2** に示すように，カチオン種が共通であればアニオン種の違いにより Λ^∞ の差は一定であり，アニオン種が共通であればカチオン種の違いにより Λ^∞ の差は一定であった．

これはそれぞれのイオンが特有のモル電気伝導率をもつことを意味しており，電解質 $M_{\nu_+} X_{\nu_-}$ の Λ^∞ は無限希釈におけるカチオンとアニオンのモル電気伝導率（λ_+^∞ および λ_-^∞）を用いて次式で与えられる（弱電解質でも成立する）．

$$\Lambda^\infty = \nu_+ \lambda_+^\infty + \nu_- \lambda_-^\infty \tag{11.15}$$

この式は無限希釈ではイオンは独立して移動することを示しており，種々のイオンの λ^∞ と ν が分かっていれば任意の電解質の Λ^∞ が分かることを示している．電解質を構成するカチオンとアニオンの移動によって生じる電気量の割合を**輸率 t**（**transport number**）といい，無限希釈でのカチオンおよびアニオンの輸率をそれぞれ t_+^∞ および t_-^∞ とすると以下の関係がある．

$$t_+^\infty + t_-^\infty = 1 \tag{11.16}$$

$$t_+^\infty = \frac{\lambda_+^\infty}{\Lambda^\infty}, \quad t_-^\infty = \frac{\lambda_-^\infty}{\Lambda^\infty} \tag{11.17}$$

無限希釈においては，カチオンおよびアニオンのイオン移動度（u_+^∞ および u_-^∞）とモル電気伝導率（λ_+^∞ および λ_-^∞）の間には以下の関係がある．

$$\lambda_+^\infty = z_+ F u_+^\infty, \quad \lambda_-^\infty = z_- F u_-^\infty \tag{11.18}$$

無限希釈におけるイオン i^z の移動度 u^∞ は，イオンを有効半径 r_i の剛体球と仮定して**ストークスの法則**に従って解くと，次のように表される．

$$u^\infty = \frac{|z_i| e}{6 \pi \eta r_i} \tag{11.19}$$

ここで，e は**電気素量**（elementary charge），η は**粘性率**（**Pa**, viscosity）である．式(11.18)および式(11.19)より，次式が導かれる．

$$r_i = \frac{|z_i|^2 F}{6\pi N_A \eta \lambda^\infty} \tag{11.20}$$

ここで，N_A はアボガドロ数であり，$F = e \times N_A$ の関係を用いている．この関係から，i^z の有効半径 r_i を見積ることができ，**ストークス半径 r_s** と呼ぶ．**表 11.3** に λ^∞（多価イオンの場合は $|z_i|$ で除した値）と r_s，結晶イオン半径 r_c を示す．η は 25℃ の純水の値（0.89×10^{-3} Pa s）を r_s の評価に用いた．表 11.3 をみると，H^+ と OH^- の λ^∞ は他のイオンのそれに比べて突出して大きいことが分かる．この現象は，**プロトンジャンプ機構**で説明されている．水溶液中の数個の水分子は水素結合によって会合し，クラスターを形成している．水素イオン（H_3O^+）は溶液中でそのもの自体が移動するだけでなく，水のクラスターの一部に H^+ を渡し，その部分とは異なる部分で他の水分子に H^+ を渡すことによって H_3O^+ が移動すると説明されている（**図 11.6**）．OH^- についても同様である．

H^+ と OH^- の λ^∞ が他のイオンの λ^∞ に比べて突出して大きいことから，電気伝導率測定は酸塩基滴定によく用いられる．強酸の HCl を強塩基の NaOH で滴定した場合の滴定曲線は，溶液量の変化がほとんど無視できる場合は**図 11.7**(a) の実線のようになる．Cl^- 濃度は変化せず，Na^+ 濃度は滴下した分だけ増加する．当量点までは H^+ と Na^+ が置き換わっていくが，H^+ の λ^∞ は Na^+ のそれの約 7 倍もあるので，当量点までは直線的に電気伝導率が減少する．当量点を超えると，OH^- と Na^+ が増加していくため直線的に電気伝導率が増加していく．HCl の代わりに CH_3COOH のような弱酸を用いると図 11.7 (b) の実線のような滴定曲線が得られる．当量点以降の変化は HCl の場合と同じであるが，当量点までは大きく様子が

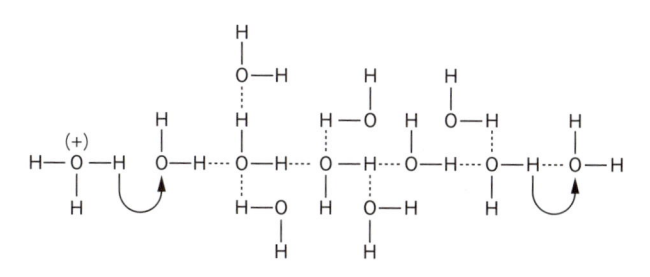

図 11.6　水中のプロトンジャンプ機構による電気伝導

第 11 章 電気化学分析法

表 11.3 各種イオンの無限希釈におけるモル電気伝導率,ストークス半径,結晶イオン半径

j^z	λ^∞ [10^{-4} S m^2 mol^{-1}]	r_s [pm]	r_c [pm]
H^+	350.0	—	—
Li^+	38.7$_0$	238	76
Na^+	50.1$_0$	181	102
K^+	73.5$_0$	125	138
Rb^+	77.3	119	152
Cs^+	77.0	120	167
Ag^+	62.1	148	115
NH_4^+	73.5	125	148
Be^{2+}	45※	410	45
Mg^{2+}	53.0$_5$※	347	72
Ca^{2+}	59.0$_0$※	312	100
Sr^{2+}	59.3※	311	118
Ba^{2+}	63.4$_5$※	290	135
Mn^{2+}	53.5※	344	83
Fe^{2+}	54※	341	61
Cu^{2+}	53.6※	344	73
Zn^{2+}	52.8※	349	74
Cd^{2+}	53.5※	344	95
Hg^{2+}	53※	348	102
Pb^{2+}	69.5※	265	119
Al^{3+}	59.7※	463	54
La^{3+}	69.6$_7$※	397	103
Eu^{3+}	67.8※	408	95
$(CH_3)_4N^+$	44.3$_7$	208	347
$(C_2H_5)_4N^+$	32.1$_4$	287	400
$(n\text{-}C_3H_7)_4N^+$	23.2$_4$	396	452
$(n\text{-}C_4H_9)_4N^+$	19.3$_3$	477	494
OH^-	199.2	—	137
F^-	55.4$_2$	166	133
Cl^-	76.3$_2$	121	181
Br^-	78.1$_3$	118	196
I^-	76.9$_8$	120	220
NO_3^-	71.4$_1$	129	189
ClO_4^-	67.2	137	236
HCO_3^-	45.4	203	156
CH_3COO^-	40.8	226	159
SO_4^{2-}	79.8※	231	230
CO_3^{2-}	69.3※	266	185

※多価イオンについては $\lambda^\infty/|z_i|$ の値.

【出典】日本分析化学会 編,木原壯林・加納健司 著:分析化学実技シリーズ 機器分析編12 電気化学分析,共立出版 (2012),表 9.3

11.2 コンダクトメトリー

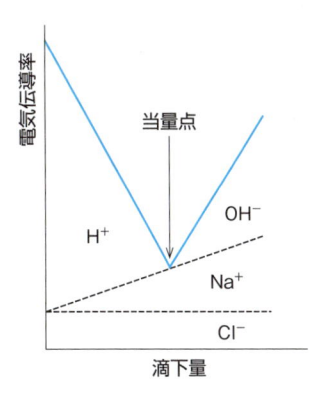

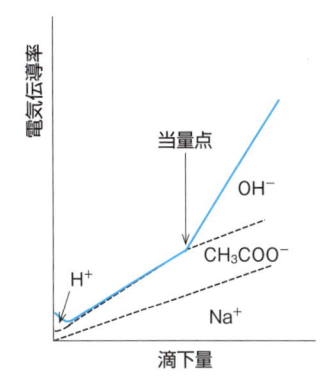

(a) HCl を NaOH で滴定した場合

(b) CH_3COOH を NaOH で滴定した場合

図 11.7　電気伝導率測定による酸塩基滴定曲線

異なる．これは，弱酸であるためほとんど解離していないためである．中和によって生成した CH_3COONa は強電解質であり，ほとんど解離してイオンとして存在する．したがって，当量点までは電気伝導率はほぼ直線的に増加する．滴定の初期に電気伝導率が減少しているのは，CH_3COOH が一部解離して存在していた λ^∞ の大きな H^+ が減少するためである．

　電気伝導率測定は，酸塩基滴定だけでなく，溶液中のイオン濃度が大きく変化する錯滴定や沈殿滴定にも適用できるが，酸など目的とする反応に関与するイオン以外のものが共存すると測定が困難になる．しかし，溶液の電気伝導率は溶存したイオン濃度の変化に迅速に応答し，再現性がよいので，連続測定に適しており，実験室での水の精製においては純度の指標となっている（**表 11.4**）．また，環境水中のイオン濃度のモニター，土壌中の金属イオン濃度のモニターに使用されており，水質変化の監視などで用いられている．

表 11.4　さまざまな水の電気伝導率

水の種類	電気伝導率
理論的に純粋な水	約 5.5 (5.479) $\mu S\ m^{-1}$
超純水	6〜8 $\mu S\ m^{-1}$
蒸留水	70〜300 $\mu S\ m^{-1}$
水道水	6〜25 $mS\ m^{-1}$（ヨーロッパでは約 2 倍）
井戸水，河川水	10〜数十 $mS\ m^{-1}$

【出典】日本分析化学会北海道支部 編：水の分析−第 5 版，化学同人（2005），第 5 章

11.3　クーロメトリー

式(11.2)の酸化還元反応についての電流−電位関係曲線の模式図を図 11.8 に示す．曲線(1)は溶液中にRのみが存在場合で，曲線(2)はOのみが存在する場合，曲線(3)はRとOの両者が存在する場合である．**半波電位**（$E_{1/2}$）より十分大きな正あるいは負の電位差を印加した場合，電解電流は**拡散律速**の**限界電流**となり，電解電流は電位によらず一定となる．このときの電流−電位関係曲線は次式のようになる．

$$E = E_{\frac{1}{2}} + \frac{RT}{nF} \ln \frac{i - i_{\mathrm{ln}}}{i_{\mathrm{lp}} - i} \tag{11.21}$$

ここで，i_{lp} および i_{ln} はそれぞれ正負の限界拡散電流である．$E_{1/2}$ は i_{lp} および i_{ln} を足し合わせた値の半分の電流が流れる電位であり，次式で表される．

$$E_{\frac{1}{2}} = E^\circ + \frac{RT}{nF} \ln \frac{D_{\mathrm{R}}}{D_{\mathrm{O}}} \tag{11.22}$$

D_{R} および D_{O} は溶液中でのRおよびOの拡散係数であり，通常は $D_{\mathrm{R}} \approx D_{\mathrm{O}}$ であるので，$E_{1/2}$ は E° とほぼ一致する．i_{lp} および i_{ln} は **Cottrell**（コットレル）**式**より求まり，次のようになる．

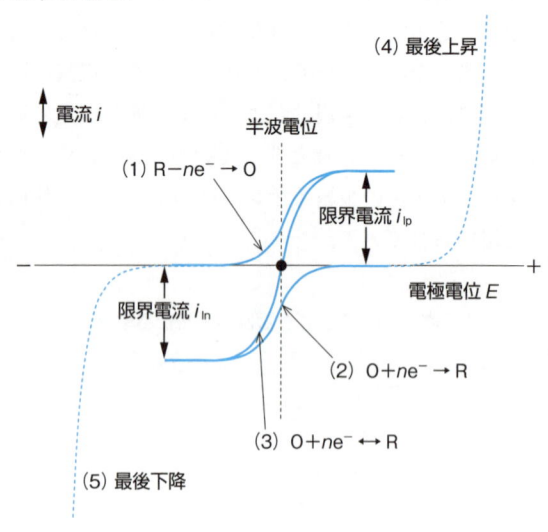

図 11.8　電流−電位関係曲線の模式図

$$i_{\mathrm{lp}} = \frac{nFAc_\mathrm{O} D_\mathrm{O}^{\frac{1}{2}}}{\pi^{\frac{1}{2}} t^{\frac{1}{2}}} \left(= \frac{nFAc_\mathrm{O} D_\mathrm{O}}{\delta} \right) \tag{11.23}$$

$$i_{\mathrm{ln}} = \frac{nFAc_\mathrm{R} D_\mathrm{R}^{\frac{1}{2}}}{\pi^{\frac{1}{2}} t^{\frac{1}{2}}} \left(= \frac{nFAc_\mathrm{R} D_\mathrm{R}}{\delta} \right) \tag{11.24}$$

静止電解液では**拡散層の厚さ** δ は電解時間とともに増加し，次式で表される．

$$\delta = \sqrt{\pi D t} \quad (D は D_\mathrm{R} あるいは D_\mathrm{O}) \tag{11.25}$$

溶液の強制対流下（撹拌，流動，電極の回転など）では，δ は薄くなるので式 (11.23) あるいは式 (11.24) から分かるように，電流は増加する．

クーロメトリーには定電流電解法と定電位電解法がある．例として，$M^{3+} + e^- \rightleftharpoons M^{2+}$ の酸化還元反応について電流-電位関係曲線を基に解説する．**図 11.9** の曲線 (1) のように，正電流を与える還元体のみが電解質溶液中に存在する系で，定電流 i_a を印加して電解した場合，初めは曲線 (1) と i_a の交点となる電位になる．電解に伴い，M^{2+} 濃度が減少して，電流-電位関係曲線が (1)→(2)→(3) と変化していく．さらに，電解が進み，限界電流が i_a 付近になると電位が大きく正側に移動して，他の酸化反応によって正電流が生じる電位まで変化する．したがって，分析対象物質を直接酸化還元する直接法には，誤差が大きくなるため定電流電解法

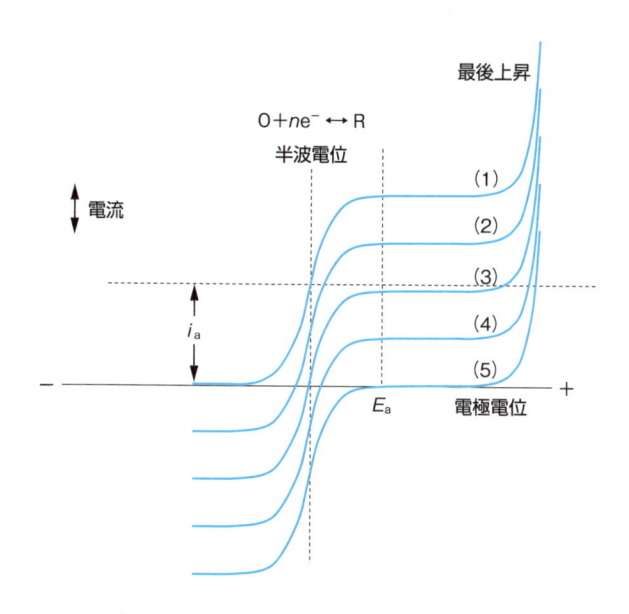

図 11.9　電流-電位関係曲線の模式図

はあまり用いられない．

　限界電流が観察される電位 E_a を印加する電解法を**定電位クーロメトリー**という．初めに，曲線(1) と E_a の交点となる電流が生じる．電解の進行に伴い，電流–電位関係曲線は (1)→(2)→(3)→(4)→(5) と変化していき，電流はそれぞれの曲線と E_a の交点の値となり，最後は電流ゼロとなる．このとき，設定電位 E_a と溶液中の M^{3+} および M^{2+} の濃度（$c_{M^{3+}}$ および $c_{M^{2+}}$）との間には次式の関係が成立する．

$$E_a = E° - \frac{RT}{nF} \ln \frac{c_{M^{2+}}}{c_{M^{3+}}} \tag{11.26}$$

　式(11.26) より，$n = 1$ のとき M^{2+} を 99.9％電解するには，E_a は $E°$ に比べて 0.177 V（25℃）正側にする必要がある．

　このように定電位クーロメトリーでは，分析対象物質のみが反応する電位を選定することによって，対象物のみを選択的に電解できる．さらに，分析対象物質が2種類以上存在しても，それぞれの標準酸化還元電位が異なれば，設定電位を変化させることで分離定量が可能となる．とくに，2種類の物質の標準酸化還元電位が 0.177 V 以上離れていれば，これらを 99.9％分離して定量できる．

11.4　ボルタンメトリー

　11.1 節では平衡電位から電位 E に変化した場合の電流の時間変化を説明した．**ボルタンメトリー**（**voltammetry**）では，E を連続的に変化させた場合の電流の変化を調べる．ボルタンメトリーは通常は電解質溶液を静止させた状態で行うが（静止ボルタンメトリー），回転電極を用いたり，電解質溶液を流動あるいは撹拌する対流ボルタンメトリーもある．

　ここでは，一定範囲の電位領域で E を折り返し走査しながら電流を測定する**サイクリックボルタンメトリー**（**cyclic voltammetry**：CV）について説明する．CV においては，静止電解質溶液中で，E を一定の掃引速度 v で変化させる．初期電位 E_0（時間 t_0）から第1折り返し電位 E_1 まで掃引し（時間 t_1），電位変化の方向を反転して第2折り返し電位 E_2 まで掃引する（時間 t_2）．さらに，再び反転して E_0 まで戻す（時間 t_3）．通常，E_0 としては反応電流が生じない平衡電位を選ぶ．折り返し電位の設定は，目的とする反応を解析できる電位領域を判断して決める．

11.4 ボルタンメトリー

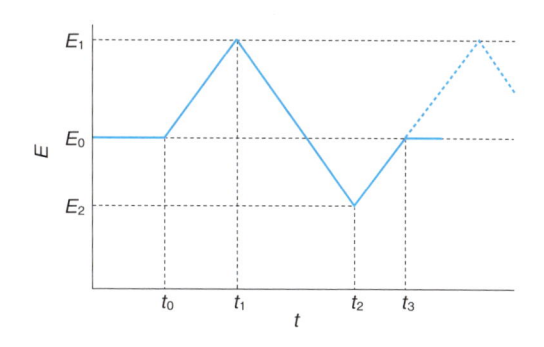

図 11.10 サイクリックボルタンメトリーにおける印加電位の波形

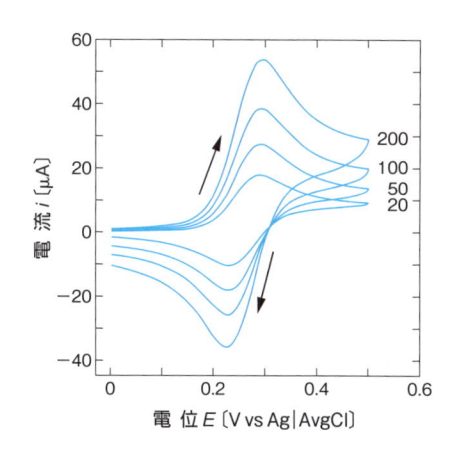

図 11.11 可逆な系でのサイクリックボルタモグラムの例

【出典】電気化学会 編：電気化学測定マニュアル基礎編，丸善（2002），図 2.13

図 11.10 に，CV における印加電位の波形を示す．実際には，なるべく広い電位領域で測定して，全体の様子を観察し，測定範囲を絞っていくとよい．前電解は必要があれば行う．電位掃引速度は通常 50～100 mV s^{-1} で様子を見ることが多い．

CV では，反応の進行に伴い電解質溶液中の物質濃度変化が溶液内部におよぶので，ファラデー電流は電極電位だけでなく時間の関数になる．また，充電電流が重なるため，解析ではこの分を差し引く必要がある．サイクリックボルタモグラムの形状は界面での反応物の濃度，物質輸送が大きく影響する．

図 11.11 には可逆な系での典型例を示す．順方向と逆方向で電流ピークが現れ，

ピーク電位は電位走査速度には依存しない（**液抵抗**が大きい場合には**IR ドロップ**により電位掃引速度の増加に伴ってピーク間電位差は増加）．11.1 節でも記述したが，CV の場合 δ は $\sqrt{RTD/nFv}$ に比例するので（v，**掃引速度**），ピーク電流は $\sqrt{v}$ に比例する．

酸化電流および還元電流のピーク電位を E_{pc} および E_{pa} とし，それぞれのピーク電流を i_{pc} および i_{pa} とすると，可逆な系のピーク電流値 i_{pc} は次式で表すことができる．

$$i_{pc} = -0.4463 nFAc^* \sqrt{\frac{nFvD_o}{RT}}$$
$$= -(2.69 \times 10^5) n^{\frac{3}{2}} A D_o^{\frac{1}{2}} v^{\frac{1}{2}} c^* \quad (25℃) \tag{11.27}$$

ここで，c^* は溶液相内部の O の濃度である．なお，i_{pa} は，式(11.27) において，符号を逆にして，D_O の代わりに D_R を，c^* の代わりに溶液相内部の R の濃度を入れたものとなる．また，ピーク電流値は掃引速度の平方根に対して比例する．この性質を利用して，拡散係数を求めることができる．しかし，より正確に拡散係数を求めるには，回転電極を用いた限界電流に基づく解析法の方が適している．一方，ピーク電位 E_{pc} は次式で表される．

$$E_{pc} = E_{\frac{1}{2}} + 1.109 \frac{RT}{nF} \tag{11.28}$$

$$E_{\frac{1}{2}} = E° + \frac{RT}{2nF} \ln \frac{D_R}{D_O} \tag{11.29}$$

また，通常の CV では，E_{pc} および E_{pa} のピーク間電位差 ΔE_p は次のように表される．

$$\Delta E_p \equiv E_{pa} - E_{pc} \cong 2.3 \frac{RT}{nF} = \frac{59}{n} \quad (mV, \ 25℃) \tag{11.30}$$

なお，E_{pc} と E_{pa} の中間の電位（E_m，**中点電位**）は式(11.31) で近似され，簡便な評価法としてよく用いられている．

$$E_m \equiv \frac{E_{pa} + E_{pc}}{2} \cong E_{\frac{1}{2}} \tag{11.31}$$

以上は可逆な系での議論である．

電極反応が可逆かどうかは電荷移動速度と物質移動速度との相対的な大小関係で決まる．実際に得られたデータが可逆かどうかでその解析に用いる理論式は異なってくる．式(11.30) で表されるピーク間電位差の掃引速度依存性を調べることで，

11.4 ボルタンメトリー

簡単に可逆性を判別できる．可逆な場合は，ピーク間電位差は掃引速度に依存せず一定となる．

準可逆な系では，図 11.12 に示すように，ピーク間電位差は掃引速度の増大に伴って大きくなる．ただし，ピーク電位差があまり広くない場合に限り，遅い掃引速度の測定で得られた中間電位から式量電位を求めることができる．ピーク電流は掃引速度 v とともに増加するが，$\sqrt{v}$ には比例しなくなる．非可逆な系では，ピーク間電位差はさらに大きくなる（ピークが現れなくなることもある）．また，図

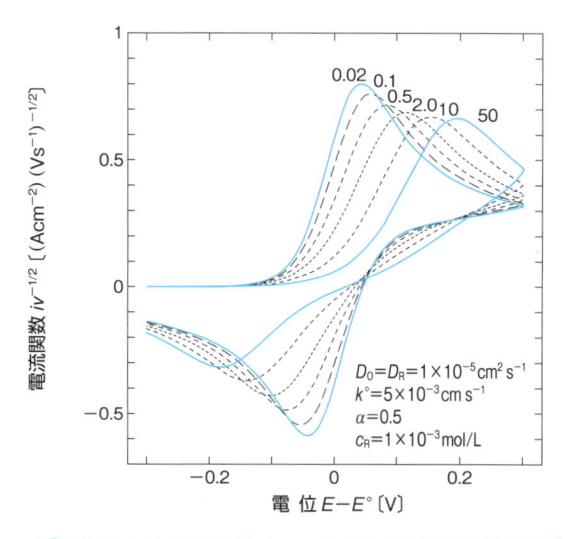

図 11.12 準可逆系のサイクリックボルタモグラム

【出典】電気化学会 編：電気化学測定マニュアル基礎編，丸善出版 (2002)，図 2.15

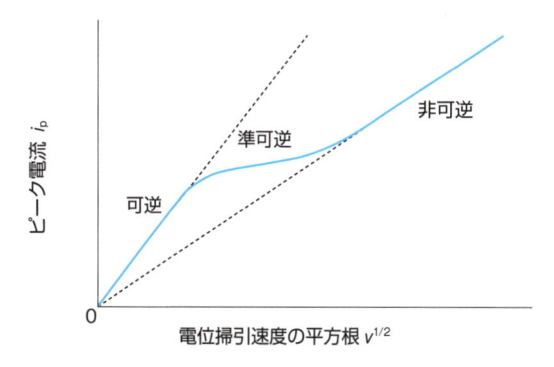

図 11.13 電位走査速度の平方根とピーク電流の関係

11.13 に示すように，非可逆系では再びピーク電流は $\sqrt{v}$ に比例する．

電極表面に固定あるいは吸着された酸化還元物質の電極反応の解析にも CV はよく用いられる．酸化還元物質が固定されている場合は拡散過程が存在しないので，以下のように解くことができる．

ある可逆な固定された酸化還元物質の反応を考える．

$$O_{ad} + ne^- \rightleftharpoons R_{ad} \tag{11.32}$$

O_{ad} および R_{ad} の存在量をそれぞれ Γ_O および Γ_R（$\Gamma_t = \Gamma_O + \Gamma_R$, mol cm^{-2}）とすると，ネルンスト式と同様に次式が成り立つ．

$$E = E°'_{ad} + \frac{RT}{nF} \ln \frac{\Gamma_O}{\Gamma_R} \tag{11.33}$$

ここで，$E°'_{ad}$ は O および R の吸着係数 K_O および K_R と溶液中の**式量電位** $E°'$ と次式に示す関係がある．

$$E°'_{ad} = E°' - \frac{RT}{nF} \ln \frac{K_O}{K_R} \tag{11.34}$$

電位掃引した場合の電流 I は次のようになる．

$$\begin{aligned} I &= nFA \frac{\partial \Gamma_O(t)}{\partial t} \left(= -nFA \frac{\partial \Gamma_R(t)}{\partial t} \right) = \pm nFAv \frac{\partial \Gamma_O(t)}{\partial E} \\ &= \pm \frac{n^2F^2Av\Gamma_t \exp\left[\frac{nF}{RT}(E - E°'_{ad})\right]}{RT\left\{1 + \exp\left[\frac{nF}{RT}(E - E°'_{ad})\right]\right\}^2} \end{aligned} \tag{11.35}$$

この電流-電位関係曲線は**図 11.14** に示すように，$E = E°'_{ad}$ で上下左右対称なピークとなる．

電流の積算量（電気量 Q）は反応物質量に比例する．拡散系のボルタモグラムとは異なり，充電電流の場合と同様に I は v に比例する．可逆な反応の場合は，**ピーク電流** I_p と**半値幅** $\Delta E_{p/2}$ は式(11.37)および式(11.38)で表される．

$$I_p = \pm \frac{n^2F^2Av\Gamma_t}{4RT} \tag{11.36}$$

$$\Delta E_{\frac{p}{2}} = 3.53 \frac{RT}{nF} \left[= \frac{90.6}{n} (\text{mV}, 25°C) \right] \tag{11.37}$$

以上，CV は測定が簡便であり，広い電位領域に存在する未知の反応の存在を把握するための初期診断ツールとして大変有用な手法である．しかも，反応種の酸化還元電位，電極反応速度，物質輸送（拡散，吸着），（後続）化学反応もしくは触媒

演 習 問 題

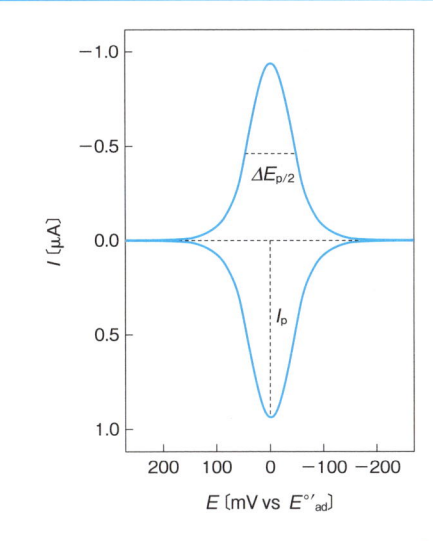

図 11.14 吸着系の可逆ボルタモグラム

【出典】大堺利行・加納健司・桑畑進 著：ベーシック電気化学，化学同人（2000），図 7.16

反応およびその反応速度に関する情報を得ることができるのでよく用いられる．しかし，厳密な解釈が困難であるのが難点である．

ボルタンメトリーには，充電電流の影響を小さくし，微量分析に適したパルスボルタンメトリーや回転電極やフロー型の対流ボルタンメトリーなど，有用な手法が数多くあるので，章末の参考図書を参考にされたい．

演習問題

Q.1 ポテンシャルステップクロノアンペロメトリーで，ステップ状に電位を変化させた 5 秒後のファラデー電流が半分になるのは何秒後か，また，このときの拡散層の厚みはどうなっているか，あわせて答えよ．

Q.2 0.01 mol/L HCl と 0.01 mol/L CH_3COOH を含む水溶液 100 mL を 1 mol/L NaOH で滴定した場合の滴定曲線を描け．このとき，それぞれのイオンの移動による電気伝導率に与える寄与が分かるように示せ．なお，CH_3COOH の酸解離定数は 4.76 とする．

第 11 章　電気化学分析法

Q.3　CV により，バックグラウンドを測定した．電位掃引速度が $20\,\mathrm{mV\,s^{-1}}$ のとき，電流密度が $4\,\mathrm{\mu A\,cm^{-2}}$ であった．電気二重層の静電容量 $C\,\mathrm{[F]}$ を求めよ．

Q.4　可逆な系でサイクリックボルタモグラムを測定したところ，図 11.11 のような結果が得られた．電位掃引速度を上昇させた場合，充電電流とファラデー電流はどのように変化するか答えよ．

Q.5　電極のサイズを $\mathrm{\mu m}$ オーダーにした微小電極を用いると，線形拡散から球面拡散に変化する．これによって，ボルタモグラムの波形は定常電流のシグモイド型になる．このような微小電極を用いるメリットとデメリットを考えよ．

参考図書

1. 玉虫伶太 著：電気化学（第2版），東京化学同人（1991）
2. 大堺利行，加納健司，桑畑　進 著：ベーシック電気化学，化学同人（2000）
3. A. J. Bard and L. R. Faulkner: Electrochemical Methods, 2nd ed., Chaps. 1, 4, 5, 9, Wiley（2001）
4. 電気化学会 編：電気化学測定マニュアル基礎編，丸善（2002）
5. 渡辺　正 編著，金村聖志，益田秀樹，渡辺正義 著：電気化学，丸善（2001）
6. 内山俊一 編：高精度基準分析法，学会出版センター（1998）
7. 木原壯林，加納健司 著：電気化学分析，共立出版（2012）
8. 辻村清也，白井　理 共著：第37回 電気化学講習会テキスト，pp.30-42（2011）

第12章
分光化学分析法

本章について

　光により分子を測定する手法は，化学分析において広く用いられている．光はより一般的には電磁波と呼ばれ，その振動数や波長により，赤外光やX線のようにさまざまな呼び名がある．分光手法についても，波長域によってさまざまである．本章では，分光化学分析を理解する上で必要な光の基本的性質を説明した後，紫外・可視光を用いる吸光光度法・蛍光法，赤外光を用いる分析法の原理と装置について説明する．分子が光を吸収するあるいは光を発するという現象と，分析法の原理との関係をよく理解したい．特に，ランバート−ベールの法則については，分光化学分析法の最も基本的な関係式の1つであるので，原理をよく理解することが重要である．

第12章

分光化学分析法

12.1 電磁波と物質の相互作用

12.1.1 波としての性質

われわれの眼に見える可視光を含む電磁波を用いて，化学計測を行うことができる．**電磁波**（electromagnetic wave）と物質（原子・分子・固体など）を考える場合，電磁波は波としての性質と粒子としての性質を合わせもつ．電磁波を表すときにも，その波長・振動数・エネルギーなど表し方はさまざまである．

まず，波としての性質を考える．電磁波は図 12.1(a) のように，空間を伝搬する波であり，ある一点を通過する電磁波の電場および磁場の振幅は，光の進行方向に垂直に振動する．簡単のために電場だけを取り出し，ある時刻の電場振幅を横軸を距離 x〔m〕として示すと，図 12.1(b) のようになる．ここで，波の極大点から極大点までを波の**波長**（wavelength）といい，λ〔m〕で表す．また，ある地点での電場振幅を横軸を時間 t〔s〕として示すと図 12.1(c) のようになる．波の極大点から極大点までを波の**周期**（period）といい，T〔s〕で表す[*1]．

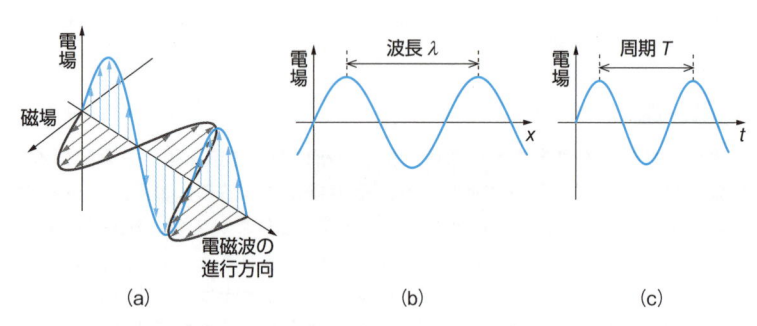

図 12.1 進行する電磁波の概念図 (a)，ある時刻での波の様子 (b)，ある場所での振幅の時間変化 (c)

[*1] 以上の定義から，x 軸方向に進行する電磁波の電場振幅 $E(x, t)$ を数式で表すと $E(x, t) = E_0 \cos((2\pi/\lambda)x + (2\pi/T)t + \varphi_0)$ となる．ここで E_0 は電場振幅であり，φ_0 は位相を表す定数である．

波の進行する**速度**（velocity）は，波長／周期で表される．電磁波の場合，真空中の速度は一定であり $c = 2.998 \times 10^8$ m/s である．つまり，電磁波の波長を定めれば，その周期も同時に定まる．例えば波長 500.0 nm[*2] の光の場合，その周期は $T = 1.668$ fs である[*3]．分子内に電磁波の振幅に追随して動く電荷があると仮定すると，波長 500.0 nm の光により，分子内の電荷分布は 1.668 fs の周期で光の入射方向に垂直方向にかたよる．

電磁波を表すとき，慣用的には，周期よりもその逆数である振動数 $\nu = 1/T$ で表すことが多い[*4]．振動数は周波数ともいい，1 秒間に何回振動するかを表す量であり，単位として Hz を用いる．上記の例の場合，周期 $T = 1.668$ fs の電磁波は，$\nu = 599.6$ THz の振動数をもつ[*5]．分子の電荷は 1 秒間に約六百兆回の振動数でかたよる．

12.1.2　粒子としての性質

分子の基底状態と励起状態のような二状態間の**遷移**（transition）により光を吸収する場合，光を粒子として考える[*6]．光の粒子（量子）のもつエネルギー E は，振動数に比例し，

$$E = h\nu = \frac{hc}{\lambda} \tag{12.1}$$

と表される．ここで $h = 6.626 \times 10^{-34}$ J·s はプランク定数と呼ばれる物理定数である．

化学計測に用いられる電磁波を，その振動数（波長）ごとに分類すると，**図 12.2** のようになる．振動数が低く波長の長い側から，波長域ごとに，ラジオ波，マイクロ波，赤外線，可視光線，紫外線，X 線，γ 線と呼ばれる．これらの電磁波のうち，ラジオ波やマイクロ波の波の特性は，Hz 単位の周波数単位で表されることが多い．一方，赤外線・可視光線・紫外線・X 線・γ 線は，波長で表されることが多い．また，慣用的に赤外光は，波長を cm 単位で表した λ_{cm} の逆数である**波数**（wavenumber）

[*2]　1 nm = 1×10^{-9} m

[*3]　$T = \dfrac{500.0 \times 10^{-9}}{2.998 \times 10^8} = 1.668 \times 10^{-15}$ s = 1.668 fs（fs はフェムト秒と読む）

[*4]　$\nu = \dfrac{1}{T} = \dfrac{c}{\lambda}$

[*5]　$\nu = 5.996 \times 10^{14}$ Hz = 599.6 THz（THz はテラヘルツと読む）

[*6]　最も有名な例としては，Einstein による光量子仮説があげられる．

第 12 章 分光化学分析法

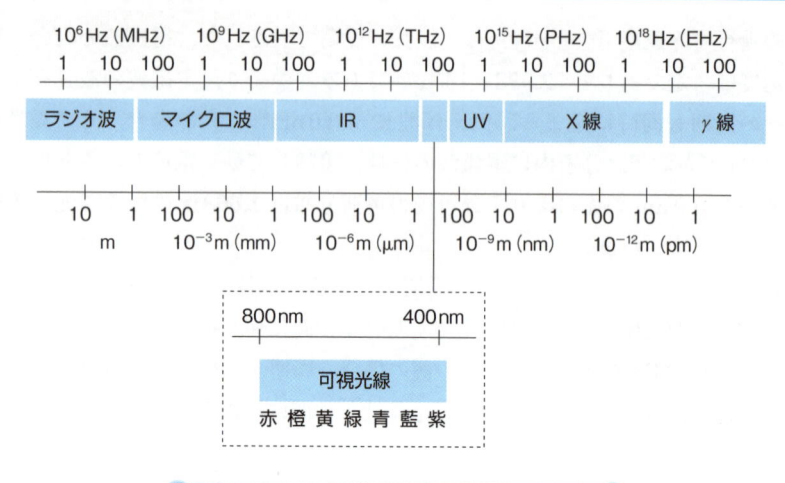

図 12.2 電磁波の波長・振動数による分類

を用い,このときの単位は cm^{-1} である*7. 可視光線〜γ線では,エネルギーの単位である eV を用いることが多く,ナノメートル単位で表した波長 λ_{nm} を用いて,

$$\tilde{\nu} = \frac{1}{\lambda_{cm}} \tag{12.2}$$

$$E = \frac{1240}{\lambda_{nm}} \tag{12.3}$$

と計算される*8.

12.2 電子スペクトルと分子構造

12.2.1 スペクトルとは

物質は,原子や分子などから構成される.原子は原子核と電子からなっており,電子は K 殻, L 殻, M 殻などに配置される.ミクロな物質の世界を記述するシュレディンガー方程式を解くと,原子には s 軌道, p 軌道, d 軌道などが存在することが分かる.原子番号 11 番の Na の場合, $(1s)^2(2s)^2(2p)^6(3s)^1$ の電子配置が最

---

*7 例えば,波長 10 μm の赤外光は,波長を cm 単位で表すと 1.0×10^{-3} cm なので, $\tilde{\nu} = 1\,000\,cm^{-1}$ である.
*8 例えば,波長 620 nm の緑色の光は, $E = 2.00$ eV である.

12.2 電子スペクトルと分子構造

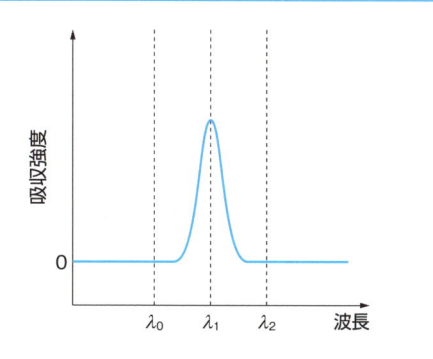

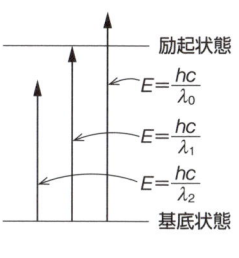

図12.3 光吸収波長とエネルギー準位の関係

低エネルギーであり，この電子配置には1つのエネルギー準位が存在する（基底状態）．1つの電子配置に対して必ずしも1つのエネルギー準位となるとは限らない．例えば，Naの $(1s)^2(2s)^2(2p)^6(3p)^1$ の電子配置に対しては，2つの近接した準位が存在する．

図12.3 に示すような横軸を波長（あるいはエネルギー），縦軸を光の吸収強度と表したグラフをスペクトルと呼ぶ．簡単のために，原子の基底状態と，1つの励起状態だけを考える．光のエネルギーが，2つの状態間のエネルギー差に一致するときに光の吸収が起こり，基底状態から励起状態へと遷移する．この光吸収を起こす波長より，長波長の光や短波長の光は吸収されない．つまり，長波長から短波長に，段階的に波長を変えながら吸収を測定すると，二状態間のエネルギー差を得ることができる．発光についても同様なことがいえる．例えば，高エネルギー状態の励起状態にある原子が，基底状態に遷移するときには，二状態間のエネルギー差を光として放出する[*9]．

12.2.2 分子と光

分子の電子配置に関しても原子と同様に考えることができ，基底状態の分子では，電子はエネルギーの低い軌道から順に配置される．例えば，窒素分子（N_2）の場合，L殻由来の軌道だけを考えると $(2s\sigma_g)^2(2s\sigma_u^*)^2(2p\pi_u)^4(2p\sigma_g)^2$ が安定

[*9] 上記の Na の場合，ごく近接した2つのオレンジ色の発光（波長 589.6 nm および 589.0 nm）線が現れる．

第 12 章 分光化学分析法

な電子配置であり，この電子配置に対応するエネルギー準位が1つ存在する．1つの電子配置に対して，複数のエネルギー準位が存在することがあることも，原子の場合と同様であり，例えば，N_2 の $(2s\,\sigma_g)^2(2s\,\sigma_u^*)^2(2p\,\pi_u)^3(2p\,\sigma_g)^2(2p\,\pi_g^*)^1$ には，複数のエネルギー準位が存在する．

2原子以上の分子では，分子の振動（vibration）および回転（rotation）を考える必要がある．分子の世界では振動および回転も量子化されており，それぞれの量子数で代表される離散化したエネルギー準位をもつ．つまり，電子遷移によるエネルギーを E_{elect}，振動によるエネルギーを E_{vib}，回転によるエネルギーを E_{rot} と表すと，分子全体のエネルギー E_{total} は

$$E_{total} = E_{elect} + E_{vib} + E_{rot} \tag{12.4}$$

と表される．

光の吸収と発光を概念的に表すと**図 12.4** のようになる[*10]．このような図を，拡張ヤブロンスキー図と呼ぶ．図中の S_0 は基底状態（一重項）を，S_1 は励起一重項状態を，T_1 は励起三重項状態をそれぞれ表す．また，v は基底状態での振動の量子数，v' は励起状態での振動の量子数である．光を照射しない状態ではほとんどの分

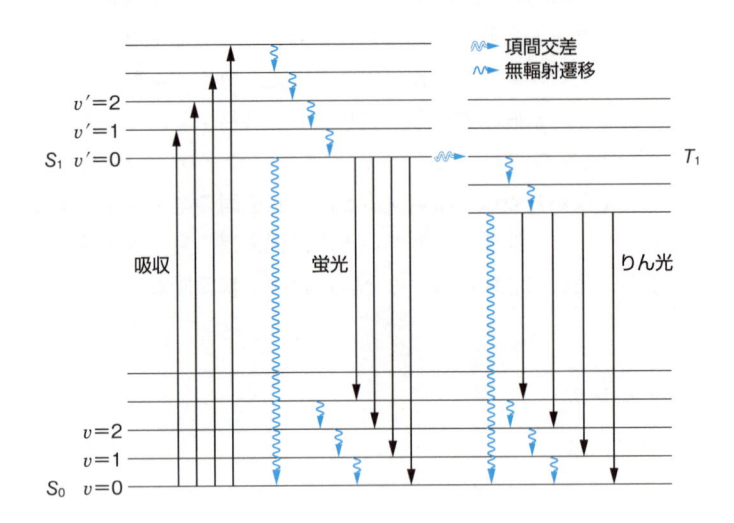

図 12.4 分子による光吸収・発光・無輻射遷移などを表す拡張ヤブロンスキー図

*10 回転状態については詳しく述べないが，回転も量子化されて量子数をもち，振動状態のエネルギーよりも小さいエネルギー差をもつ．

子が基底状態の$v=0$の状態にある．分子による光吸収では，基底状態の$v=0$から，励起状態の遷移可能なv'へ遷移する．

光吸収後には無輻射遷移（non-radiative transition）により素早く，励起状態の$v'=0$に緩和（relaxation）する．分子の蛍光（fluorescence）とは，励起状態の$v'=0$から，基底状態の遷移可能なvへの遷移である．分子は必ず蛍光を発するとは限らず，S_0の高い振動状態に内部転換した後，無輻射遷移に緩和する過程や，励起三重項状態に項間交差（intersystem crossing）する過程が競合的に起こる[*11]．分子の吸収・発光のエネルギーやその強度から，基底状態・励起状態の電子状態・振動・回転を調べることができる．

12.3 ランバート–ベールの法則

12.3.1 光路長・濃度と吸光度

分子がどれだけ光を吸収したかを定量的に議論するためには，分析対象に入射する光と透過する光の強度を比較する必要がある．この**入射光**（incident light）と**透過光**（transmitted light）の強度と，分子の濃度，相互作用する長さの関係を表したのが**ランバート–ベールの法則**（Lambert-Beer law or Beer-Lambert law, or Beer-Lambert-Bouguer law）であり，光を用いた定量分析の基本的関係である．

まず，分子の光吸収によってどれだけ光強度が低下するかを考える．**図12.5**のように，目的分子の**濃度**（concentration）C〔mol/L〕の水溶液が，**光路長**（optical path length）l〔cm〕の**セル**（cell）に入っているとする．ある波長λの光が強度I_0〔W/cm^2〕でセルに入り，目的分子に吸収された後，強度I〔W/cm^2〕でセルから出て行く．ランバートは，**光透過率**（light transmittance）T（$=I/I_0$）の常用対数が，光路長に比例することを見い出した．また，ベールは光透過率の常用対数が，目的分子の濃度に比例することを見い出した．これをまとめて，比例定数をεとして，ランバート–ベールの法則は，

$$-\log \frac{I}{I_0} = -\log T = \varepsilon C l \equiv A \tag{12.5}$$

[*11] 励起三重項状態からの緩和も同様に，りん光（phosphorescence）と無輻射遷移が競合する．

第 12 章　分光化学分析法

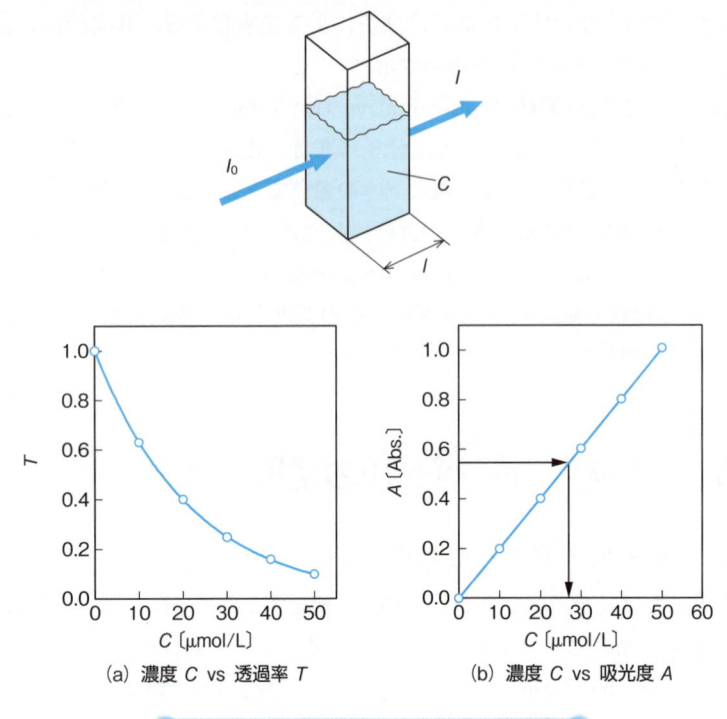

図 12.5　吸光度測定の光学配置と検量線
(a) 濃度 C vs 透過率 T
(b) 濃度 C vs 吸光度 A

と表される．ここで ε は**モル吸光係数**（molar absorptivity）と呼ばれる定数であり，$\mathrm{mol^{-1} L cm^{-1}}$ という単位をもつ．モル吸光係数の値は，分子によって異なるのはもちろんのこと，同じ分子でも波長によって異なる．この式の左辺を**吸光度**（absorbance）A と定義し，光がどの程度透過するかの指標とする[*12]．

12.3.2　ランバート–ベールの法則と定量分析

光を吸収する現象は，定量分析によく用いられる．分析対象物質そのものが紫外・可視光領域に光吸収をもつ場合には，分離・精製後の試料溶液をそのまま測定

[*12] 吸光度は光透過率と同じく無次元の量であるが，吸光度であることを明示的に示すため，慣用的に Abs. という単位を用いることがある．吸光度 1.0 とは，$-\log T = 1.0$ なので $T = 1.0 \times 10^{-1}$，つまり入射光の 10% が透過し，90% が吸収されていることを表す．他の条件を変えず，濃度だけを半分にすると吸光度は 0.50 となる．このとき，$T = 3.0 \times 10^{-1}$，つまり入射光の 30% が透過し，70% が吸収される．

する．分析対象物質が光吸収を紫外・可視光領域に光吸収をもたないか，もっていても非常に弱い場合には，**発色試薬**（coloring reagent）を用いて紫外・可視光領域に光吸収をもつようにして測定する．

定量分析において，濃度を横軸，光透過率を縦軸とすると，検量線は図 12.5(a) のように曲線になり，未知試料の濃度を求める回帰計算が難しくなる．これに対して，図 12.5(b) のように吸光度を縦軸にとると，吸光度は濃度に比例するため，検量線が直線となる．検量線が直線の場合，単純な直線回帰の手法により，未知試料の濃度を求めることができる [*13]．

Column　ランバート-ベールの法則は万能？

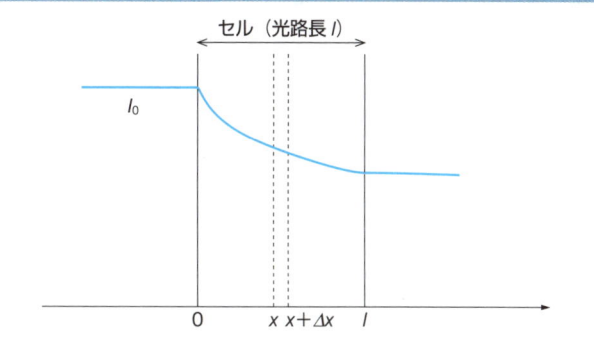

図 12.6　光路長 l のセルで光が吸収される様子

ランバート-ベールの法則の導出過程から，その前提を考えてみる．

図 12.6 のようにセル中のある位置 x を考え，この地点での光強度を I_x とする．x より Δx だけ進んだ $x+\Delta x$ で光が $I_{x+\Delta x}$ となったとする．このときの光の減少分 $-(I_{x+\Delta x}-I_x)$ は，

- 光吸収は，微小距離に光の断面積をかけた体積中の分子の数に比例する
- 光吸収以外に光は減らず，光吸収は光子の数つまり光強度に比例する

と考える．微小距離の体積は光の断面積を S として $\Delta x \times S$ であり，その中の分子数は濃度 C をかけて，$C \times \Delta x \times S$ であるので，$-(I_{x+\Delta x}-I_x) \propto IC\Delta xS$ の関係が導かれる．光の断面積はこの中で一定なので無視し，比例係数を ε' とすると

[*13] 図 12.5(b) では，吸光度を y 〔Abs.〕，濃度を x 〔μmol/L〕として，$y=0.020x$ という回帰直線が得られる．例えば，濃度未知の試料の吸光度が $y=0.48$ の場合，図の矢印に従い濃度を $x=0.48/0.020=24\,\mu mol/L$ と決定できる．

$$-(I_{x+\Delta x}-I_x)=\varepsilon' IC\Delta x$$

$$-\frac{I_{x+\Delta x}-I_x}{\Delta x}=\varepsilon' IC$$

ここで微小変化を微分記号で置き換えると,

$$-\frac{dI(x)}{dx}=\varepsilon' IC$$

$$-\frac{dI(x)}{I}=\varepsilon' Cdx$$

濃度 C が系中で一定ならば,$I(0)=I_0$,$I(l)=I$ を境界条件として

$$-\ln\frac{I}{I_0}=\varepsilon' Cl$$

対数関数の底を e から 10 に変換して,定数部分を ε とまとめると

$$-\log\frac{I}{I_0}=0.434\varepsilon' Cl=\varepsilon Cl$$

とランバート–ベール則が導かれる.仮定さえ間違えなければ,高校数学で導出できる.

　ここで仮定した条件が成り立たないような場合,ランバート–ベール則は成り立たない.「微小体積中の分子の数に比例する」という部分は,濃度が高すぎる場合には,分子の陰に分子が存在することになり,光吸収の確率が変化するので成り立たない.また,光が強すぎる場合には,分子が励起状態にいる短時間の間に別の光が分子を通過するので,これも光吸収の確率が変化する.「光吸収以外に光は減らない」については,ミセルや微粒子などにより光散乱がある場合には成り立たない.「濃度 C が系中で一定」についても,試料中に濃度分布がある場合には成り立たない.

　無理に法則が成り立たない条件を考えていると思われるかも知れないが,実際の分析操作では,しばしばあり得る条件である.定期試験などでは,特に断らない限りランバート–ベールの法則が成り立つと考えてよいが,実際の研究の場面では,原理に基づいてよく考えてから実験する必要がある.

12.3.3　吸収スペクトルと定量分析

　横軸を波長,縦軸を吸光度として測定した吸収スペクトルは,モル吸光係数 ε を波長の関数として測定することに対応する[14].

　例として水溶液中の銅(II)イオンと選択的に結合して発色する TPPS(α, β, γ, δ-テトラフェニルポルフィントリスルホン酸二硫酸四水和物)という試薬の場合を考える.図 **12.7** の実線は,光路長 1.0 cm のセル中での TPPS の吸収スペクトル

---

[14] 実際には吸光度を測定するので,ε の $C\times l$ 倍.

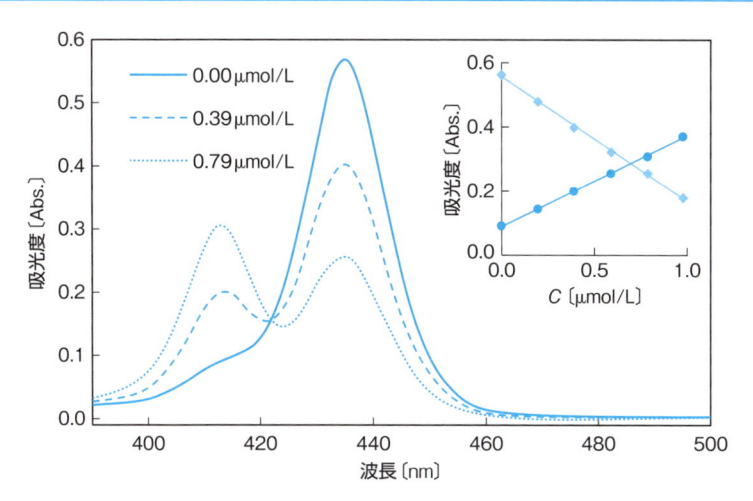

図12.7 一定濃度の試薬 TPPS に銅(Ⅱ)イオンを加えたときの吸収スペクトル変化

である．つまり，$\varepsilon_R(\lambda) \times C_R \times l$ を示している[*15]．$\lambda = 434$ nm の時，$\varepsilon_R(\lambda)$ がピークの最も大きな値をとる．この波長を吸収極大波長と呼ぶ．

この TPPS を銅(Ⅱ)イオンの分析に用いる場合には，TPPS と銅(Ⅱ)イオンから TPPS-Cu[*16] を形成する一対一の反応と，それに伴う吸光度変化を用いる．図 12.7 の破線は，実線と同濃度の TPPS に銅(Ⅱ)イオンを 0.39 μmol/L（25 ppb[*17]）を，点線は銅(Ⅱ)イオンを 0.79 μmol/L（50 ppb）を加えた水溶液の吸収スペクトルである．TPPS と銅(Ⅱ)イオンが結合して未結合の TPPS の濃度が低下するため，$\lambda = 434$ nm の吸光度が減少し，$\lambda = 413$ nm を吸収極大とする TPPS-Cu の吸光度が増加する．TPPS-Cu のモル吸光係数を $\varepsilon_{R-A}(\lambda)$，濃度を C_{R-A} とすると，加えた試薬濃度は一定なので，C_R と C_{R-A} の和は初期濃度 C_0 で一定である．

$$C_R + C_{R-A} = C_0 \tag{12.6}$$

特異な相互作用がない限り，同じ溶液内に複数の物質が存在する場合の溶液全体の吸光度 A_{total} はそれぞれの吸光度の和となるので，

$$A_{\text{total}} = \varepsilon_R(\lambda) C_R l + \varepsilon_{R-A}(\lambda) C_{R-A} l$$

となる．ここで l を 1.00 cm とすると

[*15] 下付の添え字の R は TPPS を，括弧は関数であることを示している．
[*16] 式中では R-A と表記する．
[*17] ppb は十億分の一（parts per billion）の意味であり，溶液の密度を 1.0 g/mL とすれば，25 ppb = 25 ng/mL．

$$A_\text{total} = \varepsilon_\text{R}(\lambda) C_\text{R} + \varepsilon_\text{R-A}(\lambda) C_\text{R-A} \tag{12.7}$$

である．式(12.7)は，式(12.6)を用いて

$$\begin{aligned}A_\text{total} &= \varepsilon_\text{R}(\lambda)(C_0 - C_\text{R-A}) + \varepsilon_\text{R-A}(\lambda) C_\text{R-A}\\ &= \varepsilon_\text{R}(\lambda) C_0 + [\varepsilon_\text{R-A}(\lambda) - \varepsilon_\text{R}(\lambda)] C_\text{R-A} \end{aligned} \tag{12.8}$$

と変形できる．式(12.8)の第1項はバックグラウンドとなる定数項，第2項はTPPS-Cuの濃度，つまり試料中の銅(Ⅱ)イオン濃度に比例して吸光度が変化する項である．$\lambda = 413$ nm では，$\varepsilon_\text{R-A} > \varepsilon_\text{R}$ であるので，A_total は，図12.7の差込図の●のように，銅(Ⅱ)イオン濃度に対して $y = a + bx$ 型の右上がりの直線となる．逆に $\lambda = 434$ nm では，$\varepsilon_\text{R-A} < \varepsilon_\text{R}$ であるので◆のように右下がりの直線となる．

図12.7のような状況では，どの波長を選んでも，右上がり／右下がりの別はあるにせよ，直線回帰の手法により未知試料の濃度を決定可能である[*18]．一般的には，感度（分析対象の濃度変化に対する吸光度の傾き）の高い波長を選ぶ．つまり，$[\varepsilon_\text{R-A}(\lambda) - \varepsilon_\text{R}(\lambda)]$ の絶対値の大きな波長を分析に用いるのがよい．図12.7の場合には $\lambda = 434$ nm が，感度最大の波長になる．一方で，実験には誤差がつきものであり，加える試薬濃度の誤差（つまり試薬濃度 C_0 のばらつき）が支配的である場合には，C_0 のばらつきにその波長でのモル吸光係数を掛けた $\varepsilon_\text{R}(\lambda) C_0$ が，測定のばらつきを決めるため，$\lambda = 434$ nm よりも ε_R の小さく感度が2番目に高い $\lambda = 413$ nm の右上がりの波長を選ぶ方がよいこともある．

式(12.8)は，試薬と分析対象物を他の一対一反応の組み合わせとしても成り立つ．測定波長において試薬のモル吸光係数が小さく，反応生成物のモル吸光係数が大きいことが，感度・精度の高い測定に重要であることが分かる．また，試薬濃度が高すぎるとバックグラウンドが高くなり，計測上不利であることも分かる．分析条件の設定は，原理をよく理解した上で行うことが好ましい．

12.4　赤外吸収と分子構造

12.4.1　分子による赤外吸収

赤外光（infrared (IR) light）による光吸収の波長（波数）依存を解析すると，分子の振動が分かり，分子の構造決定に用いられることが多い．量子化学的に詳し

[*18] 例外は $\varepsilon_\text{R-A}(\lambda) = \varepsilon_\text{R}(\lambda)$ となる波長であり，等吸収点（isosbestic point）と呼ばれる．

く考えると，電荷の偏りを示す**双極子モーメント**（dipole moment）[*19]が振動により変化する振動のみが赤外光を吸収して遷移可能であることが分かる．このような振動を**赤外活性**（infrared active）であるという．例えばHBrでは，H側にδ^+，Br側にδ^-が存在し，伸縮振動により原子間距離が変化することにより，双極子モーメントが変化するため赤外活性である．これに対して，N_2分子は，対象な形をしており，もともと双極子モーメントが0であり，振動によっても双極子モーメントは0のままである．このため，N_2については**赤外不活性**（infrared inactive）である．

また，振動の量子数については

$$\Delta v = \pm 1 \tag{12.9}$$

という**選択律**（selection rule）または**遷移則**（transition rule）と呼ばれる制約条件がある．この条件を満たす遷移を**許容遷移**（allowed transition），満たさないものを禁制遷移（forbidden transition）と呼ぶ．室温では，ほとんどの分子は基底状態の最低エネルギー振動状態にあるので，基底状態の$v=0$から$v=1$への吸収を測定することになる．

Column 分子はバネでつながれている？

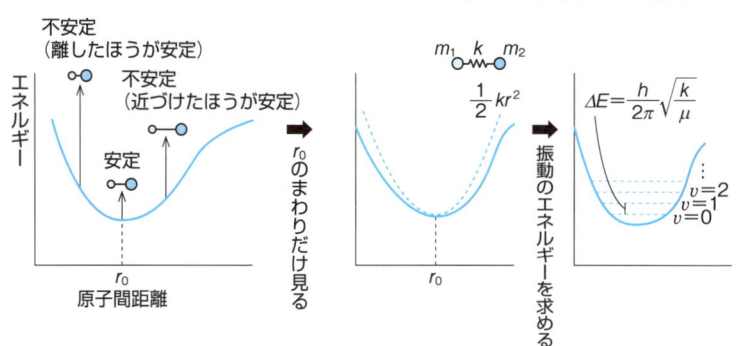

図 12.8　分子振動と振動準位

2原子分子を考えると，分子中の原子間距離については，電子配置・エネルギー準位を決めると図 12.8 のように最もエネルギーの低い安定な距離r_0を求めることがで

[*19] δ^+とδ^-といった電荷とその距離の積で表し，方向をもつベクトル量．

きる．r_0 の周辺だけをみると，この平衡点から r だけ離れたときにエネルギーが距離の二乗 r^2 に比例して増大する放物線型の曲線と近似することができる．この状況は，バネ定数（ここでは分子の力の定数）k のバネ（結合）で結ばれた，質量が m_1 および m_2 の 2 つの質点がその距離を変化させる運動と同様に考えることができる．このような運動を伸縮振動という．2 つの質点間の伸縮振動を記述する有効な質量である換算質量 $\mu = (m_1 m_2)/(m_1 + m_2)$ を用いて，シュレディンガー方程式の解を求めると，振動のエネルギーは

$$E_{\text{vib},v} = \left(v + \frac{1}{2}\right)\frac{h}{2\pi}\sqrt{\frac{k}{\mu}}$$

と表される．ここで，v は振動状態を表す量子数（$v=0, 1, 2, \cdots$），h はプランク定数である．最もエネルギーの低い状態である $v=0$ と $v=1$ の間には

$$\Delta E_{\text{vib},0\text{-}1} = \frac{h}{2\pi}\sqrt{\frac{k}{\mu}} = h\nu$$

のエネルギー差があることが分かる．エネルギー差，つまり赤外吸収の波数は，結合が強い，あるいは換算質量が小さいほど高くなることが分かる．

12.4.2 赤外吸収と分子構造

3 原子以上の分子については，複数の原子がさまざまな相対位置を取り得るため，複数種の振動が存在すると考える．原子それぞれの相対位置を表すために**基準座標**（normal coordinate）という表し方を用いると，相対位置は**基準振動**（normal mode）の組み合わせにより記述される．例えば，H_2O の場合には，**図 12.9** に示す対称伸縮振動，逆対称伸縮振動，変角振動の 3 つの基準振動により原子の相対位置を表すことができる．それぞれの基準振動の $v=0$ から $v=1$ の遷移に対応する波数を図中に示している．これらの H_2O の基準振動では，双極子モーメントの変化があるので，すべて赤外活性である．直線分子の CO_2 の基準振動も同様に図 12.9 に示す．炭素原子に対して酸素原子が対称位置にあるので，平衡点では双極子モーメントをもたない．逆対称伸縮振動や変角振動では，炭素原子に対する酸素原子の位置が変化して，双極子モーメントが変化するため赤外活性である．対称伸縮振動では双極子モーメントの変化がないままであるため，赤外不活性である．

より多くの原子が結合した分子では，–CH_2– や –C–O–H などの原子団（官能基）ごとに吸収が現れる．原子団と赤外吸収の波数の関係は，データベース化されており，分子の構造決定に用いることができる．実際の赤外スペクトルとして，酢酸の例を**図 12.10** に示す．赤外吸収スペクトルでは，右側に低波数，左側に高波数と

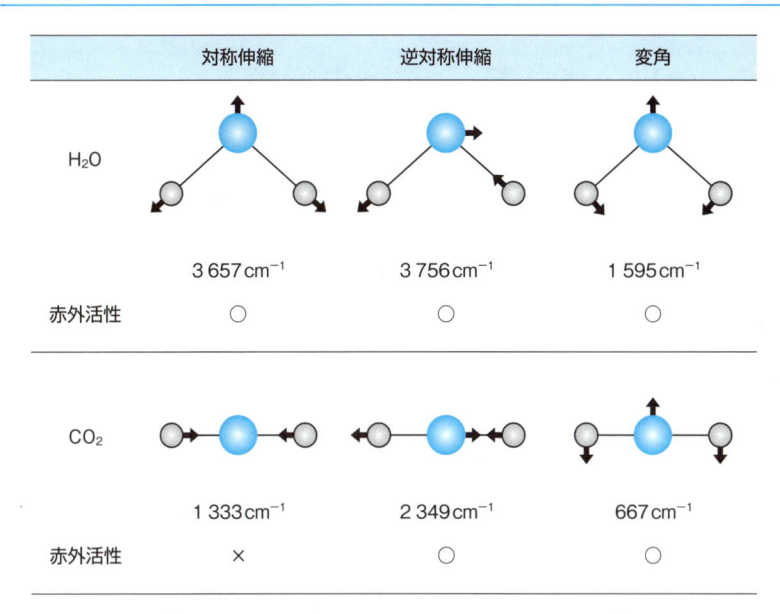

12.4 赤外吸収と分子構造

	対称伸縮	逆対称伸縮	変角
H_2O	$3\,657\,cm^{-1}$	$3\,756\,cm^{-1}$	$1\,595\,cm^{-1}$
赤外活性	○	○	○
CO_2	$1\,333\,cm^{-1}$	$2\,349\,cm^{-1}$	$667\,cm^{-1}$
赤外活性	×	○	○

図 12.9　H_2O と CO_2 の基準振動とその波数

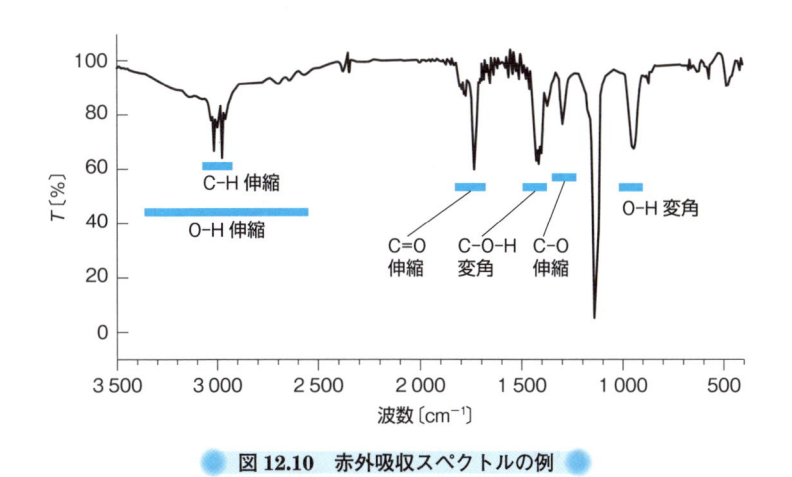

図 12.10　赤外吸収スペクトルの例

する横軸が慣用的に用いられる．縦軸は透過率を％単位で示すことが多い．このように縦軸をとると，吸収のピークが下向きに出る．図にいくつか示したとおり，過去の測定例などから各ピークを原子団の基準振動に対応させることができる．

12.5 分光分析装置 ― 装置の種類 ―

12.5.1 紫外・可視光の分光光度計

これまで説明してきたように，分光化学分析では，波長（波数，エネルギー）別に光の吸収や発光を測定する．つまり波長別に光の強度を測定することが，実際の装置に求められる．

紫外・可視光の吸収を測定する**分光光度計**（spectrophotometer）の代表的な3つの装置構成を**図 12.11** に示す．図 12.11(a) は，単色化した光を**単一光束**（single beam）で用いる構成である．光源[*20]からの光は，広い波長域の光を含むので白色光と呼ばれる．この白色光を**モノクロメーター**（monochrometer）と呼ばれる

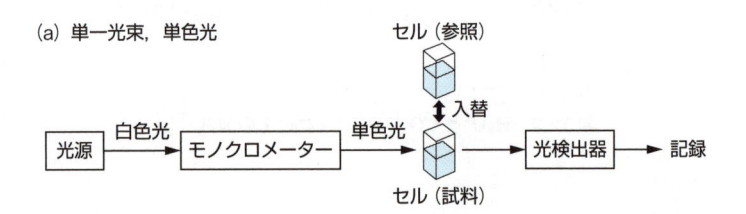

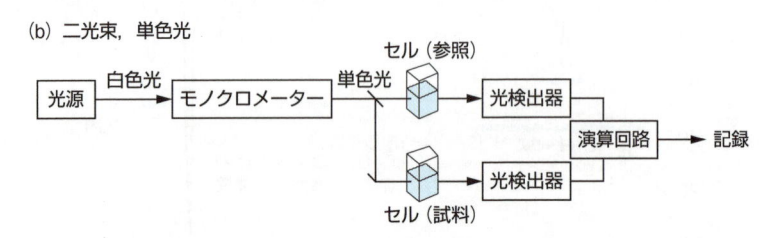

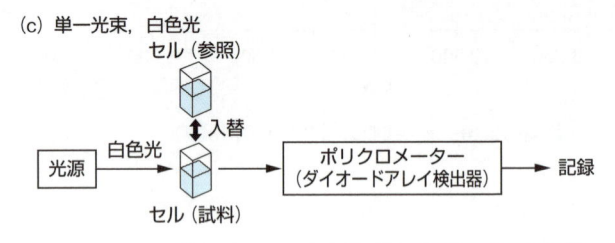

図 12.11 分光光度計の装置構成の例

[*20] 光源には，ハロゲンランプや重水素ランプのような白色光源が用いられる．

分光装置を用いて単色光にし，試料セル通過後の光量を光検出器により測定する．光量を測定する検出器には，比較的安価な**光ダイオード**（photodiode：PD）と呼ばれる半導体型の検出器や，高感度・高精度の**光電子増倍管**（photomultiplier tube：PMT）と呼ばれる電子管型の検出器が用いられる．試料溶液から目的試料を除いたバッファー溶液や溶媒を**参照セル**（reference cell）に入れて測定したときの光量を I_0，試料溶液を**試料セル**（sample cell）に入れて測定したときの光量を I として，式(12.5)から吸光度を求める．

図 12.11(b) は，単色化した光を**二光束**（double beam）で用いる構成である．単色化した光を，分割鏡により2つに分け，参照セル・試料セルをそれぞれ通過させ，光強度を測定する．参照セルを通過した光強度を I_0，試料セルを通過した光を I として演算し，透過率・吸光度を求める．上記の単一光束の場合には，参照セルの光量を測定した後に試料セルを測定するので，光源の時間変動などは誤差となるのに対して，二光束装置では，光源の時間変動なども常に参照側として測定しているため，より高精度な分析ができる．

図 12.11(c) は，光を単色化せず白色光のまま，試料セルを通過させ，各波長の光強度を，ダイオードアレイ検出器を備えた**ポリクロメーター**（polychrometer）で一斉に測定する装置である．単一光束型の装置であるので参照セルの測定が必要である．

12.5.2　光の分散と分光装置

モノクロメーターやポリクロメーターの中では，**回折格子**（diffraction grating あるいは単に grating）を用いて光波長ごとに異なる方向に光が回折する現象を利用している．**図 12.12** の実線は，格子間隔 d の回折格子に白色光が角度 α で入射したとき，ある波長 λ の光が角度 β に回折される様子を示している．このとき

$$d(\sin\alpha + \sin\beta) = m\lambda \tag{12.10}$$

という関係が成り立つ．ここで m は回折の次数を表す自然数（1，2，3，…）である．通常は $m=1$ の一次回折光を用いる[*21]．

式(12.10)を少し変形すると

[*21] 式(12.10)の右辺は，$m=1$ で $\lambda=\lambda_0$ の場合と，$m=2$ で $\lambda=\lambda_0/2$ の場合で，同じ回折角となることが分かる．つまり，単色化したい目的波長の一次回折の方向には，目的波長の半波長の光の二次回折光も含まれることとなり，単色化にとっては好ましくない．そこで，二次回折光などの高次回折光の強度が弱くなるように回折格子を工夫したり，短波長側の光を除いたりする工夫・技術が必要である．

第 12 章　分光化学分析法

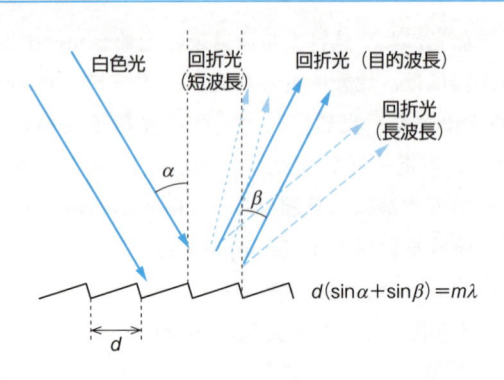

図 12.12　回折格子と回折角

$$d(\sin\alpha + \sin\beta) = m\lambda$$

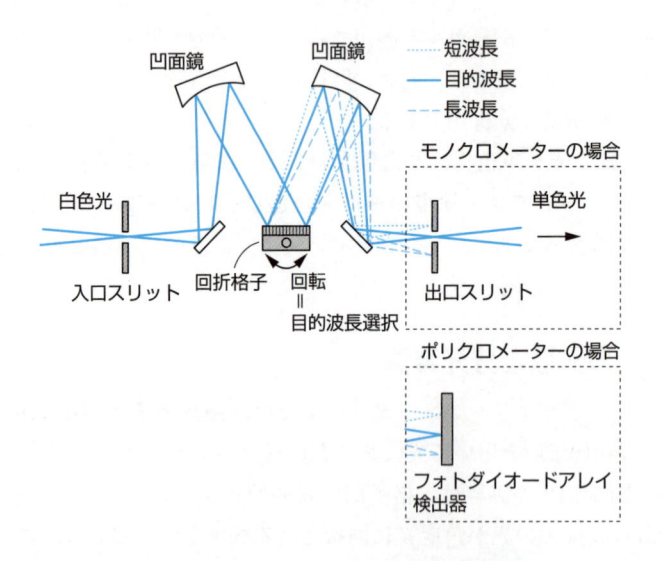

図 12.13　モノクロメーターの概要

$$\sin\beta = \frac{m\lambda}{d} - \sin\alpha \tag{12.11}$$

となる．この式は，波長と回折角の関係を表す式であり，波長が長いほど回折角が大きくなることが分かる．つまり図 12.12 に示したように，目的波長より短い波長の光は小さな角度で，目的波長より長い波長の光は大きな角度で回折される．

図 12.13 に，モノクロメーターによる単色化の原理を示した．入口スリットから入射した光が，凹面鏡にて平行に近く調整され，回折格子により回折される．回折後の光は再び凹面鏡にて出口スリットに集光される．このとき，目的波長の光のみが出口スリットを通過して，単色光が取り出せる[*22]．図 12.13 の出口スリット部分を，光ダイオードが横に並んだ形をしており，水平方向の光強度分布が測定できるダイオードアレイ検出器に置き換えると，ポリクロメーターとなる．

> **Column　関数電卓の Rad, Deg**
>
> 関数電卓には，Rad，Deg というボタンがあり，液晶画面にもそのどちらかが常に表示されている．もちろんこれは，用いる角度の単位であり，Rad がラジアン単位，Deg が度単位である．「回折角が 10° の時の格子間隔を求めよ」というときには，もちろん Deg ボタンを押して，sin 10 を計算することになる．ラジアン単位で sin 10 を計算すると負の値が出るので間違いようがないのであるが．

12.5.3　フーリエ変換赤外分光計

赤外光の吸収を測定する装置としては，光の干渉を用いる**フーリエ変換赤外分光計**（fourier transform infrared spectrometer：FT-IR）が一般的である．この装置は，概念的には図 12.11(c) に近く，測定範囲の全波長の光強度を一斉に測定する．

図 12.14 に FT-IR の原理を示す．まず，簡単のために単一波長について考える．白色光を分割鏡により 2 つに分ける．上に向かった光は，固定鏡により反射され，分割鏡を透過した光が試料に向かう（光束 1）．右に向かった光は，移動鏡により反射され，分割鏡で反射された光が試料に向かう（光束 2）．光束 1 と光束 2 は同軸に試料を通過し，検出器により光強度が測定される．

光束 1 が分割鏡で反射し，固定鏡と分割鏡の間の距離を x_0 とすると，分割鏡–固定鏡–分割鏡という光路距離は $2x_0$ である．移動鏡が x_0 にあるとき，光束 2 の分割鏡–移動鏡–分割鏡の光路距離も $2x_0$ である．このとき光束 1 と光束 2 は同じ

[*22] 入口スリットの間隔を狭くするほど，回折格子に入射する光が平行に近づき，出口スリットを通過する光の単色化の程度がよくなり，スペクトル解析の分解能が向上するが，光量が減少するため吸光度の精度が低下することがある．

第 12 章　分光化学分析法

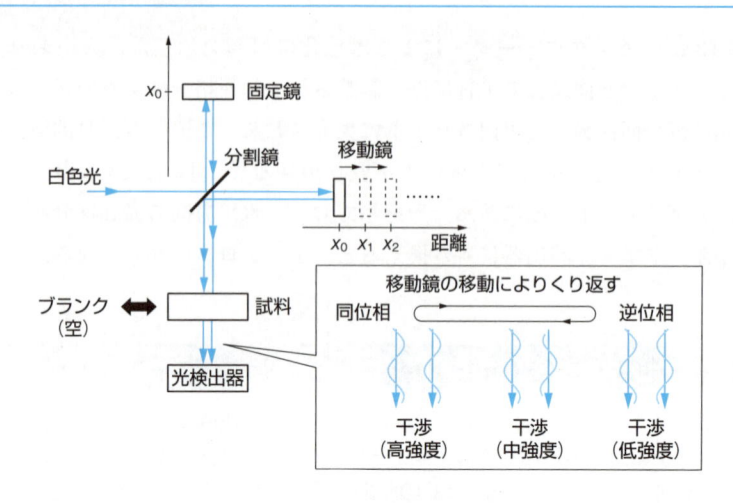

図 12.14　FT-IR の原理

距離を伝搬したので，波の振幅が正方向に強い部分，負方向に強い部分が一致し，波としては強め合う（同位相）．移動鏡が x_1 まで移動すると光束 2 の光路距離は $2x_1$ となり，光束 1 の光距離に比べ $2(x_1-x_0)$ だけ長くなるため，光束 1 に対して波が遅れることとなる．

この遅れ分が半波長に等しいとき，光束 1 の波の正方向の振幅が強い部分と，光束 2 の波の負方向に振幅が強い部分が一致するため，波としては弱め合う（逆位相）．同位相と逆位相の間では，波の重なりにより中間的な強度となる．移動鏡が連続的に移動していくと，この同位相と逆位相を繰り返し，検出器での光の強度は**図 12.15** (a) の左のように，移動距離に対して波の形になる．これを**インターフェログラム**（interferogram）と呼ぶ．この波形をフーリエ変換（FT）という数学手法を用いて変換すると，波の周期（波長）が横軸の波数となり，単一波長の場合にはその波長（波数）の光強度が測定される．

実際の FT-IR 装置では，赤外光源からの白色光を，すべて同時にこの光学系にとおす．移動鏡の移動距離に対して，さまざまな波長の光がそれぞれ異なる周期で振動し，重ね合わされるためインターフェログラムは複雑な形になる（図 12.15 (b) の左）．この波形に FT をかけると，波長（波数）ごとの光強度が測定される．つまり，検出器に到達した光の強度分布が測定される．実際の FT-IR 装置による測定例を**図 12.16** に示す．ブランク測定により光源の光強度分布を求め，試料透

12.5 分光分析装置 ― 装置の種類 ―

(a) 単一波長

(b) 白色光

図 12.15 フーリエ変換の概念図

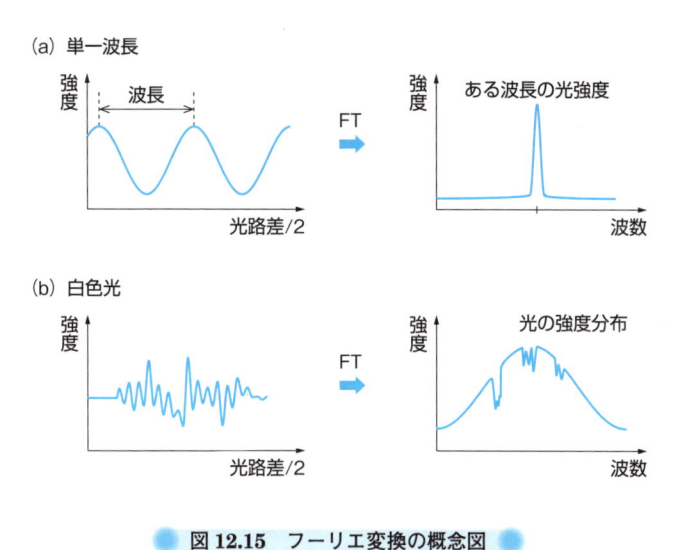

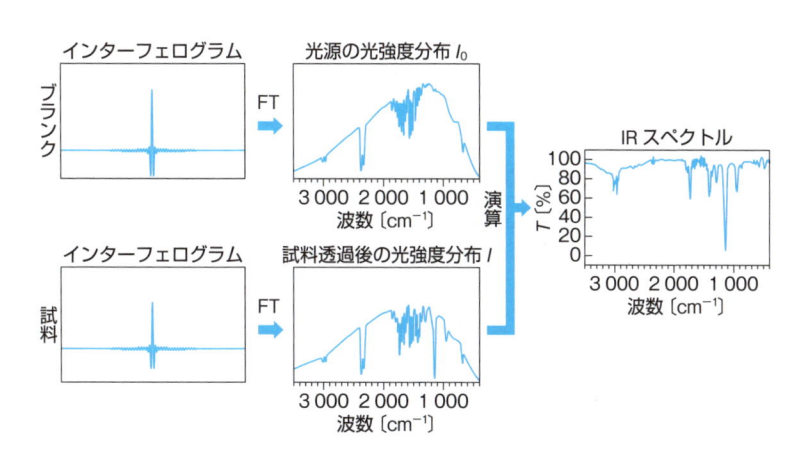

図 12.16 赤外吸収スペクトル測定の概要

過後の光強度分布と比較して，IR スペクトルを得る．

FT-IR は，分散型赤外分光装置に比べて高速測定が実現でき，分散光学系による光損失がないため，光量を高く保てる明るい分光装置である．

12.6 蛍光分光分析法

光の吸収だけでなく蛍光を用いても定量分析が可能である．光吸収して励起状態となった分子のすべてが蛍光を発するわけではなく，図 12.4 に示したように無輻射遷移と競合している．100 分子が光を吸収して，そのうち 50 分子が蛍光を発するような分子の場合，蛍光量子収率（fluorescence quantum yield）$\phi_f = 0.5$ であるという．高い ϕ_f をもつ分子を**蛍光分子**（fluorescent molecule）という[23]．

分析対象がもともと高い ϕ_f をもつことは少ないため，分析対象を特異的にラベル化する蛍光試薬を用いることが多い．蛍光分光分析法は，選択性が高く高感度な分析法としてよく用いられる．

図 **12.17** に示すように，蛍光分析法では光吸収後の蛍光を側方から計測することが多い．蛍光はさまざまな方向に放出され，分析装置では一定の立体角の蛍光の強度を測定する．この蛍光強度を I_f とすると，I_f は吸収した光の量と蛍光量子収率に比例する．この関係と式（12.5）のランバート–ベールの法則から，蛍光強度と蛍光分子濃度の関係は

$$\begin{aligned} I_f &\propto \phi_f (I_0 - I) \\ &= \phi_f (I_0 - I_0 \times 10^{-\varepsilon Cl}) \\ &= \phi_f I_0 (1 - 10^{-\varepsilon Cl}) \end{aligned} \quad (12.12)$$

と求められる．ここで $10^{-\varepsilon Cl}$ の部分の底を 10 から自然対数の底 e に変換すると，

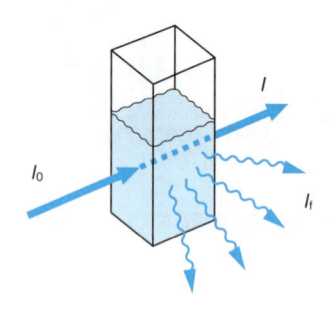

図 12.17 蛍光分光分析の光学配置

---

[23] $\phi_f = 0.5$ は相当に高い値であり，これよりも低い ϕ_f をもつ分子も蛍光分子という．

$10^{-\varepsilon Cl} = e^{-2.303\varepsilon Cl}$ となる．また，x が十分小さいとき（$x \ll 1$），$e^{-x} \approx 1-x$ とテーラー展開できるので，十分濃度が低く $2.303\varepsilon Cl \ll 1$ と見なせる場合には，式(12.12)は

$$I_f \propto \phi_f I_0 (1 - 10^{-\varepsilon Cl})$$
$$= \phi_f I_0 (1 - e^{-2.303\varepsilon Cl})$$
$$= 2.303 \phi_f I_0 \varepsilon l C \tag{12.13}$$

と変形できる．つまり，蛍光分析法において，低濃度域において蛍光強度は濃度に比例するので，横軸を濃度 C，縦軸を蛍光強度 I_f とする検量線は直線となる．

　式(12.13)の関係から，蛍光分析法の感度（I_f と C の比例関係の係数）は $2.303\phi_f I_0 \varepsilon l$ であり，ε や ϕ_f の高い分子ほど高い感度が得られることが分かる．また重要なことは，感度が I_0 に比例している点である．つまり蛍光を励起する入射光強度を高強度にするほど高感度となり，低濃度試料まで分析できる．高い光強度を実現できるレーザーを励起光源に用いる蛍光法は，**レーザー誘起蛍光**（laser-induced fluorescence：LIF）法と呼ばれる．LIF 法では，条件によっては蛍光分子 1 分子からの蛍光も観測可能である．液体クロマトグラフィーやキャピラリー電気泳動の蛍光検出には，LIF を利用して高感度を実現しているものもある．

Column　十分小さいときに，〜と近似できる

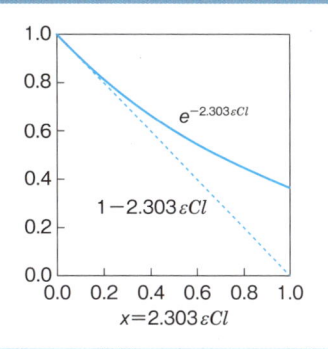

図 12.18　関数 $1 - 2.303\varepsilon Cl$ の近似

　よく現れる表現である．確かめてみよう．**図 12.18** は，表計算ソフト（エクセル）を使った計算結果である．$2.303\varepsilon Cl \ll 1$ のとき，$e^{-2.303\varepsilon Cl} \approx 1 - 2.303\varepsilon Cl$ がどの辺りから，許容できるだろうか．細かい議論はいろいろあると思うが，$2.303\varepsilon Cl$ が 0.1 以上では，「蛍光強度は，濃度に比例しない」といえるだろう．

第12章 分光化学分析法

演習問題

Q.1 (1) 波長 $10.00\,\mu m$ の赤外光の振動数（周波数）を Hz 単位で求めよ．
(2) 波長 $3.000\,\mu m$ の赤外光の波数を cm^{-1} 単位で求めよ．
(3) 波長 $410.0\,nm$ の光のエネルギーを eV 単位で求めよ．

Q.2 Na 原子の 2 つの近接した励起状態からの発光の波長は，$589.6\,nm$，$589.0\,nm$ である．2 つの近接した励起状態の間のエネルギー差を eV 単位で求めよ．

Q.3 $\varepsilon = 1.00 \times 10^4\,mol^{-1}\,L\,cm^{-1}$ の分子 A の水溶液を $l = 1.00\,cm$ のセルに入れたところ光透過率は 10.0% であった．分子 A の濃度を計算せよ．

Q.4 モル吸光係数が $9.0 \times 10^3\,mol^{-1}\,L\,cm^{-1}$ の分子 B を光路長 $1.00\,cm$ のセルで光透過率を測定する場合を考え下表の空欄を埋めよ．表のデータを下の片対数グラフ（a）内に●としてプロットせよ．また，表中の吸光度の欄に数字を入れ，それを線形グラフ（b）に●としてプロットせよ．

濃度×10^{-4} [mol/L]	0.00	0.20	0.40	0.60	0.80	1.00
光透過率						
吸光度						

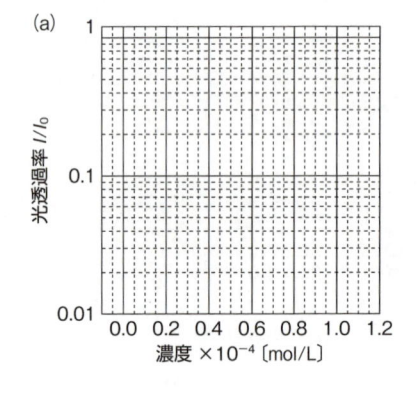

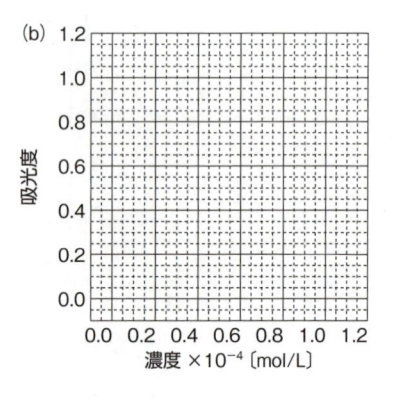

Q.5 分光光度法によりある分子を定量したところ，吸光度を y [Abs.]，濃度を x [μmol/L] として，$y = 0.088 - 0.283x$ と得られた．濃度未知の試料の吸光度が，0.217 のとき，その濃度を求めよ．

参考図書

1. D. C. Harris: Quantitative Chemical Analysis, 8th ed., W. H. Freeman, New York (2010)
2. F. Rouessac and A. Rouessac: Chemical Analysis, 2nd ed., John Wiley & Sons (2007)
3. 日本分光学会 編，小尾欣一 著：分光測定入門シリーズ1 分光測定の基礎，講談社サイエンティフィック (2009)
4. 北森武彦，宮村一夫 著：分析化学Ⅱ，丸善 (2003)
5. R. M. Silverstein, F. X. Webster, D. J. Kiemle 著，荒木峻，益子洋一郎，山本修，鎌田利紘 訳：有機化合物のスペクトルによる同定法 第7版，東京化学同人 (2006)
6. J. Itoh, T. Yotsuyanagi, and K. Aomura: *Anal. Chim. Acta*, **74**, 53 (1975)

第13章
原子スペクトル分析法

本章について

原子をフレームで励起するフレーム発光分析法（flame emission spectrometry：FES），フレーム中で基底状態の原子の吸光量を測定する原子吸光分析法（atomic absorption spectrometry：AAS）がある．原子吸光法は単一元素分析法である．フレームよりも高温な誘導結合プラズマ（inductively coupled plasma：ICP）を用いると多元素を同時に励起することができる．また，ICP中では多くの元素がイオン化され，1価イオンになっている．そのイオンを質量分析計で測定するのがICP質量分析法（mass spectrometry：ICP-MS）である．ICP発光分析法（optical emission spectrometry：ICP-OES）およびICP質量分析法では多元素同時分析が可能となる．

第13章
原子スペクトル分析法

13.1 フレーム発光分析法

　この技術は（以前は炎光法と呼ばれていた），励起エネルギー源はフレーム（炎）である．これはかなり温度の低いエネルギー源であり，したがって発光スペクトルも単純で発光線の数も少ない．試料は溶液の形で導入する．噴霧式バーナーにはさまざまな型がある．基本的には，溶液は細かな霧としてフレームへ吹き込まれる．フレーム内で原子となる過程は複雑だが，基本的なプロセスを図 13.1 に示す．

　まず溶媒が蒸発し，無水塩が遊離する．次に塩は解離して気体状原子となる．この一部はフレームからのエネルギーにより電子エネルギー順位の励起を受ける．この励起原子が基底状態に戻る際，特定の波長の光子を放出する．これらは通常の分光器−検出器システムで観測される．比較的少数の発光線しかないので，特に高分解能の分光器が必要になるわけではない．例えば，アルカリ金属のような場合には，簡単な干渉フィルターで十分であり，もしも，これでは分解能が足りない場合には，分解能がよい分光器を用いる．発光強度は噴霧する溶液の分析目的元素の濃度に直接比例する．したがって，分析目的元素の濃度に対する検量線をつくることができる．

　図 13.1 にも示したようにフレーム中では副反応も起り得るので，自由原子の数

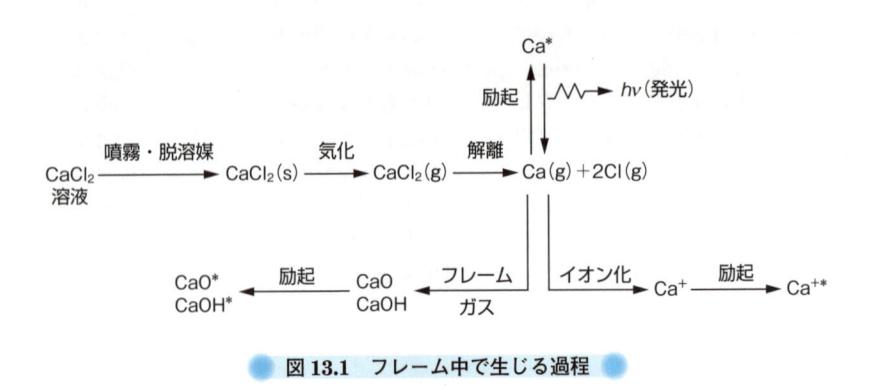

図 13.1　フレーム中で生じる過程

13.1 フレーム発光分析法

が減少し,発光強度も低下する.このことについては,13.2節でさらに詳述する.

炎光法の初期の時代には,比較的低温度のフレームのみが用いられてきた.以下にも述べるように励起される原子の割合は温度とともに増加するが,フレームで励起できるのはわずかである.したがって,フレーム発光分析法で通常分析できるのは,比較的少数の元素に限られる.特に原子線を発光するものは少ない(いくつかの元素は分子としてフレーム内に存在する.特に酸化物は一般的であり,こうした分子はバンドスペクトルを与えることになる).アルカリ元素のうち,ナトリウム,カリウム,リチウムなどがフレーム発光法として臨床研究室で日常分析に応用されている.

13.1.1 基底状態と励起状態の分布 ─ マクスウェル–ボルツマン分布 ─

基底状態(N_0)と励起状態(N_e)の間の相対的分布をフレーム温度で計算する場合には**マクスウェル–ボルツマンの式**(Maxwell-Boltzmann expression)に従う.

$$\frac{N_e}{N_0} = \frac{g_e}{g_0} e^{-\frac{E_e - E_0}{kT}} \tag{13.1}$$

ここでeと0は励起状態と基底状態を表し,g_eとg_0はそれぞれの統計的重率,E_eとE_0はそれぞれのエネルギー(E_0は普通0であり,$E_e = h\nu$,hはプランク定数(6.626×10^{-34} J·s),νは周波数(s^{-1})),kはボルツマン定数(1.3805×10^{-23} J·K^{-1}),Tは絶対温度である.統計的重率とは,対象となるエネルギー準位がどれほど縮重しているかを表し,量子力学的計算から求めることができる.

表13.1は,いくつかの元素の2 000〜10 000 Kの原子分布比を示す.励起の容易なナトリウムでさえ,励起レベルの原子が極めて少ないことが分かる.波長の短い(高エネルギー,高$h\nu$)元素では,励起のためにはさらにエネルギーが必要であり,温度が3 000 Kを超えることが少ないフレーム発光分析法では,高い感度が

●表13.1 異なる共鳴線のN_e/N_0値

共鳴線〔nm〕	N_e/N_0					
	2 000 K	3 000 K	4 000 K	6 000 K	8 000 K	10 000 K
Na (589.0)	9.8×10^{-6}	5.8×10^{-4}	4.4×10^{-3}	3.4×10^{-2}	9.4×10^{-2}	1.7×10^{-1}
Ca (422.7)	1.2×10^{-7}	3.5×10^{-5}	6.0×10^{-4}	1.0×10^{-2}	4.2×10^{-2}	1.0×10^{-1}
Cd (228.8)	6.5×10^{-14}	2.3×10^{-9}	4.4×10^{-7}	8.4×10^{-5}	1.2×10^{-3}	5.6×10^{-3}
Zn (213.8)	7.2×10^{-15}	5.4×10^{-10}	1.5×10^{-7}	4.0×10^{-5}	6.6×10^{-4}	3.6×10^{-3}

得られないことになる．一方，発光波長の長い元素は感度がよい．以下に述べる原子吸光法のような基底状態の原子数を測定する方法では，波長や元素に対する依存度は小さい．表 13.1 から分かるように，励起状態の原子の割合は極めて温度依存性が高いのに対し，基底状態の原子は事実上一定（ほぼ 100％）である．

　フレーム発光分析法では励起状態の原子の数を測定し，以下に述べる原子吸光分析法では基底状態の原子数を測定する．フレーム発光分析法ではフレームのバックグラウンド光をベースラインとし，その上に検出される信号を測定するのに対し，原子吸光分析法では入射光と透過光の比を測定しているので，原子吸光分析法ではほぼ 100％に近いバックグラウンド光を常に測定していることになる．そのため，分析線が 300～400 nm の元素については，たとえ N_e/N_0 の値が約 10^{-5} であったとしてもフレーム発光分析法と原子吸光分析法の検出下限はほぼ等しくなる．分析線が 400 nm 以上の元素に対してはフレーム発光分析法を用いる方が有利である．

13.2 原子吸光分析法

　フレーム発光分析法と密接に関連する手法として**原子吸光分析法**（atomic absorption spectrometry：AAS）がある．すなわち，この 2 つの方法では原子化の手段としてフレームを使用している．この項では吸収におよぼす因子について議論する．また，原子吸光分析法とフレーム発光分析法を比較し，どのような場合にどちらを用いた方がよいかを論ずる．

13.2.1 原　理

　フレーム発光分析法では試料溶液をフレーム中に吹き込んで，原子蒸気をつくっている．すなわちフレームは特定の元素の原子を含むことになる．原子の一部は励起状態となるが，すでに述べたように大部分は基底状態にある．これらの基底状態の原子が，金属元素からつくられた特殊な光源（13.2.2〔1〕参照）から放射される発光線を吸収する．発光線の波長は原子の吸収波長と同じである．

　原子吸光分析法は原理的には第 12 章で学んだ吸光光度法と同じである．吸収は**ランバート–ベールの法則**に従う．このことは，吸光度がフレーム中の光路長と試料の濃度に比例することを意味する．ただし，この原子吸光法では，試料の濃度とはフレーム中の原子の濃度である．光路長は一定に保つことができるので，原子の

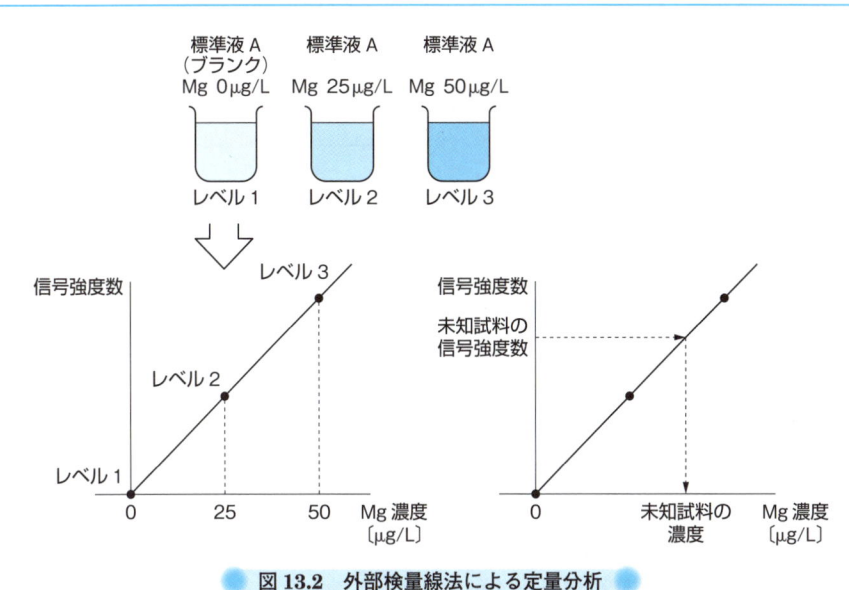

13.2 原子吸光分析法

図13.2 外部検量線法による定量分析

濃度と溶液中の試料濃度との関係（$f(c)$）が一定であれば，定量が可能となる．定量手順は，濃度の分かった検量線用溶液を用意し，検量線用溶液の濃度に対する吸光度をプロットした検量線を用いる（外部検量線法，図13.2）．試料と検量線用溶液に対する関係式 $f(c)$ が同じでないと，間違った分析値を得ることになる．これが後ほど述べる干渉問題である．以下にも示すように，原子吸光分析法の測定上の欠点は，それぞれの元素を測定するのに異なった光源が必要であり**単一元素分析**であることである．

13.2.2　原子吸光分析装置

通常の分光光度法のように，原子吸光法で必要なものは，光源，セル（フレーム），分光器，光検出器である．フレームは光源と分光器の中間におかれる．原子吸光分析装置の概略図を**図13.3**に示す．光源の光はチョッパーによりフレーム部とフレーム外部を交互に通るようになっている．検出器はこの交互の光を検出するが，この2つの光の強さの比を対数で表示する．検出器の信号は増幅器に入るが，これはチョッパーの周波数に同期しているものを増幅するので，フレームの発光はここで除かれる．以下に，原子吸光分析装置の各部について説明する．

第 13 章　原子スペクトル分析法

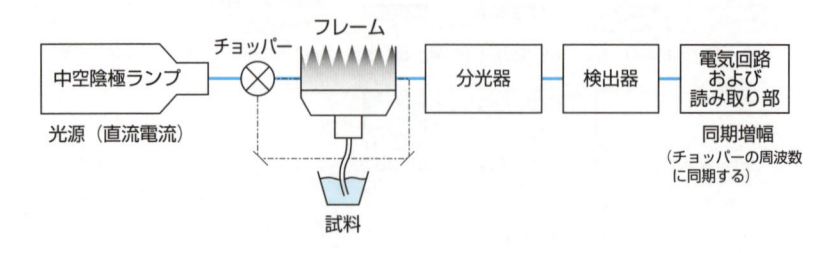

図 13.3　フレーム原子吸光分析装置の概略図

〔1〕光　源

　原子の吸収線の幅は極めて狭く，多くの場合，0.001 nm から 0.01 nm のオーダーである．このように原子の吸収線は非常に幅が狭いので，連続光源を用いると，分光器のスリット幅を通過した連続光のうち，ごく一部しか吸収されない．したがって，鋭い線スペクトルの光源が必要である．

　ほとんどの場合，**中空陰極ランプ**が光源として使われる．これは線スペクトル光源であり，特定の（本質的には単色の）波長の光を発光する．この基本的構造を図 13.4 に示した．光はランプの中央の円筒状の陰極から出るが，この陰極は分析目的元素もしくはその合金でつくられている．陽極はタングステンである．ガラス管に封じられているが，対象となる分析線の多くが紫外領域にあるため，通常窓材には石英が使用されている．管内は減圧になっており，アルゴンまたはネオンといった希ガスで満たされている．

　高電圧が電極間にかけられると，封入気体が陽極付近でイオン化される．これらの陽イオンは陰極に向かって加速される．陽イオンが陰極にぶつかると，金属をスパッタ（たたき出す）し，気化させる．この気化した蒸気はさらに連続して高エネ

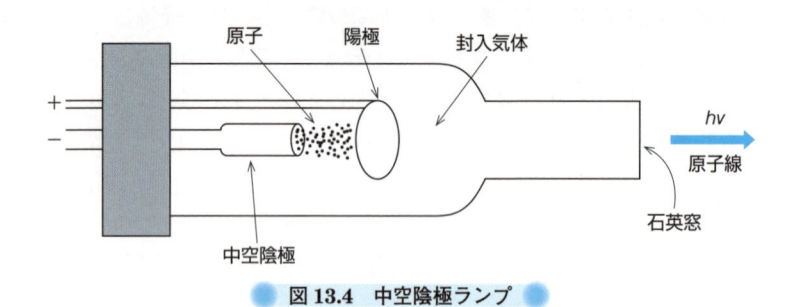

図 13.4　中空陰極ランプ

ルギー気体イオンと衝突し，電子エネルギー準位が励起される．これが基底状態に戻るとき，特定の原子線が発光することになる．また，封入気体の発光線も放出されるが，通常元素の分析線とは離れた波長にあり，干渉を起こすことはまれである．

　これらの分析線がフレームを通過すると，これを吸収できるのは特定のエネルギー準位をもった元素のみであり，フレーム中に存在する他の元素には吸収されない．すべてではないが，ほとんどの場合，強い吸収を起こす遷移は基底状態からのものである．これを共鳴線と呼んでいる．中空陰極ランプからの発光線は，吸光スペクトルに比べて線幅が狭い．これはフレーム内の原子は温度および圧力によるスペクトルの広がり効果を受けるためである．したがって，光源光は完全に吸収されることになる．また，連続光源では，分光器のスリットのスペクトルバンド幅範囲内にある他の原子線も測定されてしまうが，線スペクトル光源では，吸収線が他の原子線と重なることはめったになく，元素選択性が極めて高い．

　中空陰極にいくつかの元素の合金を使う場合もあるが，これらは多元素中空陰極ランプと呼ばれ，通常2ないし3つの元素が使用される．このようなランプは，陰極を構成する複数元素のうち，1つの元素が分別蒸発を起こしたり，窓に蒸着することによる劣化があるために，単一元素用ランプに比較して短寿命であることが多い．

〔2〕バーナー

　予混合型バーナー，時にラミナーフロー（層流）バーナーとも呼ばれるバーナーが，市販の装置では最もよく使われている．これを図13.5に示す．燃料ガスと助

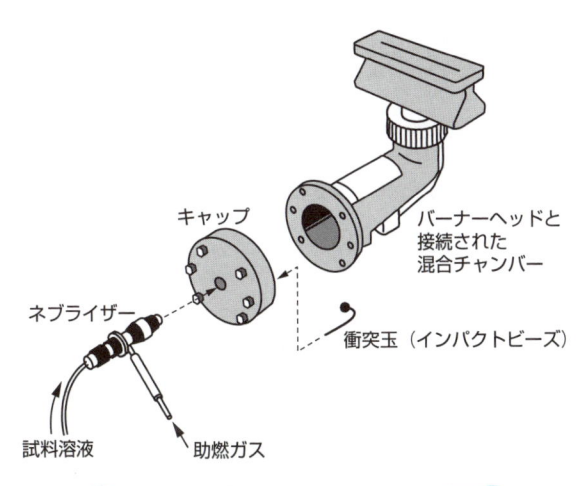

図13.5　予混合型バーナーの組み立て

燃ガスは，それらが燃焼するバーナー部のスロットへ入る前に，あらかじめ混合室で混合する．試料溶液は助燃ガスを用いてベンチュリ効果によりキャピラリーチューブへ吸い上げ，混合室へ噴霧される．試料溶液の霧のうち，大きい液滴は除かれ，細かい液滴のみが燃焼ガスと混合してフレーム内へ入る．したがって，90％近くの溶液は凝集して捨てられてしまい，わずか10％がフレーム内へ入るのみである．

予混合型バーナーは一般に，比較的燃焼速度の遅いフレームに限定される．混合型フレーム内に噴霧される試料の多くの部分は失われてしまうが，フレームに入った溶液は，細かい霧となっているため"原子化効率"はよくなる．また，フレームは長さ5cmまたは10cmのラミナー構造となっているため光路も長くなる．

〔3〕フレーム

原子吸光分析法および発光分析法で用いられている主なフレームをその最大燃焼温度とともに**表13.2**にあげた．

原子吸光分析法で最も広く使用されているのは，**空気‐アセチレンフレーム**および**一酸化二窒素‐アセチレンフレーム**の予混合型のものである．後者の高温フレームは通常不必要であり，また多くの場合，気体状原子のイオン化を引き起こすので，原子吸光分析法においては多くの場合望ましくない（13.2.3〔2〕参照）．しかし，**一酸化二窒素‐アセチレンフレーム**では，熱的に安定な酸化物を形成する元素（耐火性元素）に対しては極めて有効である．空気‐アセチレンフレームなどの炭化水素を燃料とするフレームでは，200nm以下の短波長ではかなりの光が吸収されてしまい，**アルゴン‐水素フレーム**が，このスペクトル領域では有効である．このフレームは色がなく，外部から入る空気が実際上の助燃ガスである．ヒ素（193.8nm）およびセレン（196.0nm）は，それぞれの水素化合物（AsH_3，H_2Se）

表13.2 よく使用されるフレームの燃焼温度

フレーム混合ガス		最高温度〔℃〕
助燃ガス	燃料ガス	
酸　素	水　素	2677
空　気	水　素	2045
空　気	プロパン	1725
酸　素	プロパン	2900
空　気	アセチレン	2250
酸　素	アセチレン	3060
一酸化二窒素	アセチレン	2955
アルゴン	水　素	1577

として試料溶液から気化，分離してから，このフレームに導入する．このように水素化合物として一度気化させるのは，このような低温フレームは，化学干渉を受けやすいからである（13.2.3 項参照）．

フレーム発光分析法の場合，多くの元素について高温のフレームが必要であるため，酸素-アセチレン（オキシアセチレン）フレームや一酸化二窒素-アセチレンフレームが使用される．オキシアセチレンフレームは速い燃焼速度をもち，通常の予混合型バーナーが使用できないが，一酸化二窒素-アセチレンフレームは予混合型バーナーが使用できる．フレームは高温であるので，融解しないように厚い特別なバーナーが使用されている．"低温の"空気-プロパンフレームなどのフレームは，励起の容易なナトリウムやカリウムに使用されている．このような低温フレームでは元素のイオン化が少ないからである．

13.2.3　干　渉

原子吸光分析における干渉は次の4つに分類される．すなわち，分光，イオン化，化学および物理干渉である．これらを以下に説明する．

〔1〕分光干渉

発光分析では，分析線近傍に他の発光線や分子発光が存在すると，分光器により分離できないことがあり，分光干渉が起こる．最も注意しなければならないのは分子の発光で，例えば試料中に共存する他の元素の酸化物の発光がある．同様のことは原子吸光でも，直流増幅装置が使われている場合には起こることがあるが，交流（位相同期）検出装置では除かれる．一方，光源の光をこうした分子や共存元素の原子が吸光する場合，原子吸光分析法では正の干渉が生ずる．線スペクトルの光源なのでこうしたことは少ないが皆無ではない．

フレーム中の固体粒子，揮発していない溶媒液滴，あるいは分子がフレーム中で光の散乱または吸光を起こすことがある．こうしたバックグラウンド吸収は，幅広い吸収なので，分析線から 0.2〜0.3 nm 離れたところでも，吸光強度はほとんど変化しない．そこで，分析線に近接するが，分析元素が吸収を起こさない波長での吸光を調べることにより，補正できる．測定は分析線から，分光器の分解能の少なくとも2倍は離れたところで行うべきである．この補正は中空陰極ランプを磁場の中に置き，ゼーマン分裂させた発光線を用いたり，中空陰極ランプに高電圧をかけて自己反転させて分裂した発光線を用いてバックグラウンドのみの吸収を測定して差し引く．

第13章 原子スペクトル分析法

幅広の吸光に対する**バックグラウンド補正**は，（多くの元素の吸光があり，かつバックグラウンド吸収が極めて深刻である）紫外領域については，水素または**重水素連続光源**が用いられる．また，可視領域についてはタングステンランプが連続光源として用いられる．分光器は共鳴線と同じ波長にしておく．連続光源を用いて原子の鋭い吸収線を測定しても，分光器のスリットのスペクトルバンド幅全体に広がるバックグラウンド吸収と比較すると，ほとんど無視し得る吸光となる．そこで，連続光源を用いてバックグラウンド吸収のみを測定することができる．これが市販の自動バックグラウンド補正装置の原理である．中空陰極ランプと重水素ランプは鏡を使って交互に照射し，自動的に両者の吸光の差をとるシステムとなっている．

〔2〕イオン化干渉

　アルカリ，アルカリ土類および他のいくつかの元素は，高温のフレーム内でかなりの割合でイオン化している．原子吸光分析ではイオン化していない原子を測定しているので，発光も吸光も減少することになる．このこと自体はそれほど問題ではなく，感度および検量線の直線性に影響する程度である．しかしイオン化しやすい元素が試料中に共存したりすると，フレーム内の電子密度が増加し，対象となる元素のイオン化を抑制することになる．イオン化干渉は，検量線用溶液に等量の干渉元素を加える（マトリックスマッチング）か，もっと単純には，よりイオン化しやすい Rb や Cs を試料と検量線用溶液に多量に加えて，この増感効果を一定にしてしまうことにより回避できる．イオン化が抑制されると，検量線の傾きが増加したり，高濃度の部分で上向きの曲線になったりする．検量線の傾きが増加するのは低濃度のとき多くの原子がイオン化しているからである．

〔3〕化学干渉

　試料溶液に別の化学種，通常は陰イオンが含まれていると，フレーム中で測定元素と耐火性（熱安定）化合物を形成することがある．例えばリン酸はカルシウムイオンと反応し，フレーム中で二リン酸カルシウム $Ca_2P_2O_7$ を生成することがある．これはカルシウムの原子吸光を減少させる．すなわちカルシウムが共鳴線で吸光を起こすには，原子化した状態になければならないからである．一般にこの型の干渉は化学的に除去する．上の例では，高濃度（1％）の塩化ストロンチウムまたは硝酸ランタンを試料溶液に加える．ストロンチウムまたはランタンは選択的にリン酸イオンと結びつき，カルシウムとリン酸の反応を妨げる．

　別の方法としては，高濃度の EDTA を試料溶液に加えるとカルシウム–EDTA 錯体が生成され，カルシウムとリン酸イオンとの反応を妨害する．生成したカルシ

ウム−EDTA錯体はフレーム中では容易に解離されてカルシウム原子を生成する．これらの干渉は原子吸光でも原子発光でも起こるものであるが，一酸化二窒素−アセチレンフレームのような高温フレームでは化合物の生成を防ぐことができる．

　測定元素がフレーム中に存在するガスと反応する場合はより深刻である．アルミニウム，チタン，モリブデン，バナジウムなどの耐火性元素は，フレーム中のOやOHなどと反応し，熱的に安定な酸化物や水酸化物を生成する．これは高温フレームを用いることにより分解できる．すなわち，こうした元素のいくつかは，空気−アセチレンフレームではほとんど原子吸光や発光を測定できない．したがって，一酸化二窒素−アセチレンフレームはこの場合有効である．この，一酸化二窒素−アセチレンフレームは，還元的（燃料過剰の）条件下で，フレームの赤い色のついた二次反応帯で原子吸光を測定する．この赤い色はCN，NHおよび他の高い還元能をもつラジカルからの発光である．これら（酸素を含まない化学種）はフレームの高温度下で耐火性酸化物と結合し，これを分解するか，もしくは耐火性化合物の生成を妨げ，原子の生成を助ける．燃料過剰オキシアセチレンフレームは酸化物の生成しやすい元素の発光分析に有効である．

〔4〕物理干渉

　バーナーへの試料の吸上げ速度および原子化効率に影響するほとんどのパラメーターは物理干渉と考えることができる．この物理干渉には試料の粘性の変化，ガス流量の変化やフレームの温度変化などによる装置のドリフトが含まれる．この対策としては，後で述べる内標準法を用いる．

13.2.4　試料調整

　フレームやプラズマ法において扱う試料は，溶液試料が一般的である．試料が固体の場合は酸を用いて分解し，溶液化しなければならない．また，フレーム中では単独の原子に解離して測定するので，分析元素の試料中の化学形態が問題とならないことも多い．したがって，いくつかの元素については，血液，尿，脳脊髄液や生体液の試料を直接噴霧することで定量できる．この場合でも通常はバーナーの目詰まりを防ぐため，水で希釈する必要がある．

　検量線用溶液を調整するとき，試料溶液のマトリックス（主成分）は常に合わせておかなければならない（マトリックスマッチング）．したがって，例えばガソリン中の鉛を定量するときには，水ではなく相当する溶媒で検量線用溶液をつくる必要がある．

化学干渉は単純に適当な試薬溶液の添加（希釈効果も加わるが）によって除くことができる場合がしばしばある．血清中のカルシウムを定量する場合，試料をEDTA水溶液で20倍に希釈することで，リン酸の化学干渉を除くことができる．また，この場合検量線用溶液には，血清と等しい濃度のナトリウムとカリウムを添加してイオン化干渉を防ぐ．

原子吸光分析法は，生体液や組織といった生体試料，大気や水といった環境試料，職場の健康や安全に関する場などの金属分析に幅広く使われている．フレーム発光分析法を生体試料について日常分析に使うことは，アルカリおよびアルカリ土類元素を測定する場合に限られるが，多くの場合，試料の調整法は原子吸光分析法で使われたのと変わりはない．

13.2.5 電気的加熱原子化法

フレームへの試料溶液の噴霧は，最も簡単で再現性よく原子蒸気を得る手段であるが，試料中の測定元素を原子蒸気に変えて光路内へ導入する方法として最も効率の悪いものの1つである．噴霧される試料中に含まれるイオンを原子化し測定する全体的な効率は，0.1％程度と見積られている．また，必要試料量も数mLが必要である．

電気的加熱原子化法（electrothermal type atomic absorption spectrometry：ETAAS）は，小型電気炉であり，この中で試料の水滴を乾燥し，高温度で分解して原子蒸気雲を生成させる．電気的加熱原子化は100％の効率に近づけることができ，相対的な検出感度についてはしばしばフレームへの噴霧法より100～1000倍改善することができる．ここでは電熱抵抗型電気炉について述べる．この方法は一般的には発光測定には適さないが，原子吸光測定には極めて優れている．この典型的なものの概念図を図13.6に示す．

多くの電気的加熱法において，数μLの試料を，水平に置かれたグラファイトチューブ内，またはカーボンロッド上もしくはタンタルのリボン上に添加する．ここに電流を通ずると，ジュール熱により加熱される．まず試料は数秒，低温度（約100～200℃）で乾燥した後，500～1400℃をかけて有機物を分解する（灰化）が，このとき煙が発生し光源光の散乱を起こす．煙はアルゴン気流によって流れ出してしまう．最後に3000℃までの高温に急速加熱して試料を原子化する．

光束は原子化炉内（または上部）を通過する．時間を横軸にとって鋭い原子の吸収ピークが記録される（図13.6）．吸収ピークの高さまたはピーク面積は，気化し

13.2 原子吸光分析法

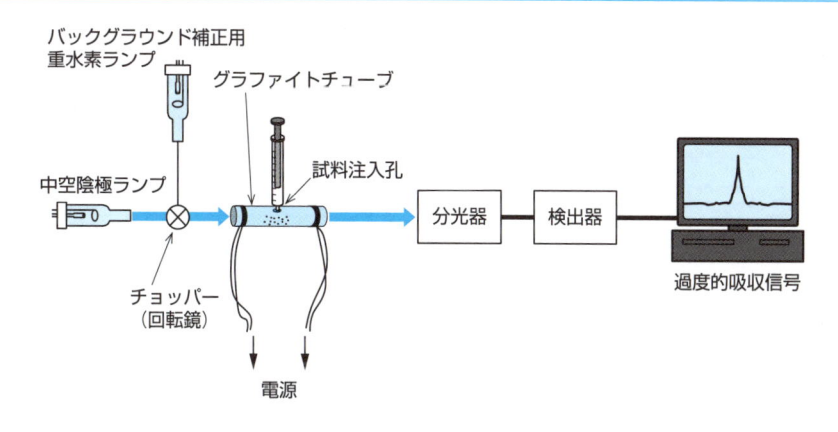

図 13.6 電気的加熱原子化装置の概略図

た金属の量と直接対応している．加熱は不活性ガス（例えばアルゴンガス）中で行い，高温度による炭素やグラファイトの酸化および測定元素の耐火性酸化物の生成を防ぐ．

電気的加熱原子化法の難点は，元素間の相互作用がフレームに比べてさらに顕著なことである．ときにはこうした干渉は標準添加法によって補償することができる．標準添加法とは，（測定する元素と同じ）標準液を一定量個々の試料に加え，添加濃度に比例する信号の増加量を測定する方法である．この方法では，試料中の分析目的元素も同一の効果を受けることになる（13.2.7 項参照）．

試料マトリックスの濃度が変化すると，しばしばピークの高さやピークの形が変化することがある．こうした場合，信号を積算しピーク面積で測定した方が，マトリックスの影響を受けにくく正確さが向上する．

原子化過程の前に加熱分解過程があるにしても，バックグラウンド吸収はフレームの場合より大きい．特に生体や環境試料では著しい．これは有機物の残査もしくは試料マトリックスに含まれる揮発性の塩による．したがって連続光源によるバックグラウンド補正が通常必要である．

グラファイト炉を用いた電気的加熱原子吸光法（graphite furnace atomic absorption spectrometry：GFAAS）の**検出下限**は 10^{-10}〜10^{-12} g またはこれ以下である（**表 13.3**）．濃度検出下限は試料体積に依存する．例えば，検出下限 10^{-11} g の元素について試料 10 μL を分析したとすると，濃度検出下限は 10^{-11} g/0.01 mL，すなわち 10^{-9} g/mL である．これは 1 ng/mL すなわち 1 ppb に等しい．

表13.3　フレーム発光分析法および原子吸光分析法の代表的な検出下限

元素	波長〔nm〕	検出下限 FES〔μg/mL〕※1	検出下限 FAAS〔μg/mL〕※2	検出下限 GFAAS〔pg〕※3
Ag	328.1	—	0.003 (A/A)	0.3
Al	309.3	—	0.03 (N/A)	1
As	193.8	—	0.05 (0.1)※4 (A/A, Ar/H)	8
Au	242.8	—	0.02 (A/A)	2
Ca	422.7	0.05	0.002 (A/A, N/A)	0.4
Cu	324.8	—	0.005 (A/A)	1
Eu	459.4	—	0.02 (N/A)	20
Hg	253.6	—	0.2 (A/A)	120
K	766.5	0.0005	0.001 (A/A)	0.5
Mg	285.2	0.5	0.0004 (A/A)	0.2
Na	589.0	0.0005	0.0003 (A/A)	0.2
Pb	283.3	—	0.03 (A/A)	2
Se	196.0	—	0.2 (0.3)※4 (A/A, Ar/H)	9
Tl	276.8	—	0.01 (A/A)	3
Zn	213.9	—	0.001 (A/A)	0.2

※1　空気−アセチレンフレームによる発光分析法（FES）．
※2　A/A：空気−アセチレンフレーム，N/A：一酸化二窒素アセチレンフレーム，A/H：アルゴン−水素を用いるフレーム原子吸光法（FAAS）である．
※3　グラファイト炉を用いた電気的加熱原子吸光法（GFAAS）．
※4　水素化合物発生法〔ng/mL〕．

13.2.6　フレーム発光分析法，原子吸光分析法および電気的加熱原子吸光法の検出下限

表13.3にフレーム発光分析法（FES），フレーム原子吸光分析法（FAAS）およびグラファイト炉原子吸光法（GFAAS）におけるさまざまな元素の代表的検出下限をあげた．原子吸光分析法では感度と検出下限は異なっている．原子吸光の文献ではしばしば感度が用いられている．原子吸光分析法での感度とは1%吸収（吸光度0.0044）を与える濃度として定義される．これは検量線の傾きから計算されるもので，信号−雑音比（S/N）とは異なる．検出下限（detection limit：DL）とは，ベースライン（ブランク）における変動（偏差値）の3倍の信号を与える濃度で定義される．

　一般的にいえば，300nm以下の波長では，原子を励起するのには熱エネルギーが不十分で，したがって原子吸光分析法の方が優れている．しかし300〜400nmの波長では，両者は競合的であり，可視領域（400〜800nm）では発光分析法の方が優れている．

13.2.7　内標準法および標準添加法

　原子スペクトル分光法において，シグナルは時間とともに変動するが，これはガス流量や試料噴霧速度などのゆらぎによるものである（物理干渉）．このような変動に対処して精度を上げるための**内標準法**（internal standard method）という手法が使われる（図 13.7）．例として簡単なフレーム発光法で，血清中のナトリウムとカリウムを同時に測定する場合があげられる．この場合 2 つの異なる波長に固定した検出器を用いるが，第 3 の検出器をリチウムの波長にあわせる．すべての標準液と試料には一定濃度のリチウム（これを内標準元素と呼ぶ）を加える．測定系は K/Li や Na/Li のシグナル比を記録して読み取る．仮に溶液の噴霧速度が変化したとしても，それぞれの元素のシグナルは同程度変化し，したがって比をとると K と Na は特定の濃度に対して一定の値を示すことになる．内標準元素は分析目的元素とは異なる元素だが，分析目的元素と似た化学的挙動をもち，また測定波長も離れすぎていない元素を選択する．

　フレーム発光法の 2 番目の難点は，シグナルの減感（または増感）が試料マトリックス成分（イオン化干渉），溶液の粘度（物理干渉），分析種の化学反応（化学干渉）などにより起こることである．**標準添加法**（standard addition method）の手法はこの種の誤差を抑制するために行うものである．試料溶液に一定量の既知

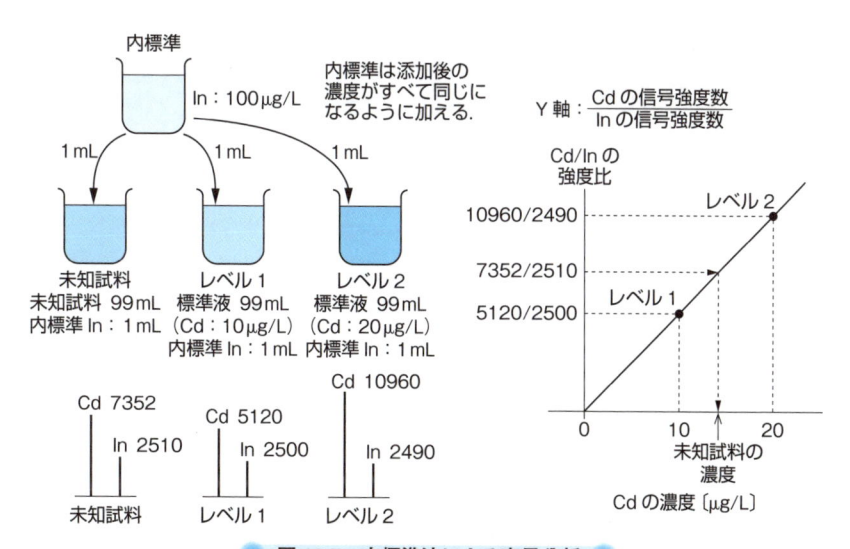

図 13.7　内標準法による定量分析

第 13 章 原子スペクトル分析法

図 13.8 標準添加法による定量分析

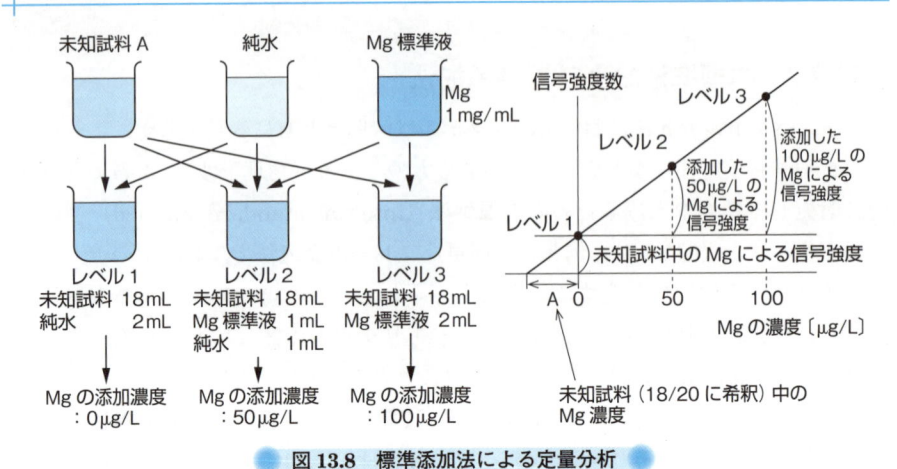

濃度の分析目的元素の標準液を添加し，分析して信号を記録する（図 13.8）．こうすると標準として加えた元素も試料中の分析種も等しく試料マトリックスの影響を受けることになる．シグナルの増加量は添加した標準元素に由来し，添加前のシグナルは分析目的元素に由来する．この場合ブランク補正は重要である．検量線が直線部分にあると仮定して単純な比例関係を適用する．検量線の直線性を確認するため，2つ以上の異なる標準液を添加することが推奨される．

13.3 ICP 発光分析法

13.3.1 誘導結合プラズマ（ICP）

誘導結合プラズマ（inductively coupled plasma：ICP）のプラズマトーチは図 13.9 に示すように三重構造をしており，プラズマを維持するために3種類のガスを流し続けねばならない．通常はすべてのガスに Ar ガスを使用している．一番外側のガスをプラズマガスまたは冷却ガス（10〜20 L/min）と呼び，中間のガスを補助ガス（0〜1 L/min），そして真ん中のガスをキャリアガス（<1 L/min）と呼んでいる．

プラズマを発生させるためには，まず，テスラーコイルで電子の種を発生させて，ラジオ波（27.12 MHz または 40.68 MHz）によってアルゴンを励起させ，ドーナツ状のプラズマを維持させる．扱う試料は溶液試料が普通で，霧吹きの原理で細か

13.3 ICP発光分析法

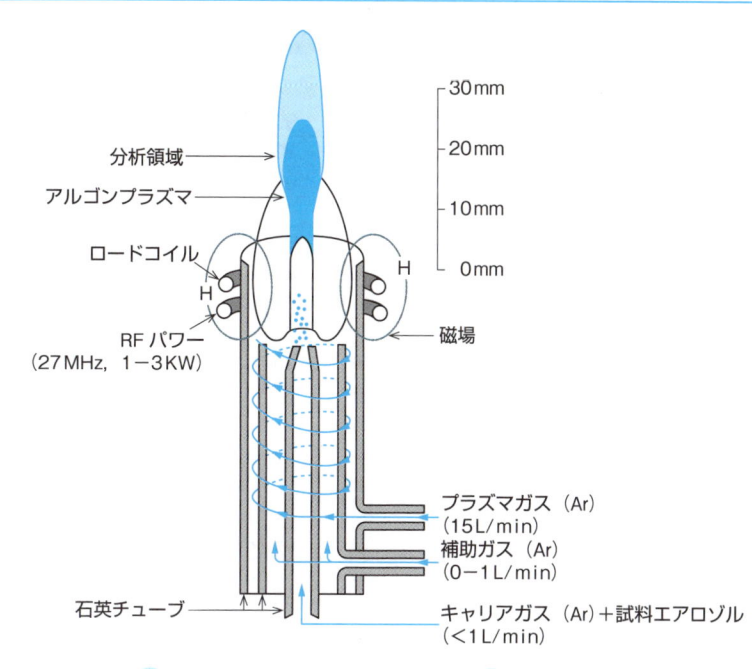

図13.9 プラズマトーチとICP

(図中ラベル: 分析領域、アルゴンプラズマ、ロードコイル、RFパワー(27 MHz, 1–3 KW)、石英チューブ、磁場、プラズマガス(Ar)(15 L/min)、補助ガス(Ar)(0–1 L/min)、キャリアガス(Ar)+試料エアロゾル(<1 L/min)、30 mm、20 mm、10 mm、0 mm)

い霧の状態にして，キャリアガスによってドーナツ状のプラズマの真ん中に導入する．プラズマの真ん中に導入された試料が，高温なアルゴンプラズマにより効率よく励起されることがICPの利点となっている．この分析法の論文が報告されたのが，1964年と1965年のことで，当時は原子吸光分析の全盛時代であった．発表当時の検出下限は，1～50 μg/mL (ppm) と，原子吸光分析より劣っていたが，その後の約10年間に種々の改良が加えられ，1974年には，ng/mL (ppb) レベルの多元素同時分析のできる機器として市販されるに至った．その後，鉄鋼分析を初めとする金属・工業分野，農業・薬学・医学の分野，それに地球化学および環境分野と，多くの分野から要望される"**多元素同時分析**"にこたえながらICP発光分析法 (optical emission spectrometry：ICP-OES) はその応用範囲を広げていった．

　ICP中に導入された試料は，分子から原子へと分解し，イオン化エネルギーが8 eV以下の原子は，その95%以上がイオン化されている (**表13.4**)．そのため，ICP中では，イオン線の発光が特に強く，ICP発光分析法による多元素同時分析の際には，イオンの発光線がよく用いられている．ICP中でイオンが生成してい

第13章 原子スペクトル分析法

表13.4 ICPにおける主な電離度の計算値

元素	IP [eV]	電離度 [%]	元素	IP [eV]	電離度 [%]	元素	IP [eV]	電離度 [%]
Cs	3.894	99.94	Tc	7.280	96.29	Pt	9.000	62.43
Rb	4.177	99.93	Bi	7.289	92.29	Te	9.009	66.38
K	4.341	99.92	Sn	7.344	95.39	Au	9.225	50.74
Na	5.139	99.79	Ru	7.370	95.70	Be	9.322	74.98
Ba	5.212	99.90	Pb	7.416	96.88	Zn	9.394	75.33
Ra	5.279	99.89	Mn	7.435	95.30	Se	9.752	33.32
Li	5.392	99.69	Rh	7.460	94.30	As	9.810	51.64
La	5.577	99.80	Ag	7.576	92.60	S	10.360	14.33
Sr	5.695	99.83	Ni	7.635	90.76	Hg	10.437	37.81
In	5.786	98.86	Mg	7.646	97.56	I	10.451	29.85
Al	5.986	98.03	Cu	7.726	89.25	P	10.486	33.11
Ga	5.999	98.18	Co	7.860	93.39	Rn	10.748	42.91
Tl	6.108	98.83	Fe	7.870	95.70	Br	11.814	5.274
Ca	6.113	99.72	Re	7.880	92.71	C	11.260	4.987
Y	6.380	97.73	Ta	7.890	94.78	Xe	12.130	8.649
Sc	6.540	99.48	Ge	7.889	89.53	Cl	12.967	0.9502
V	6.740	98.75	W	7.980	93.64	O	13.618	0.09852
Cr	6.766	98.19	Si	8.151	85.40	Kr	13.999	0.5735
Ti	6.820	99.13	B	8.298	58.06	N	14.534	0.1141
Zr	6.840	98.85	Pd	8.340	96.88	Ar	15.759	0.04737
Nb	6.880	98.35	Sb	8.461	79.98	F	17.422	0.0009268
Hf	7.000	98.37	Os	8.700	77.80	Ne	21.564	0.000005839
Mo	7.099	97.83	Cd	8.993	85.03	He	21.587	0.00000001885

ることに着目し，ICPをイオン源とした質量分析計が報告されたのが1980年であった．7 000～8 000 Kと高温な大気圧プラズマ中で生成したイオンを，10^{-6} Torr（$1×10^{-4}$ Pa）の真空状態に導くといった技術的な困難を克服し，検出下限は一気にpg/mL（ppt）レベルに下がった．1983～1984年にはICP質量分析法の市販品が発表され，異例と思われる早さで，半導体産業，原子力関連，それに，高純度試薬製造業界に普及していった．

プラズマは，図13.10に示すように3つの構造に分かれている．ラジオ波のエネルギーを直接受け取る部分が誘導領域で，温度が最も高い（約10 000 K）．プラズマ中に導入された試料は，誘導領域の真ん中を通り抜ける際にエネルギーを受け取る．放射開始領域では，脱溶媒され原子化が進む．しかし，この領域では，元素によってはまだ分子の状態で存在する．イットリウムの高濃度溶液を噴霧すると，鉄砲の玉のような形をした橙色に見える領域が，放射開始領域である．試料が，放

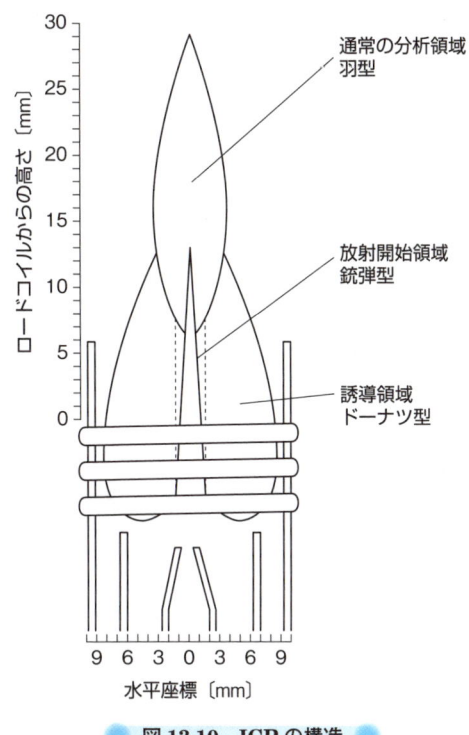

図 13.10　ICP の構造

射開始領域から通常の分析領域へ移行する際に急激にイオン化が進む．

　イットリウムの高濃度溶液を噴霧すると鳥の羽のような形をした青色に見える領域が通常の分析領域である．この領域では，多くの元素が一様に 1 価イオンとなり，元素によらずに同じようなイオン発光が観測される．この領域から発せられる光をロードコイル上，約 16 mm の位置で検出するのが ICP 発光分析法である．放射開始領域の先端から 2～3 mm の位置にサンプリングポイントを置き，この領域で生成されるイオンを検出するのが後述する ICP 質量分析法である．

13.3.2　ICP 発光分析装置

[1] 回折格子分光器

　ICP から発せられる光を各波長ごとに分けるのに回折格子分光器が使われる．図 13.11 に光が分光される原理を図示した．回折格子の法線に対する入射角と回折角をそれぞれ α と β とし，回折格子の溝の間隔を d とすると，入射光と回折光の光

第 13 章　原子スペクトル分析法

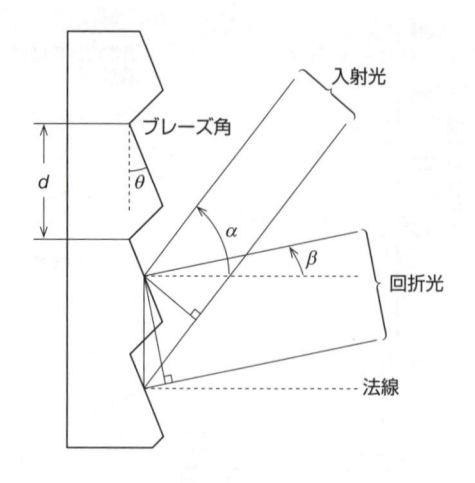

図 13.11　回折格子による光の分光

路差は，$d(\sin\alpha + \sin\beta)$ となる．この光路差が波長の倍数（$m\lambda$：この m を次数という）となる方向でその波長の光は強め合う．

$2d\sin\theta = \lambda$（θ はブレーズ角，図 13.11 参照）になる波長がブレーズ波長で，この波長の近傍の 1 次光（$m=1$）に対して回折格子の反射効率がよくなる．このようにして分光され，スペクトルの広がりの程度を表現するのに逆線分散が使われる．逆線分散は（$d\cos\beta/mf$）で表される．ここで m は次数であり，f は分光器の焦点距離である．この逆線分散にスリット幅をかけたものがスペクトルバンド幅となる．通常の分光器では 1 次光か 2 次光を用いているが，エシェル分光器では，分散をよくするために，回折角を大きくしてしかも高次光を使うようにしている．分光器の理論分解能は，（mN）で表される．ここで N は回折格子の全刻線数である．よって分解能をよくするためには，次数または全刻線数を大きくすればよいことになる．分光した光を検出するのに光電子増倍管を用いている装置とマルチチャンネル検出器を用いている装置がある．発光分析法の分解能を実験的に求めるためには，分光器で波長 λ の線スペクトル高さの半分の位置で線幅（$\Delta\lambda$）を求め，$\lambda/\Delta\lambda$ から計算する．

〔2〕光電子増倍管

・逐次掃引型分光器（**図 13.12**）

　　　逐次掃引型のモノクロメーターに 1 つの光電子増倍管を取り付けて，分析線と分析線との間は速く掃引し，分析線の近傍にきたら，ゆっくり掃引して分析線

13.3 ICP発光分析法

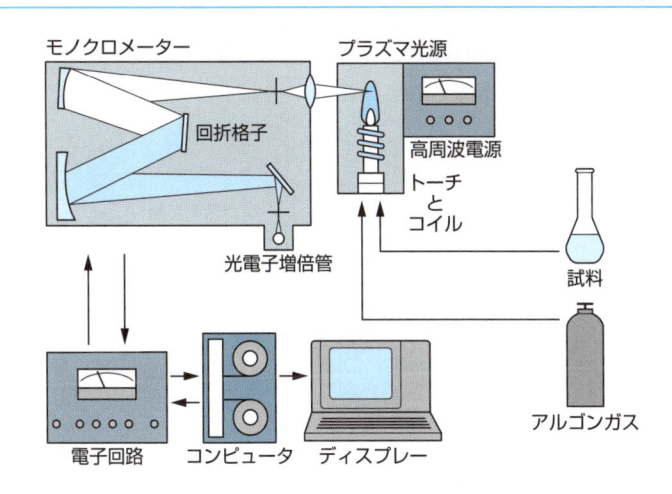

図13.12 逐次掃引型分光器

を捜し，分析線のところで定量分析を行う方式である．しかし，掃引時間は短縮できても，分析時間の方は短縮するわけにはいかないので，分析線ごとに定量分析するのに時間がかかる．そのために，分析試料も余分に必要である欠点があるが，検出器が1つで済むので安価である利点と，分析線が自由に選べるので融通性があるという利点がある．

- **直読式分光器**（図13.13）

　ポリクロメーターの後ろに，分析線の数だけ光電子増倍管を並べて，同時に定量分析を行う方式である．検出器が多数必要になるので，それだけ高価になる欠点はあるが，一度に全分析線の結果が得られるので，分析時間が短くて済み，そのために必要な分析試料もわずかで済む利点がある．同じようなマトリックスを含む沢山の試料をルーチン的に分析することが主な目的の場合には，大変に便利である．

〔3〕マルチチャンネル検出器

　マルチチャンネル検出器は分光したスペクトルを一度に測定できる検出器である．しかし，マルチチャンネル検出器のチャンネル数と大きさに制限があるために，一度に測定できる波長範囲を広くすると分解能が悪くなってしまう．また，マルチチャンネル検出器が検出できる最小信号と最大信号の幅（ダイナミックレンジ）も光電子増倍管に比べて狭いので，一度に測定できる波長範囲に大きな信号と小さな信号が共存すると，小さな信号の検出が難しくなる．このようなマルチチャンネル

第13章　原子スペクトル分析法

検出器の欠点を解決するために，エシェル分光器と二次元マルチチャンネル検出器を組み合わせた装置が市販されている．

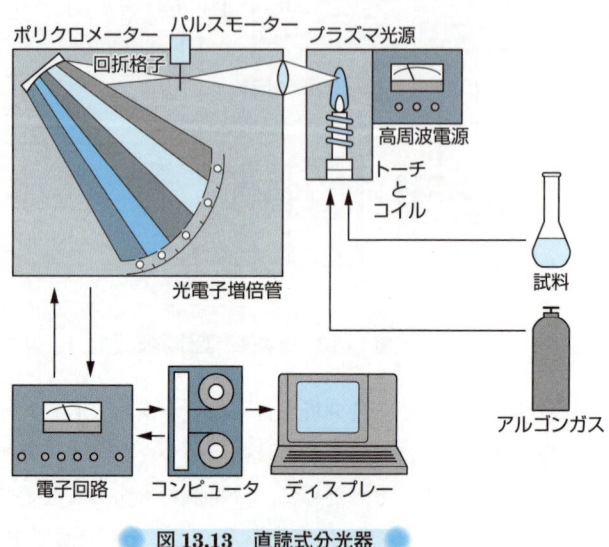

図13.13　直読式分光器

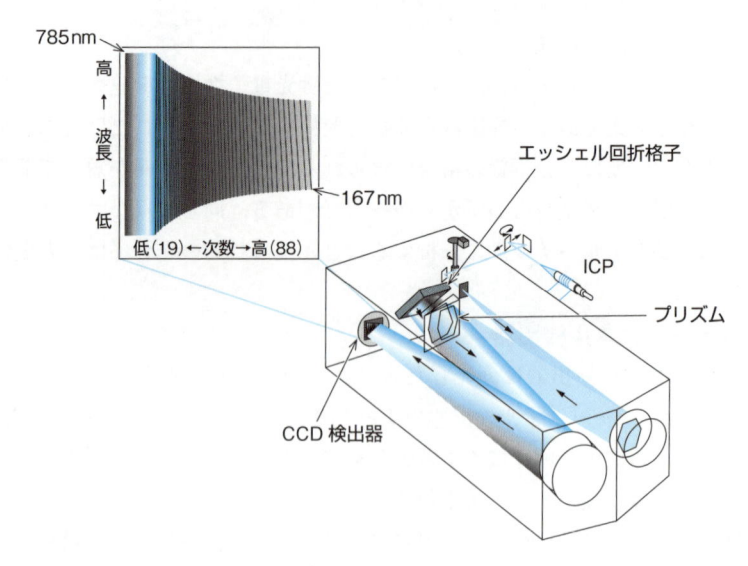

図13.14　CCD検出器付きエシェル分光器を用いたICP発光分析装置

- **CCD**（charge coupled device：電荷結合素子）

　二次元の固体半導体検出器である CCD をエシェル分光器と組み合わせると，167〜785 nm までの広い波長範囲の高分解能スペクトルを一度に測定することができる（図 13.14）．

- **CID**（charge injection device：電荷注入素子）

　CID は，セルごとに積分時間を個別に設定でき，しかも，積分中に信号強度をチェックすることができるのでダイナミックレンジの問題を解決できる．

〔4〕軸方向観測と横方向観測

　プラズマの発光を横方向から観測する方法とプラズマを 90 度回転させてプラズ

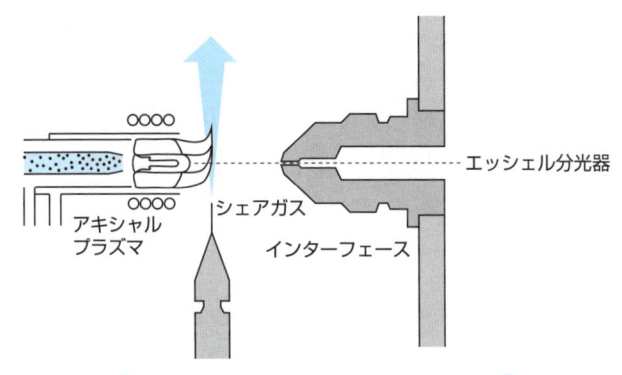

図 13.15　軸方向観測（axial type）

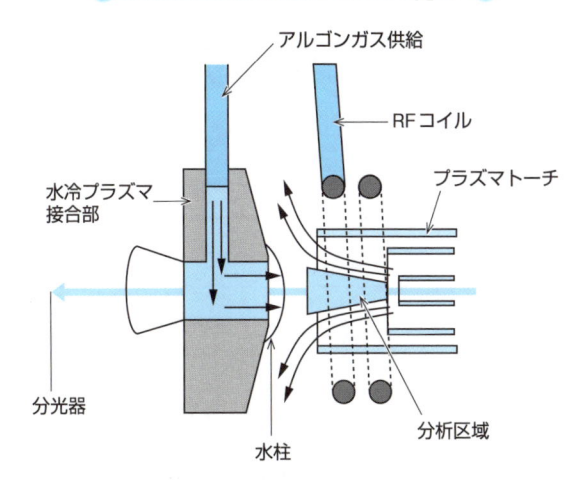

図 13.16　軸方向観測（end-on type）

マの中心軸方向から観測する方法がある．軸方向観測はプラズマの中心軸に沿った発光を多く集光でき（信号強度 S の増加），しかもプラズマの中心軸はバックグラウンドが低い（ノイズ N の低下）ので S/N が改善でき，検出下限を下げることができる．ただし，軸方向観測をする時には，図 13.10 に示した通常の分析領域から発せられる光がその上部に位置する温度の低いプラズマ部位を通過する時，自己吸収をするので，その自己吸収を防ぐためその温度の低いプラズマ部位を除く必要がある．その除く方法としては横からシェアガスを吹き付ける方法（図 13.15）と水冷プラズマ接合部を設置する方法（図 13.16）の 2 つの方法が用いられている．

13.3.3　ICP 発光分析法の検出下限

ICP 発光分析法でよく用いられる代表的な分析線と，それを用いて得られる**検出下限**を**表 13.5** にまとめた．ここで**検出下限**とは，バックグラウンドの標準偏差の 3 倍のシグナルを与える濃度と定義している．ICP 発光分析法では発光線としてイオン発光（Ⅱ）を用いることが多い．検出下限は ng/mL（ppb）レベルであり，軸方向観測の方が多少優れている．

表 13.5　ICP 発光分析法の検出下限

元素		波長〔nm〕※	軸方向観測検出下限〔ng/mL〕	横方向観測検出下限〔ng/mL〕
Ag	Ⅰ	328.1	0.6	1
Al	Ⅰ	396.2	1.5	3
As	Ⅰ	193.8	5	5
Au	Ⅰ	242.8	1.4	3
Ca	Ⅱ	393.4	0.04	0.1
Cu	Ⅰ	324.8	1.3	1
Eu	Ⅱ	382.0	0.1	0.09
Hg	Ⅰ	253.6	3	12
K	Ⅰ	766.5	9	40
Mg	Ⅱ	279.6	0.06	0.02
Na	Ⅰ	589.0	0.2	0.15
Pb	Ⅱ	220.4	3	5.5
Se	Ⅰ	196.1	5	20
Tl	Ⅱ	190.9	5	10
Zn	Ⅰ	213.9	0.3	0.5

※　Ⅰ：中性原子線，Ⅱ：イオン線

13.4 ICP 質量分析法

ICP で生成されたイオンを検出する質量分析計として，四重極質量分析計または二重収束型質量分析計が一般的に使われている．

13.4.1 四重極質量分析装置

四重極質量分析計を用いた ICP 質量分析装置の概略図を図 **13.17** に示した．大気圧のプラズマで生成したイオンを高真空の質量分析計に導くために，図に示したように 3 段の差動排気系を用いている．ICP と質量分析計とのインターフェースの部分を拡大した図を図 **13.18** に示した．プラズマからイオンを引き込むオリフィ

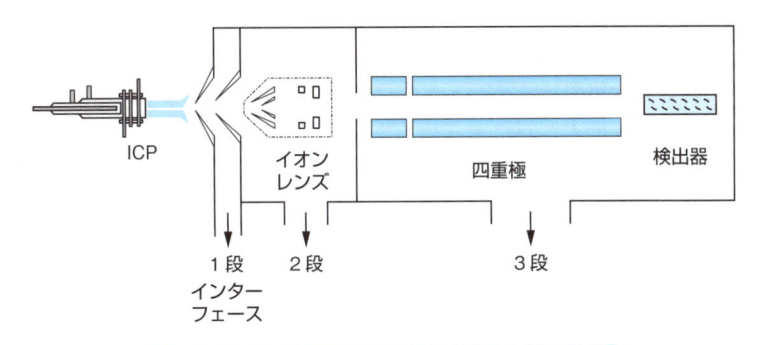

図 **13.17** ICP 四重極質量分析装置の概略図

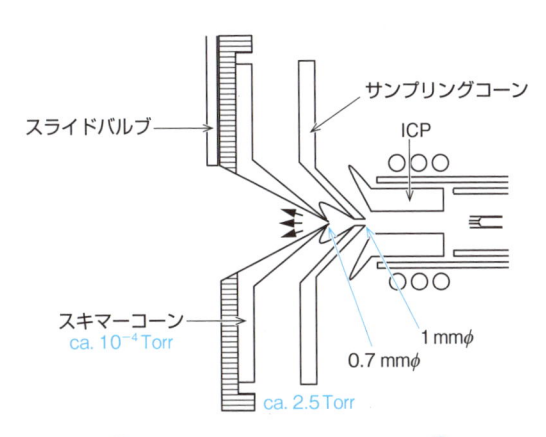

図 **13.18** インターフェース部

第13章 原子スペクトル分析法

スは**サンプリングコーン**と呼ばれ，銅またはニッケル製が普通である．オリフィスの径は，1〜1.5 mm 程度で，初段の真空度は1〜3 Torr（200〜400 Pa）である．サンプリングコーンを通過したイオンは超音速ジェットの状態となる．イオンがマッハディスクを形成してエネルギーの広がりをもつ前にイオンを次の部屋に導くために**スキマーコーン**をマッハディスクの中に差し込むように配置する．

サンプリングコーンとスキマーコーンの間がインターフェース部である．このインターフェース部は，イオンの進む方向を一様にするために必要である．2段目の部屋の真空度は 10^{-4} Torr（1×10^{-2} Pa）である．スキマーコーンは，銅またはステンレス鋼でつくられることが多いが，そのオリフィス径は0.7〜1 mm 程度で，サンプリングコーンより小さい．スキマーコーンを通り抜けたイオンのうち，正のイオンのみが数段のイオンレンズによって収束され質量分析計の入り口に導かれる．

3段目の四重極質量分析計が置かれた部屋の真空度は 10^{-6} Torr（1×10^{-4} Pa）である．イオンの検出部は，チャンネルトロンまたは2次電子増倍管が用いられている．これらの検出器はイオンとともに紫外光も感じてしまうので，プラズマからの光が直接検出器に入らないように，イオンの軌道を曲げるなどの工夫が施されている．検出されたイオンによって生じたパルスの数をかぞえることにより（**パルスカウント方式**）イオン量を定量する．イオンの濃度が高い時にはイオンにより生じる電流値の測定（**アナログ方式**）に切り替えて広いダイナミックレンジ（7〜8桁）をカバーしている．最近の装置では，ネブライザーを試料導入法として用いて，1 ppm の溶液を測定すると，2×10^7 cps 程度の信号が得られる．質量（正確には質量 m を電荷数 z で除した値）ごとにイオンの数（カウント数または電流値）を計測し，その全結果を記録したものを質量スペクトルという．

質量分析法の分解能は線スペクトル高さの5%の位置で線幅（Δm）を求め $m/\Delta m$ から計算する．四重極質量分析計の分解能はよくて500程度で，質量が80以下の元素に対しては，多原子イオンによる干渉が大きな問題となる（**表13.6**）．このような分子イオンによる干渉を除くために，できるだけ水の入らない試料導入法や，アルゴンガスの代わりにヘリウムガス，窒素ガス，ミックスガスなどに置き換える方法などが考案されている．さらに，質量分析計の分解能を高めて，多原子イオンと分析目的原子イオンとを分離する装置も市販されている．^{40}Ar^{16}O などはよく遭遇する典型的な例である．このような多原子イオンによる干渉を除くためには質量分析計の分解能として3000程度は必要となる．さらに，^{40}Ar^{40}Ar を分離しようとすると10000程度の分解能が要求される（表13.6）．

13.4 ICP 質量分析法

表 13.6　多原子および同重体イオンによるスペクトル干渉

元素	m/z	同位体の正確な質量	干渉化学種	干渉化学種の正確な質量	分離に要求される分解能
Mn	55	54.938	$^{40}Ar^{14}NH$	55.090895	359
Si	28	27.976929	$^{14}N_2$	28.006146	960
P	31	30.9737634	$^{14}N^{16}O^1H$	31.005813	966
Ti	48	47.9479467	$^{32}S^{16}O$	47.986986	1 228
Ca	44	43.95549	$^{12}C^{16}O^{16}O$	43.98982	1 280
S	32	31.9720727	$^{16}O_2$	31.989828	1 802
Fe	56	55.931938	$^{40}Ar^{16}O$	55.957299	2 504
V	51	50.944	$^{35}Cl^{16}O$	50.96376	2 580
Ni	62	61.9283	$^{46}Ti^{16}O$	61.94754	3 220
As	75	74.921596	$^{40}Ar^{35}Cl$	74.9312358	7 771
Se	80	79.91647	$^{40}Ar_2$	79.92477	9 638
Ti	48	47.94795	^{48}Ca	47.95253	10 466
Ni	58	57.9353	^{58}Fe	57.9333	29 000
In	115	114.903871	^{115}Sn	114.903346	218 900
Rb	87	86.90916	^{87}Sr	86.908892	325 000

〔1〕低温プラズマ

　プラズマは数 eV の電位をもつため，インターフェース部で 2 次放電を起こす．プラズマの電位を下げるため，図 13.18 に示したトーチとコイルの間にシードル板を装着してプラズマ電位を下げ，さらに，プラズマ出力を 0.8～1.0 kW 程度に下げると低温プラズマを発生させることができる．低温プラズマを用いると，アルゴンイオンの生成を減少させることができるため，アルゴン起因の多原子イオンによるスペクトル干渉を低減でき，特に半導体や高純度材料の分析に利用されている．

〔2〕コリジョン・リアクションセル

　低温プラズマを用いると，マトリックスが複雑な環境試料などの分析が困難となる．そのような試料に対しては，高温プラズマ（1.3 kW）を保ったままコリジョン・リアクションセルをインターフェースと四重極質量分析計との間に置き，アルゴンガス以外のガスを導入して，衝突や反応によってアルゴン起因の多原子イオンを削減することができる．コリジョン・リアクションセルを取り付けた ICP 質量分析装置の例を図 13.19 に示した．導入するガスとしては，He ガス，H_2 ガス，O_2 ガス，CH_4 ガス，NH_3 ガスなどが用いられている．

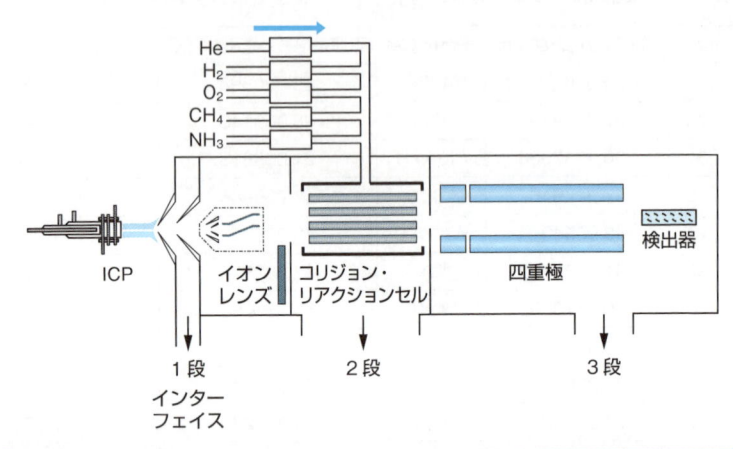

図 13.19　コリジョン・リアクションセルを用いた ICP 質量分析装置の一例

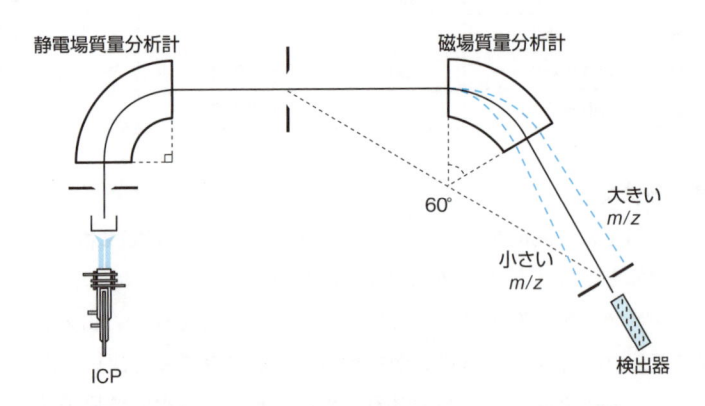

図 13.20　ICP 二重収束型質量分析装置の概略図
（m：質量，z：電荷数）

13.4.2　二重収束型質量分析装置

　磁場と電場を組み合わせた二重収束型質量分析計を用いた ICP 質量分析装置の概略図を図 13.20 に示した．サンプリングコーンとスキマーコーンの電位を 5 kV 程度の高電圧にして，ICP の中で生成したイオンを加速させ，質量分析計に導入する．イオンを加速させてイオンの収束性をよくした点，二重収束型質量分析計の透過率が四重極質量分析計より優れている点，それに，バックグラウンドが小さく

なる点により，検出下限は大幅に改善され，fg/mL（ppq）レベルに達する．

ICP 質量分析法の利点は，高感度であるとともに，ICP 発光分析法では得られなかった同位体比の情報が容易に得られる点にある．この**同位体比測定**は，年代測定，トレーサー実験，起源の推定，それに同位体希釈分析などに応用されている．ICP 四重極質量分析計で得られる同位体比精度は 0.2～0.5％程度である．一方，ICP 二重収束型質量分析計にファラデーカップを数個取り付け，"同時測定"を行うと同位体比精度は 0.01～0.02％と 1 桁改善される．

13.4.3　ICP 質量分析法の検出下限

四重極質量分析計を用いた ICP 質量分析法で得られる**検出下限**を**表 13.7** にまとめた．ここで**検出下限**とは，バックグラウンドの標準偏差の 3 倍のシグナルを与える濃度と定義している．検出下限は pg/mL（ppt）レベルである．

表 13.7　ICP 質量分析法の検出下限

元素	質量	四重極型質量分析計			二重収束型質量分析計	
		通常のプラズマ〔pg/mL〕	低温プラズマ〔pg/mL〕	コリジョン・リアクションセル〔pg/mL〕	分解能	通常のプラズマ〔pg/mL〕
Ag	107	0.1	0.5	—	300	0.03
Al	27	3	0.5	0.2	4 000	0.3
As	75	3	—	1.5	10 000	0.2
Au	197	0.3	—	—	300	0.2
Ca	44	1 000	—	30	4 000	0.8
Cu	63	0.8	1	—	4 000	0.3
Eu	153	0.07	—	—	300	0.006
Hg	202	10	—	—	300	0.3
K	39	5 000	2	0.3	10 000	0.6
Mg	24	2	0.5	—	4 000	0.1
Na	23	12	3	—	300	0.2
Pb	208	0.2	0.7	—	300	0.05
Se	78	110	—	3	10 000	0.9
Tl	205	0.06	0.7	—	300	0.003
Zn	64	0.9	0.3	0.6	4 000	1

13.4.4 試料導入装置

ICP発光分析法とICP質量分析法で一般的に扱われる試料は溶液試料である．溶液試料を同軸ネブライザーかクロスフローネブライザーにより細かい霧の状態にしてプラズマに導入する．試料が固体試料の場合には酸分解またはアルカリ融解して，一度溶液試料にしてから分析するのが普通である．固体試料を直接プラズマに導入する方法としては，レーザー光を試料表面に照射して，試料の構成物質を融解・蒸発させる方法（これを**レーザーアブレーション法**と呼ぶ）がある．レーザーを絞り込むことにより，局所分析ができるとともに，レーザーの照射位置を変えることで，元素の空間分布を得ることができる．

13.4.5 化学形態別分析

環境中の元素動態や生体中の微量元素の役割などを明らかにするためには，元素の全濃度を測定するとともに，その元素の化学形態を明らかにする必要がある．ICPでは，試料を完全に分解してしまうため，化学形態の情報は失われてしまう．そこで，各種クロマトグラフィー（ガスクロマトグラフィーや液体クロマトグラフィー）で化学形態別に分離した後，分離した試料をICPに導入することにより化学形態別分析が可能になる．

演習問題

Q.1 フレーム原子吸光分析法でよく使われている水素−アルゴンフレーム，空気−アセチレンフレーム，アセチレン−一酸化二窒素フレームはどのように使い分けるか．

Q.2 フレームの温度$2\,000 \sim 3\,000$ Kで，励起状態の原子数N_eが基底状態の原子数N_0の約10^{-5}しかない（表13.1）のに，アルカリ金属の分析でフレーム発光分析法が用いられるのはなぜか．

Q.3 原子吸光分析法における4つの干渉問題をあげ，それらがどのような干渉であるかを説明し，さらに，その対策を述べよ．

演習問題

Q.4 ICP発光分析法で求めたMgの検出下限（表13.5）はフレーム発光分析法で求めた検出下限（表13.3）よりも約4桁よくなっているのに対し，NaとKの検出下限は両方法でほぼ同じである理由は何か．

Q.5 ICP発光分析法において，内標準元素を選択する時の必要な条件を3つ述べよ．

Q.6 内標準法と標準添加法の違いを明らかにせよ．

Q.7 ICP質量分析法ではどのような種類の質量分析計が用いられているか．それぞれの特徴を述べよ．

Q.8 ICP質量分析法におけるスペクトル干渉と非スペクトル干渉について説明せよ．

Q.9 ICP質量分析法のスペクトル干渉を軽減する方法を4つあげよ．

参考図書

1. G. D. Christian 著，原口紘炁 監訳，古田直紀 他12名 共訳：クリスチャン分析化学Ⅱ・機器分析編，原書6版，丸善（2004）
2. A. Montaser 編，久保田正明 監訳：誘導結合プラズマ質量分析法，化学工業日報社（2000）
3. JIS K 0133：2007 高周波プラズマ質量分析通則
4. 日本分析化学会 編：分析化学データブック 改訂5版，丸善（2004）
5. C. Vandecasteele, C. B. Block 著，原口紘炁，古田直紀 他2名 共訳：微量元素分析の実際，丸善（1995）

ウェブサイト紹介

1. **National Institute of Standards Technology（Ground levels and ionization energies for the neutral atoms）**
   http://physics.nist.gov/PhysRefData/IonEnergy/tblNew.html

第14章
質量分析

本章について

　質量分析は機器分析の中でも非常に幅広く多方面に用いられている技術である．技術要素として，試料導入系，イオン源，質量分析部，検出部，真空排気系がある．特に，イオン源は非常に種類も多く，常に技術開発の先端に位置している．また，これらの技術要素は，分析応用目的に応じてさまざまな相組合せがなされている．本章においては，それぞれの技術要素について具体的な特徴を述べるとともに，適した応用について解説を加えていく．

第14章

質 量 分 析

14.1 装 置

　質量分析（mass spectrometry）は，化学，物理学，生物化学，医薬などの分野で広く使われる機器分析法である．一般的には，有機化学，天然物有機化学，タンパク質などを対象とする医薬・生物化学の分野で，分子構造の解析などに用いられる分析装置と考えられることが多いが，元素分析・同位体分析にも必須の装置であり，また，物理の分野における原子核実験などで使用される加速器は，質量分析装置の巨大集合体と見なすこともできる．

　質量分析装置の歴史は，他の機器分析と比べても新しいものではなく，その原型は19世紀末のGoldsteinやWienらの磁場，電場による陽電荷をもつ粒子の偏向の実験にさかのぼることができる．その後，ThomsonやAstonらの開発を経て，第二次大戦前までには，いわゆる現在の質量分析装置の原型をなすようなエネルギー収束，方向収束を行う質量分析計がつくられ，元素の同位体とその存在量の測定などが行われるようになった．

　当初は，元素分析・同位体分析，あるいは，無機化合物の分析に用いられていたが，イオン源や，二重収束型の開発など分解能を高める努力により，より大きな質量数を有する分子，特に有機物の分析を行う機器として著しい発達をしてきた．さらには，タイプの異なる質量分析部を組み合わせ，その間に化学反応を起こすセルを挟み，より複雑な化学構造の解析に用いられる，といったことも可能になってきた．さらに，応用分野によって後述するようなさまざまなイオン源（および付随する試料前処理・導入部），質量分析部，検出器が開発され，実に多様な質量分析装置が存在しているのが現状である．したがって，自らの研究や業務の仕様や目的にあわせ，適切な仕様の質量分析装置を選択し，その性能を十分に発揮させるようにしなければならない．

　また，質量スペクトルを正しく解析する基礎知識も必要である．あわせて将来的に新たな課題が発生した場合，適切に対処できる潜在力を保持するためには，さまざまな質量分析装置の正しい情報を蓄積しておくことが重要である．異なった分野

において用いられる装置も，使い方によっては，全く別分野において威力を発揮する可能性もある．以下，質量分析装置の概略，イオン化法，質量分析部の種類，応用例などについて述べる．

　質量分析装置は，試料の分子や原子をイオン化して一定の方向に走らせるイオン源部，イオンを質量に応じて分離する分析部，分離されたイオンを検出する検出部と，これらのすべて，もしくは一部分を排気する真空排気部から成り立っている（図 14.1）．「ある程度の真空下でイオンに何らかの運動を行わせる」ことが質量分析の基本である．もし，この制約から全く解き放たれた質量分析計が開発されたなら，それは機器分析上最大の革命的な発明になるはずであるが，残念ながら，そのような装置はない．

　したがって，現状では試料を何らかの方法でイオン化し，それを真空下で運動させる工夫をしなければならない．そのため，不安定な分子，イオンになりにくい原子・分子，難揮発性の物質の分析には一工夫も二工夫も必要であり，そのために多様なイオン源が開発されてきた．また，クロマトグラフなどの化学分離システムと組み合わせて多次元のスペクトルを得ることも行われている．このようなシステムとしての質量分析装置を制御し，データを得て解析するために，質量分析装置には制御用，データ処理用のパーソナルコンピュータ（もしくはワークステーション）が必須となってきている．

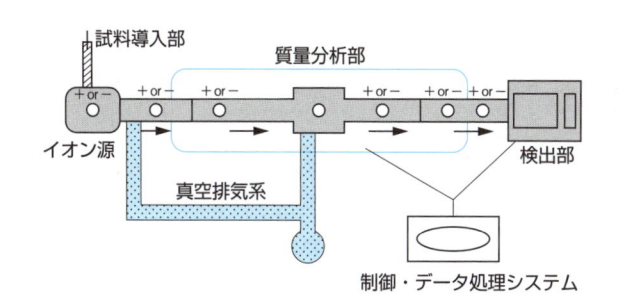

● 図 14.1　質量分析装置の基本構成 ●

14.2　イオン化法

　前述のように，質量分析はイオン（荷電をもった粒子）を生成して真空下を走ら

せることを基本とする．したがって，目的とする試料について，ある単位でイオン化させる技術が必須である．有機化学や生物・医薬などの分野における分子構造解析においては，できる限り，分子レベル，粒子レベルで（なるべく基本構成要素を保存した状態で）電荷をもたせる工夫が必要であり，一方，無機化学の元素分析・同位体分析においては，なるべく原子レベルに分解した状態でのイオン化が求められる．前者であれば，なるべく「ソフトな」イオン化が好ましいし，後者であればできるだけ「ハードな」イオン化が適している．すなわち，どのような試料をどのような目的で質量分析を行うかに応じて，イオン源の選択を行う．現在，市販されている質量分析装置に用いられている主なイオン化法には以下のようなものがある．

・EI（electron ionization）：電子イオン化
・CI（chemical ionization）：化学イオン化
・ESI（electro-spray ionization）：エレクトロスプレーイオン化
・APCI（atmospheric pressure chemical ionization）：大気圧化学イオン化
・FAB（fast atom bombardment）：高速原子衝撃
・MALDI（matrix assisted laser desorption ionization）：マトリックス支援レーザー脱離イオン化
・SIMS（secondary ion mass spectrometry）：二次イオン化
・ICP（inductirely coupled plasma）：誘導結合プラズマ
・TIMS（thermal ionization mass spectrometry）：熱電離（表面電離）

その他にも，イオン付加，フィールドイオン化，サーモスプレーなども開発・応用に供されており，また，高感度なイオン化ではレーザーアブレーションが開発途上にある．上記のイオン化法の中で，SIMS，ICP，TIMS は元素分析・同位体分析に用いられる最も「ハード」な部類に属するイオン化である．ICP については第13章で詳細が述べられており，また TIMS は同位体比分析のみに限定される極めて特殊なイオン化法であるので，ここでは一般的に触れることの多い他のイオン化法についての解説を行う．

イオン化法について述べる際，その特性に適合する質量分析部，検出部についてふれることが必要であるが，それは，次項に述べることとし，まず，利用者が分析試料に合わせて最も適したイオン化法を選ぶ，との観点から，各イオン化法の特徴

について述べる．

14.2.1 電子イオン化（EI）

　試料を加熱気化し，真空下へ導く．そこで，試料分子は数十 eV に加速した熱電子による衝撃を受けてイオン化する．イオン化だけでなく，フラグメンテーションを起こし，オリジナルの分子だけでなく，その分子の構造に応じてさまざまなフラグメントイオンも生成される．古くから利用されてきたイオン化法で，かつ，質量スペクトルの再現性も高く，さまざまな化合物をこのイオン化法で質量分析を行った結果のスペクトルのデータベースが整っている．したがって，各化合物に固有のスペクトルのデータベースに基づき，未知試料の質量スペクトルをいわば「指紋」のように解析し，構造解析を行うことができる．

　試料としては，加熱により安定に気化できるものが適している．分析対象領域としては通常 m/z として 1 000 程度といわれている．ここで m は分析対象の質量，z はその電荷数である．

14.2.2 化学イオン化（CI）

　上記 EI と構造的に似たイオン源である．すなわち，試料は同様に加熱気化し，真空下へ導くが，これを直接電子でたたくのではなく，別途メタン（試薬ガスと呼ばれる）などを電子衝撃により大量にイオン化し，生成したイオンと試料分子が相互作用し，試料のイオン化が行われるものである．フラグメンテーションを起こしにくく比較的ソフトなイオン化法であり，また，正イオンだけでなく負イオンも観測することができる．上記 EI と共用の EI/CI イオン源として市場に出ていることも多い．EI と同じく加熱により安定に気化できるものが適している．分析対象領域としては通常 m/z として 1 000 程度といわれている．

14.2.3 エレクトロスプレーイオン化（ESI）

　次項に述べる APCI と合わせ大気圧イオン化と呼ばれる．図 14.2 に示すように，イオン源の構造は，試料の噴霧システムと脱溶媒（差動排気部分を兼ねる）部からなる．まず，試料を溶質・噴霧ガスとともに μL/min のオーダーでキャピラリーから噴霧を行う．このとき，キャピラリーの先端に最大数 kV の電圧をかける．すると帯電した液滴が生じ，噴霧ガスとともにサンプリングコーンへ運ばれる．サンプリングコーンへ運ばれる途中には暖かい乾燥ガス（通常は窒素）を流す部分と差動

第14章 質量分析

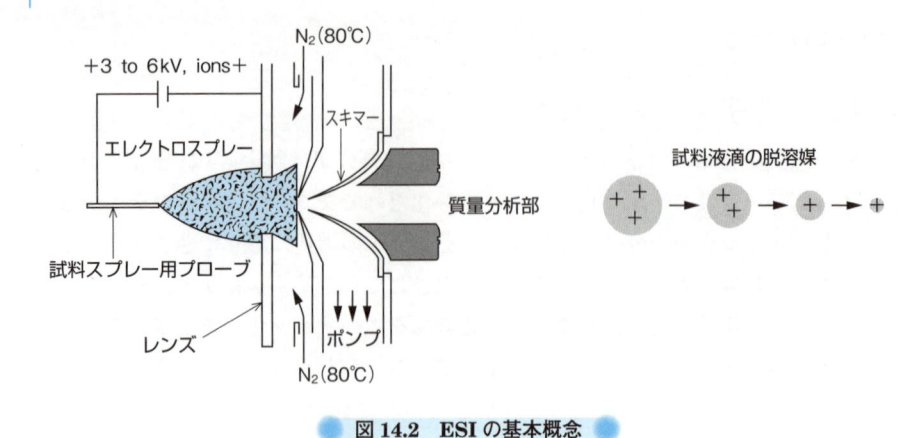

図14.2 ESIの基本概念

排気部分がある．帯電した液滴は乾燥ガス部分と差動排気部分を通過しながら徐々に脱溶媒を起こし，溶媒から分離した試料分子のイオンはサンプリングコーンを通過し，さらにスキマーコーンと呼ばれるピンホールを通り，より高真空な質量分析部へと導かれる．

試料分子からは，プロトン化分子（$M+H^+$），あるいは脱プロトン化分子（$M-H^-$）が生成されるので，正イオン，負イオンそれぞれの測定モードがある．このイオン源は極性有機化合物のほとんどに対して有効である．また，タンパク質や糖，リン脂質などの分子量が大きなものでも，多価イオン（$[M+nH]^{n+}$，あるいは $[M-nH]^{n-}$）を生成させ，試料の分子量を測定することができるのも特徴である．

フラグメンテーションを起こしにくい「ソフトイオン化」の典型であり，質量分析部の性能（後述）によっては，試料分子の構造解析がそのまま行えるが，一方で，イオン源の調整により，あるいは後述のコリジョンセルやイオントラップと組み合わせて，意図的にフラグメンテーションを起こさせ，構造解析を行うこともある．分析対象領域は，m/z が100以下から100 000以上に至るまで，極めて広く，現在，APCIと合わせ，急速に普及しつつある．また，液体クロマトグラフなどとの組み合わせにも適している．

14.2.4 大気圧化学イオン化（APCI）

前項のESIと類似点のあるイオン源であり，最初から併用を前提とした市販の機器も多く存在する．ESIとの相違は，試料噴霧する際，キャピラリーには電圧は

かけず，試料溶液は噴霧ガスとともに脱溶媒，気化を起こす点にある．この際噴霧系は加熱されている．生じた微細な液滴（エアロゾル）はコロナ放電電極へ導かれる．そこで，溶媒分子がイオン化を起こし，すでに述べた CI における試薬ガスと同様な働きをし，試料分子をイオン化する．ここで，ESI と同様，試料分子からプロトン化分子（$M+H^+$），あるいは脱プロトン化分子（$M-H^-$），が生成する．ここまでは大気圧下にある．この後，試料分子イオンは差動排気部を経て質量分析部へと導かれる．

ただし，ESI と異なり，多価イオンを生成することはないので，高分解能の質量分析部と組み合わせない場合，分子量の大きな試料には適さない．その代わり，ESI と同様，イオン源の調整により，フラグメンテーションを起こさせての構造解析が可能である．極性有機化合物のほとんどが対象となる．

14.2.5 高速原子衝撃（FAB）

試料を気化させることなくイオン源へ導入できる手法である．すなわち試料溶液を揮発性の低い，マトリックス（例えばグリセリン）とともにイオン源のターゲットに乗せる．これに対し，キセノン（時にはヘリウムやアルゴンなども用いられる）イオンビームから，電荷交換により原子ビームに変換されたキセノン原子ビームを照射する．試料溶液から溶液中のイオンあるいは試料分子，マトリックスからプロトン化，あるいは脱プロトン化により生成したイオンが発生する．

これらの試料関連イオンを質量分析するものである（図 14.3）．ただし，マトリックスに由来するシグナルも観測されるので質量スペクトルは複雑なものとなる

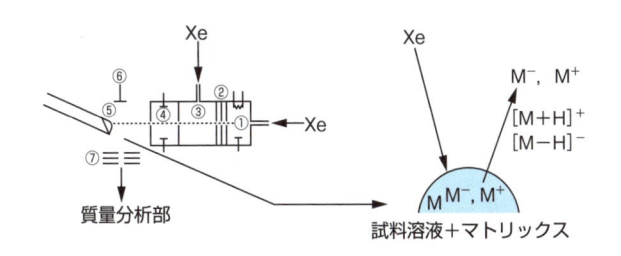

① Xe のイオン化
② Xe イオンの加速
③ Xe の電荷交換と中性原子ビーム生成
　　$Xe^+_{(rapid)} + Xe_{(slow)} \rightarrow Xe^+_{(slow)} + Xe_{(rapid)}$
④ Xe イオンの除去
⑤ 試料
⑥ & ⑦ 生成イオンの引き出し

図 14.3　FAB の基本構成（Xe を用いる場合）

が，一方で，マトリックス由来の既知のシグナルで質量校正ができるという特徴もある．フラグメンテーションが比較的生じにくい上に脱溶媒過程も経ないので，熱分解性の化合物や難揮発性の化合物の分析に向いている．最近では液体クロマトグラフとの結合もできる装置が開発されている．

14.2.6　マトリックス支援レーザー脱離イオン化（MALDI）

前記 FAB と同様，試料を気化させることなくイオン化させる方法である．試料をマトリックスと呼ばれる試薬と混合し，これをレーザー（通常は N_2 パルスレーザー，337 nm を使用する）で照射する．レーザーによる励起を受けてマトリックスがイオン化され，イオン化したマトリックスとの相互作用で，試料のイオンが発生するものである．マトリックスとして，分析目的試料に合わせ，さまざまな化合物が用意されている．パルスレーザーでイオン化するため，イオンも継続的ではなくパルス的に生成できる特質を生かして，質量分析部には TOF 型（後述）を用いるのが通常である．不揮発性の高分子，巨大分子の分析に適している．

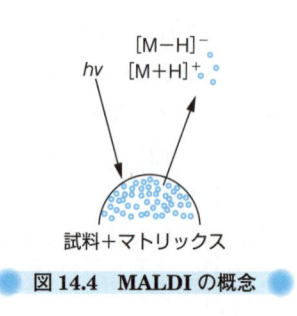

図 14.4　MALDI の概念

14.2.7　二次イオン化（SIMS）

前記の FAB は高速の原子ビームを試料に照射するものであったが，イオンの高速ビームで試料を照射するものである．一次イオンとして Cs^+ ビームなどが用いられる．FAB に比べ，エネルギーが高いため検出感度が上がるといわれており，より高分子質量の化合物の分析に適している．SIMS は固体試料の表面分析・深さ方向の分析によく使われる．

14.3 試料導入部

　試料形態が固体であり，そのまま，特に何らかの溶媒に溶かす，あるいは液化させることなく測定したい場合は，直接イオン源へ導入する．固体試料の直接導入が可能なイオン源としては EI，CI，FD（電界脱離），MALDI である．ただし，MALDI 以外は気化の過程を経るので，加熱気化が困難な試料は何らかの溶液に溶解しなければならない．また，試料が液体である場合，EI，CI では特に直接導入に問題はないが，FAB の場合は，試料が揮発する前に測定を終了させる必要がある．また，ESI，APCI においては取り扱う試料の量・濃度（および共存塩などがある場合はその濃度）が多すぎる・高すぎると試料導入およびイオン化に支障が生じるので，少量かつ希薄な溶液にして導入することが重要である．その目安は各測定装置の試料導入部の仕様によるので注意が必要である．

　以上のように単一成分試料の分析の場合は，試料を直接イオン源に導入する場合もあるが，混合物の分析，あるいは不純物分析の場合は化学的な前処理，特に分離手法を経由した後，イオン源に導入する場合が多い．最初からこれを前提とした試料導入システムと組み合わせたイオン源が主流になっている．それは，クロマトグラフと組み合わせたシステムである．また，熱分解装置を組み合わせ，試料を熱分解し，生成してきた試料に由来する分子をイオン源，あるいはイオン源に取り付けられたクロマトグラフに導入する装置もある．クロマトグラフィーとしては，液体クロマトグラフィー，またはガスクロマトグラフィーが用いられ，キャピラリー電気泳動が組み合わされることもある．

　ガスクロマトグラフィーおよび液体クロマトグラフィーについては第 15 章，第 16 章に詳細が記されているので，ここではイオン源との組み合わせを主体に簡潔に述べるにとどめる．

- ガスクロマトグラフィー（GC）

　　気体試料，揮発性試料の分離精製，検出，成分分析にはガスクロマトグラフィーが用いられる．クロマトグラフィーを経た段階では，試料は単一成分の気相となっており，そのまま EI もしくは CI に導入できる．実際，ガスクロマトグラフィーは質量分析と組み合わせが早くから行われており，GC/MS は早くから有機質量分析に定着してきた．他のイオン源との組み合わせには向かない．

・液体クロマトグラフィー（LC）

　液体クロマトグラフィーは ESI あるいは APCI をイオン源として組み合わせることが多い．EI，CI に対してはパーティクルビームインターフェースと呼ばれるシステムも開発・利用されているが，あまり一般的ではない．近年ではインターフェースを工夫して FAB とも組み合わせることができるようになってきている．液体クロマトグラフィーが組み込まれた各イオン源を利用する際は，分離とイオン源の両方に適切な条件を設定する必要がある．特に移動相，緩衝液などの添加剤，分離能とイオン化の両方に影響を与える流量など吟味すべき事項は多い．特に無機塩類などの共存はプローブ（キャピラリー）の目詰まりをもたらすこともあるので，取り扱いは慎重を要する．各装置の取扱説明書をよく参照して測定条件を決定する必要がある．

・キャピラリー電気泳動（CE）

　キャピラリー電気泳動（CE）は極微小流量で微量な試料を高分離能で分離できる特質があり，近年質量分析装置とのカップリングが注目されるようになってきている．ESI，APCI，FAB と接続させて用いられることが多い．ESI や APCI と接続して使う場合，スプレー流量に比べ，CE の泳動液の流量が 1 桁から 2 桁以上低いレベルであるので，流量を増やすための溶媒流が必要となることが多い．また，泳動液も使用する質量分析計のイオン源に適合していることが必要である．なお CE 装置を使用している際は常に高電圧がかかっているので，使用時には注意を払う必要がある．

14.4　質量分析部

　質量分析部の役割はイオン源で生成したイオンをその質量／電荷数（m/z）によって分離することである．イオン源の選択は測定する試料の性質に合わせて，また試料導入システムの選択と合わせて行われるが，質量分析部は測定の目的と利用するイオン源とに合わせて選択される．一般に質量分析計は質量分析部のタイプによって分類される．本書で取り扱う有機分析において利用される質量分析法は以下の 5 種類である．細かくいえば電場と磁場（あるいは磁場，電場と四重極型）とを組み合わせた二重収束型もあるが，これは扇形磁場型の中で述べる．また，イオントラップ形は，四重極を発展させたもので，四重極イオントラップ型，リニアト

14.4 質量分析部

ラップ型などさまざまな形式があるが，まとめて解説したい．

・扇形磁場（magnetic sector）型
・四重極（quadrupole）型
・飛行時間（time-of-flight：TOF）型
・フーリエ変換イオンサイクロトロン共鳴型
・イオントラップ型

それぞれの質量分析部の詳細は後述する．質量分析部を取り扱うとき，重要なパラメーターは「**分解能**」（resolution）である．ある質量 m_1 に対応するピークとそれに近接する質量 m_2 に相当するピークが分離できたとき，その質量差と質量 m_1 との比として表される．すなわち，$\Delta m = m_2 - m_1$ としたとき，分解能 R は $m_1/\Delta m$ で表される．例えば，分解能 1 000 で測定できる装置があった場合，m/z = 1 000 に相当するピークと m/z = 1 001 に相当するピークが別のピークとして検出できることになる．上記の 3 タイプの質量分析部について簡単に述べると，一般的に得られる質量分解能は，フーリエ変換イオンサイクロトロン共鳴型＞扇形磁場型＞四重極型となる．飛行時間型に関しては，イオン源の特性と後述する装置の実効飛行距離に依存するので，一概には比較できない．

　質量分析により得られる質量スペクトル上には検出された分子イオンに起因するピークが現れるが，それは，各分子イオンの存在度に加え，その分子を構成する元素の同位体組成をも反映している．有機化合物の場合，構成元素は C，H，O，N などが主であるが，それぞれ，質量数が 12，1，16，14 の同位体の存在量が非常に多く（99％程度），m/z の比較的小さなところに見られる分子量の小さな化合物では，あたかも単各種元素で構成された化合物であるかのように，1 本のピークが主で，同位体を反映したスペクトルは判別しがたいが，原子数が多くなると，各元素の同位体存在率と，その原子数を反映したスペクトルが顕著になる．

　また，例えば塩素（Cl）のように 1 つの同位体に偏った存在率を示さない同位体を有する（Cl の場合，35：75.77％，37：24.23％）元素を化合物中に含む場合は，特にその化合物が比較的低分子量の場合，塩素の同位体存在度を反映した特徴的なスペクトルが現れるので，識別に役立つ．したがって，質量分析に携わる場合，ある程度，主要な元素の天然の同位体存在率の概要程度は把握しておいた方がよい．

14.4.1 扇形磁場型

古くから利用されてきた質量分析部であり，その原理・設計に関するデータの集積もあり，完成度の高いものである．イオンが磁場内を移動する際，速度方向と磁場方向に応じたテンソル力を受けることを利用している．基本的には，イオン源で生成したイオンを数 kV のポテンシャルで加速し，扇形磁場に導入すると，そこで，磁場の影響を受けてイオンは軌道が曲げられる．このとき，質量の大きなイオンより，小さなイオンの方が，軌道がより大きく曲げられる．このとき，イオンが受ける力は次式で表される．

$$\frac{m}{z} = \frac{eB^2r^2}{2V}$$

ここで，m はイオンの質量，z は電荷，B は磁束密度，r はイオンのとる軌道半径，V はイオンの加速電圧である（なお e は電気素量である）．なお，m を原子質量，あるいは分子量で表現し，B, r, V の単位をそれぞれ T（テスラ），cm，V（ボルト）とすると，実用的な計算式は以下のようになる．

$$\frac{m}{z} = \frac{4.825 \times 10^3 B^2 r^2}{V}$$

ここで，V を一定にして B を変える（あるいは B を一定にして V を変化させる）ことにより，任意の m をしかるべき軌道半径 r 上の検出器でとらえることができる．

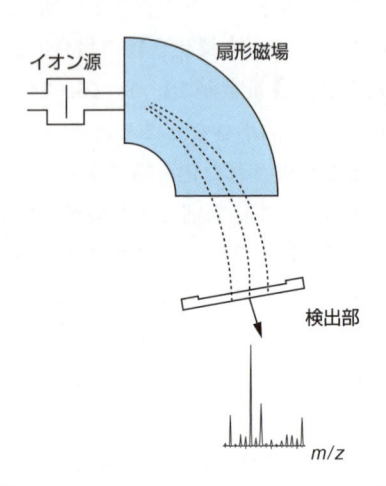

図 14.5 磁場型質量分析装置の概念

14.4 質量分析部

　ほとんどの磁場型質量分析装置（特に有機分析に用いられる質量分析装置）では，V を一定にして，B を変えるスタイルであるが，例外的に，気体元素の同位体を測定する目的に限定された装置では永久磁石を用い（つまり B を固定して）加速電圧を少しだけ走査する仕組みのものも存在する．

　上式から分かるように，分析できる質量を大きくとる場合は，B と r の値を大きくしなければならないが，r を大きくするのは現実的に限界があるので，B を大きくする必要がある．また，加速電圧 V を下げることも考えられるが，イオン源からのイオンの収率を考慮すると加速電圧を下げることは現実的ではない．通常数 kV である．基本的には，巨大な分子を質量分析するためには，できる限り B と r を大きくとった巨大な電磁石が用いられることになる．特殊な質量分析部として重畳磁場型と呼ばれる電場と磁場を重ねたものもあるが専門に立ち入りすぎるので，ここでは省略する．

　また，**質量分解能**はおおざっぱにいうと装置のイオン光学系と B, r に依存する．収差の少ないイオン光学系を設計し，できる限り B と r を大きくとれば，高分解能が得られるが，装置のサイズにも現実的な限界があるので，いかにイオンビームの収差を小さくするかが重要となる．収差の主な要因はイオンのエネルギーの幅である．そこで，このエネルギーの幅を小さくして収束させるために静電場を用いる．この静電場と扇形磁場を組み合わせることにより高分解能を得ることができる．これが一般的な二重収束型の質量分析部である．なお，静電場の作用をエネルギー収束と呼び，前述の扇形磁場の作用を方向収束と呼ぶ．100 000 を超える質量分解能が得られる二重収束型の質量分析装置も市販されており，高分解能でかつ高感度を必要とする分析に用いられている．二重収束型を含め，扇形磁場型の質量分析部はイオン源としては電子衝撃（EI），化学イオン化（CI），FAB などとの組み合わせが一般的である．特に，高分解能で厳密に質量を特定し，元素組成を導き出す用途に用いられる．

　エネルギー収束，方向収束をきちんと行うため，内部はある程度，高真空（10^{-6} Pa 程度以下）に保つ必要があり，イオン源の中でも ESI や APCI は試料導入部のプローブ径などイオン源の真空度によっては差動排気システムに負担がかかるので扇形磁場型の質量分析部と組み合わせる場合は注意が必要である．また，加速電圧も数 kV になり，イオン源にもかなりの高電圧がかかるので，試料導入系も限定される．

14.4.2 四重極型

1950年代に発明された装置である.4本のロッド状電極を図14.6のように並べ,向かい合うロッドに同じ極性の電圧がかけられ,隣接するロッドには反対の極性の電圧がかけられる.電圧はそれぞれの極性の直流V_dと高周波交流V_aを重ね合わせたもの,$\pm(V_d+V_a\cos\omega\cdot t)$となる($\omega$,RF周波数).イオン源で発生したイオンを中心軸付近で低加速(せいぜい10 eV程度)で走らせると,イオンは高周波電圧の影響を受けて振動しながら進んでいく.ある周波数においては特定の質量のイオンのみ安定な振動状態となって通過でき,他の質量のイオンは発散してロッドに衝突してしまう.実際にはωを一定とし,直流成分と高周波交流成分の電圧比V_d/V_aを一定に保つ条件で高周波交流電圧V_aを変化させることで四重極を安定に通り抜けられるイオンの質量の走査が行われる.

しかしながら,V_aおよび四重極の構造上,質量分析できる質量は余り大きく設定することは困難で,だいたい2 000程度が実用上の限度である.より高質量の分子を測定する場合はESIと組み合わせ,多価イオンを生成させることで分析が行われている.また,分解能はV_d/V_aを変えることにより調整できるが,一般的に磁場型ほど大きくとることができず,高分解能な質量分析装置には向かない.さらに,入射するイオンは低加速でないと質量分離されないため,高電圧でイオン源からイオンを引き出す装置に対しては,減速装置などを間に挟まないと使用できない.

四重極型の質量分析部は大きさも小さく,取り扱いも簡便で,また作動のための

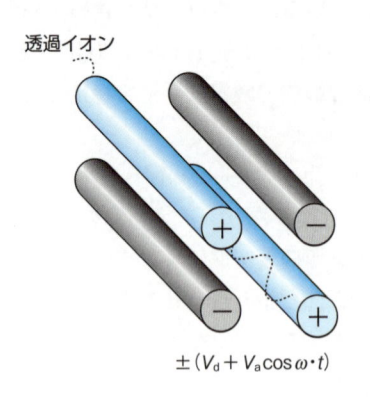

図14.6 四重極型質量分析装置の概念

真空度も他の質量分析部ほど高度なものが要求されないため，上記の ESI を始め多くのイオン源と組み合わせて広く用いられている．特に，液体クロマトグラフやガスクロマトグラフと結合した装置が広く市販され，さまざまな応用分野で用いられている．

また，四重極に高周波交流成分の電圧のみをかけ，直流電圧をかけない場合は，すべてのイオンが安定に振動しながら通過し，一種のレンズ電極として働くため，分子イオンを分解して官能基を分析するためのコリジョンセルとして使われることがある．

14.4.3 飛行時間型

一定の電圧 V で加速された速度 v のイオンは $1/2\,mv^2 = zeV$ により与えられる運動エネルギーを有するので，$v = \sqrt{(2zeV)/m}$ という関係が得られる．ここで，m はイオンの質量，z はイオンの電荷数，e は電気素量である．つまり，同じ加速電圧でイオン源から引き出されたイオンはその m/z により速度が異なるわけであるから，同じ距離を走らせると，到達時間が異なる．この，m/z による飛行時間の違いを利用したものが飛行時間型（TOF）質量分析である．この質量分析を行うためには，イオン源からパルス状のイオンの引き出しを行わなければならない．パルス状に引き出されたイオンを一定距離走らせるような工夫をして末端に検出器をおくと，パルス状のイオンが進む間に速度の差により分離され，m/z の小さいイオンから逐次検出器に入射する．

質量分解能は，イオン源から引き出すイオンのパルス幅とエネルギー幅，そして飛行距離に依存する．また，m/z が大きくなると飛行時間も長くなり，同一条件では，m/z が大きいほど質量分解能も大きくなり，かつ質量分析できる質量領域に原

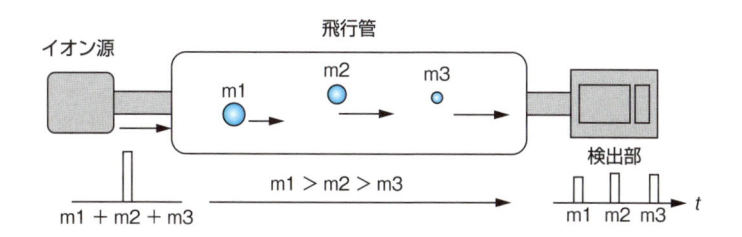

● 図 14.7　飛行時間型質量分析装置の概念

第14章 質量分析

則的に制限はないため，高質量の分子の質量分析に威力を発揮する．また，飛行距離を伸ばし，測定に影響を与えるイオンのエネルギー幅を小さくして分解能を上げる効果のあるリフレクトロンなども開発され，その性能は進歩してきている．TOF型の質量分析部は操作法が簡便で，しかも電気的な意味での駆動部分が少ないため信頼性，耐久性に優れ，その利用は広まりつつある．イオンをパルス状に引き出さねばならない，という性質上，パルスレーザーを用いるMALDIとの組み合わせが最も一般的であったが，最近では，イオントラップや遅延引き出しなどの技術とも組み合わせ，LC-ESIなどとの組み合わせも珍しくなくなってきた．

14.4.4 フーリエ変換イオンサイクロトロン共鳴型

磁場の中で動く荷電粒子は，磁場からのテンソル力を受けて円運動を行う．その円運動の周期は荷電粒子の質量の関数となっている．その周期と同期する高周波を回転面に垂直な方向から導入すると，回転している荷電粒子は高周波のつくり出す周期的な空間電場と共鳴する．これをイオンサイクロトロン共鳴現象と呼ぶ．この現象を利用して，共鳴周波数から質量分析を行うもので，かつてはオメガトロンなどとも呼ばれていた．

基本的には，一様磁場中でさまざまな周波数の交流電場をかけるとある質量の荷電粒子のみがサイクロトロン共鳴を起こすので，共鳴周波数をフーリエ変換解析し，存在するイオンの質量が分析される，というものである．検出感度，分解能ともに非常に高く，個数を数えるほどの感度であるが，超高真空を必要とし，取り扱いも困難であるので，気相中の分子反応の解析など特殊な用途に用いられている．

14.4.5 イオントラップ型

イオントラップとは四重極型の発展形ともいえ，高周波を供給する電極と直流電極を組み合わせた空間に特定の質量の荷電粒子を閉じ込め，質量分析を行うものである．基本的に，2つのエンドキャップ電極および1つのリング電極を配置し，両者の間に交流電圧をかけ，イオンを中心付近に閉じこめるものがよく用いられるが，図14.6の四重極型の質量分析装置のような形状で，電極の軸方向にイオンを閉じ込めるリニアトラップ型もあるなど，閉じ込め電極の形状でさまざまな名称がつけられている．小型化に適しており，携帯可能ともいえる装置が市販されている．また，閉じ込めるという操作が存在するため，目的の質量のイオンを「貯め込む」，すなわち，感度を高めることも可能であるという利点が存在する．

さらに，かける交流電圧を操作することにより，任意のイオンを閉じこめ，質量分析を行うことができるだけでなく，分子イオンを閉じこめて，そこで，イオン分子反応を起こさせ，フラグメントイオンの観測に用いることができる．最近では，生じたフラグメントイオンを精密質量測定するために TOF などと組み合わせた装置も市販されるようになってきた．

以上がいわゆる質量分析の基本形であるが，これらを組み合わせた質量分析法も一般的に存在しているので紹介する．よく，MS/MS あるいはタンデムマスなどと呼ばれている装置である．これは，2つの質量分析部をタンデムにつなげるものであるが，単純に分解能を上げるためだけではなく，例えば，1段目の質量分析部と2段目の質量分析部の間に四重極型の説明の項でふれたコリジョンセルを置き，1段目の質量分析部で特定の分子をコリジョンセルに導き，コリジョンセル内で生成したフラグメントイオンを2段目の質量分析部で分析し，どのようなフラグメントイオンが含まれるかを解析することが行われる．あるいは逆に，あるイオンのみを検出できるように2段目の質量分析部を設定し，1段目の質量分析部を走査してコリジョンセル内にすべてのイオンを入射させ，特定のフラグメントを生成するイオンを解析することもできる．タンデム型の質量分析部としては四重極型－四重極型，磁場型－磁場型などさまざまなタイプがある．

14.5　検出器

質量分析されたイオンはしかるべき検出器で測定しなければならないが，微小なイオン電流をいかに感度よく測定できるかが重要となる．質量分析装置に用いられる検出器としては以下のようなタイプがある．

14.5.1　ファラデーカップ

届いたイオンをそのまま電流として測定する箱形の検出器である．構造的にも簡単で古くから用いられてきた．ただし，イオンがカップに衝突して2次電子が放出されると見かけ上の測定値が変動するので，イオンの進む方向に向かって深い箱にするとともに，発生した2次電子を外に出さず箱内に追い返すサプレッサー電極が取り付けられているのが普通である．強いイオン電流から微少のイオン電流ま

で計測可能で，しかるべき温度調節と電磁遮蔽がなされた負帰還直流増幅器と組み合わせると 10^{-15} A 程度の微小イオン電流を精度よく測定できる．それ以上の微小なイオン電流は次に述べるマルチプライヤーなどで計測される．

14.5.2 マルチプライヤー

イオンが金属に衝突して2次電子を出し，その放出電子を加速して次の電極に当て，より多くの2次電子を出す，ということを繰り返し行い，イオン電流を増幅して検出するものである．よく SEM などと略称される．2次電子ではなく，発光させて得られた光子を増幅させるフォトマルチプライヤーも同様な原理である．また，2次電子を放出させるところを電位勾配を与えた管状にし，2次電子が管壁に衝突して増幅されながら進んでいくようにして，増幅後検出するようにしたものをチャンネルトロンと呼ぶ．

14.5.3　半導体検出器，マルチチャンネルプレート（MCP）

上記の2つの検出器は汎用的に使われているが，特に，微小に設計したチャンネルトロンを束ねたものをチャンネルプレートと呼ぶ．これは，単に到達したイオン電流の強度を測定するだけではなく，「どこの」チャンネルトロンで検出されたかも分かるので，磁場型の質量分析部と組み合わせると，特定の軌道を通ってきたイオンだけでなく，別の軌道を通ったイオンを同時に検出できる．つまり，同時に複数の m/z に対応するイオンを検出できる．最近では，デジタルカメラの受光部と同じ原理で，イオンを検出する半導体検出器を並べたものが用いられるようになってきた．これはマルチチャンネルプレート（MCP）と呼ばれている．

14.6　マススペクトルの解析

14.6.1　元素組成の解析

二重収束型の質量分析装置，TOF 型質量分析装置，あるいは FT（フーリエ変換イオンサイクロトロン共鳴型）質量分析装置といった，10 000〜20 000 以上の質量分解能を出せる装置で，m/z を小数点以下3桁まで計測し，元素組成の推定を行う．組み合わせるイオン源は対象試料の性質によるが，FAB, ESI, MALDI（TOF 型の場合）が一般的である．

14.6.2 構造解析

観測されたフラグメントイオン,試料関連イオンから,試料の構造解析を行う場合,最も伝統的な手法は,イオン源として EI などを用い,質量分析部は四重極型,磁場型などを用いて質量スペクトルを「指紋」のように見なし,蓄積されたデータベースと照合しながら解析を行う.一方で,14.4 節でふれたように,コリジョンセル装置が付いたタンデム型の質量分析装置を用いて,生成イオンを解析することが最近盛んになってきている.イオン源としては LC/ESI が最も一般的である.

図 14.8 と図 14.9 に,質量スペクトルによる構造解析の試みの例を記す.これは,水溶液中に溶存する Al の化学形を解析した例である.Al は加水分解されやすい金属元素であり,溶液の pH に応じてさまざまな化学形態をとると考えられている.図 14.8 は pH 4 程度の水溶液中に 1 量体のアルミニウム,$[Al(OH)_2(H_2O)_n]^+$ が存在していることを示している($m/z = 95$ のピークが $n = 2$ で,$m/z = 117$ のピークが $n = 3$ に相当する).一方,図 14.9 は前記の溶液をアルカリで中和した後の質量スペクトルであるが,特徴的な構造をもつ 2 価と 3 価の 13 量体($[Al_{13}O_9(OH)_{19}(H_2O)_n]^{2+}$ と $[Al_{13}O_4(OH)_{28}(H_2O)_n]^{3+}$)が観察されている.このように,質量スペクトルから直接的に化学形を推測することが可能である.

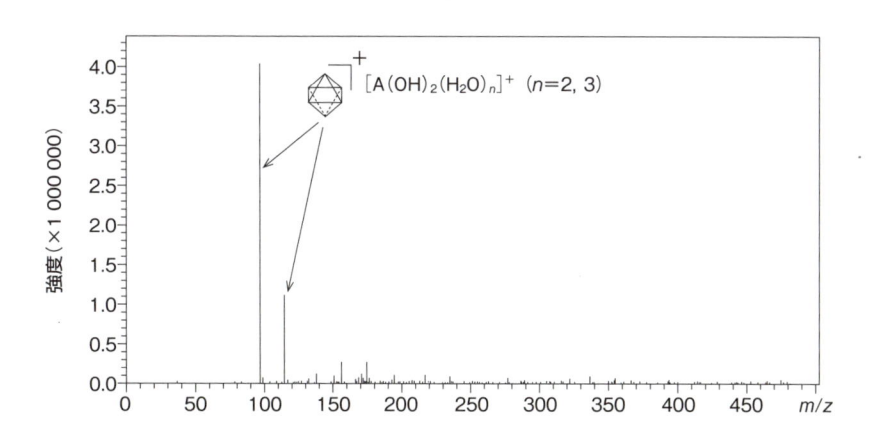

図 14.8　水溶液中に溶存する Al の化学形を示す質量スペクトル

(理化学研究所　卜部達也氏および,東京海洋大学　田中美穂氏より提供)

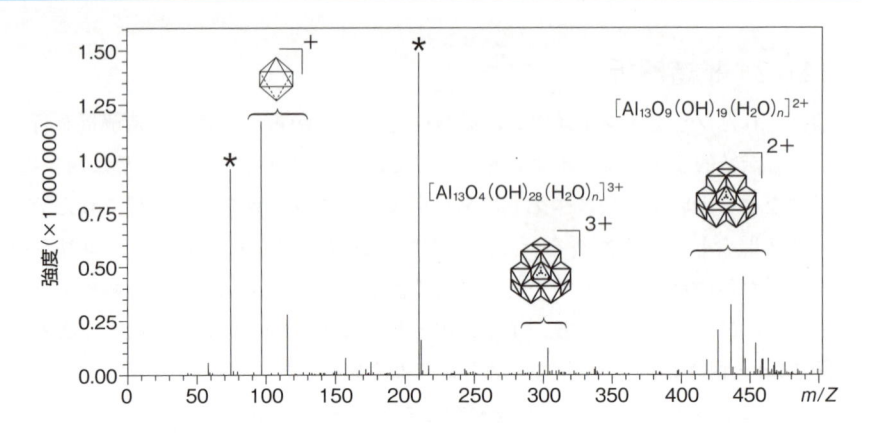

図 14.9 図 14.8 に示した溶液を中和した後の溶液中に存在する
Al の化学形を示す質量スペクトル

(理化学研究所 卜部達也氏および，東京海洋大学 田中美穂氏より提供)

14.6.3 高分子の質量推測

　タンパク質，核酸などの高分子を質量分析する場合，2 通りの手法がある．1 つは TOF 型質量分析部を用いることである．14.4.3 項で述べたように，TOF 型の質量分析部は分析可能な質量に原理的な限界がなく，しかも高質量領域ほど分解能を上げることができる．組み合わせるイオン源は MALDI が一般的であったが，最近は LC/ESI や LC/APCI も用いられるようになってきた．また，ESI をイオン源として用いる場合，多価イオンも生成できるため，より低い m/z 領域にスペクトルが得られ，TOF 型質量分析部を用いずに磁場型や四重極型を用いて分析することができる．これが 2 つ目の手法である．

演習問題

Q.1 磁場半径 45 cm の磁場型質量分析計がある．イオン源からの加速電圧が 1 キロボルト（1 000 ボルト）として，このシステムで，^{206}Pb$^+$（原子質量：205.974）を検出するためには，磁場の強さは何テスラ必要か．

Q.2 図 14.9 に示されている，$[Al_{13}O_9(OH)_{19}(H_2O)_n]^{2+}$ と $[Al_{13}O_4(OH)_{28}(H_2O)_n]^{3+}$

について，それぞれ，$n=1$，2の場合の質量スペクトル上に現れる一番強度の高いピークの m/z の値を求めよ．

Q.3 塩素は2つの安定同位体 ^{35}Cl，^{37}Cl をもち，それぞれの存在度は，^{35}Cl：75.5％，^{37}Cl：24.5％である．Cl_2^+ の質量スペクトルはどのようになるか示せ．

Q.4 GC（ガスクロマトグラフィー）と組み合わせるイオン源としては，ESI，MALDI，EI，FAB の中でどれが一番最適であると思われるか，その理由も示せ．

参考図書

1. 松田 久 編：マススペクトロメトリー，朝倉書店（1983）
2. J. R. Chapman 著，土屋正彦，田島 進，平岡賢三，小林憲正 共訳：有機質量分析法，丸善（1995）
3. A. E. Ashcroft 著，土屋正彦，横山幸男 共訳：有機質量分析イオン化法，丸善（1999）
4. 日本質量分析学会出版委員会 編：マススペクトロメトリーってなあに，国際文献印刷社（2011）

第15章
クロマトグラフィー

本章について

　クロマトグラフィーは分離分析法の代表的な手法であり，試料成分－固定相間の相互作用の差異に基づいて混合物から目的成分を分取精製したり，定性定量したりするために使用する．クロマトグラフィーは登場して1世紀以上が経過し，信頼できる分析技術として広範囲にわたる成分を分析対象とすることができる．本章では，クロマトグラフィーの分離原理，クロマトグラフィー技術の分類およびカラム効率の理論について解説するとともに，クロマトグラフィーを利用する上で重要なパラメーターについて理解を深める．分離原理については分液漏斗を用いた多段抽出によって理論段について概説し，理論段数と分離能についてイメージ化を図る．演習では，連続多段抽出についてエクセルを使って実際に試料成分数を計算し，混合成分が分離できる原理について理解を深める．また，ガウス関数を使用してクロマトグラムを自由に描けるようになることを目標とする．

第15章 クロマトグラフィー

15.1 クロマトグラフィー分離と原理

15.1.1 はじめに

　ロシアの植物学者 M. S. Tswett は，20 世紀初頭に炭酸カルシウムをはじめとする各種吸着剤を詰めたガラス管の上端に植物色素を添加し，石油エーテルなどの無極性溶媒で展開したところ，複数の帯状の色の輪が分かれていくことを観察した[1]．Tswett は，後にこの方法に対してドイツ語で"die chromatographische Methode"という名称を与えた[2]．英語では，chromatography，日本語ではクロマトグラフィー，また中国語では色譜という語が使用される．
　クロマトグラフィーは，固定相（stationary phase）および移動相（mobile phase）の二相間における目的成分の相互作用の大きさの差異に基づいて分離する手法である．例えば，上述の吸着剤は固定相であり，一方，石油エーテルは移動相である．
　クロマトグラフィーは，学問，分離プロセス，手法などを表す．クロマトグラフィーの関連用語にクロマトグラム（chromatogram）やクロマトグラフ（chromatograph）があるが，前者は分離プロファイルを，後者は装置を表す．クロマトグラフィーの用途は，分析（analytical）および分取（preparative）に大別される．

15.1.2 多段抽出による分離

　分液漏斗は，相互に混合しない2液を使用し目的成分の溶媒抽出のために用いられる．ここでは多数の分液漏斗を一列に並べ，それぞれに同体積の水相と有機相を加えておく．第1番目の分液漏斗に目的成分を加え分配平衡させた後，その水相を第2番目の分液ロートに移す．同様に，すべての分液漏斗（第 n 番目）の水相を隣（第 $n+1$ 番目）の分液漏斗に同時に移すことを考え，第1番目の分液漏斗には新たに同体積の水を補給するとする．図 15.1 にその多段抽出の様子を示す．ここでは，有機相と水相に成分 A は 1 : 1 に，また成分 B は 1 : 4 にそれぞれ分配

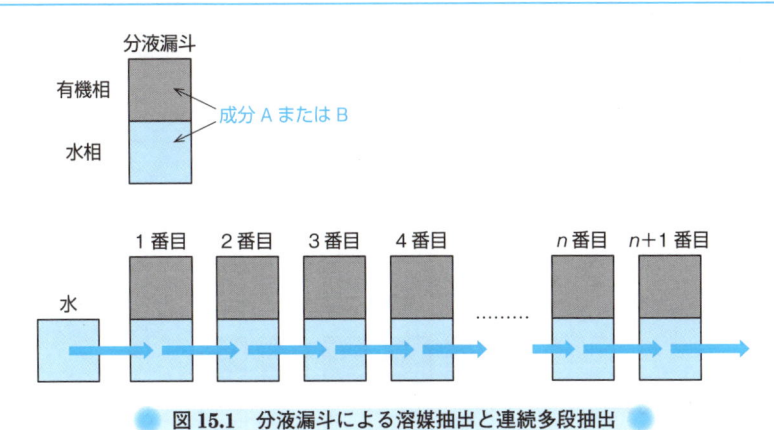

図 15.1 分液漏斗による溶媒抽出と連続多段抽出

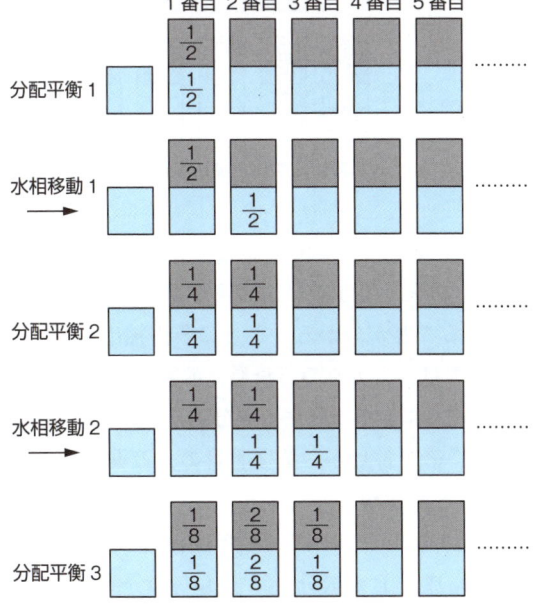

図 15.2 分液漏斗による成分 A の溶媒抽出と連続多段抽出（有機相：水相＝1：1）

するとしている．

　図 15.2 に成分 A を 3 回多段抽出した場合を示す．図から分かるように，2 回の

261

第 15 章　クロマトグラフィー

有機相：水相＝1：4（成分 B）

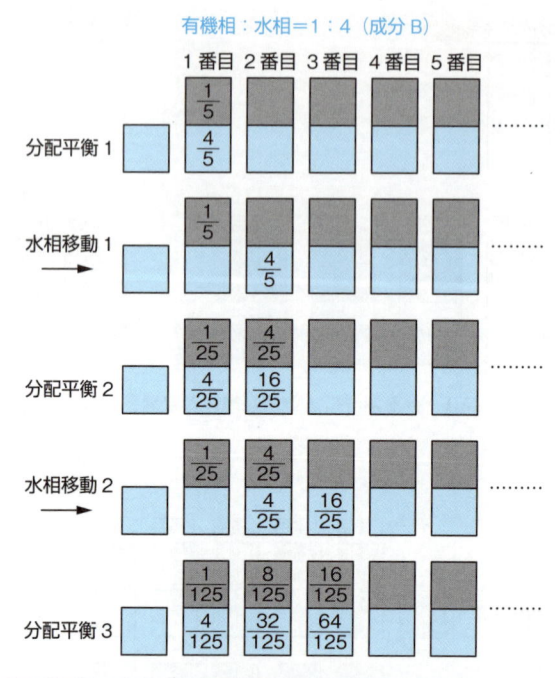

	1番目	2番目	3番目	4番目	5番目
分配平衡 1	$\frac{1}{5}$ / $\frac{4}{5}$				
水相移動 1 →		$\frac{1}{5}$ / $\frac{4}{5}$			
分配平衡 2	$\frac{1}{25}$ / $\frac{4}{25}$	$\frac{4}{25}$ / $\frac{16}{25}$			
水相移動 2 →	$\frac{1}{25}$ /	$\frac{4}{25}$ / $\frac{4}{25}$	$\frac{16}{25}$		
分配平衡 3	$\frac{1}{125}$ / $\frac{4}{125}$	$\frac{8}{125}$ / $\frac{32}{125}$	$\frac{16}{125}$ / $\frac{64}{125}$		

図 15.3　分液漏斗による成分 B の溶媒抽出と連続多段抽出（有機相：水相＝1：4）

分配平衡の結果，第 1 番目と第 2 番目の分液漏斗に存在する成分 A の比率が 1：1，また，3 回の分配平衡の結果，第 1 番目から第 3 番目の分液漏斗に存在する成分 A の比率が 1：2：1 になることが分かる．さらに多段抽出を続けると，各分液漏斗に存在する成分 A の比率はパスカルの三角形で示される比率となる．

一方，有機相と水相に 1：4 で分配する成分 B の場合は，**図 15.3** に示すように 3 回の分配平衡の結果，第 1 番目から第 3 番目の分液漏斗に存在する成分 A の比率が 1：8：16 になることが分かる．

図 15.4 に，成分 A および B について 4 回多段抽出したときの各分液漏斗に存在する比率を図で示した．成分 B が成分 A よりも右の分液漏斗に相対的に多く存在していることが分かる．一般的に成分 A について N 回多段抽出を繰り返したときの第 n 番目の分液漏斗中の存在比率は，$(1/2+x/2)^{N-1}$ を展開した多項式における x^{n-1} の係数となる．同様に，成分 B について，N 回多段抽出を繰り返したときの第 n 番目の分液漏斗中の存在比率は，$(1/5+4x/5)^{N-1}$ を展開した多項式における x^{n-1} の係数となる（図 15.4）．

15.1 クロマトグラフィー分離と原理

$$\left(\frac{1}{2}+\frac{x}{2}\right)^{N-1}$$

有機相：水相＝1：1（成分A）

$$\left(\frac{1}{5}+\frac{4x}{5}\right)^{N-1}$$

有機相：水相＝1：4（成分B）

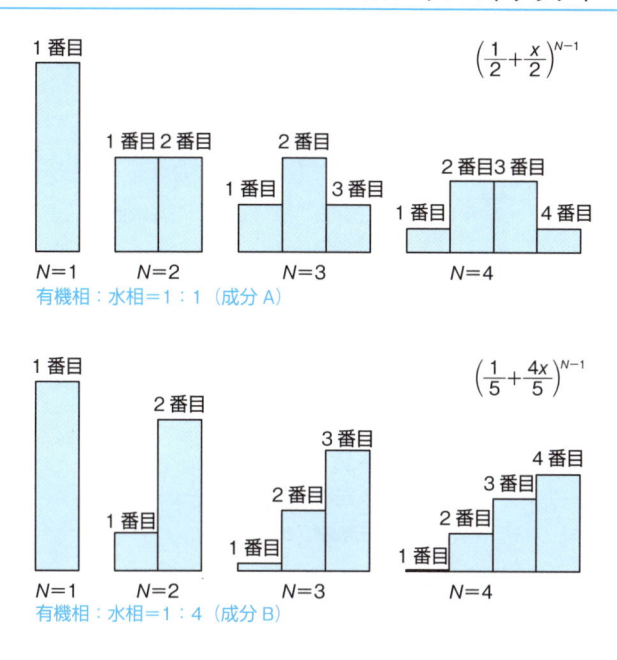

図15.4　各分液漏斗に存在する成分の比率

　さらに，成分AとBを共存させ多段抽出を行うとそれぞれの成分について各分液漏斗に存在する比率を計算することができる．図15.5には，30回繰り返した場合と100回繰り返した場合の存在比率を示す．30回の多段抽出では，成分AとBが共存する分液漏斗があるが，100回繰り返した場合には目視上成分AとBは別の分液漏斗に存在していることが分かる．すなわち，分液漏斗を用いた多段抽出により，成分AとBが分離できたことになる．クロマトグラフィーは，このような多段抽出を連続的に行い，混合成分を分離する．上述の場合，有機相が固定相，水相が移動相として働いている．

　有機相と水相の組み合わせは液相と気相の組み合わせでもよい．この場合，揮発性の高い成分ほど早く移動することになる．また，分配のみならず，吸着や静電的相互作用をはじめ各種相互作用に基づいた平衡が成立する場合でもよい．

第 15 章　クロマトグラフィー

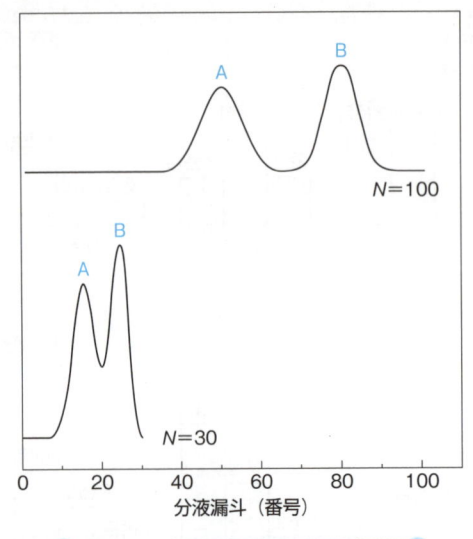

図 15.5　連続多段抽出による分離

15.2　クロマトグラフィー技術の分類

15.2.1　移動相の状態による分類

　クロマトグラフィーは移動相の状態によって分類できる．移動相が気体の場合はガスクロマトグラフィー（gas chromatography），液体の場合は液体クロマトグラフィー（liquid chromatography）と称される．一方，移動相が固体のクロマトグラフィーは実用上存在していない．液体クロマトグラフィーでは移動相に溶解する成分が分析対象となるのに対し，ガスクロマトグラフィーでは揮発性のある成分が分析対象となる．

　気体は，通常の条件では分析対象成分を溶解することができないが，高密度になると溶解能力をもつようになる．物質は臨界温度以上で加圧しても通常液化することはなく，臨界圧以上に圧縮することによって高密度な気体状態を取ることができる．このような状態の気体を超臨界流体（supercritical fluid）と称し，超臨界流体を移動相とするクロマトグラフィーを超臨界流体クロマトグラフィー[*1]（super-

---

[*1]　SFC は，ガスクロマトグラフィーでは分析が困難な低揮発性物質を液体クロマトグラフィーよりも迅速に分離できる特徴を有する．二酸化炭素は，臨界温度が約 32℃ であり，SFC の移動相としてよく用いられる．

15.2 クロマトグラフィー技術の分類

表 15.1 各種移動相の物性値の比較

物 性	単 位	気 体	超臨界流体	液 体
密 度	g/cm^3	10^{-3}	0.3	1
拡散係数	cm^2/s	10^{-1}	10^{-3}	5×10^{-6}
動的粘度	Pa・s	10^{-5}	10^{-5}	10^{-3}

【出典】T. H. Couw and R. E. Jentoft: *J. Chromatogr.*, **68**, 303 (1972), Table1

critical fluid chromatography：SFC）として区別している．

　各種移動相の代表的な物性値を表 15.1 に比較した．気体中の拡散係数と比較して，液体中の拡散係数がかなり小さいことが分かる．

15.2.2 分離場の形状による分類

　クロマトグラフィーは分離場の形状によって分類できる（表 15.2）．分離場が管状の場合はカラムクロマトグラフィー（column chromatography）と称され，一方，平面状（planar）の分離場を用いるクロマトグラフィーとしてペーパークロマトグラフィー（paper chromatography）および薄層クロマトグラフィー（thin-layer chromatography）がある．管状の分離場は分離カラムと呼ばれ，固定相の状態によって粒子充塡カラム，モノリス（一体）型カラムおよび中空キャピラリーカラムに分類できる．ガスクロマトグラフィーにおいては，中空キャピラリーカラムは単にキャピラリーカラムと称される．

表 15.2 分離場の形状によるクロマトグラフィーの分類

移動相による分類	分離場の形状	支持体（カラム）の形態	適用可能なクロマトグラフィー
液体クロマトグラフィー（LC，第 17 章）	平面クロマトグラフィー	ペーパークロマトグラフィー（PC，17.1.8 項）	LC
		薄層クロマトグラフィー（TLC，17.1.8 項）	LC
超臨界流体クロマトグラフィー（SFC，17.1.7 項）	カラムクロマトグラフィー	粒子充塡カラム	LC, SFC, GC
		モノリス型カラム	LC
ガスクロマトグラフィー（GC，第 16 章）		（中空）キャピラリーカラム	GC

15.2.3 相互作用の種類による分類

　ガスクロマトグラフィーでは，移動相 - 試料成分間の相互作用がない場合が多く，移動相は単にキャリヤーガスと呼ばれる．したがって，ガスクロマトグラ

第 15 章　クロマトグラフィー

表 15.3　相互作用の種類によるクロマトグラフィーの分類

相互作用の種類	名　称	適用可能な クロマトグラフィー	備考 （細分類など）
分　配	分配クロマトグラフィー （16.1.2 項，17.1.3 項）	気-液（GC）	
		液-液（LC）	順相系（NP）
			逆相系（RP）
吸　着	吸着クロマトグラフィー （17.1.4 項）	気-固（GC）	
		液-固（LC）	
静電的引力	イオン交換クロマトグラフィー （IEC，17.1.5 項）	LC	
静電的斥力	イオン排除クロマトグラフィー （17.1.5 項）	LC	
静電的引力と分配	イオン対クロマトグラフィー（IP，17.1.3 項）	LC	
特異的相互作用	アフィニティークロマトグラフィー（17.1.7 項）	LC	
	キラルクロマトグラフィー（17.1.7 項）		
無	サイズ排除クロマトグラフィー（SEC，17.1.6 項）	LC	ゲル濾過（GFC）
			ゲル浸透（GPC）
無	ハイドロダイナミッククロマトグラフィー	LC	

フィーの場合には保持の強さは基本的には沸点に依存し，固定相の極性の差異に基づく二次的効果などが加わる．これに対し，液体クロマトグラフィーでは，試料成分-移動相-固定相間の相互作用が期待でき，その種類も多い．表 15.3 に代表的な相互作用の種類に基づくクロマトグラフィーの分類を示した．分配，吸着，静電的相互作用などによって分類されるが，実際には複数の相互作用が寄与することが多い．充填剤の細孔への拡散を利用したサイズ排除クロマトグラフィー[*2] や，充填剤間流路における層流[*3]（laminar flow）を利用したハイドロダイナミッククロマトグラフィー[*4] では試料成分は固定相との相互作用がない．

15.2.4　移動相と固定相の物性による分類

液体クロマトグラフィーでは，移動相と固定相の物性の差異によって分類される．疎水性固定相および親水性移動相を用いた液体クロマトグラフィーは，逆相液

[*2]　有機合成高分子を対象とするときはゲル浸透クロマトグラフィー，水溶性高分子を対象とするときはゲル濾過クロマトグラフィーとも呼ばれる．

[*3]　線流速分布が放物線状であり，管壁では線流速が遅く，中央で最大となる．通常のクロマトグラフィーの条件では移動相は層流となる．

[*4]　試料成分の大きさが流路径に対して無視できなくなると流路壁に接近できなくなり，移動相が層流であることから，試料成分の平均線流速が大きくなることを利用した分離手法．大きな成分ほど早く溶出する．

体クロマトグラフィー (reversed phase liquid chromatography) と称される．これに対し，極性固定相および低極性移動相を用いる場合は順相液体クロマトグラフィー (normal phase liquid chromatography) と称される．また，極性固定相および高濃度アセトニトリル水溶液を移動相として用いるクロマトグラフィーを親水性相互作用クロマトグラフィー (hydrophilic interaction chromatography：HILIC) と称して区別している．HILIC は，順相クロマトグラフィーの一種と考えることができる．

15.3 クロマトグラフィーにおけるカラム効率の理論

15.3.1 理論段数と理論段高さ

15.1 節で分液漏斗を用いた多段抽出について考えた．クロマトグラフィーはこの多段抽出を連続的に行い，目的成分を分離・分取する手法であり，分液漏斗 1 個が有する分離能力を 1 理論段 (a theoretical plate)，また，分液ロート 1 個の大きさを理論段高さ (height equivalent to a theoretical plate, plate height) と考えることができる．**理論段数**（分液漏斗の総数）は大きいほど分離能力が高いのに対し，**理論段高さ**は小さいほど分離効率が高い．

ある条件における分離カラムのもつ理論段数，あるいは理論段高さは観察されるクロマトグラムから評価することができる．図 15.6 に典型的なクロマトグラムを示す．理論段数 (N) は，式(15.1) で表すことができる．

$$N = 16\left(\frac{t_R}{W}\right)^2 \tag{15.1}$$

ここで，t_R は保持時間 (retention time)，W はベースラインにおけるピーク幅である．ピーク幅は，ピーク両側の接線とベースラインの交点から求める．データ処理装置などを利用し，ピーク面積 (A) およびピーク高さ (h) が与えられるときは，理論段数は式 (15.2) を用いて簡便に計算することもできる．

$$N = 2\pi\left(\frac{t_R h}{A}\right)^2 \tag{15.2}$$

また，理論段数は半値幅[*5] ($W_{0.5h}$) を用いて式(15.3) から計算することもできる．

[*5] 1/2 のピーク高さにおけるピーク幅をいう．図 15.6 参照．

第15章 クロマトグラフィー

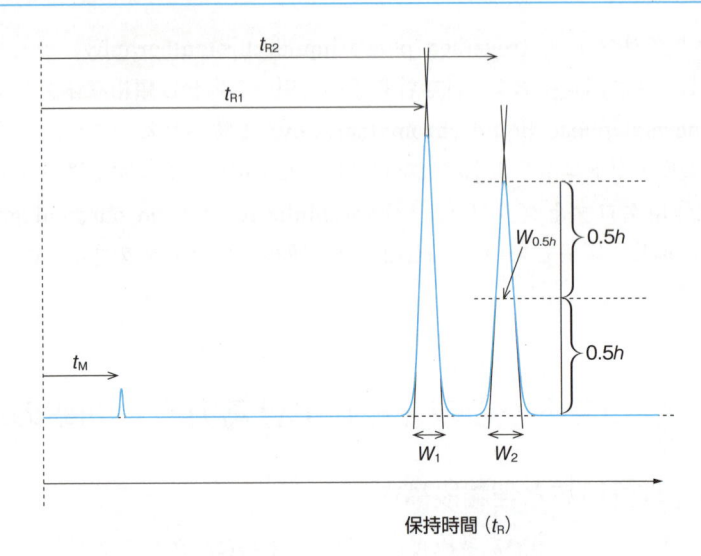

図15.6 典型的なクロマトグラム

$$N = 8\ln 2 \left(\frac{t_R}{W_{0.5h}}\right)^2 \tag{15.3}$$

一方,理論段高さ(H)は,カラム長(L)を理論段数で割った値として定義される.

$$H = \frac{L}{N} \tag{15.4}$$

15.3.2 van Deemter 式

試料成分は,カラムやプレートなどの分離場を移動する間にいろいろな要因で拡がる.式(15.5)は,充填カラムにおける理論段高さに寄与する要因を示したもので,**van Deemter 式**と呼ばれる.

$$H = A + \frac{B}{u} + (C_m + C_s)u \tag{15.5}$$

ここで,u は移動相の線流速,A,B,C_m および C_s は操作条件により決まる定数である.式(15.5)の第1項は u に依存しないのに対し,第2項および第3項は u に依存する.

第1項は,多流路拡散(multi-path diffusion)に基づく寄与で,渦巻き拡散

15.3 クロマトグラフィーにおけるカラム効率の理論

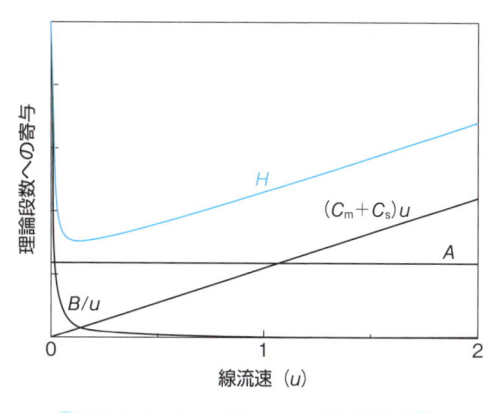

図 15.7　van Deemter プロット

（eddy diffusion）とも呼ばれる．充填剤の粒子径が小さいほど，粒子が均一なほど，充填状態が均一なほど小さいとされる．第 2 項は分子拡散による寄与で，試料成分が拡散しやすい条件ほど寄与が増大する．第 3 項の C_m 項は移動相の層流に基づく物質移動抵抗による寄与であり，一方，C_s 項は固定相中の物質移動抵抗に基づく寄与である．第 3 項は，試料成分が拡散しやすい条件ほど小さくなる．図 15.7 のように H を u に対してプロットしたものは，van Deemter プロットと呼ばれる．u が $\{B/(C_m+C_s)\}^{1/2}$ のときに H は最小となる．

15.3.3　分離度

クロマトグラフィーの目的は分離・分取にある．**分離度**（resolution, R_s）は，式(15.6) で定義される．

$$R_s = \frac{2(t_{R2}-t_{R1})}{W_1+W_2} \tag{15.6}$$

ここで，t_{R1} および t_{R2} はそれぞれ試料成分 1 および 2 の保持時間，また W_1 および W_2 は成分 1 および 2 のピーク幅である．式(15.6) は，成分 1 および 2 の理論段数が等しいと仮定できる場合には，**保持係数**（retention factor, k），**分離係数**（separation factor, α）および理論段数（N）を用いて表すことができる．

$$R_s = \frac{\alpha-1}{2(\alpha+1)} \cdot \frac{k_{av}}{1+k_{av}} \cdot N^{1/2} \tag{15.7}$$

ここで，k_{av} は成分 1 および 2 の保持係数の平均値である．分離度を大きくする

には，保持係数（k），分離係数（α）および理論段数（N）を大きくすればよいことが分かる．R_s が 1.5 以上でベースライン分離[*6] となる．

なお，**保持係数**（k）および**分離係数**（α）は，それぞれ次式で定義される．

$$k = \frac{t_R - t_M}{t_M} \tag{15.8}$$

$$\alpha = \frac{k_2}{k_1} (\geq 1) \tag{15.9}$$

ここで，t_M は図 15.6 で示すようにカラムに保持されない成分の溶出時間を表す．k は，固定相中の溶質の物質量と移動相中の溶質の物質量の比に相当し，α は 2 成分の k の比であり，1 以上の値として定義される．

また，近接する 2 成分のピーク幅が等しいと仮定できる場合（$W_1 \approx W_2$）は，式(15.6)は，式(15.10)または式(15.11)に誘導できる．

$$R_s = \frac{\alpha - 1}{4} \cdot \frac{k_1}{1 + k_1} \cdot N_1^{1/2} \tag{15.10}$$

$$R_s = \frac{\alpha - 1}{4\alpha} \cdot \frac{k_2}{1 + k_2} \cdot N_2^{1/2} \tag{15.11}$$

15.3.4 ガウス曲線

対称性のよいピークは，**ガウス曲線**として表現できる．ガウス曲線を図 **15.8** に示す．σ を標準偏差とすると，ピーク幅は 4σ で表される．また，2 つの変曲点間の距離は 2σ となる．面積が A で，保持時間 t_R のピークは，ガウス関数を使って次のように表すことができる．なお，この場合，理論段数は t_R^2/σ^2 に等しくなる．

$$f(t) = \frac{A}{\sqrt{2\pi}\,\sigma} \left\{ \exp \frac{-(t - t_R)^2}{2\sigma^2} \right\} \tag{15.12}$$

[*6] 隣接する 2 成分が重なることなく分離している状態．$R_s = 1.5$ の分離は 6σ 分離といわれることもある．

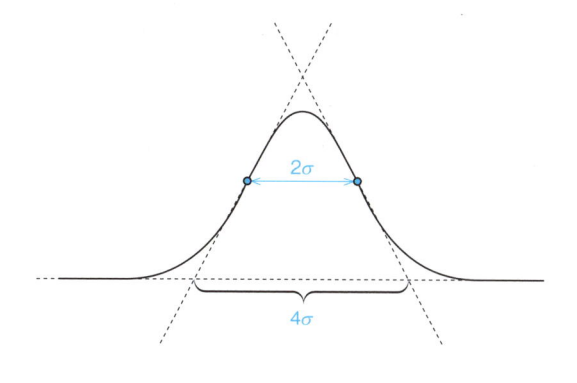

図 15.8 ガウス曲線

演習問題

Q.1 次の LC データから，理論段数 (N)，理論段高さ (H)，分離度 (R_s) を計算せよ．ただし，カラム長さは 15.0 cm とする．ただし，t_M（保持のない成分の溶出時間）を 1.00 min とする．

　　ピーク 1：保持時間（9.78 min），ピーク高さ（25.0 mV），ピーク面積（750 mVs）
　　ピーク 2：保持時間（10.98 min），ピーク高さ（22.8 mV），ピーク面積（768 mVs）
- (1) ピーク 1 の理論段数 (N_1)
- (2) ピーク 2 の理論段数 (N_2)
- (3) ピーク 1 の理論段高さ (H_1)
- (4) ピーク 2 の理論段高さ (H_2)
- (5) ピーク 1 の保持係数 (k_1)
- (6) ピーク 2 の保持係数 (k_2)
- (7) ピーク 1 と 2 の分離係数 (α)
- (8) ピーク 1 と 2 の分離度 (R_s)

Q.2 下表は成分が有機相と水相にある比率で分配するケース（水相と有機相の体積は同一）についてエクセルを使って計算している．以下の問に答えよ．

第 15 章 クロマトグラフィー

表 15.4　成分 A が有機相：水相＝ 1：1 に分配するケース

	A	B	C	D	E	F	G
1	抽出回数		分液漏斗	分液漏斗	分液漏斗	分液漏斗	分液漏斗
2			No.1	No.2	No.3	No.4	No.5
3	1		10000	0	0	0	0
4	2		5000	5000	0	0	0
5	3		2500	5000	2500	0	0
6	4						

表 15.5　成分 B が有機相：水相＝ 1：3 に分配するケース

	A	B	C	D	E	F	G
1	抽出回数		分液漏斗	分液漏斗	分液漏斗	分液漏斗	分液漏斗
2			No.1	No.2	No.3	No.4	No.5
3	1		40000	0	0	0	0
4	2		10000	30000	0	0	0
5	3		2500	15000	22500	0	0
6	4						

（1）　表 15.4 および表 15.5 において 4 回多段抽出したときの各分液漏斗に存在する成分数を計算せよ．
（2）　表 15.4 および表 15.5 のセル D5 にはどのような数式が入っているか答えよ．
（3）　成分 A（10 000）および成分 B（40 000）について 100 回多段抽出を繰り返したときの成分数を計算し，分布図をそれぞれ描け．

Q.3 クロマトグラムは下式によって表現できる．次の例についてエクセルを使ってクロマトグラム（0〜12 分）を描け．

$$f(t) = \sum_{i=1}^{n} \frac{A_i}{\sqrt{2\pi}\,\sigma_i} \left\{ \exp \frac{-(t-t_{Ri})^2}{2\sigma_i^2} \right\}$$

	成分 1	成分 2	成分 3
保持時間（t_R, 分）	5	7	10
理論段数（t_R^2/σ^2）	3 000	3 000	3 000
ピーク面積（A）	1	2	1

Q.4 式（15.6）から式（15.7）および式（15.11）を導け．

参考図書

1. M. S. Tswett: *Proc. Warsaw Soc. Nat. Sci. Biol. Sec.*, **14**, 20 (1903)
2. M. S. Tswett: *Ber. Deutsh. Botan. Ges.*, **24**, 316 (1906)
3. 日本分析化学会 編：分離分析化学事典，朝倉書店（2001）
4. L. S. Ettre: *Pure Appl. Chem.*, **65**, 819 (1993)

ウェブサイト紹介

1. ウィキペディア／クロマトグラフィー
   ◯各種クロマトグラフィーや各メーカーのリンク先が豊富である．

第16章
ガスクロマトグラフィー

本章について

　1950年代に登場したガスクロマトグラフィーは，その後，分離カラムや検出器などの構成要素や各種周辺機器の進歩に伴って著しい高性能化が進められ，今日に至るまで，液体クロマトグラフィーと双璧をなすクロマトグラフィー手法として諸化学の分野において広く利用されてきた．ガスクロマトグラフィーは固定相として固体あるいは液体のいずれを使用するかによって，それぞれ気－固および気－液クロマトグラフィーに大別される．本章では，一般に利用頻度の高い，後者の気－液クロマトグラフィーを中心に，その装置構成，実際の操作，および特殊技術を，前章に記載された分離の原理と関連付けて概説する．

第16章 ガスクロマトグラフィー

16.1 ガスクロマトグラフィーの装置

16.1.1 ガスクロマトグラフィーシステムの構成

移動相（mobile phase）として気体を用いる**ガスクロマトグラフィー**（gas chromatography：GC）は，液体クロマトグラフィー（LC）などの他の流体を移動相とする方法と比較して以下のような特長をもつ．

① 数十万におよぶ高い**理論段数**（theoretical plate number）が容易に得られ，高分解能測定が可能である．
② 試料と検出器の組み合わせによっては，フェムトグラム（10^{-15} g）単位のご く微量の成分を高感度に検出できる．さらに，特定の物質群に対して高い選択性をもつ多様な検出器を使用できる．
③ 移動相と**固定相**（**stationary phase**）間の分配平衡が迅速に達成されることから，比較的短時間で測定が行える．

一方で，GCにおける大きな制約として，その試料対象が気体そのもの，あるいはカラムの使用温度下で少なくとも数Torr（数百Pa）以上の蒸気圧をもつ化合物に限定されることがあげられる．しかし，上述した利点も相まって，GCはLCと分析対象の点で相補的な位置付けを維持しつつ，主に無機ガスや揮発性有機化合物の複雑な混合系の分離分析に威力を発揮する手法として広く活用されてきた．

図16.1にGCシステムの構成を示す．まず，ガスボンベから減圧弁を介して通気されるヘリウムや窒素などの不活性気体の移動相（キャリヤーガス）が装置本体内で流量制御された後，試料注入口を経て，恒温槽に搭載された分離カラム内へと流される．試料は注入口を通して導入され，液体の場合はそこで気化された後，キャリヤーガスの流れに乗って分離カラムへと送られる．この分離カラム内を移動する際に，試料成分は，移動相と固定相間の分配の程度の差に基づいて分離され，次いで，カラム出口に設置された検出器にてその質量や濃度に応じた電気信号に変換される．

16.1 ガスクロマトグラフィーの装置

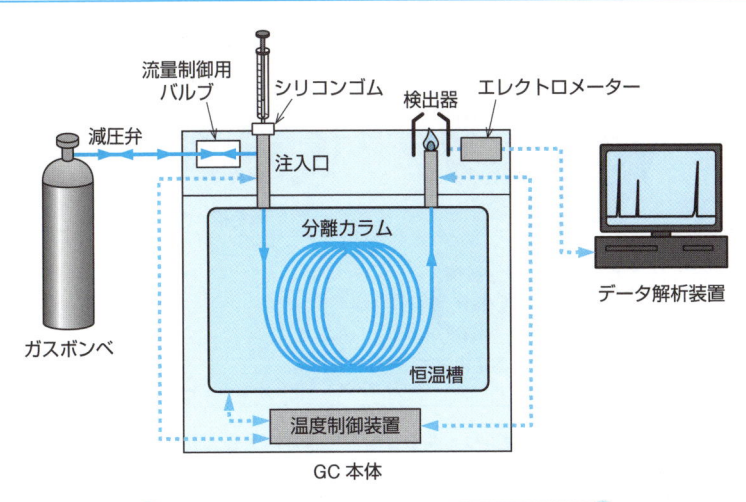

図 16.1 ガスクロマトグラフシステムの構成
（——— は物質の流れ，······ は情報の流れ）

　この電気信号がエレクトロメーターにより増幅された後，データ解析用パソコンにおいて最終的にガスクロマトグラムデータとして記録される．なお，注入口，恒温槽および検出器については，それぞれ試料の気化，カラム温度の精密調整および分離した成分の凝縮の回避を達成するために，温度制御を独立して行うことができる．これらの装置構成の中から，冒頭で述べた GC の特長のうち，①と②にそれぞれ密接に関連する分離カラムと検出器について以下に説明する．

16.1.2　分離カラム

　GC の心臓部ともいえる分離カラムは，その形状により**充塡カラム**（packed column）と**中空キャピラリーカラム**（open tubular capillary column）の2種に分類される．**図 16.2** にそれらの断面図を示すように，前者の充塡カラムでは，内径が3〜4mm のステンレス鋼やガラス製中空管に，スクワランやシロキサン系ポリマーなどの固定相液体を含浸させた担体を充塡したものが使用される．一方で，中空カラムでは，内径 0.1〜1mm の中空キャピラリーの内壁に，固定相液体を化学結合により固定化させたものが主に用いられる．**表 16.1** にそれらの分離カラムのサイズや諸特性を比較して示す．両タイプのうち，中空キャピラリーカラムでは，以下のような理由から，充塡カラムと比較して分解能が飛躍的に高められている．

第16章　ガスクロマトグラフィー

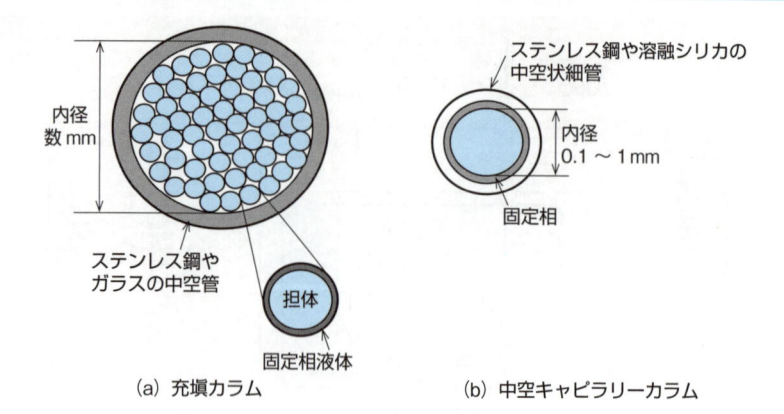

図 16.2　充填カラムと中空キャピラリーカラムの断面図

表 16.1　充填カラムと中空キャピラリーカラムの一般的なサイズと諸特性

カラムの種類	内径〔mm〕	長さ〔m〕	固定相の膜厚〔μm〕	試料負荷量〔ng〕	理論段数
充填カラム	3〜4	2〜3	—	約5000	数千
中空キャピラリーカラム※	0.1〜0.3 (0.5〜1.0)	10〜60	0.1〜1.2 (0.5〜5.0)	10〜500 (500〜3000)	数万〜数十万

※括弧内には内径が0.5mmを超える大口径（ワイドボア）カラムのサイズを記した．このカラムでは，中空キャピラリーカラムにおける内壁の不活性さと充填カラムの大容量の双方を活かした分離が行える．

① 流路が単一であるため，van Deemter 式における多流路拡散の項（A項）を無視することができ，その分，理論段高を小さくできる．
② van Deemter 式における気相および液相での物質移動に対する抵抗の項は，それぞれカラム内径および固定相液体の膜厚の二乗に比例する．そのため，内径や固定相膜厚を小さく設計できる中空キャピラリーカラムでは，それらの項の値を低減し，ひいては理論段高を小さくすることができる．
③ その優れた通気性を活かして，カラムをより長くできることから，試料成分の分配が行われる回数を著しく増やすことができる．

こうして達成される優れた分解能のため，有機化合物の混合試料の GC 測定では，今や中空キャピラリーカラムが専用とされているといっても過言ではない．
　中空キャピラリーカラム用の管の材質としては，現在，1) 機械的強度や加水分解耐性を増強するためにポリイミド樹脂で外側を被覆した溶融シリカと，2) 内壁

を高度に不活性処理したステンレス鋼の2種が主流である．両者とも，内壁の吸着活性が極めて低い上に扱いやすいという利点をもつが，後者のステンレス鋼製のものは，それらの特長に加えて400℃超の温度下でも使用できる耐熱性と優れた機械的強度を併せもつカラム素材として急速に普及しつつある．

また，キャピラリーカラム用の固定相液体として，ポリジメチルシロキサンやそのメチル基の一部をフェニル基に置換したシリコン系ポリマーが，その優れた熱安定を活かして最もよく使われている．特に，上述したように内壁が化学的に著しく不活性なキャピラリーカラム素材では，これらの固定相液体を用いて，アミン類などの比較的極性の強い化合物も含め，かなり広い範囲の試料系の分析が可能である．しかし，より強極性の物質群の保持を強め，それらの分離を向上したい場合には，試料成分の極性に応じて，主鎖中にシアノプロピル基を導入したシリコン系ポリマーや，ポリエチレングリコールなどのより極性を強めた固定相の利用が有効である．

16.1.3　検出器

水素炎イオン化検出器（flame ionization detector：FID）はほとんどすべての炭化水素化合物に対して高い感度を示すことから，今日，GCにおける検出器として最も汎用されている．図16.3にFIDの構成を示す．この検出器では，まず，分離カラムの出口から流出するキャリヤーガスに水素と空気をある一定割合で混合して，ジェットノズル先端に水素炎を形成させる．

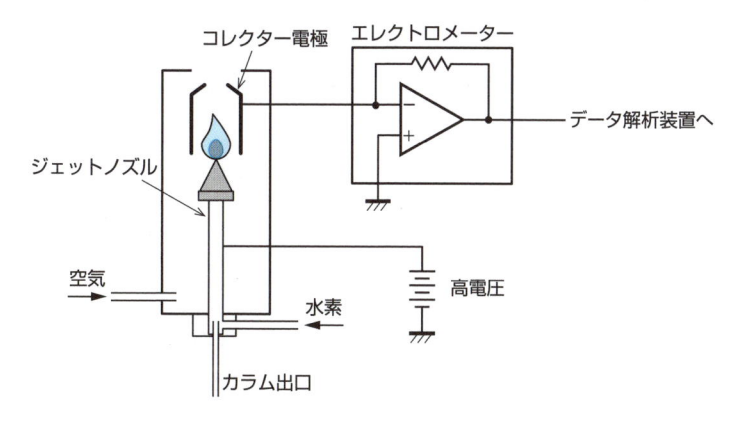

図16.3　水素炎イオン化検出器の構成

第 16 章　ガスクロマトグラフィー

　この水素炎にカラムからの溶出物が到達すると，試料成分はそこで燃焼し，極微量のイオン[*1]が生じる．このイオンをコレクター電極で捕獲して生じる電流をエレクトロメーターで増幅し，最終的にクロマトグラムとして記録する．この検出器は，試料成分に含まれる炭素原子の数にほぼ比例した応答を示す特徴をもち，利点として ppb レベルの低濃度の有機物試料を高感度に検出できることや，検量線の直線範囲が 10^7 と比較的広いことがあげられる．

　その一方で，カルボニル炭素しか含まないギ酸やホルムアルデヒドに対して，本検出器は極めて低い感度しか示さず，さらに，水や無機ガスについては全く応答しない．こうした試料を GC 測定する際には，FID と同様に汎用検出器である**熱伝導度検出器**（thermal conductivity detector：TCD）が相補的に用いられている．この検出器では，高い熱伝導度をもつヘリウムや水素がキャリヤーガスとして用いられ，それらのガスと試料間の熱伝導度の違いに基づいて試料成分の検出が為される．この検出器の感度や直線範囲の広さは FID と比べてかなり劣るものの，原理上，キャリヤーガスと熱伝導度の異なるすべての気体試料に応答を示すことから，特に無機ガス分析用の検出器として利用されている．

　上述した汎用型の検出器に加えて，特定の化合物群に対して特異的な応答を示す，さまざまな選択的検出器も用いられている．それらの主要な検出器の対象物質と原理を**表 16.2** に簡単にまとめて示す．

表 16.2　主な選択的検出器の対象物質群と原理

名称	対象物質群	原　理
電子捕獲型検出器 electron capture detector （ECD）	含ハロゲン有機物などの電気陰性度の大きな化合物	放射線源からの β 線とキャリヤーガスが衝突して，キャリヤーガスの陽イオンと熱電子が生成する．この熱電子が電気陰性度の強い試料ガスに捕獲されてその陰イオンが発生し，次いで，この陰イオンがキャリヤーガスの陽イオンと結合するときのイオン電流の減少を測定する．
炎光光度検出器 flame photometric detector （FPD）	含イオウ，および含リン化合物	水素炎中で含イオウおよび含リン化合物が燃焼して S_2 や HPO などの分解物が生じる．これらが励起された後，発光する際の強度を測定する．
熱イオン化検出器 flame thermionic detector （FTD）	含窒素，および含リン化合物	水素炎中に設置されたアルカリ金属ビーズから生じた，そのアルカリ金属ガスが，含窒素および含リン化合物の分解物である $CN \cdot$ や $PO \cdot$ などのラジカルに電子を供与する．これによって生じるアルカリ金属イオンの増分を測定する．

[*1]　イオン種として，まず試料由来の CHO^+ が生成し，次いで，それが水と反応して H_3O^+ が形成される．

16.2　ガスクロマトグラフィーの操作

16.2.1　昇温測定

　カラム温度は分離物の蒸気圧を左右し，ひいては，その物質の分配係数に影響するため，その温度設定によってピークの保持値は大きく変化する．そこで，広い沸点範囲をもつ混合系を測定する場合，分離に伴いカラム温度を徐々に上昇させる昇温操作を行えば，各成分の分配係数を刻々と変化させることができ，その結果，比較的短い測定時間で高効率な分離を達成できる．

　例として，図 16.4 にアルカンの混合試料を恒温測定および昇温測定して得られたクロマトグラムを示す．より低温（100℃）での恒温測定では，高沸点成分の分配係数が比較的大きくなるため，それらの溶出時間は指数関数的な間隔でもって遅

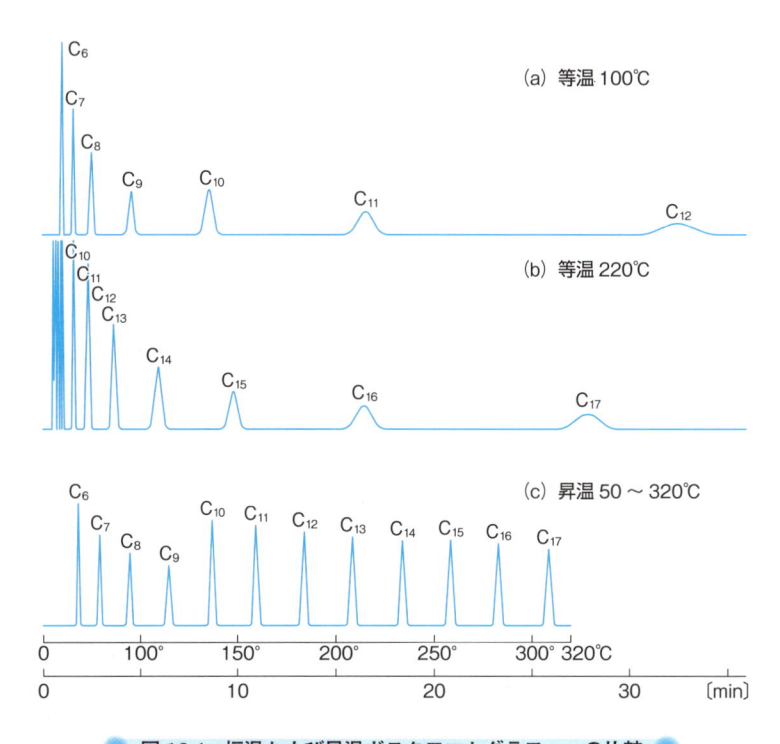

図 16.4　恒温および昇温ガスクロマトグラフィーの比較

（試料：n-アルカン同族体，C_n：n は炭素数）

【出典】小島次雄，大井尚文，森下富士夫 著：ガスクロマトグラフ法，共立出版（1985），図 3.12

くなり，形状も幅広となっている．また，より高温（220℃）での恒温測定では，低沸点成分の分配係数が相対的に小さくなるので，それらはかなり早い時間に重なり合って溶出している．これに対して，昇温測定では，一連の鋭いピークがほぼ等間隔で観測されるクロマトグラムが比較的短時間で得られている．

16.2.2 定性分析

　同じ装置構成を使用し，同一の実験条件において GC 測定を行えば，分析物の保持値はその物質に固有の値を示す．そのため，GC 分析では一般に保持値に基づいて化合物の定性が行われる．例えば，ある試料成分の保持値が，同一の GC 条件下で既知化合物を測定して得られた値と一致すれば，両成分は同じ物質である可能性が高い．もちろん，他の化合物が偶然同じ保持値に溶出する可能性も十分あるが，その場合には，固定相の異なるカラムを用いて同様の検討を行うことにより，より確度の高い定性を行える．

　また，同族列[*2]における保持値と炭素数間の規則性を基にして，予想される物質の標準試料がない場合でも定性を行うことができる．恒温条件下で同族列を GC 測定し，得られた保持値の対数を，対応する炭素数に対してプロットすると良好な直線関係が得られることが多い．さらに，その直線の傾きも同族列の種類に依存して変化するため，こうした規則性を定性に応用できる．一例として，**図 16.5** にアルカン類の標準試料と炭素数が未知であるその同族体 A をそれぞれ同一条件下で恒温測定して得られたクロマトグラムと，標準試料における保持時間の対数値を炭素数に対してプロットしたグラフを示す．このグラフ中に成分 A の保持値を内挿することにより，その成分に含まれる炭素数は 7 個であると推定できる．

　上述した方法において，定性の基となる保持値として，調整保持時間[*3]や保持比[*4]などが使用されているが，前者については，実験条件によって値が変動してしまうこと，また後者では 1 種類の標準物質に基づく値であるため，必ずしもその精度が高くはないことが問題点としてあげられる．これに対して，Kovats の**保持指標（retention index）**の概念を導入すれば，それらの問題を回避して，より一層高い信頼性でもって定性を行うことができる．この保持指標とは，恒温測定

[*2] 分子式における CH_2 の数だけを異にする一群の有機化合物の系列のこと．
[*3] 保持時間（t_R）から，固定相に保持されない成分のカラム通過時間（t_0）を差し引いた値のこと．
[*4] 2 つの物質の調整保持時間の比のこと．

16.2 ガスクロマトグラフィーの操作

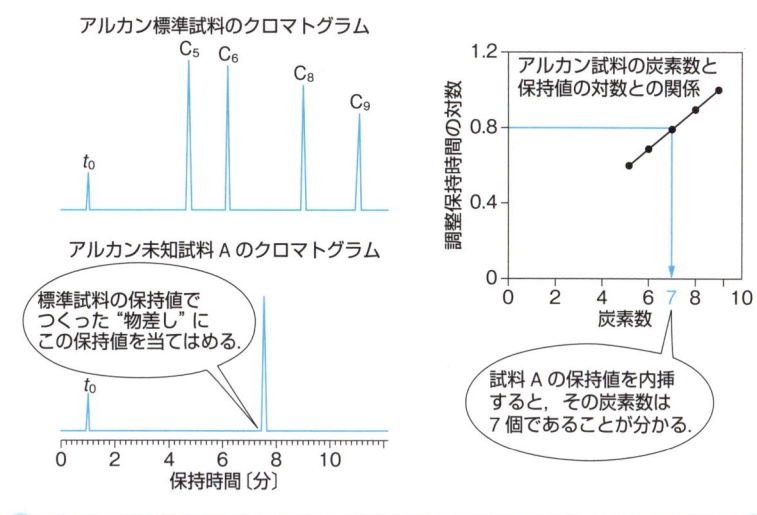

図 16.5 同族列における保持値と炭素数間の規則性を利用した定性分析の例

における直鎖アルカン類の保持値を物差しとして使用し，同じ実験条件下で得られた試料成分の保持値を相対化して表す考え方である．この指標を利用することにより，GC 条件にあまり影響を受けることなく，高い精度でもって保持値を算出し，定性に使用することができる．

16.2.3 定量分析

GC では，一般に，積分計などのデータ処理装置を使って算出した，ピーク面積を基にして定量分析が行われる．具体的な定量法としては，検量線法，内標準法や標準添加法などの，化学分析において汎用される解析方法が用いられている．

また，試料を構成する全成分がクロマトグラム上のピークとして定量的に観測される場合，それらの面積比から各成分の絶対量や濃度の百分率を求めることができる．この場合，検出器に対する相対感度を成分ごとに実験的に算出し，得られた値でもって面積データを補正する必要がある．一方で，検出器として FID を使用する際には，さまざまな化合物の相対モル感度を簡単な計算によって算出する経験則が知られており，これによりピーク面積のデータから試料の構成成分の組成を容易に求めることが可能である．

16.3 ガスクロマトグラフィーの特殊技術

　液体や固体試料中の揮発性有機化合物を高い回収率でもって GC 分析するために，それらの成分をあらかじめマトリックス成分から分離および濃縮して GC 本体に導入するためのさまざまな試料前処理法が開発されている．ここでは，それらのうち，**ヘッドスペース**（**head space：HS**）**法**および固相抽出法を取り上げて説明する．

16.3.1　ヘッドスペース法

　液体試料（あるいは固体試料）を容器内に入れて密閉すると，試料内の目的成分は液相（あるいは固相）と気相間に分配され，ある平衡状態に達する．この気相部分をヘッドスペースといい，その一部をガスタイトシリンジで採取し，GC に導入することによって試料成分の分析を行うことができる．この方法は**静的**（**スタティック**）**HS 法**と呼ばれており，簡便な操作でもって実施できる半面，蒸気圧の低い試料については十分な感度が得られないという欠点がある．

　そうした場合には，容器内に不活性ガス（パージガス）を連続的に通気させ，常にフレッシュな気相雰囲気下で試料成分をヘッドスペースに移動させる**動的**（**ダイナミック**）**HS 法**や，容器内に入れた液体試料にパージガスをバブリングさせ，試料中の揮発性成分を気相中に追い出す**パージ・アンド・トラップ**（**purge and trap：P&T**）**法**などを採用することにより，感度の向上をはかることができる．

　いずれの方法も，パージした成分を GC 本体に導入する前に，吸着材を使ったり，冷却により凝縮させたりして一旦捕集し，濃縮する方策がとられている．これらの方法の概略図を**図 16.6** に示した．

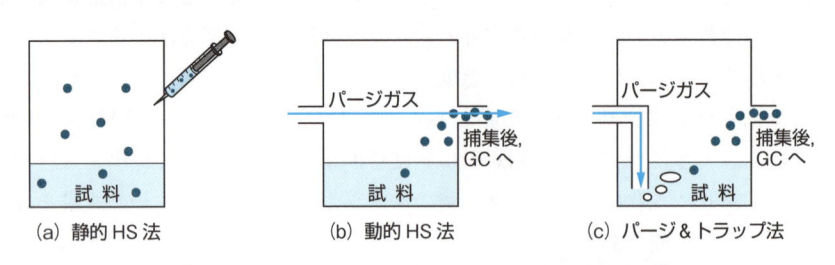

図 16.6　さまざまなヘッドスペース法の概略図

16.3.2 固相抽出法

近年，固相抽出剤を用いて液体中の試料成分を捕集する固相抽出法（solid phase extraction method）が，従前の液液抽出と比べて，より簡便であり，また溶媒の消費量も少なくて済む方法として GC の利用者に浸透している．この方法では，まず，抽出剤を充填した容器に試料溶液を通液させ，目的成分を抽出剤に捕集させる．次いで，分析対象物以外の成分を洗浄除去してから，目的成分を溶出させて回収した後，最終的な GC 分析が行われる．さらに，最近では，マイクロシリンジ型の容器を用いて，捕集した成分を直接 GC の注入口に導入する固相マイクロ抽出法が実用化しており，この方法はより簡便な試料前処理方法として注目を集めている．

16.4 ガスクロマトグラフィー–質量分析法

質量分析計（MS）を検出器として GC の後段に連結したガスクロマトグラフィー–質量分析法（GC/MS）は，クロマトグラム上のピークの同定だけでなく，その高感度な定量にも威力を発揮する．MS 測定により得られる質量スペクトルから，その成分の分子量や分子構造などの定性的な情報を得ることができる．特に，MS システムには，通常，数十万に上る膨大な数の化学物質の質量スペクトルを集約したライブラリーが搭載されており，このデータベースを活用してさまざまな試料対象の同定を簡便に行える．また，一般に MS は FID などの汎用検出器よりも高い感度を示すほか，目的成分に特徴的なイオン種のみを検出して得られる選択イオンクロマトグラムから，妨害成分の干渉を回避しながら目的成分を選択的に検出し，定量することもできる．

この GC/MS の装置構成として，ここでは，両者を連結するインターフェース部と MS で使用されるイオン化方法について簡単に説明する．まず，インターフェース部については，GC に搭載する分離カラムの種類によって，その連結方法が異なる．充填カラムの場合には，そのカラム流量が比較的大きいため，イオン化室の真空度を維持する目的から，試料成分を導入しつつ，移動相ガスの MS 部への流入を防ぐジェットセパレーターなどの特殊なインターフェース部の利用が必要である．これに対して，中空キャピラリーカラムの場合には，カラム流量がたかだか数 mL/min 程度とごくわずかであり，イオン源の真空度におよぼす悪影響がほとんどないことから，カラム出口部分を MS 部のイオン化室に直結して，比較的容易が

第 16 章 ガスクロマトグラフィー

両装置を接続することが可能である．

また，MS 部のイオン源としては，**電子イオン化（electron ionization：EI）法**および**化学イオン化（chemical ionization：CI）法**の 2 種がよく使用されている．これらのイオン化技術はいずれも気相イオン化法と称される方法に分類され，イオン化に先立って，試料成分をあらかじめ気化する必要がある．そのため，もともと気体を移動相として用いる GC との接続が容易であり，GC/MS システムといえば，一般にそれらのイオン化源が標準搭載されたかたちで市販されている．

演習問題

Q.1 中空キャピラリーカラムが充填カラムに比べて，分解能が桁違いによい理由を説明せよ．

Q.2 長さが 30 m の中空キャピラリーカラムを用いて，ステアリン酸メチルを測定したところ，観測されたピークの保持時間は 28.5 分，またピーク幅は 0.300 分であった．このカラムの理論段数および理論段高さを計算せよ．

Q.3 ある条件下で，炭素数が 10，11，12，および 15 である脂肪酸メチル標準試料を恒温 GC 測定したところ，それらの調整保持時間はそれぞれ 12.5，14.6，17.6 および 30.2 分であった．調整保持時間が 21.0 分である，その同族体の炭素数を求めよ．

Q.4 FID を備えた GC により，ペンタンとデカンの混合試料を分析した結果，得られたピークの面積比はペンタン：デカン = 1：4 であった．検出器に対する相対モル感度の比がペンタン：デカン = 1：2 であるとして，元の試料中での両成分の物質量比を計算せよ．

Q.5 GC/MS における MS 部のイオン化法として，EI や CI 法がよく使われている理由を説明せよ．

参考図書

1. 日本分析化学会 編，内山一美，小森亨一 著：分析化学実技シリーズ機器分析編 7　ガスクロマトグラフィー，共立出版（2012）
2. 代島茂樹，保母敏行，前田恒昭 監修：役にたつガスクロ分析，みみずく舎（2010）

第17章
液体クロマトグラフィーと電気泳動

本章について

　試料が溶液状態である場合は非常に多く，溶質の分離手法は，分析化学はもとよりさまざまな分野で欠かせない手段となっている．本章では，液体中の物質を空間的に分離する方法を紹介する．1つは第15章で原理を説明したクロマトグラフィーによる分離である．そしてもう1つは外界から電場を与えることで物質を移動させる電気泳動法による分離である．溶液試料の汎用的な分離分析手法といえば，この2つであるといって差し支えないだろう．この章では，分配，吸着，イオン交換，サイズ排除など，さまざまなクロマトグラフィーにおける分離様式を概観するとともに電気泳動法の原理・分離様式を説明する．どのような化学的あるいは物理化学的性質を増幅することによって分離を達成するか，さらにどのように実際の分離分析システムが構築されているかを理解することが重要である．

第17章
液体クロマトグラフィーと電気泳動

17.1 高速液体クロマトグラフィー

17.1.1 液体クロマトグラフィーの分類

液体クロマトグラフィー（liquid chromatography：LC）は**移動相が液体であるクロマトグラフィーの総称**である．LCでは，種々の分離様式が開発されており，さらに分離した後にさまざまな種類の検出器を接続することで，試料の特性に合わせた幅広い分離検出システムの構築が可能である．また，分取することもでき，試料の精製にも頻繁に利用される．

古典的なLCとしては，オープンカラム（密閉していないカラム）を用いる**カラムクロマトグラフィー**（column chromatography）があり，その単純さからLCを理解する上でも重要である（**図17.1**）．これは，固定相として150～200 μm程度の大きさの揃った粉末状の固体粒子を，直径1～5 cm，長さ10～500 cmの円柱状のガラス管（カラム）に詰め（充塡し），その上端から試料を添加し，その後，移動相の液体（溶離液）をカラム上端より自然落下あるいは加圧によって通液し，試料をクロマトグラフィー分離するものである．この方法は，現在でも簡便な分離および分取精製法としてさまざまな化学実験で利用される．しかし，分離能（理論段数数百段程度）や再現性の低さや所要時間の長さ（数十分から数時間）のため，分析法に必要な精度をもっていない．

ここでLCを高速，高分離能および高精度な分析法として成立させること，すなわち，高速化と高分離を同時に達成することを考えると，移動相速度（u）を大きくしつつも低い理論段高さHを実現しなければならない[*1]．式(15.5)によれば，uを大きくすれば，物質移動に関与する第3項が大きくなり，Hが大きくなってしまう．この項を支配する因子は固定相の厚さ（d_s）である．また，第1項を小さくするための支配因子は充塡粒子径（d_p）である．一方，第2項はLCでは一般に小

[*1] GCでは，移動相での移動速度および固定相-移動相間の分布平衡の速度の両方が大きく，大きいuに対し小さいHを比較的得やすかったため，HPLCよりも歴史的に早く発展した．

17.1 高速液体クロマトグラフィー

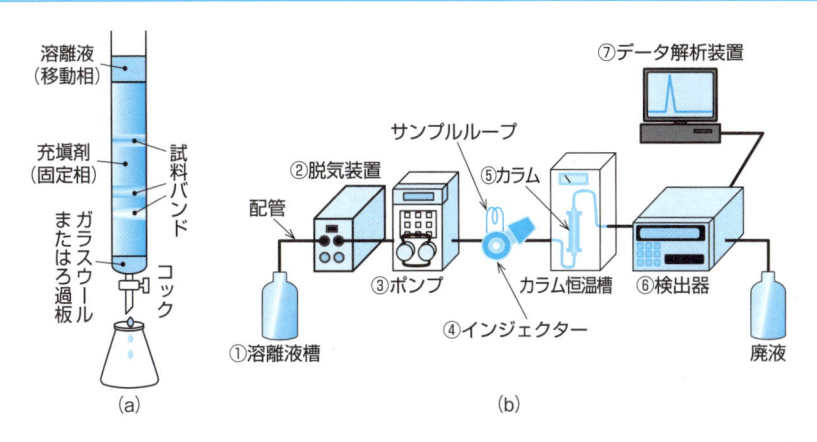

図17.1 古典的なカラムLC（a）とHPLC（b）の一般的な装置構成の概略図

さく無視できる．したがって，できるだけ小さいd_pとd_sを有する均一で微小な充填剤を用いることが高速な送液で低いHを得るための鍵となる．

　この観点に基づき，1960年代後半に3～10μmの均一微粒子充填剤が開発された．この微粒子が密に充填されたカラムに通液するためには高い圧力に耐え，送液量が一定な高精度な送液ポンプと配管システムが必要である．加えて，溶出液を連続的に検出するための高性能な検出器も必要となる．現在では，これらすべての条件を備えた汎用的なLC装置が市販されている．このように高分離能，短い測定時間，高精度，高感度を有する高性能なLCを古典的なカラムクロマトグラフィーと区別して，**高速液体クロマトグラフィー**（high-performance liquid chromatography：HPLC）という．HPLCは，さまざまな化学反応，物理化学的現象（17.1.3～17.1.7項参照）さらには機器的要素（17.1.2項参照）を高度に統合した分離分析システムである．

　また，LCは上記のような装置構成の違いで分類される以外に，分離様式の種類または固定相の種類によっても分類される（第15章 表15.2）．これら分離様式の代表的なものについては17.1.3項以降に詳しく解説する．どのような物質に対してどのような分離様式が適切であるかを**図17.2**にまとめた．分析対象のサイズ，極性などによって，広範な種類の分子に対してそれぞれ適した分離様式が存在することが分かる．

第 17 章　液体クロマトグラフィーと電気泳動

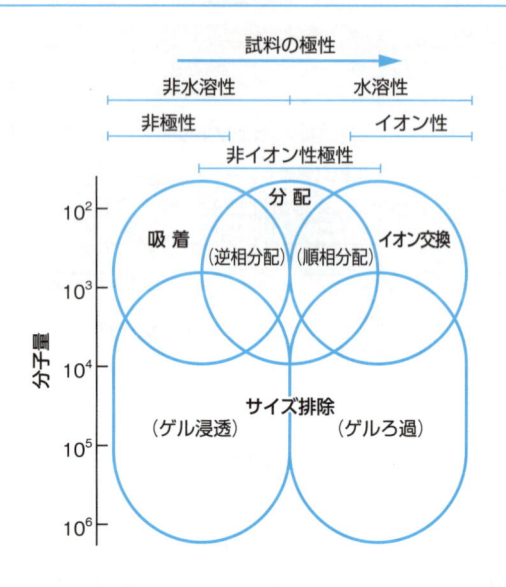

図 17.2　さまざまな分離様式のおおよその適用範囲

【出典】D. L. Saunders: Chromatography, 3rd ed., ed. by E. Heftmann, New York, Van Nostrand Reinhold, p.81（1975）

17.1.2　HPLC の装置構成

　HPLC の開発は，高性能なポンプや充填剤などの装置構成要素の発展なくしては成し得なかったため，HPLC を理解するにあたっては装置への理解も欠かせない．もし，分離様式を先に理解したいのであれば，次節以降を先に読んでから戻ってきてもよい．HPLC の一般的な装置構成は図 17.1 に示すように，移動相の流れに沿って，①溶離液槽，②脱気装置（デガッサー），③送液ポンプ，④試料導入部（インジェクター），⑤カラム，⑥検出器，⑦データ解析装置の順で配置される．

　主要な構成部分（①〜⑦）を順に見ていくと，溶離液槽（mobile-phase reservoir）（①）には，調製した数百 mL 〜数 L の溶離液（移動相）が設置される．溶離液には，分離様式によって水や種々の有機溶媒あるいはそれらの混合溶液が使用される．使用の前には必ず溶離液の脱気操作が行われる．脱気操作なしでは，溶離液内に気泡が発生し，再現性，分離能や検出能の低下が引き起こされる．脱気操作は減圧操作，ガスによる置換，超音波処理などで行われるが，近年では脱気装置（②）を接続し，自動的に脱気する場合も多い．

　溶離液槽は単一の組成の溶離液を用いる場合と，複数の溶離液槽を用いて，混合

体積比を任意に変えながら溶離する場合の 2 種類がある．前者を**アイソクラチック溶離**（isocratic elution），後者を**勾配溶離**（gradient elution）という．勾配溶離では，組成比をプログラムで制御し，連続的あるいは階段状に溶媒極性を変化させた溶離が可能であり，アイソクラチック溶離では分離できない複数の物質の分離や分析時間の短縮化などが可能である．

HPLC の送液ポンプ（③）には，次の条件を備えたものが使用される．(1) ～50 MPa 程（大気圧の 500 倍程度）の任意の高圧力で送液できること，(2) 脈流がないこと，(3) 任意な流量（0.1～10 mL/min）で送液できること，(4) 流量の相対誤差が 0.5% 以下であること，(5) さまざまな溶媒に対する腐食耐性があることなどである．

インジェクター（④）は，流路の切換バルブとサンプルループを組み合わせたものが汎用される．サンプルループは一定体積量の管であり，通常は 5 μL～2 mL のものが用いられる．このインジェクターにより，送液を止めることなく一定の体積試料を再現性よくカラムへと導入できる．

HPLC 用のカラム（⑤）は，耐圧性が必要なため，一般にステンレス製の管に微粒子状の固定相（カラム充填剤）を高圧で充填し，焼結した多孔質ステンレスフィルターで上下両端を密封して作製されている[*2]．分析用 HPLC では，カラムの大きさは，内径 2～8 mm，長さ 10～30 cm 程度のものが一般に用いられ，その理論段数は通常数千～1 万段程度である[*3]．通常，カラムはカラム恒温槽（column thermostat）内に設置され，温度の影響がないようにしている．カラム充填剤（column packing）には 3～10 μm の全多孔性粒子がよく用いられる[*3]．最も一般的な充填剤はシリカゲル粒子からつくられ，固定相としてゲル表面を有機層で化学修飾あるいは物理修飾して用いられる．その他の充填剤原料としては，アルミナ粒子，多孔性ポリマー粒子，イオン交換樹脂などがある．

検出器（detector）（⑥）は，送液を止めることなく連続的に測定する必要があるため，応答が早く，感度が高いことが必要である．さらに，試料によっては，ある溶質に対してだけ特異的に応答する選択性が求められる．**表 17.1** に一般に用いられ

[*2] ガラス製やポリプロピレン，フッ素樹脂などの合成樹脂製のカラムも使用されるが，いずれも低圧（～150 kg/cm^2）でのみ使用される．
[*3] 充填剤の種類には全多孔性粒子（ポーラス型）と表面多孔性粒子（ペリキュラー型）があり，前者は粒子全体に細孔があり，後者は不活性な核の表面を薄い多孔質相で覆ったものである．また，近年のより高性能なポンプや充填剤の開発についてはコラム参照．

表 17.1　HPLC に用いる検出器の種類とおおよその感度

種　類	感　度	選択性
吸光分光（UV/VIS）	10 pg	低
蛍光分光	10 fg	高
電気伝導度	100 pg	低
示差屈折	1 ng	低
電気化学	100 pg	高
質量分析（MS）	<1 pg	高

る検出器の種類と感度をまとめた．最もよく用いられるのは紫外・可視分光光度計を用いる吸光光度法である（第12章参照）．多くの有機分子は紫外・可視領域に光吸収帯を有するため高感度に検出でき，温度や流速による影響がほとんどないため，吸光検出は汎用的な検出法として適している．高感度，高選択性を必要とする生体試料や薬物などの微量成分の分析には，蛍光検出器もよく用いられる（第12章12.6節参照）．また，近年では，質量分析計（MS）（第14章参照）を検出器とするLC/MSの発展が目覚ましい．MSは元来，複雑な混合物の分析に際しては，夾雑物由来のフラグメントピークによってスペクトルの帰属が困難になること，さらには，マトリックスによるイオン化阻害あるいは促進により検出感度が変化することがあった．しかし，LCとのインターフェースが実用化された現在，LCで分離した物質に対しMS検出を行うLC/MSは，両者の長所を生かした方法として広く活用されており，MSの高感度な特性とともに，分子量の決定（分子種同定）も可能である．

17.1.3　分配クロマトグラフィー

この節からは，LCにおける「化学」を理解する上で最も重要な部分である各種分離様式を解説する．**分配クロマトグラフィー**（partition chromatography）は，LCで最もよく利用される分離様式である．この分離様式では固定相と移動相はともに液体であるため，**液－液クロマトグラフィー**（liquid-liquid chromatography）とも呼ばれる．2つの液相は混合せず，溶質が両液相間で分配平衡にあることが前提であり，**分配係数の差に基づいて分離が行われる**．固定相を液体とするためには，液体の固定化が必要である．かつては充填剤に液相を浸透させた固定相を用いていたが，現在では，液体に相当する分子鎖を表面に化学結合させた充填剤が用いられる．その代表例が，全多孔性シリカ粒子表面のシラノール基（Si-OH, silanol group）を有機シロキサンで修飾（下反応式）した化学結合型充填剤である．

17.1 高速液体クロマトグラフィー

$$\text{—Si—OH} + \text{Cl—Si(CH}_3)_2\text{—R} \longrightarrow \text{—Si—O—Si(CH}_3)_2\text{—R}$$

$$R = C_{18}H_{37}$$

　反応式中のRは直鎖状炭素鎖であり，上式では直鎖オクタデシル基（$C_{18}H_{37}-$）を例示している（この場合，**ODS充塡剤**ともいう）．その他にも芳香族炭化水素，一級脂肪族アミン，エーテルやニトリルなどの化学修飾充塡剤が利用される．

　分配クロマトグラフィーは，移動相と固定相の極性の違いで，**順相**と**逆相**に分類される．歴史的には，より極性の高い固定相（トリエチレングリコールや水など）に，より極性の低い移動相（ヘキサンなど）を使用したものが先に開発され，**順相分配クロマトグラフィー**（normal-phase partition chromatography：NPLC）と名付けられた．一方，より極性の低い固定相（ODS基など）に対し，極性の高い移動相（水，メタノール，アセトニトリルやテトラヒドロフランなど）を用いる分配クロマトグラフィーは，NPLCの後に開発され，**逆相分配クロマトグラフィー**（reversed-phase partition chromatography：RPLC）と呼ばれる．RPLCでは一般に，最も極性の高い溶質が最初に溶離され，最も極性の低い溶質が最後に溶離されるが（**図17.3**），NPLCではその逆の順で溶離される．現在，用いられているHPLCのおおよそ4分の3以上がODS基などの炭化水素により化学修飾した固定相を用いるRPLCである．

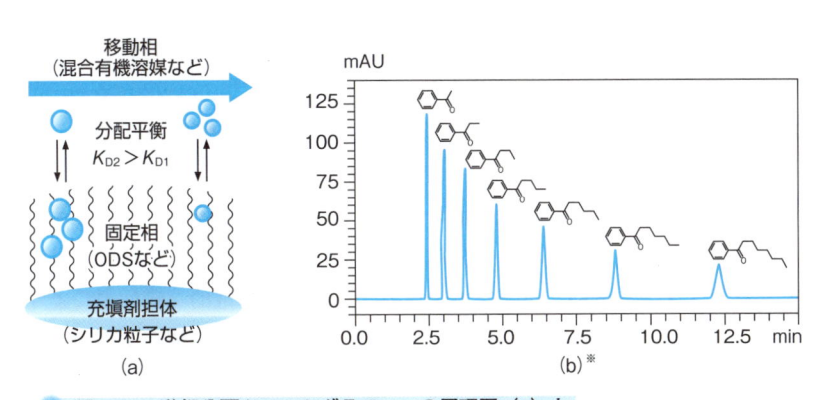

図17.3　逆相分配クロマトグラフィーの原理図（a）とアセトフェノン類の分離例（b）（充塡剤：ODS，検出：紫外吸光）

炭素鎖の大きな（極性が低く，疎水性が高い）ものほど強く保持されていることに注目．
　※【出典】島津高速液体クロマトグラフ　アプリケーションニュース，No. L371, Fig. 1

RPLCにおいて，一般にイオン性物質は固定相に分配されにくいが，対イオンとなる四級アンモニウムや長鎖アルキル硫酸などの有機塩を溶離液に添加し，**溶質とイオン対を形成させて固定相に分配させる**ことで，イオン対抽出平衡（第9章参照）に基づいた分離が可能である．この分離様式を**イオン対クロマトグラフィー**（ion-pair chromatography）と呼ぶ[*4]．この分離様式では，イオン対形成と分配の2つの平衡反応を利用しているため，対イオン濃度を変化させることでイオン性物質の保持を制御でき，さらにイオン性および非イオン性物質を同時に分離することもできる．

17.1.4　吸着クロマトグラフィー

吸着クロマトグラフィー（adsorption chromatography）は，**溶質の固定相表面への吸着平衡を利用したクロマトグラフィー**で，**液-固クロマトグラフィー**（liquid-solid chromatography）とも呼ばれる．世界最初のクロマトグラフィーは，吸着クロマトグラフィーであったが（第15章参照），現在では一般に分子量5 000以下の有機分子だけに主に利用される．吸着クロマトグラフィーの充塡剤はほとんどがシリカあるいはアルミナ粒子である[*5]．シリカは酸性の，アルミナは塩基性の充塡剤であり，溶質が双極子相互作用や水素結合によって吸着サイトへ吸脱着することで分離がなされる．

17.1.5　イオン交換クロマトグラフィー

第9章9.3.4項で学んだ**イオン交換平衡反応に基づいて，イオン性化合物を分離するクロマトグラフィーをイオン交換クロマトグラフィー**（ion-exchange chromatography：IEC）という．充塡剤には，高架橋度の多孔質樹脂を基材とし，そこにスルホン酸や脂肪族アミンなどのイオン交換基を化学修飾したものが利用される．試料として多くの無機および有機イオンに適用でき，主に試料イオンとイオン交換基との静電相互作用の強さの違いで分離する（**図17.4**）．

一方，イオン交換基と同じ符号をもつ試料イオンは，静電的な排斥力により固定相から排除される．その排除の程度はその試料イオンの電荷に依存するため，弱酸

[*4]　後述のイオンクロマトグラフィーの1つに分類されることもあるが，本書ではその分離原理から，分配クロマトグラフィーに分類する．

[*5]　この他に，高分子や活性炭などの非極性の充塡剤のものも用いられる．この場合，分離を制御する相互作用はvan der Waals力が主なものとなる．

17.1 高速液体クロマトグラフィー

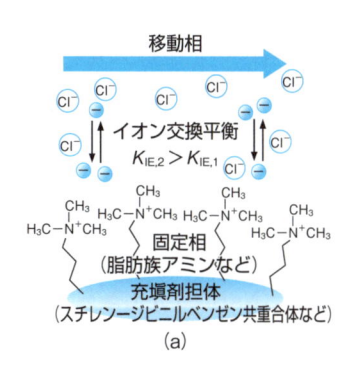

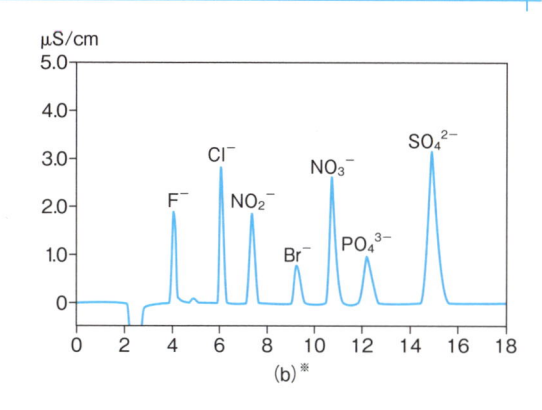

図17.4 イオン交換クロマトグラフィーの原理（a）（陰イオン交換）と陰イオンの分離例（b）（充填剤：陰イオン交換樹脂，検出：電気伝導度）

※【出典】島津高速液体クロマトグラフ　アプリケーションニュース，No. L308B, Fig. 1

などが完全解離していない場合などは，排斥力は小さくなり，ある程度固定相に浸透できる．この排斥力の違いによる分離様式を**イオン排除クロマトグラフィー**（ion-exclusion chromatography）といい，脂肪族カルボン酸などの分離によく用いられる．

イオン交換樹脂充填カラムと**電気伝導度検出器**（conductivity detector）を用いて試料イオンを分離検出する方法を**イオンクロマトグラフィー**（ion chromatography：IC）と呼び，装置構成の違いで他のHPLCと区別する[*6]．電気伝導度検出器は，ほとんどのイオン性化合物に応答し高感度であるため，イオン性化合物の同時検出には理想的である．また，電気伝導度検出器は操作が簡便で，比較的安価であり，保守が容易である．

しかし，高濃度の電解質溶液を溶離に用いる場合，バックグラウンド信号が高くなり，電気伝導度検出器の使用が困難であった．この問題は，**サプレッサー**（suppressor）の導入により1970年中頃に解決され，ICの発展に大きく寄与した．サプレッサーは，試料をイオン交換カラムで分離した後，試料イオンと反対の符号をもつイオンを第二のイオン交換カラムによって除去し，バックグラウンド信号を低

[*6] 現在，ICの検出法としては電気伝導度検出以外にも，UV/VISやMSなどさまざまな検出器が用いられるようになっている．このような，多様な分離様式と装置構成をすべて含め「イオン成分の同時分離を可能とするHPLC」としてICが定義されることもある（広義のIC）．本書では，初学者の理解のため，装置構成の違いでICの分類を行った（狭義のIC）．

く抑えることによって，高感度に測定する前処理装置である．例えば，陽イオン（以下，陰イオンの例を括弧内に示す）の分離に HCl（NaHCO$_3$）を溶離剤として用いた場合，サプレッサーカラムは OH$^-$（H$^+$）付加型の陰（陽）イオン交換樹脂を用いる．この時，試料陽イオン（陰イオン）はサプレッサー内をそのまま通過し，電気伝導度検出されるが，溶離剤に関してはサプレッサー内で以下のイオン交換反応が起こる．

$$H^+(aq) + Cl^-(aq) + R\text{-}OH \longrightarrow R\text{-}Cl + H_2O \quad (\text{HClが溶離剤の時})$$

$$Na^+(aq) + HCO_3^-(aq) + R\text{-}H \longrightarrow R\text{-}Na + H_2CO_3 \quad (\text{NaHCO}_3\text{が溶離剤の時})$$

上式のように，サプレッサー通過後は，溶離剤である HCl（NaHCO$_3$）は，電気伝導度の低い水（非解離型の H$_2$CO$_3$）に変換される．現在，サプレッサーにはイオン交換樹脂を用いるカラム除去型とイオン交換膜を用いる膜透析型の 2 種類が用いられている．

サプレッサーを用いないノンサプレッサー式 IC では，低イオン交換容量のカラムを使用し，低電気伝導度の溶離剤をできるだけ低濃度で用いる必要がある．ノンサプレッサー式 IC は，サプレッサー式 IC よりも装置構成が簡便である一方，検出感度はサプレッサー式 IC よりも悪く，1 桁程度低下してしまう．

17.1.6　サイズ排除クロマトグラフィー

サイズ排除クロマトグラフィー（size-exclusion chromatography：SEC）は，**高分子試料の分離に有効な手法**である（図 17.5）．分離原理は，網目状の細孔へ分子が浸透あるいは排除される現象である**分子ふるい効果**（molecular sieving effect）である．親水性の充塡剤を用いる水溶液系の SEC を**ゲルろ過クロマトグラフィー**（gel filtration chromatography：GFC）といい，疎水性充塡剤を用いる有機溶媒系の SEC を**ゲル浸透クロマトグラフィー**（gel permeation chromatography：GPC）という．充塡剤としては，網目状の均質な細孔を有する多孔性のシリカあるいはポリマー粒子を用いる[*7]．溶媒と溶質はこの細孔内へと浸透するが，溶質が細孔内に浸透した時，移動相の流れから離れて充塡剤粒子の細孔内部に捕捉され，溶質の保持が起こる．つまり，充塡剤の細孔内外の同じ溶媒がそれぞれ移動相と固定相として機能する．このように SEC は，他の LC の分離様式と異な

[*7] ポリマー性充塡剤としては，水溶液系ではデキストランゲル，ポリアクリルアミドゲル，有機溶媒系ではスチレン-ジビニルベンゼン共重合体がよく用いられる．

17.1 高速液体クロマトグラフィー

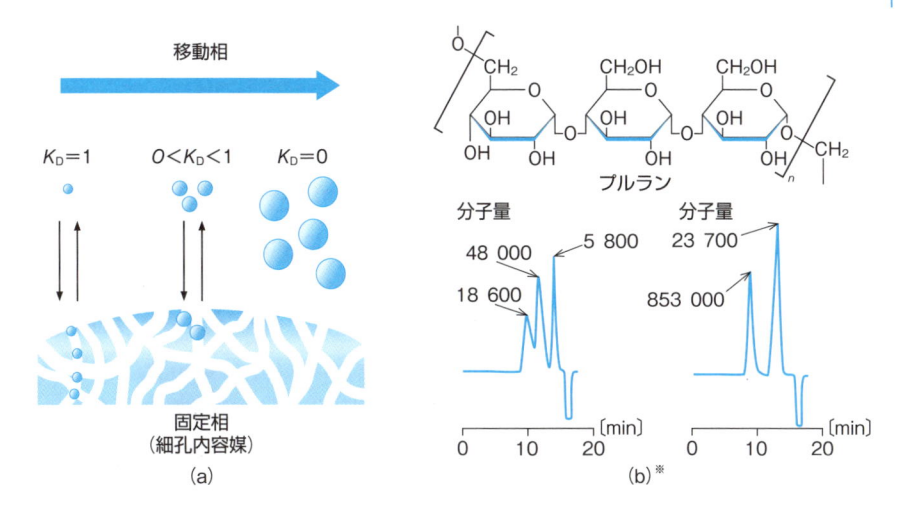

図17.5 サイズ排除クロマトグラフィーの原理図（a）とプルランの分離例（b）（検出：示差屈折）

分子量の大きい順に溶離されていることに注意．
※【出典】島津高速液体クロマトグラフ　アプリケーションニュース，No. L209, Fig. 2

り，溶質と固定相との物理的あるいは化学的相互作用を分離原理としていない点が大きな特徴である[*8]．SECでは，分子が細孔内にどれだけ浸透できるか，すなわち溶質の保持は，分子のサイズに依存することになる．

　溶質分子のサイズが細孔サイズと比較して非常に大きい時は，分子は細孔内へと浸透することができないため，固定相への保持が全く起きず，保持体積（V_R）は充填剤外の溶媒体積（V_0）と等しくなる（$V_R=V_0$）．一方，分子サイズが細孔に比べて十分小さい場合，細孔内の溶媒（固定相）の体積V_iに完全に浸透するため，$V_R=V_0+V_i$となる．分子サイズが中間の時は，その分子が浸透できる部分の体積（V_p）を用いると，その分子が細孔にどれだけ浸透できるかを示す分配係数は$K_D=V_p/V_i$となる．したがって，保持体積は$V_R=V_0+K_DV_i$（$0<K_D<1$）で与えられ，分子の大きさに依存するK_Dに基づく分離が可能である．実験的に得られたV_Rと分子サイズ（分子量）の対数との間に直線関係があることが経験的に知られており，V_Rからおおよその分子量を知ることもできる．

[*8] 充填剤と溶質との相互作用が存在する場合は，分離能が低くなる場合や，分子量が測定できなくなる場合がある．

17.1.7 その他の分離様式

キラル化合物(chiral compounds)[*9]の分離分析は医薬品産業などで非常に重要となっているが,**エナンチオマー**(enantiomer)[*10]同士は,分子量や多くの物理化学的性質が同じであるため,通常の手法では分離できない.そこで,エナンチオマーのうちの片方の異生体とより強く相互作用し,錯体を形成する分子(chiral resolving agent:**キラル試薬**)を固定相(キラル固定相という)に用いれば,分配係数に差が出るためキラル化合物の分離が可能である.これを**キラルクロマトグラフィー**(chiral chromatography)と呼ぶ.キラル試薬は,水素結合,配位結合,静電相互作用,双極子-双極子相互作用,疎水性相互作用,電荷移動錯体形成などの組み合わせによってキラル認識する.一般にキラル認識するためには分子間で3点以上の可逆的な相互作用が必要とされている.

アフィニティークロマトグラフィー(affinity chromatography)は,一般に生化学物質の特異な親和性(affinity:アフィニティー)を用いてある特定の物質を混合試料から取り出す方法である.HPLCのように溶離液を通液し続け,連続して複数の試料を分離分析する方法とは性質を異にする.一般的なアフィニティークロマトグラフィーは,抗体や酵素阻害剤などの試料物質と特異的に相互作用する物質(affinity ligand:リガンド)をアガロースゲルや多孔性ガラスビーズに固定化し,試料を通液して固定相に目的物質を結合させ,共存物質を溶離した後,その特異的結合を弱めることのできる溶離液を使って,目的物質だけを溶出・回収し,精製やマトリクスとの分離を行う.

超臨界流体クロマトグラフィー(supercritical-fluid chromatography:SFC)は,超臨界流体を移動相に用いたクロマトグラフィーであり[*11],GCとLCの中間の特長をもつ方法である.超臨界流体は,拡散係数が液体より大きく,粘度が液体より小さい(第15章 表15.1).そのため,SFCではLCよりも鋭いピークが得られ,高速な分離が可能である.一方,密度は気体よりも大きく,GCに適用できない多くの不揮発性物質を移動相に溶解させることができる.また,移動相の粘度が低いため,HPLCよりも長いカラム(10〜20 m,内径50〜100 μm)が使用可能で

[*9] 対掌性を有し,お互い重ね合わせることのできない物質.
[*10] キラル化合物の一対の異生体.
[*11] したがって正確にはGCでもLCでもないが,装置構成がHPLCと類似しているため,この章に記載した.

ある．カラムのシリカ内壁やシリカ微粒子の表面をポリシロキサンで修飾した固定相がよく用いられる．

17.1.8　平面クロマトグラフィー

平面クロマトグラフィー（planer chromatography）は，平面状の固定相を用いる，あるいは固定相を坦持した平板を用いる LC であり，一般に毛管現象で移動相を移動させる手法である．よく用いられるものとして，**薄層クロマトグラフィー**（thin-layer chromatography：TLC）と**ペーパークロマトグラフィー**（paper chromatography：PC）があるが，有機化合物の合成時における生成物の純度の確認などを含めて，TLC が最もよく利用される．平面クロマトグラフィーは，極めて簡易な汎用技術であるが，再現性と定量性が低いことから定性分析に利用されることが多い．

TLC プレートは，ガラス，アルミニウム，プラスチックなどの平板上に固定相粒子の懸濁液を薄い均一な層（0.25 mm 程度）として塗布・乾燥することによって吸着させて作製する．現在は，さまざまな種類の固定相を塗布した TLC プレートが市販されており，自作の必要はほとんどない．また，固定相の種類を選ぶことで，吸着クロマトグラフィー，RPLC，IEC，SEC などの分離様式を適用できる．TLC における試料の導入は，マイクロピペットや毛細管を用いて少量の溶液を薄層プレートの下端から 15～25 mm の位置（原点あるいは原線という）につけて行う（チャージあるいはスポットという）．

チャージした試料を乾燥した後，展開槽と呼ばれる移動相（展開溶媒）をあらかじめ入れた密閉容器（展開溶媒蒸気で飽和してある）に，原線を下にしてプレートを静置する．プレートの下端から，毛管現象によって展開溶媒が上方に移動し（これを展開と呼ぶ），分離がなされる（**図 17.6**）．その後，プレートを展開槽から取り出し，乾燥させる．分離したスポットの検出にはさまざまな方法がとられる．有色の物質であれば肉眼で確認し，無色の物質であれば発色試薬（ニンヒドリンなど）を噴霧する．また，蛍光試薬を含浸させた固定相を用い，紫外ランプで紫外線を照射して，消光によってスポットを検出する場合もある．分離した試料物質の同定には，物質の移動距離と溶媒の移動距離の比である R_f 値を一般に用いる．

$$R_f = \frac{原点から物質のスポットの中心までの距離}{原点から溶媒先端までの距離} = \frac{a}{b} \tag{17.1}$$

カラムクロマトグラフィーから HPLC が発展したように，TLC を高性能化した

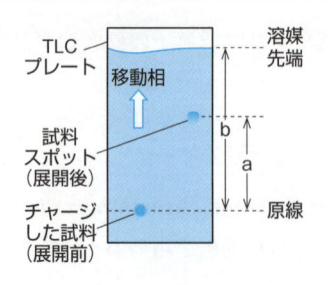

図17.6 薄層クロマトグラフィーの概略図

ものを HPTLC（high performance TLC）と呼ぶ．HPTLC では自動試料チャージ装置を用いて正確な体積のチャージを行い，デンシトメーターという走査型の光学検出器などを用いて検出し，画像解析ソフトなどを用いて解析する．このことにより，再現性が高く，ng～pg の定量が可能な方法となっている．

PC は，操作や検出法は TLC とほとんど同じであるが，固定相にろ紙（高純度セルロース繊維）を用いることが特徴である．セルロースは水を強く吸着するため，親水性の固定相を形成する．PC による分離原理は，この吸着した水と移動相（一般に有機溶媒）との間の分配（NPLC）が起こるだけでなく，セルロース自体との相互作用も含めた複合的なものと考えられている．セルロースに吸着した水分子をシリコンオイルやパラフィンオイルで置換した場合，RPLC が適用できる．また，吸着剤やイオン交換体を坦持させたろ紙もあり，吸着クロマトグラフィーや IEC も可能である．PC の特長は，簡易であるとともに，スポットの切り出しが可能な点である．

Column　HPLC を超える LC

近年では，HPLC のさらなる高性能化がなされ，UHPLC(ultra high-performance liquid chromatography) と呼ばれている．これは，従来よりも小さな 1.7～3 μm 程度の粒径の全多孔性充填剤と，100 MPa の圧力に耐え，1 mL/min 以下の正確な送液量を制御可能なポンプを用いる LC であり，理論段数が数万段を超えることも珍しくない高分離能な次世代 LC 装置である．UHPLC は，理論的に予測されてきた LC の性能の限界近くまでの性能を引き出すことに成功したものであり，その基本理念は，古典的なカラムクロマトグラフィーから充填剤や送液ポンプなどの改良によって HPLC が開発された延長線上にあると考えてよいだろう．

一方で，UHPLC は試料導入体積が数十 μL と微小であるため，分取には向かない

点や，流路が狭いためカラムが詰まり易く，高い圧力のためカラムや装置内の部品の劣化が早いこと，充塡剤の種類がまだ少ないことや，専用の装置一式を用いるため，自在に装置を組むことができないなどの課題もある．また，近年では表面多孔性粒子の充塡剤も大きく発展している．表面多孔性粒子は，粒子体積に対して表面の多孔質相の占める割合が低いため，HPLC 充塡剤にあまり用いられてこなかったが，近年，直径約 2 μm の核，0.5 μm 程度の固定層の厚さを有し，全多孔性粒子よりも粒子径が均一に揃った表面多孔性充塡剤が実用化されている．粒子が小さくなったため，多孔質相の割合が 75% 程度と高くなり，従来の HPLC 装置を用いても，より高い分離能を得ることができるようになった．一方で，これらのような HPLC のさらなる高性能化は，従来にない相互作用を用いた新しい分離様式ではなく，従来の分離様式を用いている点にも留意すべきであろう．

17.2 電気泳動法

17.2.1 電気泳動の基礎理論

　溶液中の電荷をもった化学種は，溶液中に正と負の電極を入れて直流電場を与えると，化学種によって異なる速度で移動（migration：泳動）する．この**泳動現象に基づいて物質を分離する方法を電気泳動法**（electrophoresis）という．外部から流れを与えて物質を移動し，固定相との相互作用の違いで分離する LC と比べ，電気泳動では荷電化学種自体を泳動させ，その泳動速度の違いで分離する点が大きく異なる．Tiselius は，タンパク質の電気泳動を 1930 年代に精力的に行い，分析法としての電気泳動を切り拓き，1948 年にノーベル賞を受賞している．現在では，電気泳動法はタンパク質や核酸などの生体高分子だけでなく小さな分子サイズの無機・有機イオン，さらには非イオン性有機化合物とあらゆる化合物に対して適用されている．

　ここで，球体の荷電粒子の泳動を考える．泳動速度（v_{ep}）は電場強度に比例するので，以下の式で与えられる．

$$v_{\mathrm{ep}} = \mu_{\mathrm{ep}} E = \mu_{\mathrm{ep}} \frac{V}{L} \tag{17.2}$$

ここで，E は電場強度（$V[\mathrm{cm}^{-1}]$），V は電位，L は電極間の距離である．μ_{ep} は電気移動度（electrophoretic mobility）であり，単位電場あたりの移動速度を表し，ある溶液中での荷電物質に固有の値である．ここで泳動の駆動力となる電場中の荷電粒子に働く力 F_{E} は以下の式で与えられる．

$$F_\mathrm{E} = qE = zeE \tag{17.3}$$

ここで，q は電気量（C），z と e はそれぞれ電荷と電気素量である．F_E によって，荷電粒子は泳動し始めるが，その泳動速度に応じて摩擦力 F_F が生じ，泳動直後にこの2つの力がつり合って荷電粒子は等速運動をする．このとき F_F はストークスの法則より次式で与えられる．

$$F_\mathrm{F} = -6\pi \eta r v \tag{17.4}$$

ここで，η，r はそれぞれ溶液の粘性係数，荷電粒子の半径である．力のつり合い（$F_\mathrm{E} = F_\mathrm{f}$）を考えて，式を整理すれば

$$\mu_\mathrm{ep} = \frac{v_\mathrm{ep}}{E} = \frac{q}{6\pi \eta r} \tag{17.5}$$

を得る．式(17.5)から，荷電粒子（分子）は電荷が大きいほど，またサイズが小さいほど速く泳動することが分かる．実際の電気泳動では，おおよそ上式に従うが，分子の形状や溶媒和の状態などにも大きく依存する．

17.2.2　電気泳動法の分類

電気泳動法は，HPLC の分類と同様に装置構成や分離様式で分類される（**表17.2**）が，自由溶液中と支持体（高分子ゲルなど）中での電気泳動法に大別される．本書では生体高分子の分離で多用される**ゲル電気泳動法**（gel electrophroresis：GE）と高速で非常に高い理論段数を有し，かつ自動化されている**キャピラリー電気泳動法**（capillary electrophoresis）の2つを概説する．

17.2.3　ゲル電気泳動法

GE における基本的な分離様式は，高分子ゲル（ポリアクリルアミドゲルやアガロースゲルが代表的）中の三次元網目構造によって形成される細孔による分子ふるい効果である．細孔径はゲル濃度や架橋度によって調整できる．細孔外溶媒（移動相）が存在する SEC と異なり，GE では常にゲル細孔内を溶質は泳動するため，電荷が同じ分子であれば，細孔中を通過しやすい小さな分子ほど速く泳動し，大きな分子ほど網目構造との衝突頻度が高くなり泳動速度が小さくなる．このように GE では，SEC とは逆の順で物質が分離されることに注意が必要である．

GE 装置（**図17.7**）では，ゲルはガラス製の2枚の平板の間（厚さ 0.5〜1.5 mm 程度），あるいはガラスチューブ内（半径数 mm 程度）をゲルモノマーで満たし，その後，重合してゲルを作製（casting：キャスト）する．前者を用いる電気泳動

17.2 電気泳動法

表 17.2 電気泳動法の分類

	名　称	分離様式による分類とその特徴				
		ゲル電気泳動 (GE)	等電点電気泳動 (IEF)	等速電気泳動 (ITP)	自由溶液での電気泳動	ミセル動電クロマトグラフィー (MEKC)
装置構成や支持体による分類	スラブゲル電気泳動法	○	○	○	−	−
	ディスクゲル電気泳動法	○	○	○	−	−
	キャピラリー電気泳動法(CE)	−	○	○	○	○
	キャピラリーゲル電気泳動法(CGE)	○	−	−	−	−
	その他 ろ紙電気泳動, セルロース膜電気泳動などがある.	アクリルアミドやアガロースゲルを用いる. 分離原理は分子ふるい効果である. SDS-PAGEは特にタンパク質や核酸などの生体高分子の分離に有効である. 詳細は本文参照.	泳動液 (またはゲル) 中の両性担体によって形成されるpH勾配下で電気泳動することにより, 試料タンパク質は等電点 (pI) のpH位置で泳動を止め, タンパク質の濃縮分離 (フォーカシング) がなされる.	2種類の泳動液で試料ゾーンを挟み, 泳動する. 溶質の電気移動度が2つの泳動液電解質の移動度の間になるように設定すると, 溶質ゾーンが狭いバンドに濃縮され, 等速で泳動する. ITPは, CEでの試料の濃縮やPAGEでの分離前の試料の濃縮に用いられる.	CEで可能な分離様式(CZE)である. EOFで溶質は運ばれながら電気泳動移動度に基づいて分離される. さまざまな検出器が適用できる. 種々の無機・有機イオン, 生体物質に適用可能である. 詳細は本文参照.	CEにおいて, 界面活性剤の添加によって, ミセルを疑似固定相とした分配クロマトグラフィー分離が可能である. 特に非イオン性物質の高分離に有効である. 詳細は本文参照.

をスラブゲル電気泳動, 後者をディスクゲル電気泳動と呼ぶ. 試料溶液の導入は, 上部および下部泳動漕を設置した後, ゲルの上端につくったくぼみ (well：ウェル) に, 数％のグリセロールを添加した試料溶液を沈降させて行う. その後, 上下泳動槽中に設置してある電極に電圧 (～500V程度) を印加して電気泳動を行う (数十分から数時間). 溶質は, 幅の狭い (～数mm) ゾーン (バンドともいう) を形成して相互分離される. ゲルは使い捨てであり, 測定の度にゲルを交換する必要があるが, 現在はあらかじめ作製されたゲル (プレキャストゲル) が市販されており, 特殊な場合を除きゲルを自作する必要はない.

タンパク質の電気泳動において重要な方法に**ドデシル硫酸ナトリウム–ポリアクリルアミドゲル電気泳動** (sodium dodecyl sulfate-polyacrylamide gel electrophoresis：SDS-PAGE) がある. これは, 上層泳動液および試料に陰イオン性界面活性剤であるSDSを添加し, 上層の電極を陰極として泳動する方法である. また, 試料には還元剤である2-メルカプトエタノールも添加する. これはタンパク質分子中に存在するジスルフィド結合 (S–S結合) を還元作用によって切断する

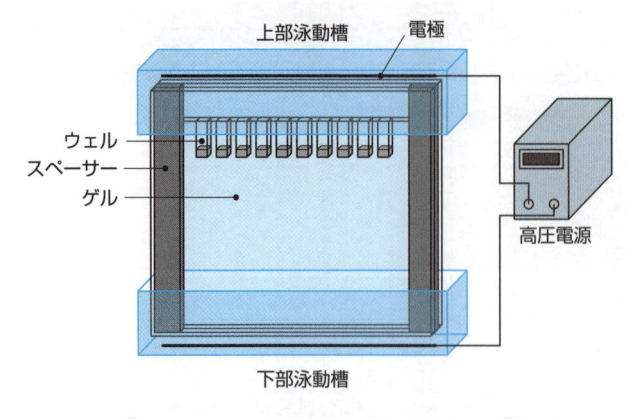

第 17 章 液体クロマトグラフィーと電気泳動

図 17.7 ゲル電気泳動装置の概略図

役割を果たす．この作用と，多くの SDS 分子がタンパク質の疎水部に結合することによって，タンパク質分子の立体構造が壊れ（変性という），直鎖状の高い負電荷を有する分子となる．

この時，アミノ酸 2 分子に対し SDS がおよそ 1 分子結合する．すなわち SDS による変性によって，タンパク質はその種類にかかわらずおよそ一定の電荷－サイズ比（式(17.5) 中の q/r）を有することになる．よって，自由溶液中での電気移動度はタンパク質分子間でほぼ一定となり，ゲル細孔による分子ふるい効果だけが分離に寄与することになる．つまり，SDS-PAGE では，タンパク質のサイズ（分子量）に従って分離することができる．通常，泳動時にはスラブゲルの端のウェルに，分子量既知の標準タンパク質の混合溶液（分子量マーカー）を注入し，泳動後にこのマーカーの位置と試料の R_f 値（式(17.1)）[12] から，未知試料の分子量を推定できる．分離したタンパク質の検出にはタンパク質に結合する色素による染色が一般に行われ，その検出限界は 0.5～20 ng 程度である．

17.2.4　キャピラリー電気泳動法

キャピラリー電気泳動法（capillary electrophoresis：CE）は，内径 10～

---

[12] GE の場合は，PC と異なり溶媒先端位置はないため，色素マーカー（ブロモフェノールブルーなど）による移動距離 b を基準（分母）にとる．したがって，GE での R_f 値は色素マーカーの移動度を 1 とした相対的な移動度の値を表す．

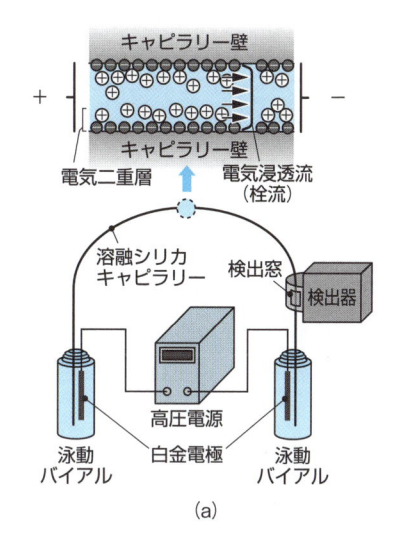

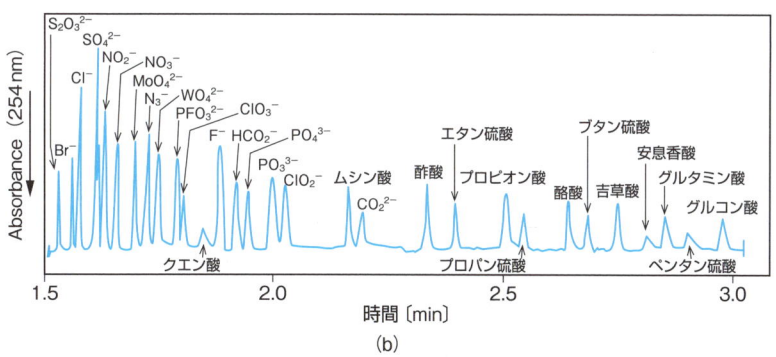

図 17.8 キャピラリー電気泳動装置の概略図（a）と
陰イオンの分離例（b）（検出：間接吸光）

【出典】W. R. Jones and P. Jandik: *J. Chromatogr., A*, **546**, 445 (1991), Fig. 3

100 μm，長さ 30〜100 cm の**溶融シリカ細管（キャピラリー）内で電気泳動を行う方法**である（**図17.8**）．キャピラリー自体は容易に壊れるため，ポリイミドで被覆されて補強されている．CE は，泳動液で満たしたキャピラリー両端および白金電極を，泳動液の入った 2 つの容器（バイアル）に浸し，高い直流電圧（5〜30 kV）の印加によって電気泳動を行う方法である．試料の注入は，試料溶液を一方のキャピラリーの先端に浸し，圧力をかけて行うことが多く，注入量は数〜数百 nL である．検出はキャピラリーの端から 10 cm 程度の位置のポリイミド被膜をはがし，

第17章 液体クロマトグラフィーと電気泳動

光透過性の高い検出窓を作成し，吸光検出を行うことが多い．吸光検出では短いキャピラリー内径が光路長となるため，一般に HPLC よりも CE は検出感度が 100 倍ほど低くなる．近年では，CE の検出法として，蛍光検出，電気伝導度検出や MS 検出も適用できるようになっている．

CE を自由溶液で行う場合，**キャピラリーゾーン電気泳動**（capillary zone electrophoresis：CZE）という．CZE の特徴として**電気浸透流**（electroosmotic flow：EOF）がある．これは，電圧を印加した際にアノードからカソード方向に生じる泳動液の流れであり，すべての溶質は EOF で検出窓へと運ばれながら，その間に電気泳動的に溶質が相互分離される．この EOF が生じる原因は以下のとおりである（図 17.8）．

キャピラリー壁のシリカ表面は pH3 以上でシラノール基が酸解離することで負電荷を帯びている．この時，泳動液の電解質陽イオンが静電的に負電荷を帯びたシリカ表面に引き付けられ，キャピラリー壁と泳動液との電位差 ζ（ゼータ電位）をもった**電気二重層**（electric double layer）が生じる．ここで，強い電場が印加されると，シリカ表面の陽イオンの層がカソードに引き付けられ移動を始める．この陽イオンは溶媒和をしているため，移動に伴って溶媒全体がキャピラリーに沿って移動する．EOF の速度は次式で与えられる．

$$v_{eo} = \mu_{eo} E = -\frac{\varepsilon \zeta}{\eta} E \tag{17.6}$$

ここで μ_{eo} は電気浸透移動度，ε は溶液の誘電率である．したがって，溶質の移動速度 u は EOF と溶質の電気泳動速度の和となり，式(18.7) で与えられる．

$$u = v_{ep} + v_{eo} = (\mu_{ep} + \mu_{eo})E \tag{17.7}$$

EOF のフローパターンは，圧力で送液する HPLC のパターン（層流：中心ほど速度が大きい放物線流）と異なり，速度がキャピラリー中心からの距離によらず一様で平らな流れ（plug flow：**栓流**，図 17.8 参照）である．また，CE では多流路拡散がなく，さらに均一溶液での分離であるため物質移動の影響も少ない．よって CE におけるバンドの広がりは通常拡散によるものだけとなり，極めて狭いバンド幅が得られる．これが 10^4〜10^6 にもおよぶ**高い理論段数**が得られる理由であり，CE の最大の魅力である．

EOF は一般にすべてのイオンを検出器方向へ運ぶことができるため，陰イオンと陽イオンの同時分析が可能である．また，高電圧を印加するとジュール熱の発生が問題となるが，CE ではキャピラリーを用いることで低電流となるため，ジュー

ル熱の発生が抑えられ，かつ効率的にジュール熱を発散することもできる．その結果，高い電圧（10～30 kV）での電気泳動が可能となり，高速（数分～数十分）での高分離が可能である（図17.8）．

CEでは，さまざまな分離様式が適用可能（表17.2）だが，寺部らが1984年に開発した**ミセル動電クロマトグラフィー**（micelle electrokinetic chromatography：MEKC）を簡単に紹介する．泳動液に界面活性剤（SDSなど）を臨界ミセル濃度（critical micellar concentration：cmc）以上添加すると，40～100分子が会合したミセルが形成する．ミセルは疑似固定相として働き，溶質は疎水性であるミセル内部へと分配され，CEを用いて非イオン性物質のクロマトグラフィー分離が可能となる．このMEKCによってCEでの適用対象物質が飛躍的に増大した．

演習問題

Q.1 RPLC（固定相：ODS充塡剤，移動相：50％アセトニトリル-水，リン酸緩衝液pH 7.0）で，疎水性の異なる2つの有機酸の分離を試みた．しかし，両物質は固定相にほとんど保持されずに溶離した．この時，どのように実験条件を変えれば相互分離できる可能性があるかを考えよ．

Q.2 HPLCとGCを比較し，それぞれの利点と適用範囲の違いを述べよ．

Q.3 以下の物質群を含む水溶液試料に対して有効な分離手法（クロマトグラフィーと電気泳動）をあげよ．
 (1) 非イオン性アルキル化合物の混合物
 (2) 無機および有機イオンの混合物
 (3) 血清中タンパク質
 (4) 分子量5 000程度の非イオン性水溶性高分子

Q.4 CZEでは通常拡散だけがバンドの拡がりを与えるので，理論段高さHは式(15.5)の第2項だけで与えられる．この時，$B = 2D$である（Dは拡散係数）．CZEでの理論段数が以下の式となることを示せ．ただし，Vは印加電圧であり，検出はキャピラリーの出口（長さL）で行っているものとする．

$$N = \frac{(\mu_{eo} + \mu_{ep})V}{2D}$$

Q.5 HPLCとCEを比較して，それぞれの利点と欠点を述べよ．

参考図書

1. 高速液体クロマトグラフィーハンドブック，日本分析化学会関東支部，丸善（2000）
2. S. Crouch, D. M. West, D. A. Skoog, and F. J. Holler：Fundamentals of Analytical Chemistry, 9th ed., Brooks/Cole Publishing (2013)
3. 本田　進，寺部　茂　編：キャピラリー電気泳動−基礎と実際，講談社サイエンティフィク（1995）

第18章
局所分析 ― 顕微分析・表面分析 ―

本章について

物質中に何が（定性分析）どれくらい（定量分析）どのような酸化状態で（状態分析）存在しているか分かったとしても，その物質を理解できたことにはならない．生物がよい例であるが，構成成分がどのように配置されているかまで分かってはじめて物質が理解できたといえる．この章では局所分析を行う顕微鏡について，その原理と応用範囲について概説する．なお，原理がやや異なるが，イオンビームを用いる代表的な表面分析法である二次イオン質量分析法（SIMS）にも触れる．

第18章

局所分析 —顕微分析・表面分析—

18.1 各種局所分析法

　物質の構造を直接拡大して観察するための装置である顕微鏡では，まず空間分解能が重要である．**図 18.1** に測定対象による大きさの違いを示した．測定対象に適した顕微鏡を用いることが重要である．次に分析能も重要である．試料の分光特性，偏光特性，元素分布などを測定できる分析顕微鏡が実現している．はじめに開発された顕微鏡は**光学顕微鏡**であった．

　物質を透過した平行光を，**図 18.2** に示すように光の屈折を利用する対物レンズで拡大結像し，さらに接眼レンズで網膜に拡大投影する．光学顕微鏡はとくに病原菌の解析に威力を発揮したが，その空間分解能が 0.2 μm 程度であるため，さらに

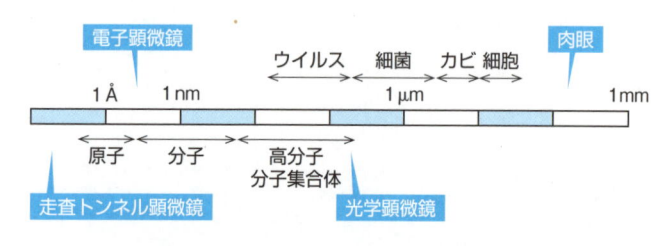

図 18.1 測定対象の大きさと顕微鏡の解像力

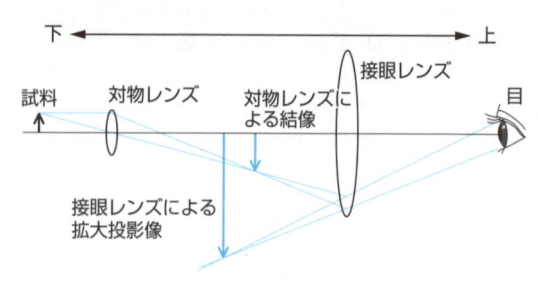

図 18.2 光学顕微鏡の原理

小さいウイルスを検出することはできなかった．その後，光に代わって電子線を用いる**透過型電子顕微鏡**が開発されて，空間分解能は原子オーダー（0.01 nm 程度）まで向上し，種々の物質の構造が解明されるようになった．さらに**結像・投影型顕微鏡**ではない**走査型顕微鏡**である**走査型電子顕微鏡**やレーザー顕微鏡，そして検出用のプローブを表面に近接させて局所的な変化を測定する**走査プローブ顕微鏡**（scanning probe microscope：**SPM**）が開発された．また，単に形状を測定するだけではなく，例えば局所的な分光特性の違いを測定する**分析顕微鏡**へと各顕微鏡は発展している．

18.2 光学顕微鏡

通常の光学顕微鏡（optical microscope）では，試料をガラス板の上にのせて光を下から照射して上から対物レンズを近づけて観察する．対物レンズは焦点距離が短いものほど高倍率で，10～100 倍程度が一般的である．光をレンズで絞っても光の回折による広がりが伴うため，空間分解能には用いる光の波長 λ と屈折率 n や見込み角 θ で決まる開口数（numerical aperture）$NA = n\sin\theta$ を用いて $0.61\lambda/NA$ で示される回折限界がある．可視光で計算すると約 $0.2\,\mu m$ 程度となる．これ以外にも，レンズの形状や配置に伴うこま収差などのザイデル収差や屈折率の波長依存性による色収差によって光は広がり，像がぼける．よい像を得るためには光学系の調整が欠かせない．光を透過させる配置以外にも，光を上から照射して反射光を観察する**落射型光学顕微鏡**もある．光を吸収しない試料では，コントラストを向上させるために染色も行われる．とくに細菌の分類に用いられるグラム染色は有名である．

試料に入射した光は，吸収や散乱により強度が変化するとともに，屈折率の違いにより位相も変化する．光を吸収しない試料であっても，屈折率が違えば位相が変化しているが，通常の顕微鏡では光の強度しか分からない．しかし，光を2つに分けて，一方の位相をずらした上で，ふたたび重ねると干渉が起こり，試料による位相の変化を強度の変化に変えることができる．一方の光のみを試料に通して重ねる**位相差顕微鏡**（phase contrast microscope：**PCM**）では，試料の屈折率の違いを明暗として観察することができる．また，位相差を与えた2つの光の光路をわずかにずらして試料に照射して再び戻して干渉させると，屈折率が大きく変化する位置で明暗が大きく変化する．このような原理の顕微鏡が**微分干渉顕微鏡**

第18章　局所分析 ―顕微分析・表面分析―

(differential interference contrast microscope：**DICM**) であり，屈折率の異なる部分の縁を強調した像が得られる．一方，液晶や結晶のように配向性の試料では，入射光の偏光面が変化する．偏光を照射し，偏光板を通して偏光面の回転を観察するのが**偏光顕微鏡**（polarization microscope：**POM**）である．温度可変装置と組み合わせて，液晶相への相転移や，鉱物試料の配向の観察などに用いられる．

以上の顕微鏡は結像光学系を用いる顕微鏡であるが，最近は走査型の光学顕微鏡も用いられる．走査型では，光を絞ってビーム状にし，試料に照射する位置を走査しながら透過光などを測定する．レーザーのような高輝度光源の開発，検出器の性能向上，コンピュータ技術の発展などが，その実現の技術的な背景にある．光ビームを照射して蛍光を測定するのが**蛍光顕微鏡**（fluorescence microscope：**FM**）である．最近では，微弱な光も検出できるようになったため，ビームの照射位置から出た蛍光がピンホールに収束するように検出側にもレンズを入れた**共焦点レーザー顕微鏡**（confocal laser scanning microscope：**CLSM**）も広く普及している．

図 **18.3** に FM と CLSM の光学系の違いを示した．CLSM では焦点位置で生じた蛍光を収束させて検出するため，測定位置は空間の一点になり，それ以外の位置で発生する蛍光の大半を取り除くことができる．したがって，試料を三次元的に動かすことによって蛍光物質の三次元分布に基づく画像を高い空間分解能で得ることができる．なお，図 18.3 の中でダイクロイックミラーはレーザー光のみを透過してそれ以外の波長の光を反射する．上部からレーザー光が入射し，発生した波長が異なる蛍光は反射されて検出器に導かれる仕組みである．フィルターは反射してくるレーザー光の除去に用いられる．

光学顕微鏡に分光検出器を組み合わせれば，微結晶1つひとつの吸収スペクト

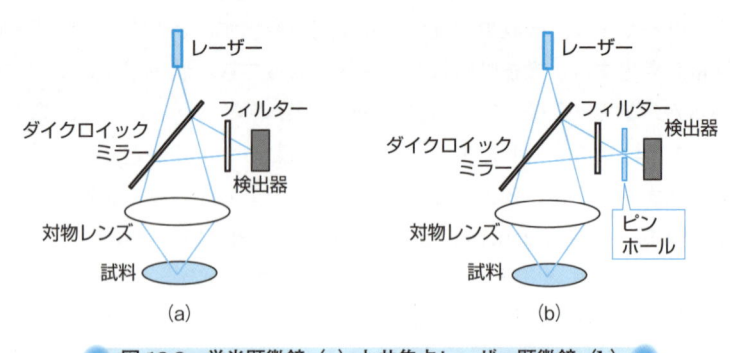

図 18.3　蛍光顕微鏡（a）と共焦点レーザー顕微鏡（b）

ルや蛍光スペクトルを得ることができる．また，光の代わりにX線を照射すれば**X線顕微鏡**，赤外線を照射すれば**赤外顕微鏡**になる．X線を照射して生じる蛍光X線の分布を測定すれば元素分布が得られるし，**マイケルソン干渉計**を用いて赤外線を分光すれば，局所的な分子種の分布が得られる．レーザーを照射して発生するラマン光を分光測定する**ラマン顕微鏡**でも同様である．

18.3　電子顕微鏡

　光学顕微鏡で用いられる光の波長は数100 nmであるため，空間分解能もその数分の一にしかならない．さらに分解能をあげるため，電子線を利用する**透過型電子顕微鏡**（transmission electron microscope：**TEM**）が開発された．電子はド・ブロイ（de Broglie）の式（$\lambda = h/p$）で与えられる波長λの波である．hはプランク定数であり，pは電子の運動量である．したがって高速に加速すれば，電子の波長は短くなる．計算すると数10 kVで加速すれば，ボーア半径0.053 nmよりも小さくなる．実際，TEMでは原子による像が得られる．TEMでは，とがった針の先端で発生した電子を数10 kVで加速し，電磁場を用いる電子レンズにより収束させた電子線を照射する．電子が透過できるように薄く調製した試料を通し，光学顕微鏡と同様，**図18.4**のように電子線を結像させる．

　TEMでは電子数が多い重元素が存在する位置で電子が散乱されて透過する電子数が少なくなる．したがって，電子数の多少が画像の明暗に対応する．一方，結晶性の試料では，散乱された電子が回折して原子による像が得られる．このため，試

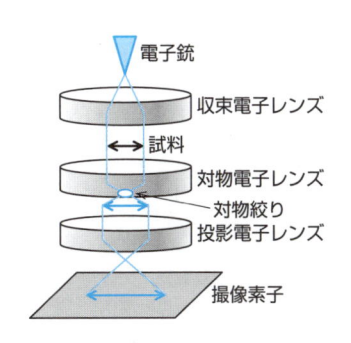

図18.4　透過型電子顕微鏡の測定系

第 18 章　局所分析　―顕微分析・表面分析―

料の原子オーダーの構造まで観察することができる．通常の TEM では電子線を透過させる必要があるため，試料の厚さを 100 nm 以下まで薄くする必要がある．ただし，加速電圧を数 MV まで高めた超高圧 TEM を用いれば μm 程度の厚さまで厚くすることができる．

　TEM は光学顕微鏡と同様に試料を透過した電子を結像させる結像・投影型の顕微鏡であるが，電子線の照射位置をずらしながら測定する**走査型電子顕微鏡**（scanning electron microscope：**SEM**）も広く普及している．SEM では電子レンズで絞った電子線を試料に当てたとき，表面からたたき出されてくる 2 次電子の量を測定する．2 次電子は表面数原子層からしか放出されないので，表面近傍の形状を高い空間分解能で測定できる．このため，SEM は固体表面の形状や性状の測定に広く用いられる．なお，入射した電子線が試料内部での衝突によって広がり，2 次電子の発生領域が広がるため，空間分解能は悪化して数 nm 程度になる．SEM では数 10 kV で加速した電子線を照射するため，照射位置にある原子の内殻電子をたたき出し，その結果，特性 X 線が発生する．SEM にエネルギー分散型の **X 線分光測定装置**（energy dispersive X-ray spectrometer：**EDS**）を組み合わせれば，局所的な元素分布を得ることができる．ただし，X 線の発生領域や深さは 2 次電子よりも広がるので，空間分解能は SEM 像よりもおとる．

　電子線を絞って試料に照射し，透過してくる電子を測定するのが，**走査型透過電子顕微鏡**（scanning transmission electron microscope：**STEM**）である．STEM でも原理的に TEM と同等の情報が得られる．STEM では，高角度側に散乱された電子を計測する**高角度散乱暗視野環状**（high-angle annular dark-field：**HAADF**）検出器を用いて TEM とコントラストが反転した像を得ると同時に，透

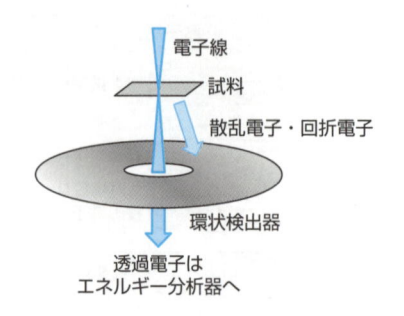

図 18.5　走査型透過電子顕微鏡の原理

過電子はそのエネルギーを測定して**電子エネルギー損失スペクトル**（electron energy loss spectrum：**EELS**）を測定することもできる（図18.5）．EELSでは透過してくる電子が，途上にある原子中の電子を励起することによって失ったエネルギーを測定する．失われるエネルギーは元素固有であるため，EELSによって元素分析ができ，分析能をもった顕微鏡となる．EDSやEELSを付加して分析能をもたせた電子顕微鏡を分析電子顕微鏡（analytical electron microscope：AEM）と呼んでいる．

18.4 走査プローブ顕微鏡

電圧を印加した金属製のとがった針を試料表面に近づけると，離れていれば電流は流れないが接触すればショートして大電流が流れる．ところが針と試料間の距離を数nm程度に保つと微弱な電流が流れる．これは針先端の軌道と試料表面の軌道が重なるため，接触していなくてもトンネル現象によって電子が移動し始めるためである．図18.6のように表面をなぞるように針を動かしながらこのトンネル電流の変化を計測するのが**走査トンネル顕微鏡**（scanning tunnelling microscope：**STM**）である．

STMでは放電が起こらないように低電圧（最大数V）で測定するため，電子のド・ブロイ波長は数nm以上になるが，原子を識別できるほどの空間分解能がある．特に高さ方向の空間分解能は0.01nm以下にもなり，回折限界を超える．このような空間分解能の高さは軌道の重なり具合の変化を測定しているのが原因である．STMは超高真空を必要とせず，大気中でも表面の形状を測定することができるし，試料表面に溶液を滴下してその中に針を突っ込んで固液界面の形状を観察す

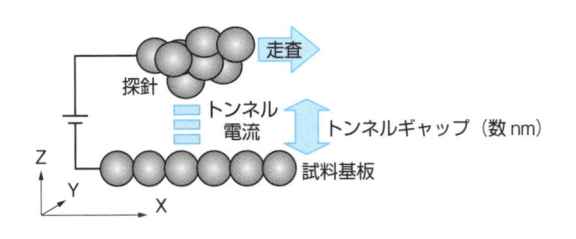

図18.6 走査トンネル顕微鏡の原理

第18章 局所分析 ― 顕微分析・表面分析 ―

ることもできる．これは，STMでの測定に要する時間が室温で吸着している大気や溶媒分子の吸脱着や表面での運動と比べると遅いので，表面を動き回っている限りはトンネル電流への影響が平均化されるためである．

一方，表面に吸着して位置が固定される分子がトンネル電流に影響するときには吸着分子に相当する像を観察することもできる．STMの測定では，電流値の変化を測定する変電流モードもあるが，表面の凹凸が激しい試料では針が衝突によって損傷する．そのため，電流値が一定になるように針を上下させ，その移動距離を測定する定電流モードが通常用いられる．

STMでは直接表面の軌道に電子が出入りする．印加する電圧を変えて，電子のエネルギーを掃引すれば電流値は表面の**状態密度関数**（density of states：**DOS**）を反映して変化する．針側の状態密度はほぼ一定とみなせるので，試料のDOSを電圧で積分した値に電流は比例する．このため，電流値の電圧に対する一次微分を求めれば局所的なDOSの分布が分かる．この手法を**走査トンネル分光**（scanning tunnel spectroscopy：**STS**）という．STSを用いれば，表面にあるどの原子の位置にどのようなエネルギーの電子や空軌道があるのか評価できる．STSによってSTMは原子オーダーの空間分解能で分析能をもつ顕微鏡となる．

さらに，トンネル電流の電圧に対する二次微分値を測定する**非弾性トンネル分光**（inelastic tunnel spectroscopy：**IETS**）によって吸着分子の振動スペクトルを得ることもできる．極低温での測定が必要であるが，この手法によって単一分子中のどの官能基が振動スペクトルを与えるのか帰属することが可能になった．

針に電圧を印加しなくても軌道の重なりによって針に力学的な力がかかる．接近させていくとまず針を引き込むような引力がかかり，その後，さらに接近させると斥力に変わる．表面上をなぞるように針を走査して，この力の変化を測定するのが**原子間力顕微鏡**（atomic force microscope：**AFM**）である．AFMでもSTMと同様に針先端と試料表面の軌道間の重なり具合の変化を測定しているので，原子を識別できるほど高い空間分解能を実現している．AFMでは原理的に引力を測定する非接触モードと斥力を測定する接触モードがある．前者の方が試料への損傷が小さいが，斥力よりも微弱な引力を測定することになるため，測定は難しい．

現在では針を表面に対して垂直方向に振動させながら針先にかかる力による振動の位相変化を測定する方式が用いられることが多い．この方式であれば，試料との接触時間は短くなり，試料や針の損傷は少なくなる．試料に導電性を必要とするSTMとは異なり，AFMは試料を選ばないし，大気中や固液界面でも測定できる

ので，汎用性が高い．ただし，帯電性の試料では静電気を除去するなどの工夫が必要になる．試料がやわらかいときには，針を近づけたとき，試料の変形に伴って針が受ける力の様子が硬い場合とは異なってくる．針と試料の間の距離に対する針が受ける力の変化を計測すると表面性状の局所的な違いを評価できる．これがフォースカーブの測定である．

　針ではなく表面にコーティングして尖った先端からだけ光が漏れ出るような光ファイバーを用いて，光を照射したり，試料を透過してくる光を取り出したりして測定すれば，光を用いる走査プローブ顕微鏡が実現する．これが**走査近接場光学顕微鏡**（scanning near-field optical microscope：**SNOM**）である．SNOMを用いれば，光の回折限界を超えた空間分解能（数10nm）が得られる．STM，AFM，SNOMのように作用部または検出部をとがった針状にして表面に近接させることによって，回折限界を超える空間分解能を実現する顕微鏡を総称して，**走査プローブ顕微鏡**（scanning probe microscope：SPM）という．

18.5　二次イオン質量分析法

　電子は質量が小さいため，加速して表面に衝突しても電子しか飛び出してこない．しかし，大きな質量をもつイオンを加速して表面にぶつけると，表面から原子がイオン（二次イオンと呼ぶ）となってたき出されてくる．この効果をスパッタリング効果といい，スパッタリングされたイオンの質量を計測して元素を特定し，イオン量の照射時間による変化を計測するのが**二次イオン質量分析法**（secondary ion mass spectrometry：SIMS）である．**SIMS**は原理的に表面を削り取りながら分析する破壊分析である．少しずつ掘り進めて分析することによって深さ方向の元素分布を知ることができる．この点が他の局所分析法にない特徴である．質量分析の感度が高いためppbからpptオーダーの表面分析が実現する．半導体素子のように微量成分をドープした種々の材料を積み重ねた試料の分析に威力を発揮する．

　一方，イオンの加速電圧を小さくして表面に吸着している有機分子をイオン化して分析することもできる．表面のコーティングや汚染の分析が可能である．両手法を区別するため，前者をダイナミック（動的）SIMS，後者をスタチック（静的）SIMSと呼んでいる．SIMSの面方向の空間分解能はイオンビームの大きさである数μm程度であるが，深さ方向はそれよりもはるかによい．表面に照射する一次イ

第18章 局所分析 ―顕微分析・表面分析―

オンには，酸素イオン O_2^+（二次イオンとして正イオンが生成しやすい）とセシウムイオン Cs^+（二次イオンとして負イオンが生成しやすい）を通常使い分ける．なお，スパッタリングの際にはイオン化されにくい元素が残留する選択スパッタリング効果が起こる場合があるため，定量的な扱いには注意が必要である．

他の表面分析法としては，X線を照射してたたき出されてくる光電子のエネルギー分布を計測する**X線光電子分光法**（X-ray photoelectron spectroscopy：**XPS**），紫外線を照射する電子分光法である**紫外線光電子分光法**（ultraviolet photoelectron spectroscopy：**UPS**）がある．また，針状に加工した試料に高電圧を印加し，電界脱離するイオンの飛び出す方向から表面にある原子の空間分布を知る顕微鏡もある．これが**電界イオン顕微鏡**（field ion microscope：**FIM**）であり，原子オーダーの空間分解能をもつ．FIMに質量分析計を組み合わせた**アトムプローブ法**では，元素の三次元分布を原子オーダーの空間分解能で解析できる．

演習問題

Q.1 屈折率を1.4，波長を500 nm，試料の見込み角を60°としたときの回折限界の大きさを計算せよ．

Q.2 偏光顕微鏡を用いると液晶状態と液体状態で見え方がどう変わるか．

Q.3 10 kVで加速した電子のド・ブロイ波長を求めよ．ただし，$1\,eV = 1.6 \times 10^{-19}\,J$，電子の質量は $9.1 \times 10^{-31}\,kg$，プランク定数 $= 6.6 \times 10^{-34}\,m^2 \cdot kg/s$ とする．

Q.4 軽元素が主体の試料のTEM測定では，重金属イオンを含む溶液を試料に混ぜて滴下し，乾燥させて試料を調製する場合がある．そのとき，像はどのように変化するか．

Q.5 STMの測定条件を一画素2 ms，0.8 nAに設定した．一画素を測定する間に移動する電子数はいくつか．ただし，電気素量を $1.6 \times 10^{-19}\,C$ とする．

参考図書

1. 日本分光学会 編，川田善正 著：分光測定入門シリーズ10 顕微分光法，講談社サイエンティフィク（2009）

第19章
構 造 分 析 法

本章について

　回折を用いる分析法の目的は，(1) 結晶構造を解析する，(2) 元素組成が同じか似ていても結晶構造が違う物質，例えばルチル構造やアナターゼ構造の TiO_2 の組成比，アスベストの種類別定量，CuO と Cu_2O 比の定量をする，(3) 結晶子の大きさを知る，などである．素性が分からない白色粉末がどういう物質であるのかを調べたい場合，元素分析するとともに，X線回折や赤外吸収などでその結晶構造を調べることによって同定する．X線回折はX線の波の性質を用いるといわれているが，実は粒子としての性質を使っていると考えても解釈ができる．X線は原子の中の電子と相互作用する．中性子はスピンをもった粒子なので，原子核や磁気モーメントと相互作用し，回折パターンを得る．電子線回折は，原子のポテンシャルとの相互作用を利用し，電子顕微鏡や表面分析で使われている．

第 19 章

構 造 分 析 法

19.1　X 線回折法

19.1.1　波動論による回折の原理の説明

　X 線は電磁波の一種であり，波長が 1 Å（$=0.1$ nm）前後の電磁波である（CuKα 線 $=1.54$ Å）．1 nm $=10^{-9}$ m，1 Å $=10^{-10}$ m．原子間隔は数 Å であることから（Fe–O $\fallingdotseq 2.0$ Å，Al–O $\fallingdotseq 1.8$ Å），数 Å の波長の X 線が結晶格子に回折されやすいので，10 keV 前後のエネルギーの X 線が **X 線回折** によく用いられる．銅 Kα 線がよく使われる．X 線では，（波長〔Å〕）×（エネルギー〔keV〕）$=12.4$ という関係がある．

　結晶は横から見ると，**図 19.1** のように同じ繰り返しの面が並んでいる．面間隔を d，入射角度を θ とするとき，第 1 層で反射した光と，第 2 層で反射した光の光路差は $AB+BC-AD=2d\sin\theta$ となるので，この光路差が波長の整数倍なら光は強めあう．すなわち，

$$2d\sin\theta = n\lambda \tag{19.1}$$

という関係式で，回折ピークが観測できる方向 θ を示すことができる．これを **Bragg の回折条件** と呼ぶ．

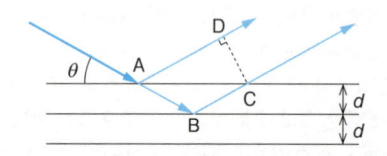

図 19.1　波の干渉によるブラッグ反射

19.1.2　粒子説による回折の説明

　X 線は波であると同時に光子であり，粒子としての運動量 $h\nu/c$ をもつ．ここで h はプランク定数，ν は振動数，c は光速である．光子の z 軸方向（**図 19.2**，結晶表面に対して垂直方向）の運動量成分は $h\nu\sin\theta/c$ である．光子が結晶にぶつかっ

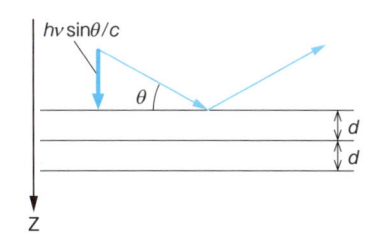

図19.2 粒子と結晶の衝突の際の運動量保存

て跳ね返されるとき運動量変化の合計は $2h\nu\sin\theta/c$ となる．**運動量保存則**が空間の並進対称性を意味するように，**結晶運動量**は本当の運動量ではないが，結晶周期だけずらしたときの**並進対称性**を意味する量子数である．結晶は格子面間隔 d ごとに同じ構造が繰り返されるので，z 軸方向の結晶運動量[1]は

$$p_z = \frac{nh}{d} \tag{19.2}$$

と表される．これが**量子化条件**である．ここで $(nh)/d = n \cdot (h/2\pi) \cdot (2\pi/d) = n(\hbar k)$ という関係があることに注意する．ここで $\hbar = h/(2\pi)$，$k = (2\pi)/d$ である．

　光子の運動量変化が結晶運動量に等しいと置くと，$nh/d = 2h\nu\sin\theta/c$ という関係が得られる．この関係は，$\nu = c/\lambda$ という光の振動数と波長の関係を使えば，Bragg の回折条件 $n\lambda = 2d\sin\theta$ を得ることができる．したがって X 線を粒子と考えても式(19.1) を導くことができた．

　ここで $2p_z = \Delta p$ と置く．運動量の変化という意味である．また $d = \Delta x$ と置く．すると式(19.2) は，

$$\Delta x \cdot \Delta p = nh \tag{19.3}$$

と書き直すことができる．すなわち，

$$\Delta x \cdot \Delta p \geq h \tag{19.4}$$

これは有名な**ハイゼンベルグの不確定性原理**を表す式である．$\Delta x = d$ の刻みのモノサシで運動量を測定すると，Δp の刻みの飛び飛びの値の運動量を散乱することを表している[2]．その飛び飛びの値以下の量には意味がなくなることを示している．最少目盛以下の長さには意味がないことを示している．

19.1.3 フェーザによる回折の説明

　光のように正弦的に変化する信号（電場）を複素数で表す方法を**フェーザ**（phasor）表示という。電気工学[3]や光学[4]でよく使われる表示法である。例えば鏡で光が反射するとき，入射角と反射角がなぜ等しくなるか（**等角反射**がなぜ生ずるか）という理由は，図 19.3 によって以下のように説明できる。ここで，CP = AP = PD = DQ = QB = 5 cm，光の波長を $0.5\,\mu\mathrm{m}$，CC′ = DD′ = $5\,\mu\mathrm{m}$ とする。点光源 A から位相のそろった光がでて，鏡の表面の点 C，C′ で反射され，点 B で検出された場合を考える。

　ACB = 457649.122 波数，AC′B = 457650.778 波数となって，鏡の上で 1 波長離れた位置で反射された場合でも，すでに 1.66 波数ずれている。これは 2/3 波長ずれた位置での反射でも，位相は互いに打ち消し合っていることを意味している。

　一方，ADB = 282842.712 波数，AD′B = 282842.712 波数となって等角反射の位置では，1 波長ずれた位置での反射でも位相は同じで互いに強め合う。このことから，非等角反射では至近距離（1 波長以内）の反射でも位相が反転して弱め合い，等角反射では至近距離（1 波長以上離れた位置）での反射が同相で強め合うことが分かる。

　鏡による反射も X 線回折も，フェーザを使えば同じ考え方で説明できる。波数を使う代わりに複素数を使えば計算は機械的にできるので，結晶中の原子で鏡と同じように反射させて，位相がそろう角度を複素数を使って計算するのがフェーザの考え方である。すなわち光が 1 波長進むと位相が 2π 回転することを，$\mathrm{e}^{i\theta} = \cos\theta + i\sin\theta$ という関係を使って計算すればよい。

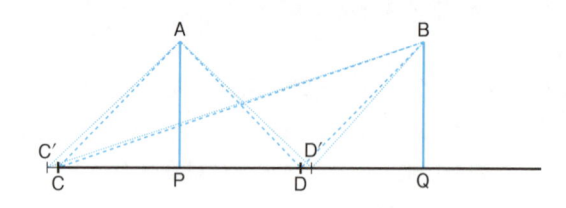

図 19.3　鏡面反射をフェーザ計算するための図

19.1.4 原子散乱因子

X線が1個の原子に入射したとき，どのように散乱されるかを表す関数を**原子散乱因子**（atomic scattering factor）$f(\mathbf{k})$ と呼ぶ．$f(\mathbf{k})$ は原子内の**電子密度分布** $\rho(\mathbf{r})$ の三次元フーリエ変換

$$f(\mathbf{k}) = \int \rho(\mathbf{r}) \exp(2\pi i \mathbf{k}\cdot\mathbf{r}) dv$$

である．また電子密度分布 $\rho(\mathbf{r})$ は原子内電子の**波動関数** $\psi(\mathbf{r})$ によって，$\rho(\mathbf{r}) = |\psi(\mathbf{r})|^2$ と表すことができる．$\mathbf{k}$ は波数ベクトル $2\pi/\lambda$ で，すなわち $p=\hbar\mathbf{k}$ は運動量である．f は $s=(\sin\theta)/\lambda$ $(=1/(2d))$ の関数としても表すことができる．この時 $f(s)$ は s の関数として単調に減少する．これは散乱角 θ が増すにつれて各電子による散乱波の位相がずれるためである．$(\sin\theta)/\lambda=0$ に対しては散乱波の位相は一致し，**原子単位**（atomic units）では $f(0)=Z$ となる．ここで Z は原子番号であるが，原子内電子の総数を意味する．ただしX線が一部の原子内電子を励起するので（異常分散という）現実には $f(0)$ は Z ぴったりにはならない．f を複素数で表したときの虚数項が吸収の効果を表す [6]．

f の性質として，ρ が点状すなわち原点で δ 関数状のとき，$f=$ 一定となる．すなわち，δ 関数の**フーリエ変換**が一定値関数になるという数学とよく一致している（図 19.4）．$\rho(\mathbf{r})$ が広がるにつれて s が大きいところでの f の減少の仕方が急激になる．最も内殻の 1s 電子は原点近くに局在しているので全散乱角で f に対してほぼ均等に寄与するが，外殻電子は外に広がっているので，散乱角の小さいところでのみ寄与がある．

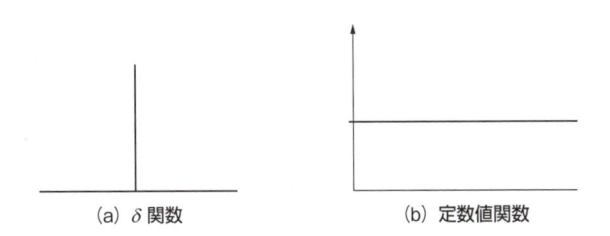

図 19.4 δ 関数（a）と定数値関数（b）は互いにフーリエ変換の関係にある

第19章　構造分析法

19.1.5　結晶構造因子

原子散乱因子を位相も考慮して結晶の原子の存在位置に置いて単位格子について加算したものが結晶構造因子（crystal structure factor）F である。位相も考えるというのは，例えばダイアモンド型結晶では，(111)面での二次反射がない，すなわち(222)反射がない，という消滅則に対応するもので，これは，結晶のある1つの位置にある原子から反射された波の山と谷が打ち消し合うためである。フェーザの考え方で計算すれば簡単である。

$\mathbf{k}_0$ を入射X線波数ベクトルとすれば，結晶構造因子 F は一般には $\mathbf{k} - \mathbf{k}_0 = \mathbf{h}$ の連続な関数であるが，結晶による回折強度は，ラウエ関数の性質から，$\mathbf{h}$ の不連続な方向だけで大きな値をとる。

19.1.6　X線回折分析装置

粉末用X線回折装置の代表的な外観を図19.5に示す。X線回折を原理とする分析装置は，単結晶構造解析用，残留応力用，薄膜回折用などもあるが，最も一般的なのが，ここに示した粉末X線回折装置である。試料ホルダーに粉末を詰めて装置にセットし，X線回折パターン（チャート）を測定して，装置に内蔵された回折データベースのパターンと照合すれば，化合物名が判明する。

〔写真提供〕株式会社島津製作所（XRD-6100）

〔写真提供〕株式会社リガク（MiniFlex600）

図19.5　粉末用X線回析装置

19.1.7　TiO₂（ルチルとアナターゼ）の分析例

　図 19.6 は，図 19.5 左の装置によって測定した TiO$_2$ の回折パターンの測定例である．TiO$_2$ には結晶構造の異なるいくつかの化合物が存在し，代表的なものはルチルとアナターゼである．

　2θ スキャン速度は 4°/min で，20°～60° を測定した．全体的な傾向として，低角

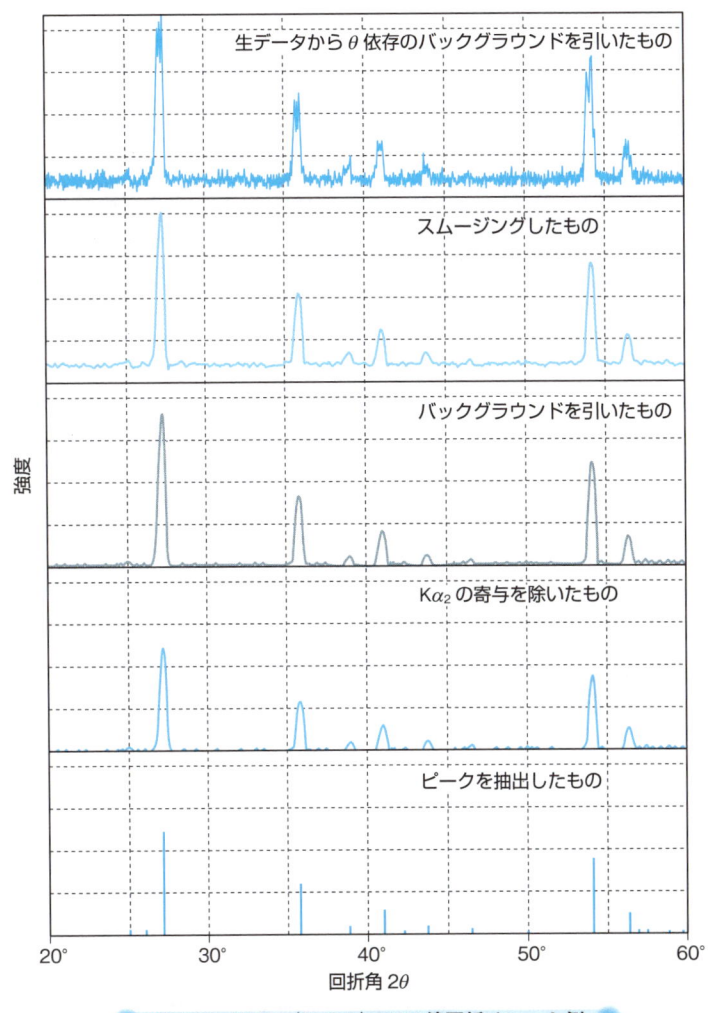

図 19.6　TiO$_2$（ルチル）の X 線回折チャート例

側のピークほど強く，結晶構造に敏感である．これは原子散乱因子 $f(s)$ が s の関数として単調に減少することに対応している．

高角側になると $K\alpha_1$ と $K\alpha_2$ が分離して観測される．$K\alpha_2$ の方が $K\alpha_1$ よりやや高角側に 1/2 の強度で分離する．2θ が 100° 以上になると $K\alpha_2$ ははっきり分離して観測できる．$K\alpha_1$ は $2p_{3/2} \rightarrow 1s$ 電子遷移による発光 X 線，$K\alpha_2$ は $2p_{1/2} \rightarrow 1s$ 遷移による発光 X 線である．ここで下付きの 3/2 や 1/2 は**スピン角運動量**（±1/2）と**軌道角運動量**（2p 軌道は 1）の和を $\hbar = h/(2\pi)$ 単位で表した値である．約 20 eV 離れて 2：1 の強度比で発生する．

図 **19.7** に示したように**ルチル**と**アナターゼ**の混合比の分析のためには，25° と 27.5° のピークを用いればよいことが分かる[7),8)]．ここで注意すべきことは，ピーク強度比（**積分強度**）からは，混合比だけが求まることである．強度はその絶対量に比例しない．この例の場合，試料ホルダーには，50％＋50％の試料量が入ってい

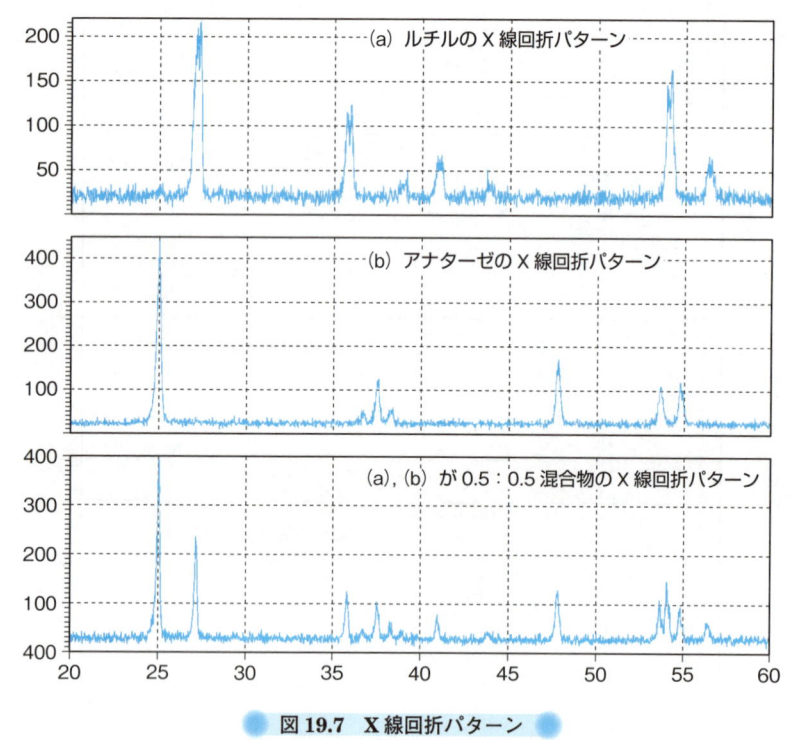

図 19.7 X 線回折パターン

0.5：0.5 混合物の X 線強度が $\frac{1}{2}(a+b)$ にならず，ほぼ(a)＋(b)になることに注意する．

るが，図 19.7 の下の回折パターン強度に示すように，絶対強度は 50％にはならない．絶対強度が試料量に比例するという定量性を確保するためには，X 線が照射される有効体積の重量をそろえる必要がある．

19.1.8　アスベストの分析例

　TiO_2 と同様な回折分析定量法は，アスベストの分析にも有効である[7),9),10)]．X 線管を用いた回折法ではアスベストの検出下限は，0.1 重量％以下である．妨害がなく結晶構造がきれいな場合には，実用的なチャンピオンデータとしては 0.005％程度である．シンクロトロン放射光 SPring-8 の粉末 X 線回折専用ビームライン BL02B2 でも検出下限は 0.02 重量％で，X 線管に比べてそれほどよくならない[7)]．

19.1.9　アスピリンの分析例

　X 線回折分析では，従来は**集中法**（集光法，Bragg-Blentano 法ともいう）が広く用いられてきたが，人工多層膜によるモノクロメーター兼平行ビーム光学系の導入によって平行ビーム法も使われるようになった（**図 19.8**[11)]）．集中法は高強度が得られるが，そのためには十分な試料量が必要であり，試料表面も平坦にする必要がある．集中法も**平行法**も試料表面と平行な結晶格子面だけが回折ピークに寄与する．粉末試料を圧力をかけて回折試料板に押し付けると，結晶方位が試料ホルダーの面と同じ方向にそろう傾向がある．これを優位配向性という．

　そろった結晶面からの回折ピークだけが強くなると，定量分析には不利となる．平行法を用いる場合には，図 19.9[11)] に示したように粉末試料を圧縮せずにそのまま測定できるので，優位配向性の影響を軽減できる．

　頭痛薬アスピリンの X 線回折を測定する場合，①錠剤をそのまま試料台に載せ

集中（Bragg-Blentano）法　　　　　　平行ビーム法

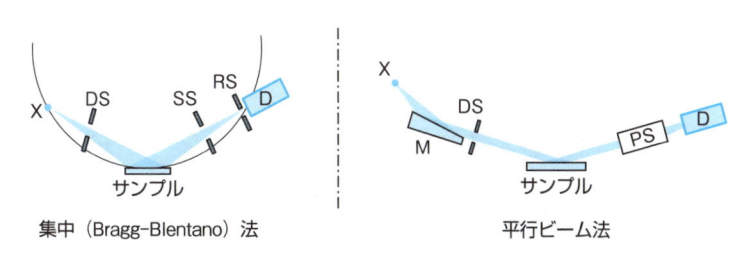

図 19.8　集中法と平行ビーム法の比較[11)]

（X：X 線管，DS, SS, RS, PS：スリット，D：X 線検出器，M：多層薄膜モノクロメーター・ミラー）

第19章 構造分析法

て測定する，②粉砕して試料板に押し付けて固定する（試料板が垂直方式の回折計では，この操作は必須である），③試料板に粉末を置いただけで測定する（試料板が水平型の θ-θ 方式—試料は動かず，X線管と検出器が「バンザイ」をするように θ-θ で動く），という選択が可能である．優位配向性のある試料を定量分析するためにはこの中で③の方法が適している．

図 19.10 [12] は集中法と平行法で測定したアセチルサリチル酸の回折パターンである．リガク製 Ultima Ⅳ を用いて 1°〜5°/min の 2θ スキャン速度で測定したものである．Ultima Ⅳ は集中法も平行法も測定できる．検出器側にグラファイト・モ

図 19.9　鎮痛剤を粉砕してそっとガラスサンプルホルダーにおいた写真 [11]

平行ビーム法ではこのまま X 線回折が測定でき，定量性も確保できる．

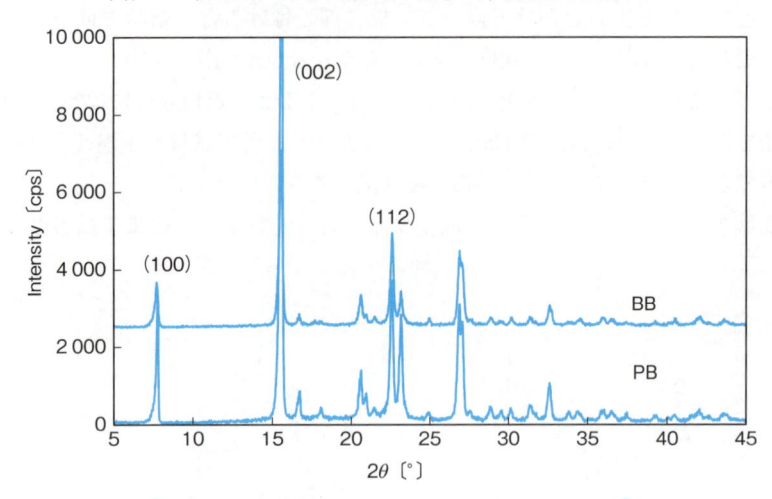

図 19.10　集中法（BB）と平行法（PB）の比較 [12]

試料はアスピリン（アセチルサリチル酸）．BB では（002）:（112）= 100 : 28 となり，（002）面が試料表面に一致する傾向が強い．

【出典】岩田明彦，河合潤：分析化学誌，**60**，749（2011），Fig.2

ノクロメーターを有している．低角側に裾を引くのは，スリットを狭くすれば防ぐことができるが，X線強度は弱くなる．集中法では（002）反射に対して（112）反射強度が減少している．完全に**優位配向性**の影響を除くためには，キャピラリー試料ホルダーを回転させて測定する特殊な回折計が必要となる．定量性を高めるためには，試料内のX線の吸収効果[13)]を考慮することが必要である．

19.2　中性子回折法

19.2.1　スピンと磁気モーメントの関係

　電子は自転している．電子は電荷をもっているので，自転によって渦電流が生じる．したがって磁石となる[14)]．中性子は電荷をもたないが，中性子の中には電荷をもった粒子（**クォーク**）が回転している．クォークは自転もしているし，軌道運動もしている．軌道運動とは，太陽系に例えていえば公転であるが，中性子の内部では3個のクォークが3個の**グルーオン**を三辺として正三角形を形成し，この三角形が重心を軸にして回転するのが軌道運動である．このような電荷をもった内部粒子の回転運動（自転と軌道運動）のために，渦電流ができ，中性子は微小な磁石となる．

　しかし磁気を担っているのが，クォークの自転なのか軌道運動なのか，それぞれの寄与の割合も分かっていない[15)]．中性子は自身のもつ磁気のために，結晶中の磁気的な原子と相互作用する．しかし中性子は電荷をもたないので，物質と電気的相互作用がないため，物質の奥深くまで入ることができる．

　湯川秀樹によると，中性子は以下のような経緯で発見されたということである[16)]．

　「1920年に**ラザフォード**は，水素原子の中で陽子と電子が何かの拍子に接近して強く結合したらどうなるかを考えた．外部から見れば一個の中性の小粒子として物質を自由に透過し，その存在を検出することも難しく，原子の内部へ容易に入り込み，原子核付近の強い電場によって破壊され，元の陽子と電子に分かれたりする．このような予想のもとにラザフォードの主催するキャベンディッシュ研究所で中性子の存在を突き止めようとする試みが続けられ，1932年にチャドウィックがα線を軽元素に当てた際に中性子が放出されることを発見した．中性子の性質はラザフォードが予想したとおりの性質をもっていた.」

中性子は原子核または磁性原子によって強く散乱される[17]. 中性子の運動エネルギーは,

$$E = \frac{1}{2}mv^2 \tag{19.5}$$

と表される. 一方, 粒子の運動量は, **ド・ブロイ波長**を λ として,

$$p = \frac{h}{\lambda} = mv \tag{19.6}$$

なので, 式(19.5), 式(19.6) から

$$\lambda = \frac{h}{\sqrt{2mE}} \tag{19.7}$$

を得る. 結晶の格子面間隔と同程度の波長をもつ中性子の運動エネルギーは, 0.1 eV のエネルギーとなる (演習問題5を参照). 分子振動のエネルギーは 0.01～0.5 eV (遠赤外～赤外) なので, このエネルギー範囲は熱中性子～冷中性子という低速中性子に相当する. このため, 中性子回折には分子振動の効果が反映される. 熱中性子とは物質中で散乱されて常温で熱平衡状態に達した中性子である. 0.5 eV 以下の中性子を熱中性子, 0.002 eV 以下の中性子を冷中性子と呼ぶ. 熱中性子の最大分布のエネルギー E と温度 T との関係は,

$$E = k_B T \tag{19.8}$$

で表される. ここで k_B はボルツマン定数である. 具体的な単位に変換すると,

$$T\,[\mathrm{K}] = 11.605 \times 10^3 E\,[\mathrm{eV}] \tag{19.9}$$

となる.

中性子と原子核の散乱強度は, **核散乱断面積** $\sigma \sim 10^{-24}\,\mathrm{cm}^2$ の平方根に比例する. σ は全原子番号にわたってほぼ同じオーダーの大きさであり, 原子核による中性子散乱振幅は, X線のように原子番号に依存しない. したがって水素などの位置を決めるのには中性子回折が有利である. 散乱振幅は核種によって決まり, 原子番号による規則性がない.

磁気散乱振幅は磁性原子なら核散乱と同程度の大きさである場合が多い. 原子内電子による中性子散乱振幅はゼロではないが, 無視できるほど小さい. 磁気モーメントをもった原子によって中性子が散乱されると, 中性子のスピンはその方向を変化させる. 通常測定する散乱強度は磁気散乱と核散乱の合成振幅である.

19.2.2 実験方法

単色化中性子を得るためには，結晶モノクロメーターまたは **TOF**（time of flight：**飛行時間**）型モノクロメーターを用いる．結晶モノクロメーターは，X 線のモノクロメーターと同じ原理である．**パイロリティック・グラファイト**などが用いられる．TOF は，原理的には 2 つの穴が開いた円板を距離をあけて置き，回転させて直進する中性子のうち，穴の回転にあったスピードのものだけを取り出す．このように原子炉からの熱中性子を結晶モノクロメーターによって単色化したり，**パルス中性子源**からの中性子を TOF によって単色化する．場合によっては磁性薄膜に反射させてスピン偏極させた中性子ビームを試料に照射する．散乱された中性子の角度分布を測定する．**J-PARC** では加速した陽子ビームを液体水銀に照射することによってパルス中性子を発生させ（**図 19.11**），TOF によって単色化する方法が使われている．磁気散乱は SPring-8 などのシンクロトロン放射光 X 線でも測定が可能となってきた．

図 19.11 J-PARC の水銀ターゲットステーション（2009 年著者撮影）

第19章 構造分析法

19.3 電子線回折法

19.3.1 X線の原子散乱因子と電子線の原子散乱因子の関係

電子のド・ブロイ波長は，非相対論的な電子の速度に対しては，式(19.7) によって計算できる（演習問題6を参照）．波長をÅ，加速電圧をV単位で表すと，

$$\lambda = \sqrt{\frac{150}{V}} \tag{19.10}$$

となる．電子線は物質との相互作用が強く，500 eV の運動エネルギーの電子の非弾性平均自由行程は 1～2 nm である．したがって，**電子線回折**は，表面敏感な構造解析法となる．

電子に対する原子散乱因子 $f_e(\theta)$ は，X線に対する原子散乱因子 $f(\theta)$ を用いれば，

$$f_e(\theta) = \frac{e^2}{2mv^2}[Z - f(\theta)]\frac{1}{\sin^2\left(\frac{\theta}{2}\right)} \tag{19.11}$$

ここで Z は原子番号である．この式は，原子核のプラス電荷と電子雲のマイナス電荷とからなる**原子の引力ポテンシャル**と電子が相互作用することを表している[18]．平面波が原子に入射すると，原子が散乱点となって球面波が発生し，結晶中の各原子で発生した球面波が重ね合わさって干渉縞を生ずる．

19.3.2 低エネルギー電子線回折（LEED）

単結晶固体表面へ 20～500 eV の運動エネルギーの電子を垂直に入射すると，ブラッグ条件を満たす電子は，結晶中の**原子ポテンシャル**に散乱されながら運動し，固体外へ飛び出す[19]．入射電子の**非弾性平均自由行程**は 20 Å 程度なので，表面から 20 Å までの浅い場所の結晶構造（長距離にわたって二次元的に同じ構造が繰り返している場合）に，明瞭な回折スポットが観測できる．通常は反射された電子は，蛍光板に当てて，輝点として観測する．表面二次元結晶構造が四回対称性をもてば，電子の回折スポットも四回対称性をもつ．

このような実験方法を **LEED**（low energy electron diffraction：リード）と呼ぶ．金属の単結晶は超高真空中でなければすぐに数十オングストロームの酸化膜を生成したり，汚れが付着するので，10^{-8} Torr（10^{-6} Pa）よりよい真空下で実験する必要がある．金属単結晶も，空気中から導入したままでは表面が酸化している

ので，アルゴンイオンスパッタリング後に超高真空中で高温に加熱して結晶構造の乱れを戻す必要がある．表面が清浄であることを確認したり，吸着実験をする前に表面結晶構造を確認したりするために用いる．

19.3.3 反射高エネルギー電子線回折（RHEED）

10～50 keV の電子を表面すれすれに照射し，反射電子が形成する回折図形を蛍光板で観測する方法が RHEED（reflection high energy electron diffraction：アールヒード）である[18]．ビームサイズを 1 μm に絞れば結晶粒ごとに方位を決めることも可能である．表面すれすれに電子ビームを入射するのは，回折パターンが単純化するためと，表面敏感測定を行うためである．表面に蒸着しながら RHEED を測定すると，反射（回折）電子ビームの強度が強弱と変化を繰り返すことから，原子層の成長速度も測定可能である．

19.3.4 透過電子顕微鏡（TEM）

透過電子顕微鏡は 100 kV 以上，数 MeV の加速電圧で加速された電子ビームを使って拡大像を観測するが，レンズの条件を変えると，電子線回折パターンが観測できる．このように高い電圧 V で加速された電子は相対論的な速度となり，式 (19.10) は成立しない．相対論のエネルギー保存則によると，

$$c\sqrt{m^2c^2+p^2}=mc^2+eV \tag{19.12}$$

が成立する．ここで p は電子の運動量，c は光速，e は電子電荷，m は電子質量である．式 (19.12) より，

$$p=\sqrt{2meV+\left(\frac{eV}{c}\right)^2} \tag{19.13}$$

が得られる．式 (19.13) を式 (19.6) のド・ブロイの関係式に代入すると，

$$\lambda=\frac{h}{\sqrt{2meV}}\left(1+\frac{eV}{2mc^2}\right)^{-\frac{1}{2}} \tag{19.14}$$

を得る．もし V が十分小さければ，

$$\lambda=\frac{h}{\sqrt{2meV}}\left(1-\frac{eV}{4mc^2}\right) \tag{19.15}$$

である．10 MeV の電子に対して，相対論効果の因子 $(1+(eV)/(2mc^2))^{-1/2}$ は 0.3 にもなる．数百 kV の加速電圧でも，透過電子顕微鏡では，電子のド・ブロイ波長は相対論効果の式を用いて計算すべきである．

第19章 構造分析法

演習問題

Q.1 銅の Kα 線の波長は 1.54 Å である．この X 線のエネルギーは何 keV か．

Q.2 $2d = 4.0$ Å の結晶は，波長 1.54 Å の X 線を入射させたとき，何度で回折するか．

Q.3 図 19.7(中) のアナターゼの 25.0° のピークから格子面間隔 d を求めよ．

Q.4 式(19.5)，式(19.6)から式(19.7)を求めよ．

Q.5 0.124 eV の運動エネルギーをもつ中性子の速度，波長，温度を求めよ．

Q.6 500 V の電圧で加速された電子のド・ブロイ波長を求めよ．

Q.7 X 線回折におけるシリコン単結晶の消滅則を導け．

参考図書

1. N. W. Ashcroft and N. D. Mermin: Solid State Physics, Saunders College, Philadelphia, p.784（Appendix M）（1976）
2. D. ハリデー，R. レスニク 著，鈴木 皇 他訳：物理学II（下）－光と量子－，pp.104-107, 138, 157, 159（1973）．D. Halliday and R. Resnik: Physics, PartII, Wiley, New York（1960, 1962）
3. 藤居和義 著：色即是空による量子と回折の表現，X 線分析の進歩，vol.40, p.115（2009）
4. 北野正雄 著：量子力学の基礎，p.18，共立出版（2010）
5. 河合 潤 著：X 線全反射の物理的な意味，X 線分析の進歩，vol.42, p.75（2011）
6. 日本分析化学会 編：改訂六版 分析化学便覧，§7.8 X 線分析，p.749，丸善（2011）
7. 日本分析化学会 編：環境分析ガイドブック，§4.28 X 線回折法，p.193，丸善（2011）
8. 梅澤喜夫，澤田嗣郎，寺部 茂 監修，河合 潤 著：先端の分析法－理工学からナノ・バイオまで－，p.128，エヌ・ティー・エス（2004）

演習問題

9. JIS A1481：2006 建材製品中のアスベスト含有率測定方法
10. 中山健一，中村利廣 著：アスベストの分析－顕微鏡法と粉末X線回折法，X線分析の進歩，vol.40，p.87（2009）
11. 岩田明彦 著：京都大学大学院工学研究科博士論文（2013年3月）
12. 岩田明彦，河合 潤 著：平行ビームX線回折法と波長分散型蛍光X線分析法によるアセチルサリチル酸を主成分とする鎮痛解熱薬の比較分析，分析化学，vol.60，p.749（2011）
13. 岩田明彦，河合 潤 著：波長分散型蛍光X線分析による元素情報を利用した平行ビームX線回折法を用いた回折－吸収定量法の鎮痛剤への応用，X線分析の進歩，vol.43，p.127（2012）
14. 河合 潤 著：増補改訂 量子分光化学，第10章，アグネ技術センター（2008）
15. 延與秀人 著：宇宙誕生から約137億年，そして宇宙未到の領域へ，RIKEN NEWS, No.372 June, pp.10-12（2012）
 http://www.riken.jp/r-world/info/release/news/2012/jun/fea_01.html
16. 湯川秀樹 著：最近の物質観，p.3，弘文堂（1939）
17. 星埜禎男 編著：中性子回折，共立出版（1976）．古い本であるが，現在もなお役に立つ内容であり，図書館等で必要な章に目を通しておくとよい．
18. J. Kawai, K. Tamura, M. Owari, and Y. Nihei: *J. Electron Spectrosc. Relat. Phenom.*, **61**, 103（1992）
19. 合志陽一 編著：化学計測学，第4章，昭晃堂（1997）
20. 日本分析化学会X線分析研究懇談会 編，中井 泉，泉富士夫 編著：粉末X線解析の実際，朝倉書店（2002）．リートベルト法の入門書．
21. 日本化学会 編：物質の構造Ⅲ，回折，実験化学講座11，丸善（2006）．実験装置，単結晶X線回折，粉末X線回折，生体高分子，非晶質，小角散乱，中性子回折，電子線回折について実験方法が詳述されている．
22. 菊田惺志 著：X線散乱と放射光科学基礎編，東京大学出版会（2011）．放射光X線回折の基礎．

ウェブサイト紹介

1. **J-PARC**（ジェイパーク，**Japan Proton Accelerator Research Complex**）
 http://j-parc.jp/index.html

2. **SPring-8**（スプリング・エイト，**Super Photon Ring 8GeV**）
   http://www.spring8.or.jp/ja/

3. **ICDD** ホームページ
   http://www.icdd.com/
   ◯ X線回折に関しては ICDD（International Centre for Diffraction Data）に X線回折の講習会案内，粉末X線回折データ，デンバーX線会議など国際会議の案内が掲載されている．

4. 日本分析化学会ホームページ
   ・日本分析化学会（http://www.jsac.jp/）
   ・X線分析研究懇談会（http://www.nims.go.jp/xray/xbun/）
   ◯日本分析化学会X線分析研究懇談会の「研究懇談会」またはX線分析研究懇談会へ．X線分析討論会，X線回折講習会，「X線分析の進歩誌」など．

5. アグネ技術センターホームページ
   ・アグネ技術センター（www.agne.co.jp）
   ・X線分析の進歩誌（http://www.agne.co.jp/books/xray_index.htm）
   ◯アグネ技術センター「X線分析の進歩誌」のバックナンバーの目次

6. 日本中性子科学会ホームページ
   http://www.jsns.net/jp/
   ◯日本中性子科学会，国内中性子散乱施設の利用窓口一覧

7. 日本結晶学会ホームページ
   http://www.crsj.jp/

8. **International Union of Crystallography（IUCr）** ホームページ
   http://www.iucr.org/
   ◯ IUCr Newsletter の 2015 年 23 巻第 1 号なら
   http://www.nxtbook.com/nxtbooks/iucr/newsletter_vol23no1/

第20章
熱分析法

本章について

　熱重量測定（thermogravimetry：TG）と示差熱分析（differential thermal analysis：DTA），示差走査熱量測定（differential scanning calorimetry：DSC）は分析化学でよく用いられる熱分析手法である．TGでは，試料を温度変化させた際の質量の変化を測定するが，不活性雰囲気で測定すれば酸化を抑えた条件下での揮発性成分の揮発や有機成分の熱分解などが観測され，その後，空気中や酸素を含んだ雰囲気に切り替えると，さらに酸化分解が測定され，灰分が残る．質量減に伴う熱の出入りや発生気体を分析すればさらに情報が得られることになる．DTA，DSCでは試料の相転移や反応温度が，DSCではさらにその際の熱量，比熱の情報も得られる．本章では，TG，DTA，DSCの原理，装置，測定法，応用例を概説する．また初心者に参考となる標準物質や公定法についても触れる．

第20章 熱分析法

20.1 熱分析

　迅速性と極微量での超高感度の分析技術が求められるのが最近の動向ではあるが，熱分析は分析手法としては，時間がかかり，mg 以上と比較的多くの試料を必要とし，感度もあまり高くない．分析と物性測定の中間に位置する手法ともいえる．一方で材料や環境関連分野において多用される手法でもある．熱分析とは，「物質の温度を一定のプログラムによって変化させながら，その物質のある物理的性質を温度（または時間）の関数として測定する一連の技法の総称」であり，物質にはその反応生成物も含まれる．広い意味では「温度変化させて測定する機器分析すべて」といえるが，以下にはこのうち分析化学で一般に用いられる手法として，**熱重量測定**（thermogravimetry：**TG**，TGA と表す場合もある）および**示差熱分析**（differential thermal analysis：**DTA**），**示差走査熱量測定**（differential scanning calorimetry：**DSC**）を中心に述べる．**表 20.1** に主な熱分析手法と得られる情報を示した．

　「一定のプログラム」には，一定昇降温速度で制御する等速度熱分析（constant rate thermal analysis）のほか，正弦波や矩形波・三角波などの温度振動を加える測定も DSC を中心に多くなっている（温度変調 DSC）．また，物質の物理的性質の変化速度を制御するために，温度を制御する「試料制御熱分析（sample controlled thermal analysis：SCTA）または速度制御熱分析（controlled rate

表 20.1　主な熱分析手法と得られる情報

物理量（対象）	測定法	得られる情報
質量	熱重量測定：TG 発生気体分析：EGA	吸脱着，酸化，熱分解，蒸発，気化など 発生ガスの分析，反応，吸脱着，揮発など
温度	示差熱分析：DTA	転移温度，反応温度など
エンタルピー	示差走査熱量測定：DSC	転移温度・熱量，熱容量，反応温度・熱量
寸法	熱膨張測定	膨張係数，転移温度など
力学的特性	熱機械分析：TMA 動的粘弾性測定：DMA	膨張係数，転移温度，軟化温度など 弾性率，分子運動，緩和現象など

thermal analysis：CRTA)」と呼ばれる手法も，TG を中心に市販の装置にも装備されるようになってきた．この方法は微分信号を制御することにより，変化速度が一定になるように制御するものであり，複数の反応が連続して起こる場合に有効であり，分解能が向上するほか，新しい応用が期待されている．

　熱分析装置は一般に，温度制御部，加熱炉部，物理量測定・変換部，制御システム部およびデータ処理部から構成され，制御システム部とデータ処理部は各装置に共通であることが多い．

　最近は微小領域や微小試料での熱測定が AFM（原子間力顕微鏡）を利用した装置などで行われるようになってきている．

20.2　熱重量測定

20.2.1　熱重量測定で何が分かるか

　標準試料にも使われることが多いシュウ酸カルシウム一水和物（$CaC_2O_4 \cdot H_2O$）を例に考えてみよう．空気中で加熱するとはじめに結晶水が脱離し，無水物となる．その後，一酸化炭素（CO）が脱離し，炭酸カルシウム（$CaCO_3$）となり，さらに

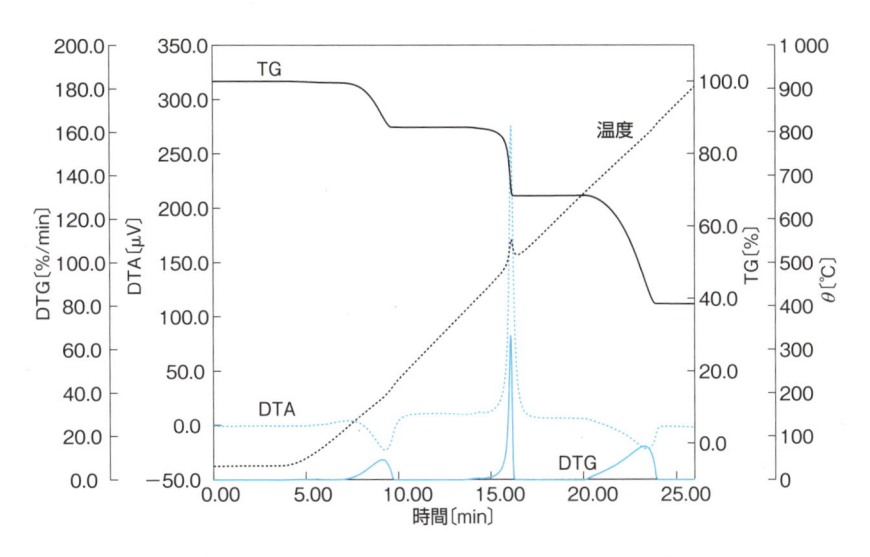

図 20.1　$CaC_2O_4H_2O$ の TG/DTA 測定結果

第 20 章 熱 分 析 法

加熱すると酸化カルシウム（CaO）となる．図 20.1 に空気中でのシュウ酸カルシウム一水和物の TG‒DTA 測定結果を示した．式(20.1) で示した 3 段階に対応する質量減が観測される．測定結果では熱分解に伴う熱の出入り（DTA）も合わせて示してあるが，2 段目の質量減では発生した CO がすぐに空気中の酸素と化合して二酸化炭素となるため，大きな発熱ピークが観測されている．

$$CaC_2O_4 \cdot H_2O \longrightarrow CaC_2O_4 \longrightarrow CaCO_3 \longrightarrow CaO \tag{20.1}$$

20.2.2 熱重量測定装置

試料の質量を温度または時間に対して連続的に測定する熱天秤と，熱天秤からの電気信号を制御する質量測定回路から構成される．熱天秤の構造は天秤と試料部との位置関係により，吊り下げ型，上皿型，水平型などに分類される．図 20.2 に TG 装置の概略図を，図 20.3 には各 TG 装置の名称と構造の概略を示した．装置は 1 000℃以上まで測定でき，高温での測定の際に生じるさまざまな要因による誤差を少なくするために基準物質を同時に測定する差動式を採ることが多い．

差動式の TG では DTA と同時測定できる装置が多い．質量変化量を微分することで微分熱重量（DTG）曲線が得られ，質量変化が連続して起こる場合などに有用である．DTG 信号を参照し，"質量の変化速度"を制御する SCTA では反応が起こっていない温度範囲では，設定した温度プログラムに従って試料温度が制御さ

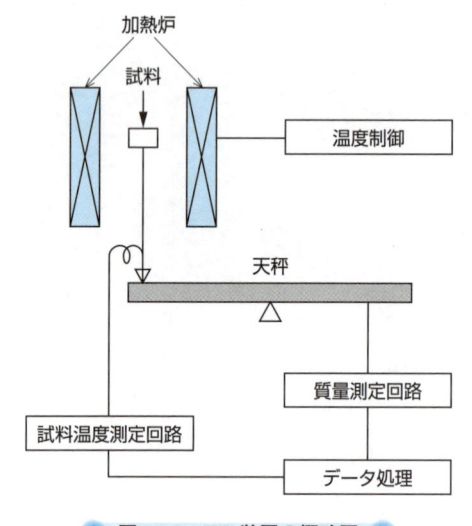

図 20.2　TG 装置の概略図

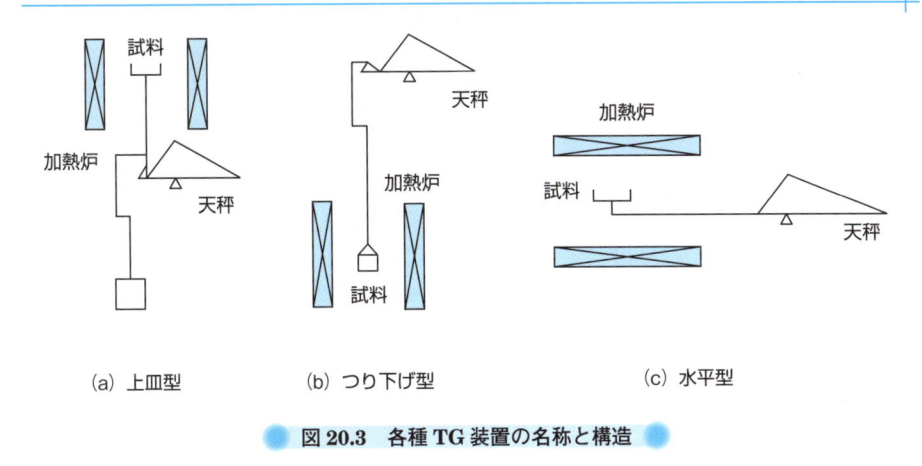

20.2 熱重量測定

(a) 上皿型　　(b) つり下げ型　　(c) 水平型

図 20.3　各種 TG 装置の名称と構造

れ，反応が開始すると DTG 信号を参照しながらプログラムに従って試料温度が制御される．SCTA ではこの他に等速度法や速度ジャンプ法，速度振動法などの制御方法がある．さらに測定中に発生したガス（発生気体）を逐次 IR（赤外吸収スペクトル）や MS（質量分析）に導入して分析する TG/IR，TG/MS などの**発生気体分析**（evolved gas analysis：EGA）も行われている．

20.2.3　熱重量測定の実際

測定温度範囲と試料の特性から試料容器の材質を選択し，基準物質として一般に同量程度の α アルミナを用いて，パージガスとして空気，窒素またはアルゴンを流しながら昇温測定する．試料は浅い容器に薄く，広く均一に詰め，一般には蓋はしない．試料量と昇温速度は測定結果を見て増減する．測定条件が決まったら装置が正しく作動していることを，標準試料を使って同一条件で測定して確かめる．

20.2.4　熱重量測定で用いられる標準物質

測定値の信頼性を確保するためには，温度目盛りと測定する物理量の校正が必要であり，熱重量測定では，温度と質量の校正となる．DTA との同時測定装置では，DSC，DTA と同様に純金属の融解温度を利用することができる．一方，TG 単独の装置では，天秤部の上方あるいは下方に磁石を置き，強磁性物質（Ni などの金属あるいは Ni-Co 合金など）試料を昇温測定する．キュリー温度（常磁性体に変化する温度）において，強磁性物質は磁石に引きつけられなくなるので，天秤部の下方に磁石をおいた場合は，見かけの質量増加が，天秤部の上方に磁石をおいた場

第20章 熱分析法

合は質量減少が生じることになる．

　吊り下げ型の天秤では，温度校正用に用いられる純金属の線材におもりをつけて試料部に吊り下げ，純金属の融解によりおもりが落下する温度で校正することができる．**表20.2**に1気圧のもとでの純金属の融点の例を示した．**図20.4**にはAlとAgおよびNi63/Co37合金を同一試料容器に入れて磁石を装着したTG/DTAで測定した結果を示した．TG曲線にはNi63/Co37のキュリー温度付近で見かけの質量増加が観測され，DTA曲線には660℃付近にAlの融解による吸熱ピークと960℃付近にAgの融解による吸熱ピークがそれぞれ観測される．これらの校正に用いる標準試料は99.99％以上の純物質を使用するが，認証標準物質もいくつかの

表20.2　1気圧のもとでの純金属の融点の例

金属	融点〔℃〕
In	156.61
Sn	231.9681
Pb	327.5
Zn	419.58
Al	660.37
Ag	961.93
Au	1064.43

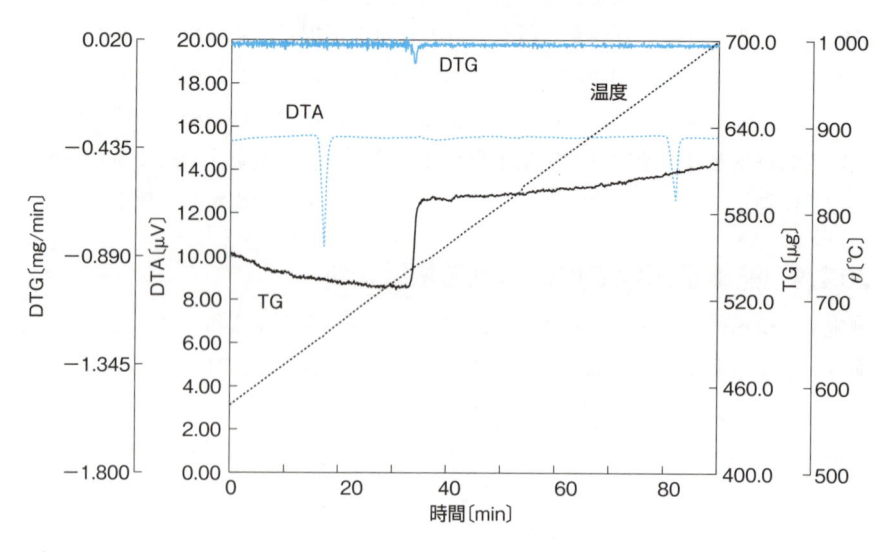

図20.4　Al，Ag，Ni63/Co37のTG/DTA測定結果

国家計量標準研究機関から供給されている．

TG 信号（質量）校正は，簡便法として試料部に基準分銅を加除し，そのときの質量変化によるが，より実際的な校正として熱分解による質量変化が既知の物質の測定結果を用いることもできる．第 16 改正日本薬局方では，基準分銅による校正を第一次校正とし，第二次校正として測定中の雰囲気ガスによる浮力および対流などの質量測定への影響を除くために，シュウ酸カルシウム一水和物標準品を 10 mg 用いて，5℃/min で 250℃ まで乾燥空気または窒素一定流量下（つり下げ形 40 mL/min，その他 100 mL/min）で昇温測定することとしている．

20.2.5　熱重量測定の応用例

熱重量測定は温度を変化させた際に質量が変化する現象すべてを対象とするため，測定対象とする物質は多岐にわたる．また製造工程で発生するガスや室内空気汚染物質の吸脱着評価など環境面で利用される測定手法でもある．さらに材料や製品の劣化解析には不可欠な手法である．図 20.5 は備長炭に吸着した p-キシレンと香料の脱離過程を測定した TG-MS のデータである．香料の方が低温から脱離していることが分かる．図 20.6 には汎用ポリマーであるポリエチレングリコールを 1〜20℃/min の各昇温速度で測定した結果を重ねて示した．昇温速度が速くなるに従って熱分解温度が高温側にずれていくのが分かる．このような結果を用いて材料の寿命予測などを行うこともある．

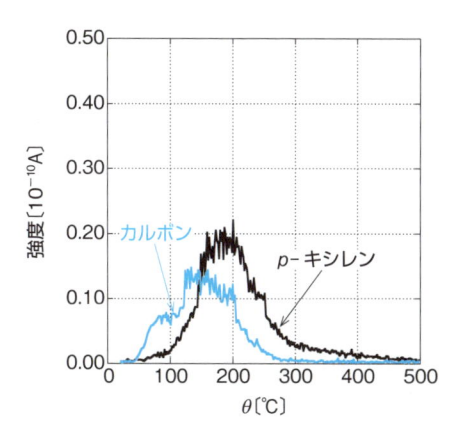

図 20.5　備長炭に吸着したカルボン（香料）と p-キシレンの TG-MS 測定結果の例

第20章 熱分析法

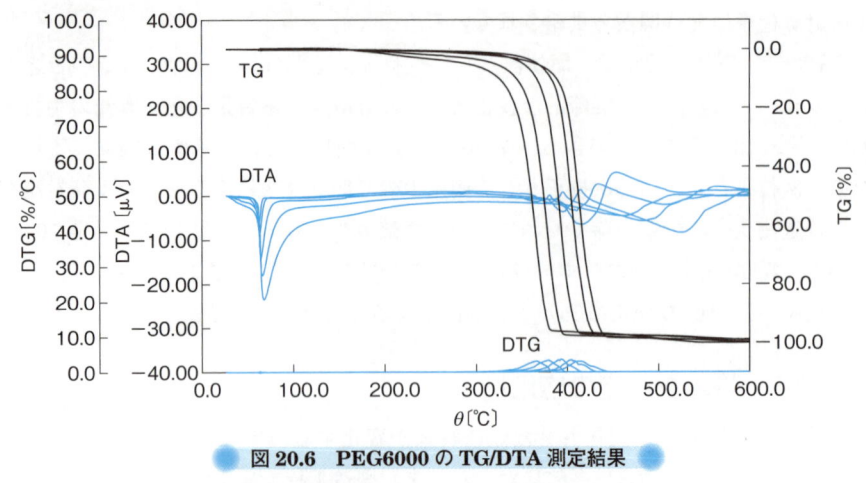

図 20.6 PEG6000 の TG/DTA 測定結果
(昇温速度 1, 2, 5, 10, 20℃/min)

20.2.6 熱重量測定を用いる公定法の例

熱重量測定は日本工業規格（**JIS**）や日本薬局方に採用されている．JIS には基本規格（用語，記号，単位などを規定したもの），方法規格（試験，分析，検査および測定の方法などを規定したもの），製品規格（製品の形状，寸法，材質，品質，性能，機能などを規定したもの）があり，毎年約 10 000 件が制定・改正・見直しがなされている．化学分野の JIS は 1 700 件以上と最大の件数であるが，なかでもゴム・プラスチックは件数が多い．商取引以外でも製品や原料の分析の際に JIS に制定されている分析法が参考になることは多い．熱重量測定を用いる分析法の JIS はゴム，プラスチック，分野で規定されている．2005 年に改正された熱分析通則では用語の定義，装置構成，操作方法，データの質の管理についての詳細が規

表 20.3 熱分析通則と TG を用いた JIS の例

規格 No.	名称
JIS K 0129	熱分析通則
JIS K 6226-1	ゴム－熱重量測定による加硫ゴムおよび未加硫ゴム組成の求め方（定量）— 第1部：ブタジエンゴム，エチレンプロピレンゴムおよびターポリマー，ブチルゴム，イソプレンゴム，スチレンブタジエンゴム
JIS K 6226-2	ゴム－熱重量測定による加硫ゴムおよび未加硫ゴム組成の求め方（定量）— 第2部：アクリロニトリルブタジエンゴム（NBR, XNBR, HNBR）およびハロゲン化ブチルゴム
JIS K 7120	プラスチックの熱重量測定方法

定されている．表 20.3 に熱重量測定を用いた測定法に関する JIS を通則とともに示した．

第 16 改正日本薬局方には，一般試験法の物理的試験法に「2.52 熱分析法」の記載があり，DTA，DSC と TG が取り上げられ，装置・操作法・装置の構成について記載されている．TG は「2.41 乾燥減量試験法」の別法として，また揮発性成分が水分のみの場合は「2.48 水分測定法」の別法として用いることができる．

20.3　示差熱分析・示差走査熱量測定

20.3.1　示差熱分析・示差走査熱量測定で何が分かるか

ミネラルウォーターなどの PET ボトルを例に考えてみよう．徐々に加熱していくと柔らかくなり，さらに加熱を続けると 260℃位で融解する．融解した PET 試料は急冷して再度加熱するとどうなるだろうか．図 20.7 には DSC の測定例を示

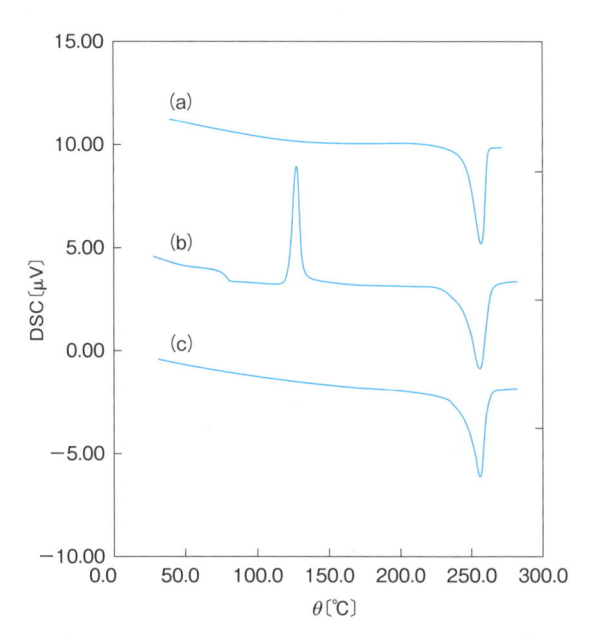

図 20.7　熱履歴の異なった PET の DSC 曲線
(a) 切り出し後未処理，(b) 融解後急冷，(c) 融解後炉内徐冷

した．切り出した試料を測定すると，260℃付近での融解による吸熱ピークのみが明瞭に観測されるが，融解後急冷した試料では 70〜80℃にかけてのガラス転移によるベースラインの吸熱側へのシフト，130℃付近での結晶化による発熱ピークも明瞭に観測される．融解後徐冷した試料では融解ピークのみが明瞭に観測され，熱履歴を反映した測定データが得られることが分かる．

20.3.2　示差熱分析装置・示差走査熱量計

図 20.8 には DTA 装置の概略と，PET 測定時の加熱炉・試料・基準物質温度変化およびそのとき得られる DTA 曲線を示した．装置は試料と基準物質との間の温度差および試料の温度を測定する測温部からなる．測温部には熱電対が使用されることが多い．DSC 装置には，入力補償 DSC 装置と熱流束 DSC 装置がある．図 20.9 に入力補償 DSC 装置と熱流束 DSC 装置の概略を示した．

　入力補償 DSC 装置は試料と基準物質の温度を測定する測温部，試料および基準物質に加える熱エネルギーの発生源，試料および基準物質の温度が等しくなるように制御する熱量補償回路から構成されている．一方，熱流束 DSC 装置は試料と基準物質との間の温度差および試料の温度を測定する測温部から構成され，試料と基準物質の温度差は単位時間当たりの熱エネルギーの入力差に比例するようになって

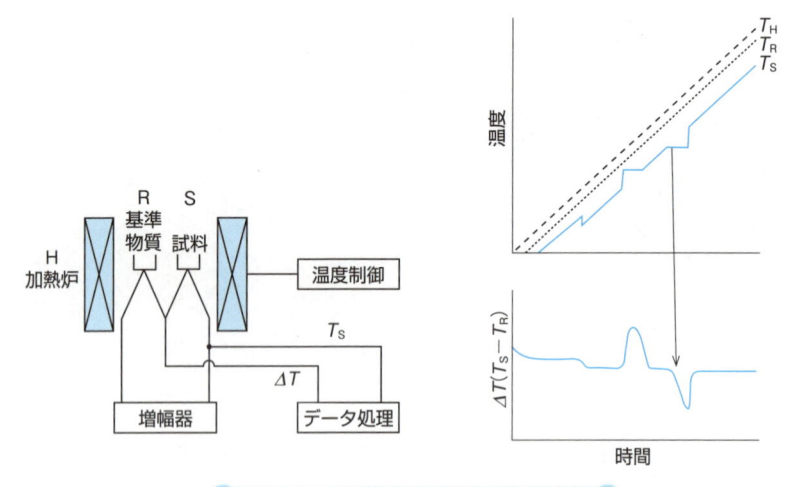

図 20.8　DTA 装置の概略と測定原理

DTA 装置の概略（左）と PET 測定時の加熱炉・試料・基準物質温度変化（右上）と DTA 曲線（右下）

20.3 示差熱分析・示差走査熱量測定

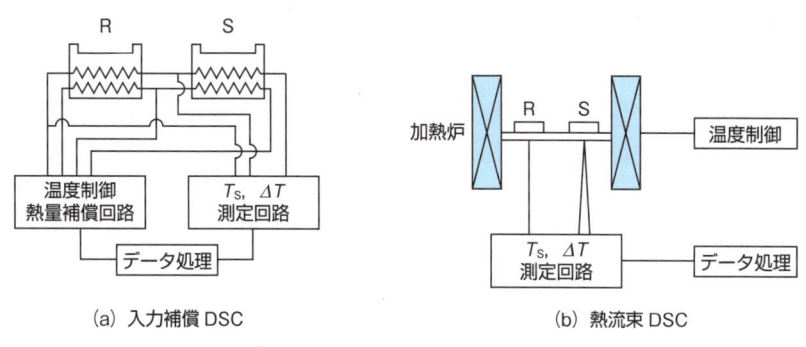

(a) 入力補償 DSC

(b) 熱流束 DSC

図 20.9 DSC 装置の概略

いるため，熱量の定量性がある DTA，DSC 信号の変化量を微分することで微分 DTA（または DSC）曲線が得られ，変化が見やすくなることが多い．また X 線回折や FT-IR と同時測定できる装置もある．

20.3.3 示差熱分析・示差走査熱量測定の実際

測定目的・測定温度範囲と試料の特性から試料容器の材質を選択する．溶液試料や揮発性の試料では密封型の試料容器を用いる．表 20.4 に DSC で用いられる試料容器の例を示した．基準物質としては測定温度範囲で変化のない物質を用い，固体試料では α アルミナが用いられることが多く，溶液試料では溶媒を用いることもある．試料は浅い容器に薄く，広く均一に詰め，容器底面に押さえつけるように

表 20.4 DSC，DTA で用いられる試料容器の例

種類	材質（耐圧 10^5 Pa）	用途
開放型	Al	通常の DSC 測定に用いる，600℃以下
	Pt	600℃以上，金属の測定は合金生成に注意 Pt の触媒作用に注意
	アルミナ	600℃以上，Pt と反応性のある試料に用いる，熱伝導悪い
	石英	
密閉型	Al（30）	溶液，分解ガスを発生する試料に用いる
	Ag（50）	水溶液や Al と反応する試料に用いる
	SUS（50）	Al，Ag と反応する試料，危険物（自己反応性）に用いる
簡易密閉型	Al（3）	分解ガスを発生する試料に用いる
	表面処理 Al（3）	水分を含む試料に用いる

し，一般に蓋をして，窒素やアルゴンなどを一定流量で流しながら測定する．試料量と昇降温速度は測定結果を見て増減する．測定条件が決まったら装置が正しく作動していることを，標準試料を使って同一条件で測定して確かめる．示差走査熱量測定では一般に測定温度範囲を熱分解温度以下とする．

20.3.4 示差熱分析，示差走査熱量測定で用いられる標準物質

熱重量測定の項で述べた純金属の融解温度が用いられることが多いが，示差走査熱量測定では熱量の校正も必要となる．さらに室温以下の測定を行うことも多いため，低温で使用できる標準物質も必要となる．表 20.5 には DSC 用標準物質の例を示した．この他にも安息香酸やナフタレンなどの純度のよい有機物質が用いられることもある．これらの標準物質は認証標準物質として代表的な国家標準機関である NIST [*1]（USA），PTB [*2]（ドイツ），LGC [*3]（英国），NMIJ [*4]/AIST [*5]（日本）などから供給されている．いずれも保管に気をつけ，純金属では表面層をのぞいて使用する．

表 20.5 DSC 校正用の標準物質の例

物質	相転移温度	相転移エンタルピー
In （融解）	156.61℃	3 296 J mol^{-1}
Sn （融解）	231.92℃	7 187 J mol^{-1}
Pb （融解）	327.47℃	4 765 J mol^{-1}
Zn （融解）	419.53℃	7 103 J mol^{-1}
Al （融解）	660.22℃	10 827 J mol^{-1}
シクロヘキサン （固-固）	−86.97℃	6 264 J mol^{-1}
シクロヘキサン （融解）	6.71℃	2 492 J mol^{-1}

20.3.5 示差熱分析・示差走査熱量測定の応用例

融解などの相転移に基づく試料の熱的な変化の温度，DSC ではそのエネルギー変化の大きさの測定に用いられるため，測定対象は有機・無機化合物，金属，高分

[*1] NIST（National Institute of Standards and Technology：米国国立標準技術研究所）
[*2] PTB（Physikalisch-Technische Bundesanstalt：ドイツ物理工学研究所）
[*3] LGC（Laboratory of the Government Chemist：英国政府化学研究所）
[*4] NMIJ（National Metrology Institute of Japan：計量標準総合センター）
[*5] AIST（National Institute of Advanced Industrial Science and Technology：産業技術総合研究所）

子，ゴム，生体分子，医薬品，食品，生物試料など多岐にわたる．また比熱の測定や，医薬品など有機物質の純度の測定にも用いられる．比熱測定用，純度測定用の標準物質も NIST から供給されている．

20.3.6　示差走査熱量測定を用いる公定法の例

　DSC を用いる測定法の JIS はプラスチック，ゴム，金属分野に多い．表 20.6 に JIS の例を示した．JIS では試料の採取や測定条件について詳細に定められていることが多い．例えば試験片は，JIS K 7121，7122，7123 では，直径または各片の長さが 0.5 mm 以下の場合はそのまま使用し，それ以上の場合は 0.5 mm 以下に切断する．厚さが 0.5 mm 以下のシートおよびフィルムは容器に合わせて無理なく入るように切断し，薄く切れるものは 0.5 mm 以下の厚さに切った後，容器に合わせて無理なく入るように切断する．

　質量は①融解，結晶化温度の測定では約 5 mg を，ガラス転移温度の測定では約 10 mg をそれぞれ 0.1 mg まで，②転移熱の測定では 5〜10 mg を 0.01 mg まで，③比熱容量の測定では 5〜15 mg を 0.01 mg までそれぞれはかり取ることとなっている．JIS K 6240 では試料の中心部を取り出し，10〜20 mg をはかり取ることとなっている．さらに JIS K 7121，7122，7123 では，容器への充填方法についても詳細な記述がある．これらの記述は試験片相互，試験片と容器，容器とホルダーとの熱接触をよくするために重要な事項であり，初心者にとって大変参考になる記述である．

表 20.6　DSC を用いた JIS の例

規格 No.	名称
JIS H 7101	形状記憶合金の変態点測定方法
JIS H 7151	アモルファス金属の結晶化温度測定方法
JIS K 6240	原料ゴム－示差走査熱量測定（DSC）によるガラス転移温度の求め方
JIS K 7095	炭素繊維強化プラスチックの熱分析によるガラス転移温度測定法
JIS K 7121	プラスチックの転移温度測定法
JIS K 7122	プラスチックの転移熱測定方法
JIS K 7123	プラスチックの比熱容量測定方法
JIS R 1672	長繊維強化セラミックス複合材料の示差走査熱量法による比熱容量測定方法
JIS Z 3198-1	鉛フリーはんだ試験方法－第1部：溶融温度範囲測定方法

第20章 熱分析法

演習問題

Q.1 DSC測定において以下の各操作を行った．正誤を○×で示し，その理由を述べよ．
(1) ピークが小さかったので試料量を減らした．
(2) ピークが小さかったので試料と容器の密着性を上げた．
(3) 隣接する2つのピークが一部が重なっていたのでピークの分離をよくするために走査速度を速くした．

Q.2 シュウ酸カルシウム一水和物のTG測定を1 000℃まで行ったところ，3段階の質量減が観測された．それぞれどのような反応に対応する質量減か，また各段階における質量％を予測せよ．

Q.3 熱分析で用いる試料容器について記した以下の(1)～(4)について間違っているものを選び，その理由を述べよ．
(1) 1 000℃までTG測定するためにはAlの試料容器を用いるのがよい．
(2) DSCでは一般に試料容器に蓋をしないで測定する．
(3) 試料および生成物と反応しない材質の試料容器を選択する．
(4) できるだけ熱伝導性のよい試料容器を選択する．

Q.4 TG測定について述べた以下の(1)～(3)について間違っているものを選びその理由を述べよ．
(1) TG測定では測定温度範囲が広いので，測定目的にかかわらずなるべく早い昇温速度で測定するのがよい．
(2) TG測定を行う際，腐食性のガスが発生しないことが分かっているので，パージガスを流さずに測定した．
(3) 詳細が不明な金属の測定をTGで行う際にアルミナ製の試料容器を用いた．

Q.5 DSCを用いるプラスチックのJISでは試料の厚さを0.5 mm以下とすることと記されているが，この理由を述べよ．

参考図書

1. 小澤丈夫，吉田博久 編：最新熱分析，講談社サイエンティフィック (2005)
2. 日本熱測定学会 編：熱量測定・熱分析ハンドブック 第2版，丸善 (2010)
3. 日本化学会 編：第5版実験化学講座6 －温度・熱，圧力－，丸善 (2006)

4. 日本分析化学会 編，齋藤一弥，森川淳子 著：分析化学実技シリーズ 機器分析 編 13，熱分析，共立出版（2012）

ウェブサイト紹介

1. **日本熱測定学会**
   http://www.netsu.org/JSCTANew/

2. **日本熱物性学会**
   http://www.netsubussei.jp/index.html

3. **産総研 NMIJ（計量標準総合センター）**
   http://www.nmij.jp/
   ○標準物質についての情報．

4. **ICTAC（国際熱測定連合）**
   http://www.ictac.org/

5. **JISC（日本工業標準調査会）**
   http://www.jisc.go.jp/
   ○JIS の検索ができる．

第21章
生物学的分析法

本章について

　20世紀後半から生命科学の研究は分子レベルの機能解明がなされるようになった．それに伴い生物のつくり出す極めて多種多様な成分を測定するためのさまざまな方法が開発された．一方，解明された生命の仕組みは，分析化学の分野へ取り込まれた．酵素や抗体の反応など，生物のもつ特異的な機能を物理化学的分析法に組み込んだ新しい分析法が開発された．これらは，多くの夾雑物が存在する生体試料の分析において威力を発揮する方法である．本章では，生命体の代表的な分子であるDNAとタンパク質の分析法を中心に，生物のもつ機能を利用した分析法を説明する．

第21章

生物学的分析法

21.1 DNA 配列解析

DNA の配列解析（シークエンシング）とは，DNA を構成するヌクレオチドの結合順序（塩基配列）を決定することである．DNA の塩基配列は生命体に必要な情報を符号化したものであり，配列決定は医学・生物学研究の基盤である．分類学や生態学などの生物学研究に不可欠であり，医療の現場では遺伝病や感染症の診断や治療方針の決定に関わる重要な検査法の1つである．歴史的には，1970年代に基礎となるサンガーによる方法が開発され，その後さまざまな改良が加えられた．ゲノムプロジェクトの中心的な技術であったことから，処理能力が飛躍的に向上し，現在でも新たな方法が開発されている．

21.1.1 サンガー法

DNA ポリメラーゼを用いて，1本鎖の核酸を鋳型として，それに相補的な塩基配列をもつ DNA 鎖を合成することを原理とする．基本的には PCR[*1] のプロセス同様に，鋳型 DNA と DNA ポリメラーゼと複製開始用のプライマーと呼ばれる20〜30塩基[*2]程度の短い化学合成でつくられた1本鎖のオリゴヌクレオチド，相補的な鎖を作製するための原料であるデオキシリボヌクレオシド三リン酸 dNTP[*3] およびジデオキシリボヌクレオシド三リン酸 ddNTP[*4] を加えて行う．図 21.1 の構造式から分かるように，ddNTP は dNTP の 3′ 位のヒドロキシ基が欠けている．

酵素反応は図 21.2 に示すように進行する．鋳型 DNA にプライマーであるオリゴヌクレオチドをハイブリダイゼーション（hybridization）[*5]させる．dNTP のう

[*1] polymerase chain reaction（ポリメラーゼ連鎖反応）．DNA 鎖の特定部位のみを繰り返し複製する反応で微量の DNA を 10^6 倍程度まで増幅することができる．
[*2] 塩基（核酸塩基，Base）．アデニン（A），シトシン（C），グアニン（G），チミン（T）のこと．
[*3] dATP, dCTP, dGTP, dTTP の混合物．
[*4] ddATP, ddCTP, ddGTP, ddTTP の混合物．糖の 3′ 末端のヒドロキシ基を水素に置換しているため次の核酸塩基が結合できず，DNA 鎖の伸長はここで止まる．
[*5] 1本鎖の核酸同士が2本鎖の核酸を形成すること．

21.1 DNA 配列解析

ち相補的なもの（図中では T に相補的な A）が鋳型に対をつくると，プライマーの 3′ 末端のヒドロキシ基と dNTP のリン酸基が DNA ポリメラーゼの作用により結合し，ピロリン酸が放出される．この反応が繰り返され，相補的な鎖が伸長されていくが，このとき，4 種の dNTP に加え，ddNTP を少量（約 5％）加えるところが通常の PCR と異なる点である．これが反応へどのように影響するのかを図 21.3(a) を用いて説明する．

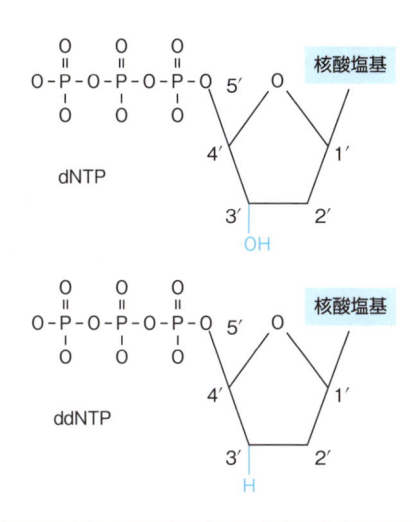

図 21.1 デオキシリボヌクレオシド三リン酸 dNTP とジデオキシリボヌクレオシド三リン酸 ddNTP

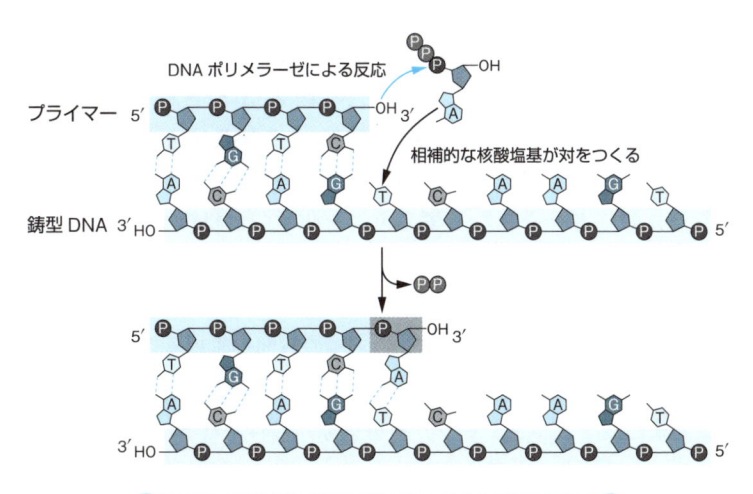

図 21.2 DNA ポリメラーゼによる DNA 合成

第 21 章　生物学的分析法

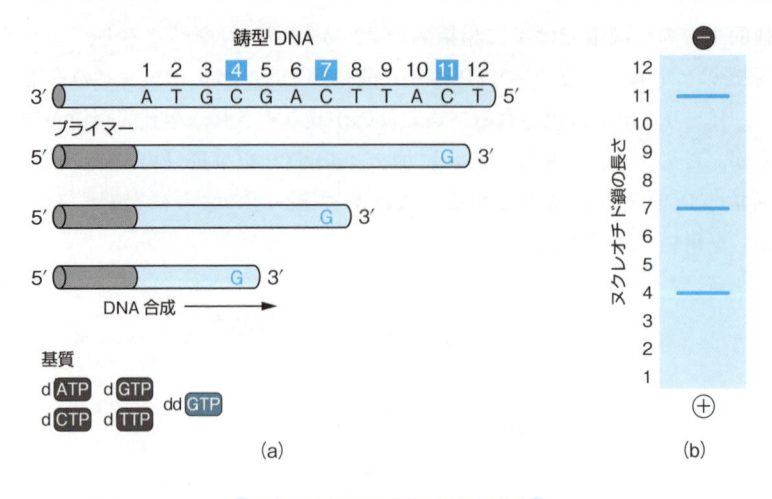

図 21.3　サンガー法の原理

　まず G の核酸だけ考えてみる．ポリメラーゼは C を認識した場合，相補的な G を結合させ，さらに伸長反応が続く．このとき，約 5％の確率で ddGTP が結合する．ddGTP は次のヌクレオチドが結合する 3′ 末端のヒドロキシ基をもっていないため，DNA ポリメラーゼは，ddGTP から鎖を伸長させることはできず伸長反応は停止する．4 塩基目，7 塩基目，11 塩基目に C がある場合，できた断片は，4 塩基，7 塩基，11 塩基となる．この長さの違う断片を電気泳動により大きさの順に並べる．ゲル電気泳動では，分子ふるい効果で合成された DNA 断片を分離し，1 塩基の長さの違いで分離できる性能をもつ．短い断片ほど，下方に移動するので，4 塩基，7 塩基，11 塩基の断片は，ゲル上では図 21.3(b) のようにみえる．

　他の核酸についても，DNA ポリメラーゼによる伸長反応を行うときに少量の ddNTP を加えることで，すべての長さで反応を停止させることができる．このとき 4 つの塩基に対応させた異なる蛍光色素を化学的に標識した ddNTP を用いると，末端の塩基が何であるか，4 つの色で知ることができる．これら 4 つの反応産物を一緒に電気泳動で分離する．電気泳動のゲルのバンドのパターンを短い断片から読み取ることにより，配列を 5′ から 3′ 末端の方向へ求めることができる．

　分離に使用する分析機器は，古くはゲル電気泳動装置が用いられたが，現在はレーザー蛍光検出器をもつキャピラリー電気泳動で行われる．これはキャピラリーシークエンサーと呼ばれ，分離から測定まで全自動で行われる．

21.1.2 パイロシークエンス法

パイロシークエンス法は，1990年代の後期に開発された方法である．この技術は，サンガー法と同じく DNA ポリメラーゼによる DNA 合成を利用しているが，dNTP が取り込まれる際に放出するピロリン酸を利用している（図 21.2）．このピロリン酸をルシフェラーゼ発光[*6]に変換し検出する．どの dNTP が取り込まれたか発光の有無を調べることで鋳型の配列の塩基を特定する．このプロセスには複数のステップがあるので，以下に反応式を用いて順に説明する．

配列解析する鋳型 DNA にプライマーとなるオリゴヌクレオチドをハイブリダイゼーションさせた状態で DNA ポリメラーゼを加えてプライマー伸長できる状態にしておき，そこに順番に単一の dNTP を入れる．投入した dNTP が次の塩基に相補的な場合，プライマーに結合し，分解産物のピロリン酸 PPi が生成される．

$$(オリゴヌクレオチド)_n + dNTP \xrightarrow{DNA ポリメラーゼ} (オリゴヌクレオチド)_{n+1} + PPi$$

生成したピロリン酸 PPi をアデノシン-5′-ホスホ硫酸（adenosine-5′-phospho sulfate：APS）と ATP スルフリラーゼによりアデノシン三リン酸（adenosine triphosphate：ATP）に変換する．

$$APS + PPi \xrightarrow{ATP スルフリラーゼ} ATP + SO_4^{2-}$$

ここにルシフェリンとルシフェラーゼを加える．ATP とルシフェリンは，ルシフェラーゼにより，アデノシン一リン酸（adenosine monophosphate：AMP）とリン酸，オキシルシフェリンと光になる．ATP 量に応じて反応は進行し，定量的に発光する．

$$ATP + ルシフェリン \xrightarrow{ルシフェラーゼ} AMP + リン酸 + オキシルシフェリン + 光$$

この方法では，同じ塩基が並んでいる場合には，その数に比例してピロリン酸が生成されるため，発光量もそれに比例する．

[*6] ATP および Mg^{2+} の存在下，基質のルシフェリンがルシフェラーゼによって発光体であるオキシルシフェリンに変換される反応である．酵素が関与した発光を化学発光の中でも生物発光と呼び区別している．蛍やホタルイカなど光を放つ生物の発光である．化学反応によって得られたエネルギーが発光のエネルギーに使われる変換効率（量子収率）は約9割と非常に効率の高い発光システムであり，生化学実験に広く用いられる．

第 21 章　生物学的分析法

4種類のヌクレオチドを順番に1つずつ伸長反応させ，発光の有無を調べることで，塩基配列を決定できる．一連の反応が終わった後に次のサイクルに入るには，酵素反応の基質である過剰な dNTP や ATP を取り除く必要がある．アピラーゼにより過剰な dNTP や ATP を分解する．これが完全に終わった後に，次の dNTP を加える．

$$dNTP \xrightarrow{アピラーゼ} dNDP + dNMP + リン酸$$

$$ATP \xrightarrow{アピラーゼ} ADP + AMP + リン酸$$

順次 dNTP を加えていくと，**図 21.4** のような結果が得られる．横軸が加えた dNTP，縦軸が発光量である．C を加えたときに発光があるので，まず読み取れる塩基配列は，C（鋳型は G）である．次に T を加えたときに C の 2 倍の発光が観測されるので C の次は T が 2 つ続く．同様にして，CGTTACCCT と読み進めていく．

パイロシークエンス法では反応中に発生する発光量を測定するため，反応場を CCD カメラでモニターする．サンガー法と異なり，分離のプロセスが必要ないため，大規模にアレイ化し超高速で配列を読むことができる装置が開発されている．

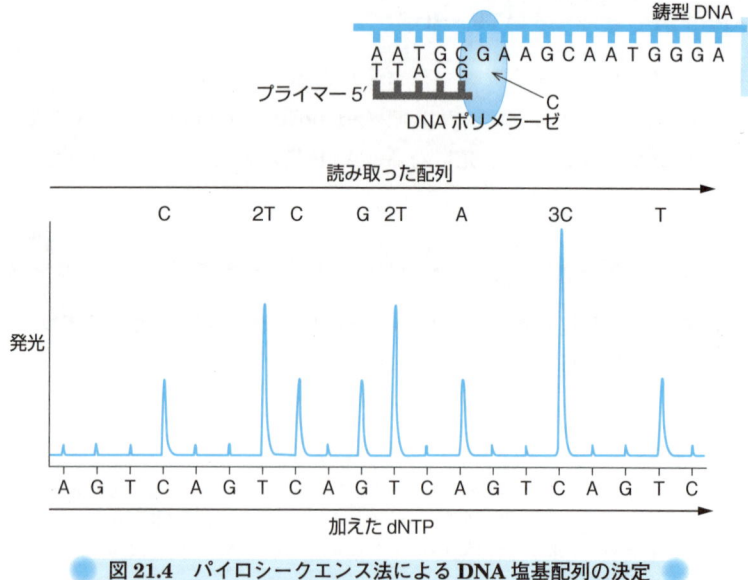

図 21.4　パイロシークエンス法による DNA 塩基配列の決定

ロシュ (Roche) の 454 シークエンシングシステムは，並列化することで，現在使われているサンガー法のほぼ 100 倍にも上る高い処理能力を実現している．

21.2 SNP 解析

1 塩基多型 (**SNP**：スニップ) とは single nucleotide polymorphism の略であり，個人間における 1 遺伝子暗号 (1 塩基) の違いを意味する．SNP は個人の体質を表すものであり，SNP 解析は，疾患のリスク診断や薬剤の使い分け診断に利用することができる．

SNP はすでに多くのものが知られており，既知の SNP を調べるためには，DNA の配列を広範囲に読む必要はなく，対象となる配列のみ分かればよい．しかしながら，わずか 1 塩基の違いなので，高精度に見分けられる方法が必要であり，加えて，迅速に，正確に分析する方法の開発が進められている．

21.2.1 SSCP 法

SSCP 法 (single strand conformation polymorphism：1 本鎖高次構造多型) は，1989 年に開発された方法である．目的配列を含む領域を PCR で増幅後，産物である 2 本鎖 DNA を熱処理後，急速冷却して 1 本鎖 DNA にする．1 本鎖 DNA は，その DNA 配列に依存して分子内水素結合により高次構造をとる．DNA 配列に 1 塩基の置換があると，その高次構造は異なる．これを非変性ポリアクリルアミドゲル電気泳動で分離させた場合，その移動度は DNA 鎖の高次構造に依存する．

図 **21.5** に示すように 1 本鎖 DNA の移動度の差を見ることで SNP 解析ができる．1 人のゲノム DNA には父方と母方からの遺伝情報が含まれ，1 対の相同染色体を形成している．例えば「A から G」の変異が見られる SNP をタイピングする場合，組み合わせから遺伝子型は，「A/A のホモ」，「A/G のヘテロ」，「G/G のホモ」という 3 種類になる．ゲル電気泳動では，ホモの場合は 2 本のバンドが，ヘテロの場合は 4 本のバンドが得られる．ゲルで観察されるバンドのパターンは，細かい条件に左右されるため，調べたい試料とともに野性型の配列をもつ試料を同時に泳動して，野生型のパターンとの違いを分かるようにしておく．蛍光標識プライマーを用いて検出するか，分離後，ゲルを銀染色することで検出する．この方法は

第 21 章　生物学的分析法

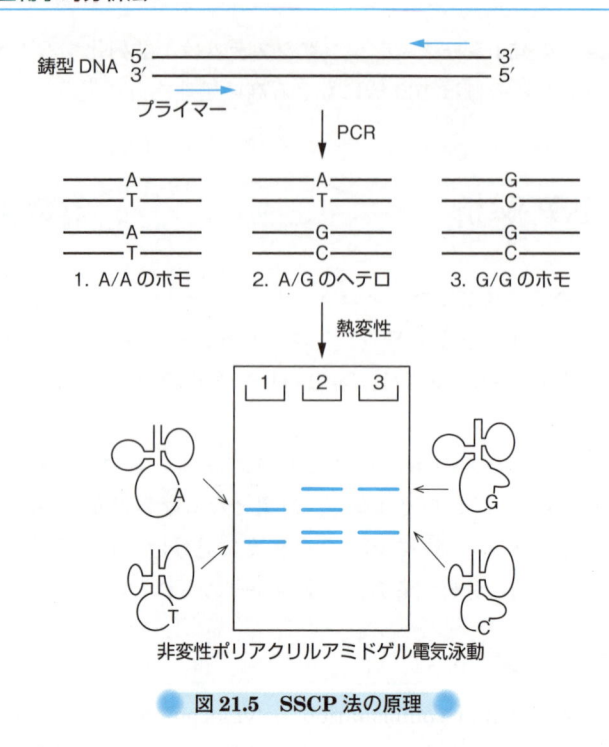

図 21.5　SSCP 法の原理

200 塩基対までの DNA 断片にしか適応できないが，特殊なプローブや装置を必要としないため安価であり，小規模な研究室でも手軽に解析できる利点がある．

21.2.2　1 塩基プライマー伸長反応による検出

　サンガー法の原理を用いるが，付加するヌクレオチドは 1 つだけである．図 21.6 に原理を示す．目的配列を含む領域を PCR で増幅後，2 本鎖 DNA を熱処理で 1 本鎖 DNA にする．次に SNP 部位の塩基の 1 つ上流までに相補的な長さの解析用のプライマーをハイブリダイゼーションする．そこに ddNTP と DNA ポリメラーゼを加え，1 塩基だけ伸長させる．このプライマーに何のヌクレオチドが入ったのか調べることで，SNP 解析をする．

　例えば，MALDI-TOF-MS を使うと，プライマーと 1 塩基伸長産物の分子量の差を正確に調べることができる．この分子量の差は付加した ddNTP に由来し，4 種のヌクレオチド ddA, ddG, ddC, ddT はそれぞれ 297，313，273，288 と増加する質量が異なっているため，取り込まれたヌクレオチドが何であったのか分か

21.2 SNP 解析

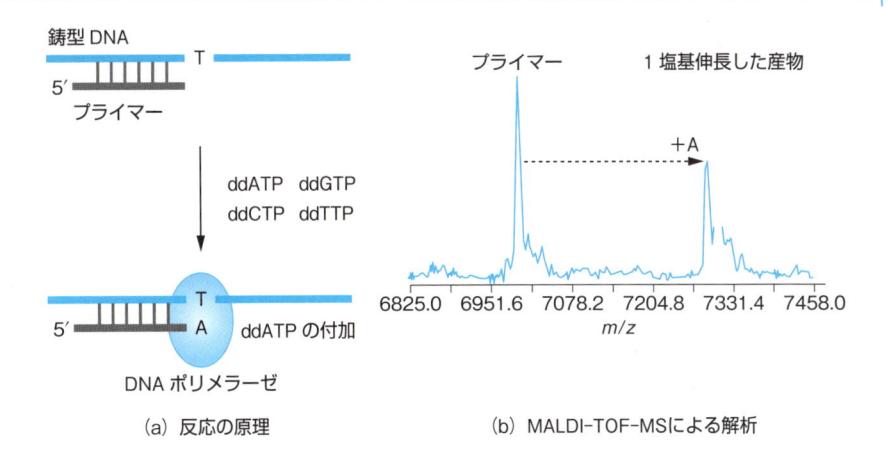

図 21.6　1 塩基プライマー伸長反応による SNP 検出

(a) 反応の原理　(b) MALDI-TOF-MS による解析

る．質量分析計による解析は高速であり，1 日に数万もの試料の解析ができる．一方，蛍光色素で標識をした ddNTP を用いて 1 塩基伸長反応を行えば，キャピラリーシークエンサーやビーズアレイなどの蛍光シグナルを読み取れる装置で取り込まれたヌクレオチドを調べることができる．ビーズアレイも高速処理が可能な方法である．

21.2.3　リアルタイム PCR による検出

　PCR では 94℃で 2 本鎖 DNA を 1 本鎖に変性，55℃でプライマーを鋳型 DNA に結合させ，72℃で DNA ポリメラーゼの伸長反応することを 25 サイクルほど繰り返し，目的の配列を増幅させる．この PCR における温度制御を行うプログラム恒温装置に蛍光検出器を組み込んだのがリアルタイム PCR 装置である．この装置を使うと，PCR の増幅をリアルタイムで見ることが可能である．リアルタイム PCR は，電気泳動の操作が不要な分，迅速性と定量性に優れている．試料であるゲノム DNA と PCR の試薬を PCR チューブ内で混合し，リアルタイム PCR 装置へ入れると 30 分ほどで増殖を確認できる．さらに，96 ウェルや 384 ウェルプレートを使用することで，大量のサンプルの分析が可能である．リアルタイム PCR を使った SNP 解析法は数種類あるが，ここでは一例として TaqMan PCR を紹介する．これは，目的配列に相補的なオリゴヌクレオチド（TaqMan プローブ），DNA

第 21 章 生物学的分析法

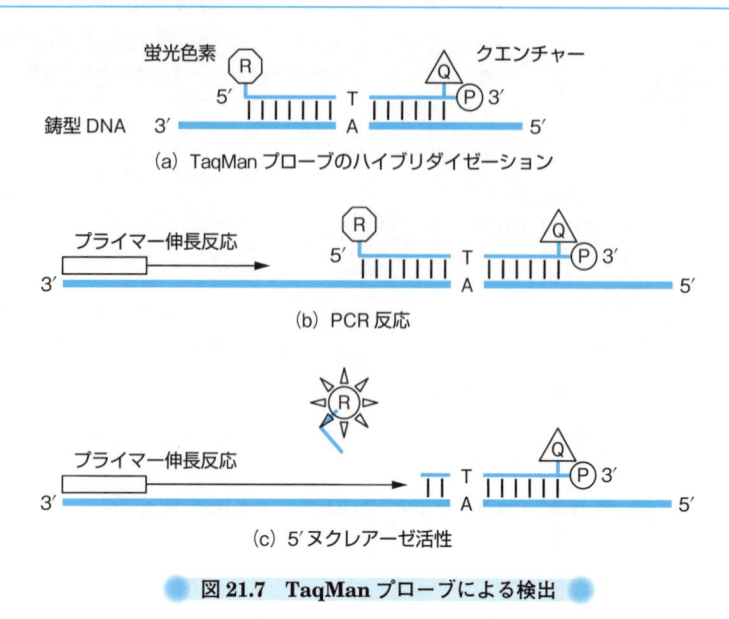

図 21.7 TaqMan プローブによる検出

(a) TaqMan プローブのハイブリダイゼーション
(b) PCR 反応
(c) 5′ ヌクレアーゼ活性

ポリメラーゼを利用した方法である．SNP 検出の原理としては，TaqMan プローブの SNP 部位へのハイブリダイゼーションの有無を調べる．

図 21.7 に示すように，TaqMan プローブは SNP を含む領域に相補的な配列をもち，5′ 末端に蛍光色素，3′ 末端にクエンチャー（quencher：消光分子）[*7] が結合している．TaqMan プローブの 3′ 末端はリン酸化されており，それ自身が伸びることはない．TaqMan プローブは鋳型 DNA に特異的にハイブリダイズする．このときプローブ上にクエンチャーが存在するため，励起光を照射しても蛍光の発生は抑制される．PCR のプライマーと DNA ポリメラーゼにより伸長反応を行い，ちょうど TaqMan プローブのところまでプライマーが伸長されると，Taq DNA ポリメラーゼのもつ 5′→3′ エキソヌクレアーゼ活性により，鋳型にハイブリダイズした TaqMan プローブは加水分解される．すると蛍光色素がプローブから遊離し，クエンチャーによる抑制が解除されて蛍光が発せられる．PCR 反応により，サイクル数が増えるに従って，蛍光色素は指数関数的に遊離する．

[*7] クエンチャーによる消光の利用（図 21.8）：蛍光色素 FAM の蛍光スペクトルと QXL の吸収スペクトルは重なる．FAM と QXL が隣接しているとき，FAM の放出した蛍光を QXL は吸収する．この現象を蛍光共鳴エネルギー移動 FRET という．酵素反応などで両者が離れると，FAM の蛍光が検出できるようになる．

21.2 SNP 解析

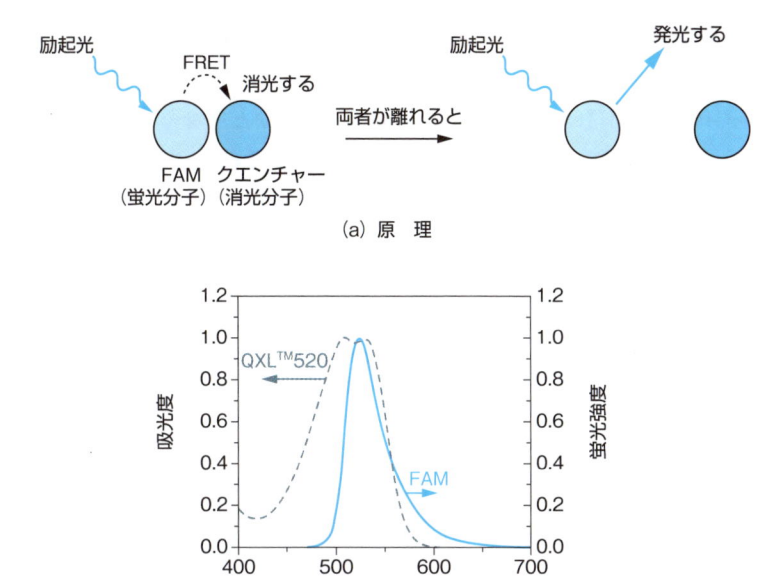

(a) 原理

(b) 蛍光分子 FAM の蛍光スペクトルとクエンチャー QXL の吸収スペクトル

● 図 21.8　FRET を利用した消光のしくみ

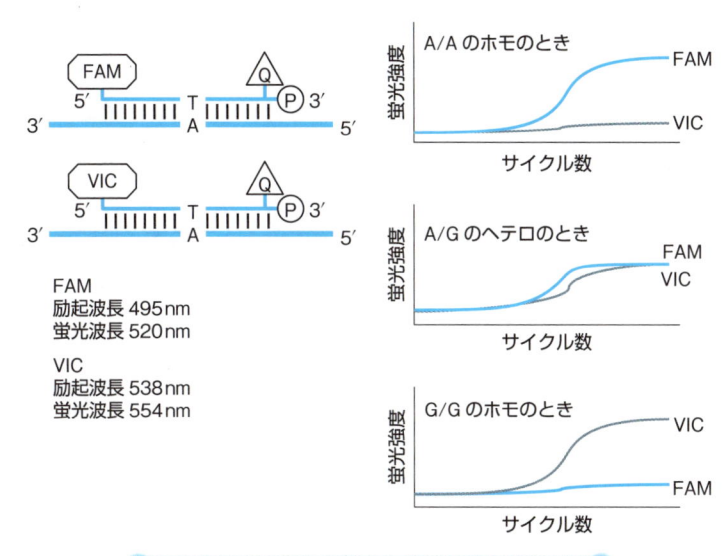

FAM
励起波長 495 nm
蛍光波長 520 nm

VIC
励起波長 538 nm
蛍光波長 554 nm

● 図 21.9　TaqMan プローブによるタイピング

「AからG」の変異が見られるSNPをタイピングする場合，図21.9に示すように，AとGにそれぞれ相補的なTaqManプローブを用意する．このとき2つを区別できるようにFAM（carboxyfluorescein）とVICなど異なる蛍光色素を使用する．組み合わせから遺伝子型は，「A/Aのホモ」，「A/Gのヘテロ」，「G/Gのホモ」という3種類になるので，FAMしか検出されないもの，FAMとVIC両方検出されるもの，VICのみ検出されるものという結果が得られる．

21.3　ゲノミクスとプロテオミクス

21世紀初頭にヒトのゲノム配列が解読された後，数千，数万の遺伝子や，タンパク質，代謝物が織りなす複雑なネットワークの解析の中から，新たな知見を見い出そうとする研究分野が立ち上がった．生物のゲノム[*8]に含まれるすべての情報を解明し，それをもとに生物を理解しようとする学問分野を**ゲノミクス**（ゲノム学）という．

ほとんどの細胞でゲノムは同一であるのに対し，細胞の機能は多様である．そこで，まずは遺伝子の発現パターンすなわち，DNAの配列が転写されてできたmRNAを網羅的に見る研究がなされている．遺伝子の発現パターンは，遺伝子のもつ機能について，有用な情報を与える．さらに，mRNAから合成されたタンパク質は，切断，リン酸化，グリコシル化などさまざまな修飾を受ける可能性がある．そのため，細胞に含まれるタンパク質そのものも分析する必要がある．疾患あるいは外部刺激に対する応答をタンパク質の発現パターンを解析することで，中心となるタンパク質を調べることができる．

さらにそれらのタンパク質の相互作用を探索することで機能との関係を導くことができる．このように，ある細胞におけるすべてのタンパク質の集合を見ることで細胞全体のネットワークを明らかにしていく学問を**プロテオミクス**という．また，細胞内の活動によって生じる代謝産物を解析する学問もあり，これを**メタボロミクス**という．ゲノミクス，プロテオミクス，メタボロミクスのように生物の分子全体を調べる学問をオミックスという．

[*8]　細胞内のDNA全体をゲノムという．遺伝子とは，DNAのなかでタンパク質の構造を決定する情報をもった領域であり，ゲノムは遺伝子以外のDNAも含んでいる．

21.3 ゲノミクスとプロテオミクス

21.3.1 ゲノミクスと DNA チップ

　ゲノミクスでは，遺伝子の発現を網羅的に見る．従来は，ノーザンブロットという電気泳動された mRNA に目的の配列に相補的なプローブをハイブリダイズさせる方法を使っていたが，最近では定量的 RT-PCR で測ることで発現量を確認する．この技術は，個々の遺伝子を見るために最適化されており，数百，数千といった数を並列してこなすのは難しい．一度に数千の遺伝子を見ることができる技術として，微細加工技術を利用した DNA チップが開発された．

　DNA チップは DNA マイクロアレイとも呼ばれ，ガラスやシリコンの小さな基板上に DNA 分子やオリゴヌクレオチドを高密度に配置したものである．これを利用して試料 DNA とのハイブリダイゼーション分析を行うと，数千から数万種の遺伝子発現を同時に解析できる．2 つのタイプが主流となっており，1 つはコーティングされたスライドガラス上にあらかじめ調整された DNA 断片を機械でスポッティングして作製する．もう 1 つは，基板上でオリゴヌクレオチド DNA を合成することで作製する．この基板上で合成するチップは，高密度オリゴヌクレオチドチップと呼ばれ，Affymetrix 社によりジーンチップ（GeneChip）という商品名で独占的につくられている．どちらの DNA チップにもスポットには同一の DNA 配列が 10^6〜10^9 個含まれている．

　これら DNA チップのつくり方は異なるものの，遺伝子発現の解析原理は同じである．特定の試料から得られた mRNA をまとめて逆転写反応を行い，cDNA をつくる．このとき，蛍光色素を cDNA に何らかの方法で付加する．この蛍光色素で標識された cDNA を DNA チップに作用させる．DNA チップ上の各スポットに現れる蛍光シグナルの強度は，元の試料に対応する mRNA の量を反映している．こうして，数千もの異なった mRNA の発現量を一回の実験で測定できる．

　DNA チップを用いた発現解析において，異なるチップ間でのデータの再現性をとるのは技術的に難しい．したがって，発現解析の基準になるようなコントロールが必要である．多くの場合は，2 つの試料を同じ DNA チップ上で発現量を調べ，比較することでこの問題を避けている．2 つの試料中の mRNA は，それぞれ異なる蛍光色素で標識した cDNA にする．同時に同じ DNA チップ上にハイブリダイズすると，各スポットの蛍光強度の比は，2 つの試料の各 mRNA の相対量を表す．多くの場合，一方の蛍光色素を緑色，もう一方を赤色で示し，発現に差異がある遺伝子に対応するスポットは，緑色もしくは赤色で示され，同じ程度の発現量のもの

は黄色となる．

21.3.2 プロテオミクスと質量分析計

プロテオミクスには，二次元電気泳動や多次元高速クロマトグラフィーによる分離，その後，質量分析計による配列の同定から成り立っている．二次元電気泳動は等電点電気泳動[*9]で分離されたタンパク質をSDS−PAGE[*10]（SDS-polyaclylamide-gel electrophoresis：SDSアクリルアミドゲル電気泳動）で分離する方法である．ここでタンパク質は等電点と分子量で分離される．この分離されたパターンを比較したい2種，例えば，正常組織と癌組織などを比べ，発現が変化したスポットを切り出し，質量分析計で同定する．質量分析計は，タンパク質や核酸などの大きな分子を同定できるマトリックス支援レーザー脱離イオン化法（MALDI）飛行時間型（TOF）質量分析計，または，エレクトロスプレーイオン化法（ESI）などが用いられる．タンパク質を質量分析で同定する方法はいくつかある．代表的な2例をここで紹介する．

1つ目の方法である**ペプチドマスフィンガープリンティング法**を図 21.10 に示す．図 21.10 (a) に示すように二次元電気泳動のゲルから切り出した1つのスポットをトリプシンなどの酵素で消化して，切断されたペプチドの混合物にする．それをMALDI-TOF-MSで分析し，各ペプチドの質量を求める．ペプチドの質量のリストを検索ソフトに入れ，データベースに対して検索する．検索ソフトはデータベースに含まれるすべてのタンパク質のアミノ酸配列から，理論的に酵素で消化したときにどのような質量をもったペプチドの組み合わせが生じるか計算する（図 21.10 (b)）．これを測定データと比較をする．結果として，データベースの中の切断ペプチドの予測質量と実験で求めた質量が一致するものが表示される．

ペプチドマスフィンガープリンティング法で同定できなかったときには，**シークエンスタグ法**といった方法を用いる．これは，タンデム型質量分析（MS/MS 分析）

[*9] タンパク質を構成しているアミノ酸側鎖やアミノ末端，カルボキシル末端の電荷は pH 条件によって変化し，電荷の総和がゼロになる pH の値を等電点という．等電点電気泳動は，タンパク質の等電点（pI）の違いを利用して分離し，目的タンパク質の等電点測定や分析を行う泳動手法である．
[*10] SDS-PAGE は，アクリルアミドと N,N'-メチレンビスアクリルアミドの混合溶液を重合し，分子ふるい効果のあるゲルを作製し，その目の大きさによって変性したタンパク質分子を電気泳動で分離する方法である．試料であるタンパク質分子は，陰イオン系界面活性剤であるドデシル硫酸ナトリウム（SDS）により変性させる．SDS が吸着したタンパク質分子は全体として陰性に荷電し，陽極方向に移動する．等電点や高次構造の影響がないため，タンパク質の分子量による分離が行える．

21.3 ゲノミクスとプロテオミクス

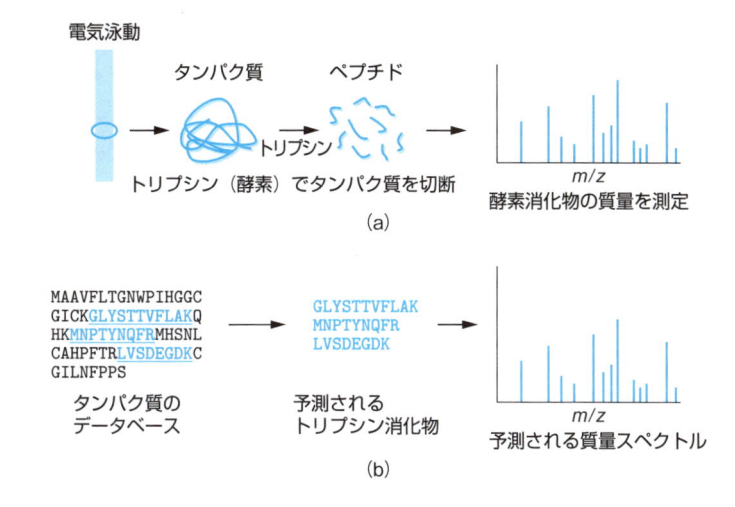

(a)

電気泳動 → タンパク質 →（トリプシン）→ ペプチド → 酵素消化物の質量を測定（m/z）
トリプシン（酵素）でタンパク質を切断

(b)

タンパク質のデータベース
```
MAAVFLTGNWPIHGGC
GICKGLYSTTVFLAKQ
HKMNPTYNQFRMHSNL
CAHPFTRLVSDEGDKC
GILNFPPS
```
→ 予測されるトリプシン消化物
```
GLYSTTVFLAK
MNPTYNQFR
LVSDEGDK
```
→ 予測される質量スペクトル（m/z）

図21.10　ペプチドマスフィンガープリンティング法

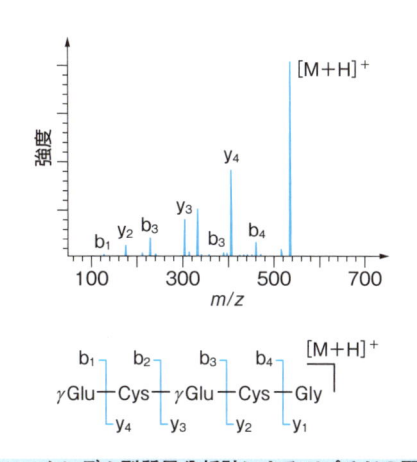

強度 — m/z: 100, 300, 500, 700
ピーク: b_1, y_2, b_3, y_3, b_3, y_4, b_4, $[M+H]^+$

$$\overset{b_1}{\gamma Glu}-\overset{b_2}{Cys}-\overset{b_3}{\gamma Glu}-\overset{b_4}{Cys}-\overset{[M+H]^+}{Gly}$$
$$\underset{y_4}{}\underset{y_3}{}\underset{y_2}{}\underset{y_1}{}$$

図21.11　タンデム型質量分析計によるペプチドの配列解析

タンデム質量分析装置（MS/MS）を用いた解析により，ペプチドのアミノ酸配列を求めることができる．MS/MS測定をすると，アミノ酸のペプチド結合のカルボニル基の炭素とアミノ基の窒素の間など下記に示した位置で開裂する．開裂によりペプチドのN末端側とC末端側の断片が得られ，それぞれb系列イオンおよびy系列イオンと呼ばれる．最もC末端側のペプチド結合部位で切断されたものから順に，C末端の場合はy_1，y_2…，N末端の場合はb_1，b_2，b_3…と命名される．このようにペプチド内の1ケ所が切断された一連の断片化イオンピーク群が順番に並んだスペクトルが得られれば，これを解析することでアミノ酸配列を求めることができる．

を用いて行う方法である．トリプシンで切断されたペプチド断片を質量分析計の中でさらにランダムに断片化して，これらの断片（フラグメントイオンという）のパターンをデータベース検索にかける．断片化したペプチドは，一アミノ酸ずつ長さが異なるラダーになっているので，一アミノ酸が違う断片同士の質量の差とアミノ酸残基の質量を比較することで，配列を推定することができる（図 21.11）．これをフラグメント解析という．

アミノ酸 20 種類のアミノ酸残基質量はロイシンとイソロイシンが同一であることを除いて異なっているので，質量の差からアミノ酸配列を求めることができる（表 21.1）．また，質量分析で断片化する前のペプチド断片の質量と，さらにこのペプチドはタンパク質をトリプシン消化して得られたものなので，C 末端はリジンかアルギニンであるので，これらの個々の情報（タグと呼ぶ）を使って，データベースから同一のタンパク質を検索している．複数のペプチドについて同様の解析ができるので，非常に精度の高いタンパク質の同定が可能である．

表 21.1　ペプチド中のアミノ酸の残基質量

	残基当たりの質量[※]
グリシン（Gly, G）	57.02147
アラニン（Ala, A）	71.03712
セリン（Ser, S）	87.03203
プロリン（Pro, P）	97.05277
バリン（Val, V）	99.06842
スレオニン（Thr, T）	101.04768
システイン（Cys, C）	103.00919
イソロイシン（Ile, I）	113.08407
ロイシン（Leu, L）	113.08407
アスパラギン（Asn, N）	114.04293
アスパラギン酸（Asp, D）	115.02695
グルタミン（Gln, Q）	128.05858
リジン（Lys, K）	128.09497
グルタミン酸（Glu, E）	129.04260
メチオニン（Met, M）	131.04049
ヒスチジン（His, H）	137.05891
フェニルアラニン（Phe, F）	147.06842
アルギニン（Arg, R）	156.10112
チロシン（Tyr, Y）	163.06333
トリプトファン（Trp, W）	186.07932

[※] 数値はモノアイソトープ質量．安定同位体の存在により，平均質量は少し大きくなる．

21.4 イムノアッセイの原理と測定法

イムノアッセイ（immunoassay）とは，免疫測定法，免疫定量法，免疫検定法などと呼ばれる方法である．抗体のもつ高い分子認識能を利用して，夾雑物の多い試料から特定の物質だけを選択的に検出する手法である．1956年Yalowらの研究グループが糖尿病研究の一部として，ヨウ素同位体標識したインシュリンと無標識インシュリンを用いた競合法RIA（radioimmunoassay：放射免疫測定法）により抗インシュリン抗体の定量を試みた．RIAは高感度であり，それまで不可能であったホルモンの血中濃度を測定することが可能であった．RIAの利用は内分泌学の研究に飛躍的発展をもたらすとともに，臨床診断の面でも大きく貢献し，Yalowはノーベル賞を受賞した．現在，イムノアッセイは，基礎生化学研究から医療診断，環境分析まで幅広く利用されている．

21.4.1 抗体

抗体（antibody）は，B細胞（Bリンパ球）の産生する糖タンパク質で，特定の分子（抗原）を認識して結合する働きをもつ．抗体は主に血液中に存在し，体内に侵入してきた細菌・ウイルスなどの微生物や，異常な細胞を抗原として認識して結合する．抗体が抗原へ結合すると，その抗原と抗体の複合体を白血球やマクロファージといった食細胞が認識・貪食して体内から除去するように働く．

抗体にはいくつか種類があり，イムノアッセイには免疫グロブリンG（IgG）を用いる．IgGは，2つの軽鎖と2つの重鎖ポリペプチドからなるY字型のタンパク

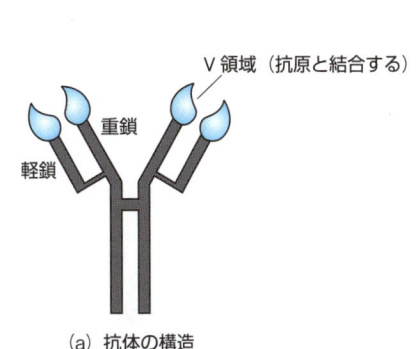

図21.12 抗体
(a) 抗体の構造
(b) 抗原抗体反応による複合体形成

第 21 章　生物学的分析法

図 21.13　ポリクローナル抗体とモノクローナル抗体

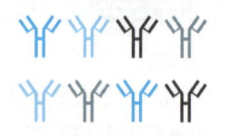

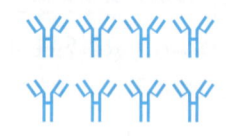

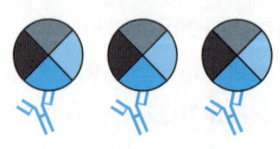

（ポリクローナル抗体：抗原表面の任意の部位に対する複数種の抗体の混合物）
（モノクローナル抗体：抗原表面の特定部位に対する単一種の抗体）

質である（図 21.12(a)）．N 末端側，すなわち Y 字の先に，抗体分子種によって配列が異なる可変領域（V 領域とも呼ばれる）が存在する．この V 領域には，抗原と結合する領域が存在する．Y 字型の根元は，どの抗体もほぼ一定の構造を有する部位で定常部と呼ばれる．1 つの抗体は 2 つの抗原と同時に結合できる．また，抗原には，通常多数の抗体結合部位を有するため，これらは複合体を形成する（図 21.12(b)）．

イムノアッセイに使用する抗体には，**ポリクローナル抗体**と**モノクローナル抗体**がある（図 21.13）．ポリクローナル抗体とは，さまざまな抗原認識部位に対するアフィニティの異なった抗体の集合体である．ウサギなどの動物に抗原を注射することにより抗体をつくらせ，血液から抗体を精製する．一方，モノクローナル抗体とは，培養細胞を用いて大量合成した単一抗体であり，結合部位からアフィニティまで完全に同一の抗体の集合体である．イムノアッセイでは，これらの性質を使い分けて系を組んでいる．

21.4.2　イムノアッセイの原理

〔1〕直接吸着法

一般的に反応には，マイクロタイタープレートと呼ばれるプラスチック素材で多数ウェルをもった容器を使う．図 21.14 に示すように，直接吸着法では目的とする抗原を含む溶液を直接固相（ウェルの壁面）に接触させ，固相表面にタンパク質

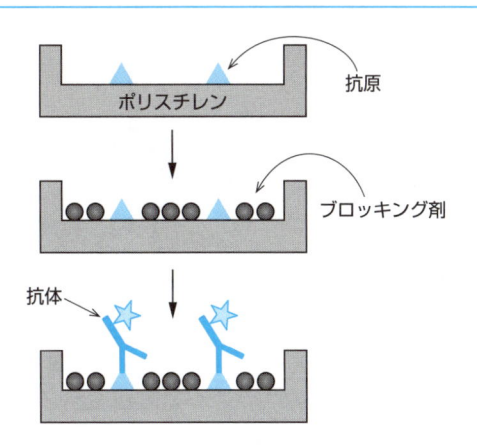

図 21.14 イムノアッセイの原理(直接吸着法)

のもつ電荷や疎水性相互作用で,物理化学的に吸着させる.次いで,後から加える抗体が直接固相に吸着してしまわないように固相表面をウシ血清アルブミンなど無関係なタンパク質で覆う(ブロッキングと呼ぶ).次に目的のタンパク質に特異的な抗体を加え,抗原に結合しなかった抗体を洗い流して,固相に残った抗体を定量する.このとき加える抗体は,モノクローナル抗体でもポリクローナル抗体でもどちらでもよい.これらの抗体は定量ができるように標識されている.これをプレートリーダーというマイクロタイタープレート用の分光光度計で測定する.この定量のための標識方法はいくつかあり,後ほど説明する.イムノアッセイではいずれの方法でも標準物質を用いて検量線を作成することで定量する.

直接吸着法は簡便であるが,固相への吸着の段階が感度を左右するといった欠点がある.最初に固相に加えた溶液に目的の抗原以外の物質が強い吸着力をもっている場合,溶液中の抗原がほとんど吸着できなくなってしまい,分析できないことになる.

[2] サンドイッチ法

試料を直接固相に吸着させずに,捕捉抗体を使って固相化する方法である(図21.15).マイクロタイタープレートのウェルの壁面には,捕捉用の抗体を吸着させる.続いて固相の空いている面積を埋めるようにブロッキング用のタンパク質を吸着させる.そこに目的とする抗原を含む溶液を加える.すると充分量の固定抗体に対して測定対象の物質(抗原)が選択的に結合する.以降は直接吸着法での検出と同じで,標識した抗体で抗原を認識させ定量する.標識抗体の認識する抗原の部

第21章　生物学的分析法

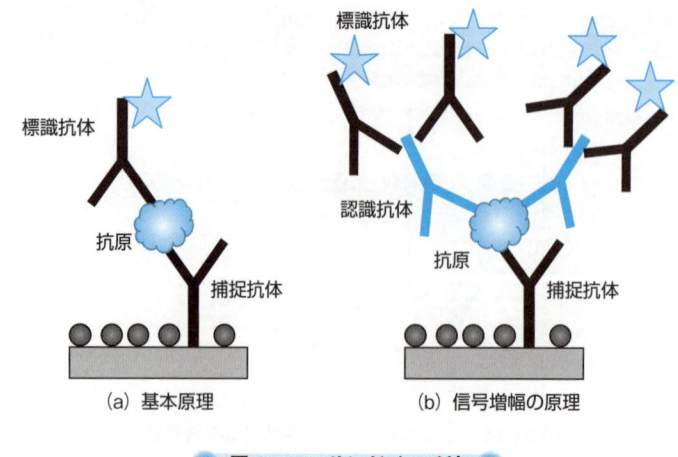

図21.15　サンドイッチ法
(a) 基本原理　(b) 信号増幅の原理

位は，捕捉抗体の認識する部位とは別になるようにする．この構造が抗体−抗原−抗体の形になることから，サンドイッチ法とよばれる．

検出にポリクローナル抗体を使うと，信号を増幅させることができる．図21.15 (b) のように，捕捉抗体によって固相化された抗原には，認識抗体（一次抗体とも呼ばれる）が結合する．この認識抗体にポリクローナル抗体を用いることで，1つの抗原に対して複数の抗体が結合できる．次に，標識抗体（二次抗体）を作用させる．これは一次抗体に由来する免疫グロブリンに対するポリクローナル抗体であり，1つの認識抗体（一次抗体）に対して複数の標識抗体（二次抗体）が結合できるので，結果として，1つの抗原から多数のシグナルが得られることになり，高感度な検出ができる．また，二次抗体は，同じ種の免疫グロブリンに汎用的に使用できるという利点もある．

〔3〕競合法

低分子の物質で，抗体が認識する部位が複数ない場合，サンドイッチ法は適応できない．その場合は，分析対象である抗原を一定濃度の標識した抗原と一定濃度の抗体に対して競合反応させ，標識抗原の反応の程度から間接的に試料中の非標識抗原を定量する（**図21.16**）．この方法を競合法と呼ぶ．標識した抗原の量は分かっているので，何もしていない抗原の量を知ることができる．

この方法が成立するためには，標識抗原濃度および抗体の濃度は，試料中に予想される非標識抗原濃度と極端に違わないことが必要である．例えば，全抗原量より

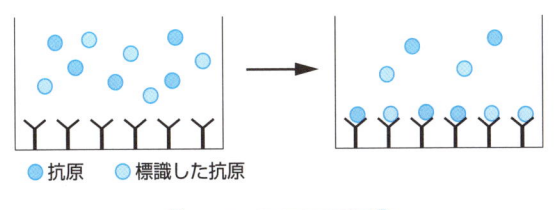

図 21.16 競合法

も抗体の量の方が多いと，すべての抗原が抗体に結合してしまい，競合ではなくなってしまう．

21.4.3 標識の方法

　抗原や抗体の標識の方法はいくつかある．最初に開発された免疫学的検定法では，放射性同位元素を用いていたが，取り扱い上の制限，使用後の廃棄などの問題があり，近年使用頻度は減っている．それに変わって行われているのは，FITC などの蛍光物質で標識する蛍光免疫測定法 FIA（fluoroimmunoassay）や，赤色の金コロイドナノ粒子で標識する方法，酵素で抗体を標識する方法などがある．酵素で標識する方法は，**酵素免疫測定法 ELISA**（enzyme-linked immunesorbent assay）と呼ばれ，現在サンドイッチ法の最も一般的な検出方法である．原理を図 21.17 に示す．検出用として HRP（horseradish peroxidase）などの酵素が共有結合で結合した抗体を使用する．この酵素と発色，発蛍光または化学発光する基質

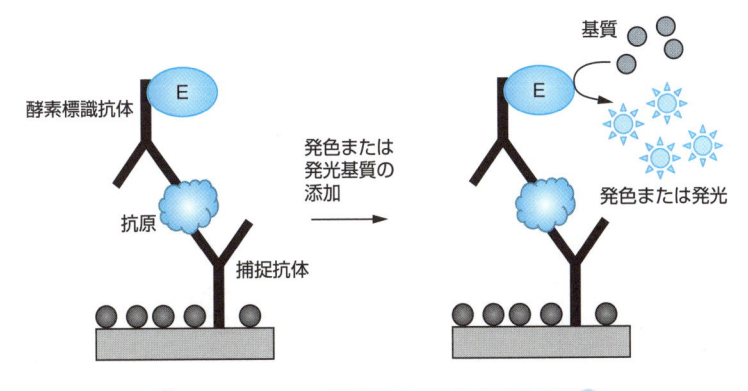

図 21.17　酵素免疫測定法 ELISA の原理

と反応させ，プレートリーダーで測定する．こうして捕捉抗体に結合した抗原の量が発色，発蛍光または化学発光として測定できる．

21.4.4 その他の抗原抗体反応を利用した分析法

抗原抗体反応を他の分析法と組み合わせた例もある．ウエスタンブロッティングは，生化学の実験で最も一般的な分析法の1つである．これは，SDS-PAGEによりサイズ分離したタンパク質のうち，目的の物質のみを抗体で検出する手法である．SDS-PAGE後，分離されたタンパク質を膜へ転写し，その膜上の目的のタンパク質に修飾抗体を結合させ，化学発光などで検出が行われる（図 **21.18**）．

抗原抗体反応を利用した方法は簡易的な検査にも有効な方法である．イムノクロマトグラフィーは，試料中の抗原と標識抗体の混合物が毛管現象により展開膜内を移動しながら，捕捉抗体によって固定されたかどうかを目視により判断することによって，試料中の抗原の有無を調べる方法である（図 **21.19**）．テストラインとコントロールラインに標識抗体が現れるか確認するだけなので，装置不要で，簡便な操作，10分で分析可能なことから，妊娠検査薬やインフルエンザなどの感染症チェックなど広く用いられる．

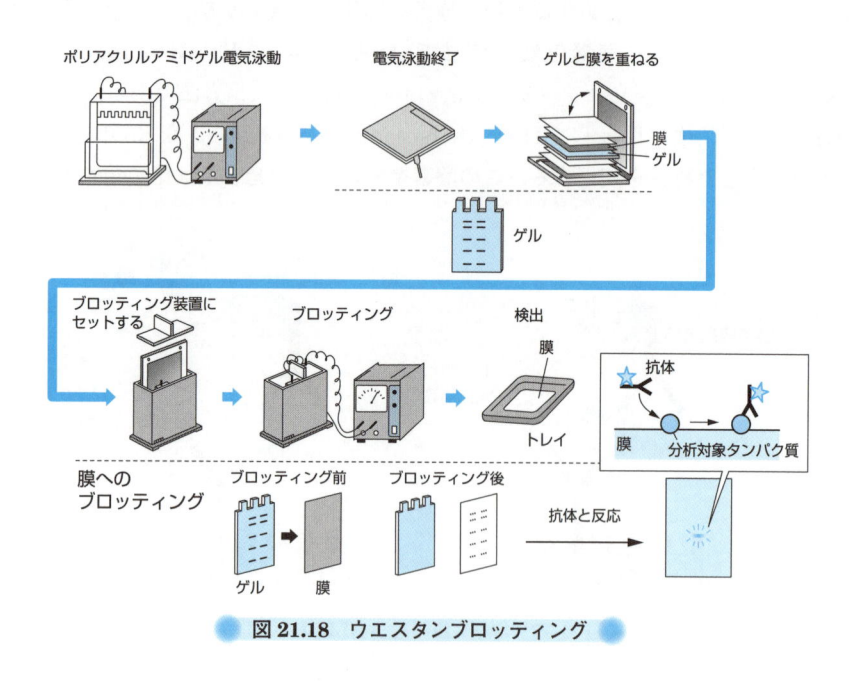

図 **21.18** ウエスタンブロッティング

演 習 問 題

試料を滴下する場所
サンプルパッド

毛細管現象で移動
ニトロセルロースメンブレン

吸収パッド

コンジュゲートパッド
金コロイド標識抗体
(抗原特異的抗体)

テストライン
捕捉抗体
(抗原特異的抗体)

コントロールライン

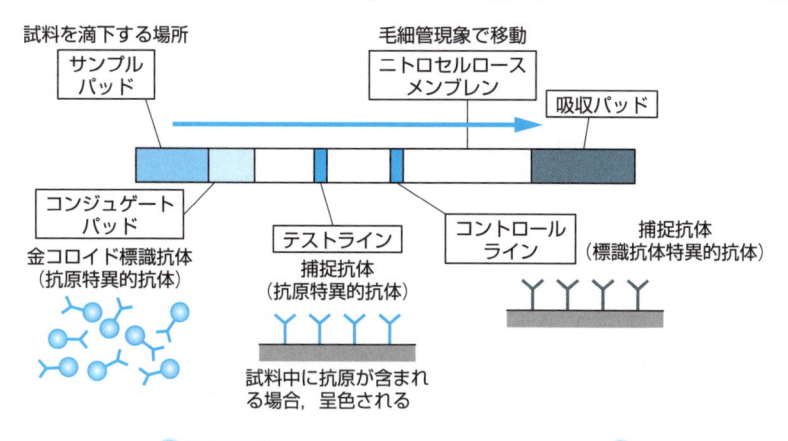

捕捉抗体
(標識抗体特異的抗体)

試料中に抗原が含まれる場合，呈色される

図 21.19 イムノクロマトグラフィーの原理

演習問題

Q.1 サンガー法によって，長さが異なる DNA 断片をつくる方法を説明せよ．

Q.2 サンガー法によって得られた次のシークエンスゲル（図 21.20）から読みとれる DNA の塩基配列を示せ．レーンの上に示した文字は加えた ddNTP の塩基である．

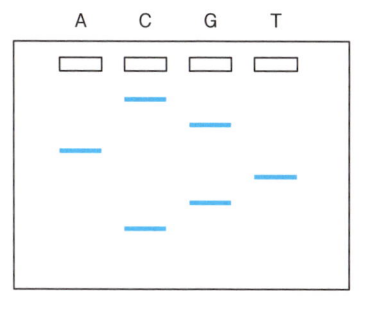

図 21.20

Q.3 四重極飛行時間型（Q-TOF）などのタンデム質量分析装置（MS/MS）を用いたフラグメント解析により，ペプチドのアミノ酸配列を求めることができる．MS/MS 測定によって得られたフラグメントイオンの m/z の値（表 21.2）

から，5つのアミノ酸からなるペプチドのアミノ酸配列を解析せよ．ペプチド中のアミノ酸残基質量は，368 ページの表 21.1 を使うこと．

表 21.2　MS/MS 測定で得られたフラグメントイオンの m/z 値

	1	2	3	4	5
b 系列イオン	130.050	201.087	329.146	444.173	572.268
y 系列イオン	147.113	262.140	390.198	461.236	590.278

Q.4　サンドイッチ法の原理について以下のキーワードを使い説明せよ．
　　［キーワード］　捕捉抗体，認識抗体（一次抗体），標識抗体（二次抗体）

Q.5　生化学分析に化学発光を利用した例は多い．化学発光を使う利点を説明せよ．

参考図書

1. キャンベル・ファーレル 著，川嵜敏祐，金田典雄 監訳：生化学，廣川書店（2010）
2. T. Strachan, A. Read 著：村松正實 監修，ヒトの分子遺伝学，メディカル・サイエンス・インターナショナル（2011）

第22章
分析値の評価

本章について

　分析して得られた測定結果は実験値であり，正しく測定されていたとしても，統計的な要因などにより，得られた「数値」そのものは本当の「値」とは異なっている可能性がある．得られた結果を適切に利用するためには，測定結果がどのくらいの信頼性を有しているかを評価し，表現しておくことが重要である．また，分析を行うにあたり，目的に応じた信頼性を有する測定結果を得るためには，それに合致する実験計画を策定する必要がある．本章では，これらの基本となる，分析値の信頼性を確保するための枠組み，実験データの取り扱い方や評価方法，データの解析に関連する事項などについて解説する．本章には統計的なデータの取り扱いも多く含まれるが，質の高い実験データを収集することがまず重要であることにも注意が必要である．

第22章 分析値の評価

22.1 精確さと不確かさ

　分析とは，"知りたい成分の濃度"を推定する操作，といえる．その濃度には真の値があるはずである．しかし，現実には真の値は決して知ることはできない．そこで，目的にも応じて，分析条件を工夫する，分析を繰り返すなどして，確からしい（＝十分な信頼性をもつ）推定値を得ようとする．

　「分析値の信頼性が高い」という意味は，**ばらつきが小さく，偏りも小さい**，ということになる．これらを合わせて「**精確さ**」と呼ぶ．ばらつき，偏りについては，22.3節を参照されたい．

　得られた推定値（＝測定結果）がどのくらい確かであるかを表すのに**不確かさ**（uncertainty）[*1]というものを利用する．測定結果のばらつきは，いちばん分かりやすい「不確かさ」の一成分であるが，分析結果の「確かさ」に影響を及ぼすものは，測定ばらつきだけではない．例えば，標準液の濃度が間違っていたら問題である．試料のはかりとり量は正しいか？　標準液を希釈するのに使用したピペットや全量フラスコの容積はどのくらい正しいか？　温度変化が影響を及ぼす実験ならば，実験室の温度の影響も考慮する必要がある．このように，分析に影響を与える種々の要因（方法，装置，環境，測定者など）をあげて，それらがどのくらい不確かさをもっているかをまず算出し，それらを合成するのが，「不確かさ」の考え方の基本である（**図22.1**）．要因ごとに求めた不確かさは，求めたい量とその要因の関係が分かっていれば，誤差の伝播則に従って合成することができる．

　すなわち，要因 $x_1, x_2, \cdots, x_m$ について，求める値 y が，

[*1] 以前は，計測結果の信頼性の表現に関して，専門分野や国ごとに用語がばらばらなどの問題があった．そこで，計測分野を代表する国際機関である国際度量衡委員会（CIPM）が提言し，国際標準化機構（international organization for standardization：ISO）が中心となって，計測結果の表現のルールを示す国際文書（guide to the expression of uncertainty in measurement：GUM）が1993年に出版された．その中で，「不確かさ」の推定と表示が示され，現在では各分野の計測結果の信頼性を示す国際的なルールとなっている．

```
┌─────────────────────────────────────┐
│ 分析手順の記述，測定の原理の確認    │
│    （関係するパラメータの洗い出し） │
└─────────────────────────────────────┘
                  ↓
┌─────────────────────────────────────┐
│           数学モデルの構築          │
│ （測定している量，関係するパラメータと最終結果との関係） │
│          $y = f(x_1, x_2, \cdots, x_m)$          │
└─────────────────────────────────────┘
                  ↓
┌─────────────────────────────────────┐
│      補正の実施（偏りの補正）       │
└─────────────────────────────────────┘
                  ↓
┌─────────────────────────────────────┐
│   それぞれの不確かさ成分の見積り    │
│     標準不確かさの算出 $u_i$        │
└─────────────────────────────────────┘
                  ↓
┌─────────────────────────────────────┐
│          標準不確かさの合成         │
│      合成標準不確かさの算出 $u_c$   │
│ $u_c^2 = \sum_{k=1}^{N}\left(\dfrac{\partial f}{\partial \chi_i}\right)^2 u_i^2$ │
└─────────────────────────────────────┘
                  ↓
┌─────────────────────────────────────┐
│ 拡張不確かさ（$U$）の計算 $U = k u_c$ │
│        包含係数（$k$）の選択        │
└─────────────────────────────────────┘
                  ↓
┌─────────────────────────────────────┐
│             結果の表記              │
└─────────────────────────────────────┘
```

図22.1 不確かさの求め方の手順

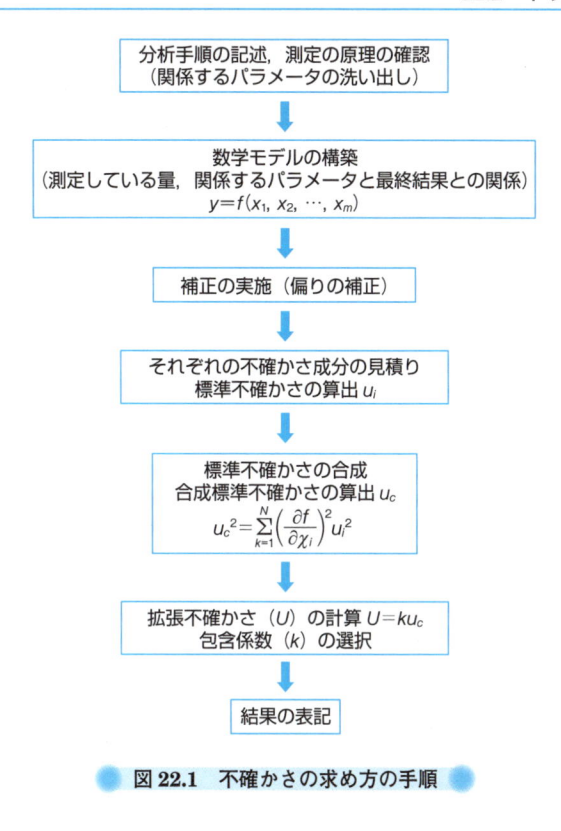

$$y = f(x_1, x_2, \cdots, x_m)$$

と表すことができるとき，y の不確かさ $u(y)$ は，$x_1, x_2, \cdots, x_m$ の不確かさ $u(x_1)$，$u(x_2)$，$\cdots$，$u(x_m)$ から以下のように求めることができる．

$$u^2(y) = \sum_{k=1}^{N}\left(\frac{\partial f}{\partial x_i}\right)^2 u^2(x_i)$$

22.2 トレーサビリティ

もしも，単位の基準となるものがまちまちであったならば，とても厄介なことになる．2つの値の比較にも困難をきたすであろう．しかし，実際には，例えば長さ

第22章 分析値の評価

や質量など種々の計測において，国際単位系（SI）[*2]の枠組みの中でそれぞれの基本量の基準となるものが定義されている．一般に利用される測定器を校正する実用標準は，順次上位の標準を経て国際標準・国家標準にさかのぼる体系（**計量計測トレーサビリティ**）が確立されている．このことにより，世界のどこでも例えば同じ質量は同じ数値で示すことができる．

化学分析における種々の成分の濃度の測定は，多くの場合，あらかじめ濃度が分かった標準液や標準ガスなどの標準物質を測定した場合と測定試料を測定した場合の出力信号を比較することによって行われる．すなわち，標準物質が化学分析におけるものさしの役割を果たし，それによって国内外の整合性が保持されることになる．

化学分析においては，通常，純度，濃度などを最高精度で測定したガス，液体，固体が最高位の標準となる．図 22.2 に示すように，この最高位の（一次）標準物

物質	校正値付け	測定操作法	実施
	国際単位系（SI）		
		一次標準測定法	標準研究所
一次標準物質			
		標準測定法として確立された方法	校正機関など
二次標準物質			
		標準測定法として確立された方法	製造業者など
実用標準物質			
		日常測定操作法	試験所など
分析試料			
		測定結果	

（左側縦軸：計量計測トレーサビリティ）

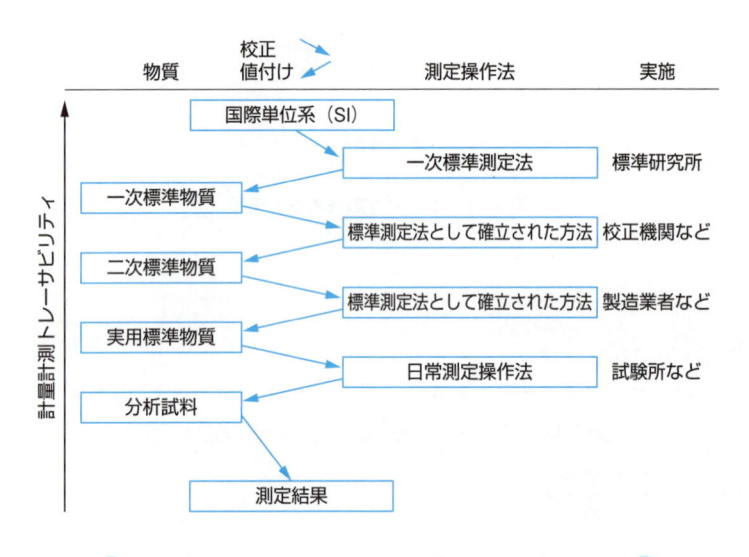

図 22.2　化学分析における計量計測トレーサビリティ

[*2] 国際単位系（SI）は，独立な 7 つの量，すなわち，長さ，質量，時間，電流，熱力学温度，物質量および光度について明確に定義された単位，メートル（m），キログラム（kg），秒（s），アンペア（A），ケルビン（K），モル（mol），カンデラ（cd）を基礎として構築される．これらの単位を基本単位といい，基本単位以外の単位は複数の基本単位の結合（組立単位）によって定義される．

質の値を基準に相対的に測定する分析法を使用して，下位の標準物質に値付けを行う．分析ラボや試験所では，通常使用している分析法を用い，これらの標準物質の値と比較して試料の分析を行うことにより，各試験所で求められた値は（二次）標準物質，一次標準物質を介して SI につなげることができる．すなわち，切れ目のない鎖でつながることを示している．

ただし，一般の化学分析ではこのような単純なスキームでトレーサビリティを完全に確保することは困難を伴う場合も多いことにも注意が必要である．化学組成分析の場合，しばしば分解，溶解または抽出やクロマトグラフィー，湿式化学分析法による分離のような多くのステップを経た後に分析機器による出力信号によって定量される．こうした場合，その各ステップについてトレーサビリティがとぎれていないことを証明する必要があり，十分な分析法の評価が不可欠である．

22.3　誤　差 ― 確定誤差・不確定誤差 ―

誤差は分析結果と真の値との差であるとされ，すべての分析値には誤差がある．誤差は主に 2 つに分類することができ，1 つは，**ばらつき**（偶然誤差，不確定誤差），もう 1 つは**偏り**（系統誤差，確定誤差）である．ばらつきは，測定を繰り返した場合の一致の程度で，偶然によるものであり，避けることはできない．測定の繰り返しによって評価することができ，数学的な確率の法則が適用される．一方，偏りは，真値からのずれであり，測定を繰り返すだけでは見つからず，評価が難しい．偏りを検出するための実験が必要になる場合が多い．原理的には原因を確定でき，補正が可能なものである．

分析値の評価においては，偏りとばらつき，すなわち，真度（正確さ）と精度（精密さ）の評価が必要である．精密さがよければ，正確さもよいということにはならない．これについては図 22.3 のような矢を標的に命中させる場合を例に説明することがよく行われる．全部命中している（a）は正確さも精密さもよいが，（b）では精密さはよいが正確さに欠ける．これに対して（c）や（d）では精密さが悪く，（d）は明らかに正確であるともいえない．

誤差は，概念としては分かりやすいが，「真の値」という知ることができない量が定義に含まれるため，実際の推定には困難が伴う．一方，真の値は分からなくても分析結果を導くまでの測定や操作などのばらつきや，偏りは評価することがで

第22章 分析値の評価

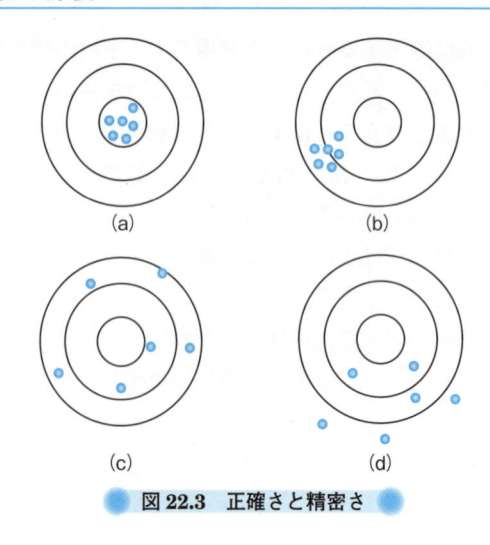

図22.3 正確さと精密さ

き，分析結果の"確かさ（信頼性）"は範囲で表すことができる．そこで，現在では，22.1節で述べた「不確かさ」により分析結果の確かさを表現するのが一般的なルールとなっている．一方で，誤差の考え方そのものは分析値の信頼性を考える基本であり，不確かさを推定する上でも共通に利用できるものである．

22.4 有効数字

分析結果の報告にあたっては，どの桁の数値まで意味があるかを考え，必要以上に数字を羅列しないよう注意しなければならない．いかに高性能の機器を使用し，細心の注意を払おうとも，読み取れる以上の実験値を得ることはできない．デジタル式の測定装置では，表示される桁より下は読み取ることはできず，アナログ式の測定装置で読み取ることができるのは，最終目盛りのもう1桁下までである．一連の測定操作から得られる結果では，一番不確かさの大きい測定操作によって最終結果の**有効数字**は決定されるため，実験計画の策定に当たっては，留意する必要がある．

通常，最後の1桁に誤差を含む数値を有効数字とする．実験値などについて演算を行って結果を求める場合，加減計算では最小桁が大きいものに合わせ，乗除計

算では桁数が小さいものに合わせる．

22.5 四捨五入

　数値の丸め方としては，いわゆる**四捨五入**が一般的である．切り上げるか切り下げるかが問題の数字がちょうど5である場合に限り，その1桁上の数字が偶数ならば切り捨て，奇数ならば切り上げるという方法が用いられる場合もある．これは，四捨五入においては0と10のちょうど真ん中の5を常に切り上げることによって，わずかながらデータが高いほうに偏るのを防ぐ意味がある．
　なお，計算を行って最終的な結果を得る場合においては，数値の丸め誤差を小さくするために，最終的な結果を得てから数値を丸めるのがよい．

22.6 標準偏差

　試料の中に含まれている測定対象成分の濃度は一定であるはずであるが，それらを分析したときには，ぴたりと同じ数値が得られるとは限らない．通常，分析値は種々の要因によってばらつく．このため，実験は，繰り返して行うべきである．そうして得られた複数の測定値から代表する値を求めるのに，平均値（算術平均）を用いるのが最も一般的である．繰り返しの数が多いほど，求めたい真の値の推定値としての信頼性は増してくる．測定値の散らばり具合（ばらつき）を表現する方法として，偏差（平均値との差）の二乗平均である分散（variance）$s^2(x)$，もしくはその平方根である**標準偏差**（standard deviation）$s(x)$がある．

$$s^2(x) = \frac{\sum_{i=1}^{n}(x_i - \bar{x})^2}{n-1}$$

　ここで，x_iはそれぞれの実験結果，それらの平均値が$\bar{x}$，nは測定数である．
　標準偏差を平均値で割った値は**相対標準偏差**（relative standard deviation：RSD）と呼ばれ，百分率で表したものは**変動係数**（coefficient of variation：CV）と呼ばれる．変動係数は，ばらつきを相対的に示すものであり，ばらつきの大きさの評価がしやすい．

22.7 信頼限界

平均値はそれ自身求めたい値の推定値であるが,しっかりとした推定を行いたいならば,ばらつきも考慮して,求めたい値の存在する範囲を示すことができる.

n 回の測定の平均値 ($\bar{x}$) について,ある値が出現する確率は正規分布に従うと考えられ,平均値の標準偏差 ($\sigma(\bar{x})$) と測定値の標準偏差 $\sigma(x)$ との間には数学的な関係がある.

平均値の標準偏差 $\sigma(\bar{x}) = \dfrac{\sigma(x)}{\sqrt{n}}$

ここで,n は測定数であり,n が大きい,すなわち,繰り返しの数が多いほど,平均値のばらつきの程度は小さくなり,信頼性が増す.

平均値 μ,標準偏差 σ の正規分布においては,図 22.4 に示すように μ から離れるほどその値が出現する確率は小さくなり,±σ の間に母集団の 68.3% が,±2σ の間に母集団の 95.4% が存在し,95% が分布する区間は,±1.96σ であることが知られている.

すなわち,n 回の繰り返しによる平均値 ($\bar{x}$) については,その 95% は次式によっ

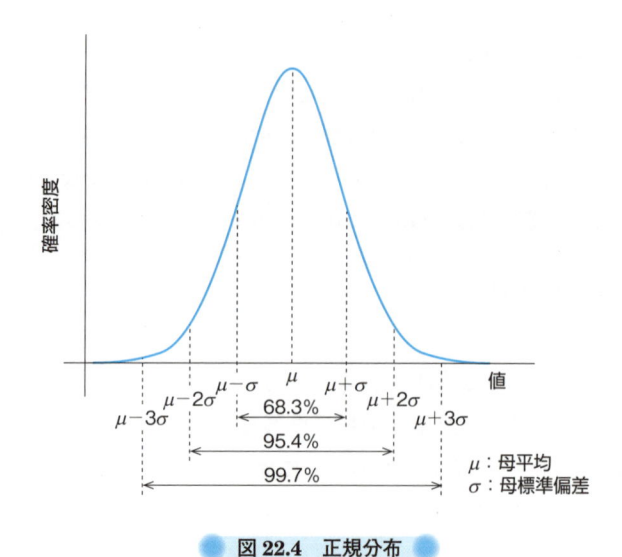

図 22.4　正規分布

表 22.1 　95％信頼区間に対する t の値の例

自由度	t の値
1	12.71
2	4.30
3	3.18
4	2.78
5	2.57
10	2.23
20	2.09

て与えられる範囲に存在する．

$$\mu - 1.96\frac{\sigma(x)}{\sqrt{n}} < \bar{x} < \mu + 1.96\frac{\sigma(x)}{\sqrt{n}}$$

これを書き直すと

$$\bar{x} - 1.96\frac{\sigma(x)}{\sqrt{n}} < \mu < \bar{x} + 1.96\frac{\sigma(x)}{\sqrt{n}}$$

となり，正しい値（母平均（μ））の存在する範囲を，測定結果の平均値（$\bar{x}$）と標準偏差 $\sigma(x)$ を用いて求めることができる．この区間は，95％の**信頼区間**と呼ばれる．

$\sigma(x)$ は母集団の標準偏差であり，μ と同様に通常は知ることができない値である．そこで，実際には，その推定値である実験標準偏差（$s(x)$）を用いる．十分多く測定を行っていれば，$s(x)$ は $\sigma(x)$ の十分な推定値といえる．そうでない場合は，測定数 n の場合に $n-1$ で与えられる自由度と信頼度によって求まる t の値，すなわち t 分布表（**表 22.1**）を用いて，**信頼限界**を計算することができる．

$$\bar{x} - t\frac{s(x)}{\sqrt{n}} < \mu < \bar{x} + t\frac{s(x)}{\sqrt{n}}$$

表 22.1 より，測定回数が少ない場合には，区間の幅が大きくなることが分かる．また，測定回数が多くなれば，正規分布の場合の値である 1.96 の値に近づく．

22.8　有意差検定

得られた測定結果が定められた値と同じか否かを判断するために，信頼区間の考

第22章 分析値の評価

え方をもとに，違いを検定することができる．例えば，得られるべき値（μ_0）が分かっている場合に，測定結果の信頼区間に得られるべき値が含まれるかどうかを判断することにより，測定結果に偏りがあると考えられるか，の判定を行うことができる．

この場合には，以下の式で t の値を求める．

$$t = \frac{|\bar{x} - \mu_0|}{\frac{s(x)}{\sqrt{n}}}$$

（$\bar{x}$ は実験結果の平均値，$s(x)$ は実験標準偏差，n は測定数）

この値を t 分布表（表22.1）から得られる値と比較することで，「得られた平均値 $\bar{x}$ は μ_0 に等しい」という仮説についての検定を行うことができる．すなわち，この値が t 分布表の値より大きい場合には，この仮説は否定され，「得られた平均値 $\bar{x}$ は μ_0 に等しいとはいえない」という結論が導かれる．

また，2つの測定値のようにばらつきをもつ値の差についての検定は，以下の t 値を用いて同様に検定を行うことができる．これは，例えばある新しい分析法での測定結果と標準測定法での測定結果との差の有無を論ずる際などに利用できる．

$$t = \frac{|\bar{x} - \bar{y}|}{\sqrt{\frac{s_x^2}{m} + \frac{s_y^2}{n}}}$$

ここで，2組の平均値と標準偏差をそれぞれ $(\bar{x}, s_x)$，$(\bar{y}, s_y)$，測定の回数を m，n とする．

22.9　結果の棄却

結果を得る前に，明らかに操作を誤ったり，失敗したことが分かっている測定データは棄却する．それ以外にも，著しく他の値からかけ離れている値が得られることがある．その測定値が本当に偶然といえないくらいかけ離れているのかを，統計的に判断するのが**棄却検定**である．

小さい順に並べた測定値 x_i（$i = 1, 2, \cdots, p$）について，1個のデータ（最大値 x_p または最小値 x_1）のみ少し離れた値になったとする．この値の棄却について検定することを考える．棄却検定にはいくつかの方法があるが，グラブス検定について紹介する．グラブス検定では，以下のグラブスの統計量を計算する．

表 22.2　グラッブス検定の棄却限界値の例

n	有意水準	
	1%	5%
3	1.155	1.155
4	1.496	1.481
5	1.764	1.715
6	1.973	1.887
7	2.139	2.020
8	2.274	2.126
9	2.387	2.215
10	2.482	2.290
11	2.564	2.355
12	2.636	2.412
13	2.699	2.462
14	2.755	2.507
15	2.806	2.549

最大値 x_p を判定する場合には，$G_p = \dfrac{x_p - \bar{x}}{s}$

最小値 x_1 を判定する場合には，$G_1 = \dfrac{\bar{x} - x_1}{s}$

ここで，$\bar{x}$ は全測定値の平均値，s は実験標準偏差である．

　これらの統計量（G_1 または G_p）が**表 22.2** に示した棄却限界値以下の場合には，その検定の対象は正常と判断され，限界値を超える場合には「はずれ値」と判定される．なお，異常値が常に大きめに出る（あるいは小さめに出る）ことがあらかじめ予想されるなら，有意水準の値を半分にして使用する．

　分析結果については，統計的な検定で異常値と判定されたデータについても，それらを除くべきかどうかは別途判断すべきである．異常値が測定上の異常や問題点など何らかの意味をもっている場合もある．いずれにしても，何らかの理由でデータを除く場合には，除いたデータ，理由などを記録しておくのがよい．

22.10　線形最小二乗法

　データを直線にあてはめることは，検量線の作成をはじめとして，分析化学にお

第22章 分析値の評価

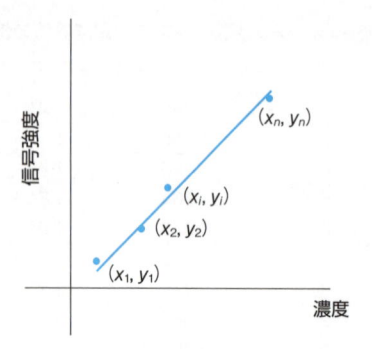

図 22.5 濃度と出力信号の関係図の例

いてはよく行われる．

例えば，**図 22.5** のように，出力信号（y）と濃度（x）が直線関係で，あてはめる直線を $y=ax+b$ とする．ここで，x のばらつきは y のばらつきに比べて無視できるとすると，一連の測定点（x_i, y_i）（$i=1\cdots n$）を通る最もよい直線とは，y 方向での測定点の直線からのずれの二乗の合計が最小となる場合である．

最小二乗法は，ソフトウェアなどで計算することが可能であるが，このとき，傾き a と切片 b は以下のように求められる．

$$a = \frac{\sum\{(x_i-\bar{x})(y_i-\bar{y})\}}{\sum(x_i-\bar{x})^2}$$

$$b = \bar{y} - a\bar{x}$$

（ここで，$\bar{x}$ および $\bar{y}$ は，それぞれすべての x_i および y_i の平均値）

このとき，残差標準偏差は，

$$s_y = \left[\frac{\sum\{y_i-(ax_i+b)\}^2}{n-2}\right]^{\frac{1}{2}}$$

で表され，**最小二乗法**における直線の傾きと切片の標準偏差（s_a, s_b）は，それぞれ以下のように求めることができる．

$$s_a = \frac{s_y}{\{\sum(x_i-\bar{x})^2\}^{\frac{1}{2}}} = \frac{s_y}{\left\{\sum x_i^2 - \frac{(\sum x_i)^2}{n}\right\}^{\frac{1}{2}}}$$

$$s_b = s_y\left[\frac{\sum x_i^2}{n\sum(x_i-\bar{x})^2}\right]^{\frac{1}{2}} = \frac{s_y}{\left\{n - \frac{(\sum x_i)^2}{\sum x_i^2}\right\}^{\frac{1}{2}}}$$

最小二乗法による回帰直線による検量線を用いて未知試料の濃度を求める場合には，一般に，検量線の重心から離れるに従って不確かさが大きくなるため，作成する検量線の範囲などにも注意を払う必要がある．

22.11 相関係数

相関係数（correlation coefficient）とは，2つの確率変数の間の相関（直線的な関係の強弱）を示す統計学的指標である．

$$r = \frac{\sum (x_i - \bar{x})(y_i - \bar{y})}{\sqrt{\sum (x_i - \bar{x})^2 \sum (y_i - \bar{y})^2}}$$

単位はなく，−1から1の間の実数値をとり，1に近いときは2つの確率変数には正の相関があるといい，−1に近ければ負の相関があるという．**図22.6**には，データの散らばり具合と相関係数の値を示したが，相関係数が0に近い場合には相関は弱く，1もしくは−1となる場合はぴったり直線関係になる場合である．

ただし，相関係数の値のみで直線性を判断するのは危険であり，検量線の作成などにおいては，測定値をプロットした図などを作成して各点の散らばり具合を確認

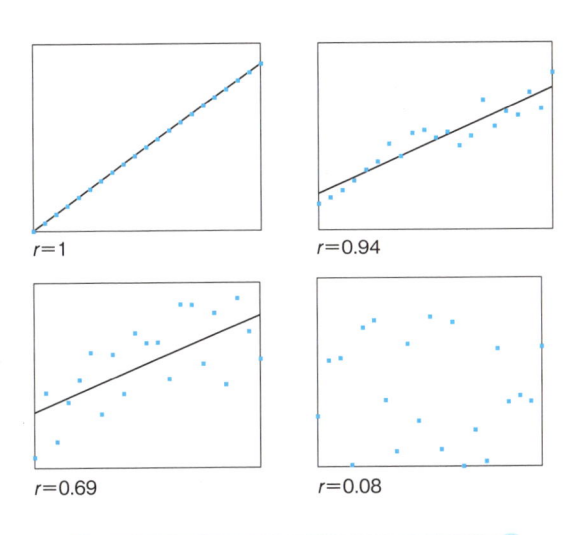

$r=1$　　　　$r=0.94$

$r=0.69$　　　　$r=0.08$

● 図22.6 データの散らばり具合と相関係数

し，直線性や直線範囲を判断した方がよい．また，相関係数が0は，直線関係がないことを意味するだけであり，関係がないとは限らないので注意が必要である．

22.12　検出限界

　有害物質の分析を行っているときに，正しく分析しても試料から目的の有害物質が検出されなかったとする．その場合，その試料にはその有害物質が全く含まれていなかった，という結論を導くことは誤りである．すなわち，さまざまな分析法においては，検出できる限界のレベルがある．したがって「検出されなかった」ということは，「その分析における検出のレベルより低いことが分かった」ということを意味するだけである．

　上記の信号検出で問題になるのが**検出限界**（検出下限）である．また，定量を行うためにはある程度小さいばらつきでシグナルを測定できる必要があり，これらを考慮したのが**定量下限**である．定量下限は検出下限よりも高い濃度値となる．

　検出限界としては，以下のような考え方が一般に用いられる．表記する場合には，どのような考え方に基づいて求めたかを記録する必要がある．

(1) シグナル対ノイズに基づく方法

　　3：1または2：1が用いられる．すなわち，ノイズの3倍あるいは2倍の信号を与える分析対象成分の量を検出限界とする．

(2) 出力信号の標準偏差と検量線の傾きに基づく方法

$$検出限界 = \frac{3.3\sigma}{a} \quad (\sigma：出力信号の標準偏差, \ a：検量線の傾き)$$

　σ の推定としては，試料ブランク測定の標準偏差から求める方法や検量線に基づく方法（回帰直線の残差の標準偏差または y 切片の標準偏差（22.10節参照））が用いられる．

　検出限界とは，「検出可能な分析対象成分の最低の量」のことであり，検出可能とは，「ブランクあるいはノイズとの区別が可能である」信号が得られる，ということを意味する．22.6節で述べたように，測定値にはばらつきがあるため，あるレベルを超えると突然に検出できるようになる，というわけではない（**図22.7**）．検出限界に近い濃度レベルの試料においては，ある確率でブランクと同じレベルの信号であることが起こりうるし，逆にブランク試料を測定しても，低い確率である

22.12 検 出 限 界

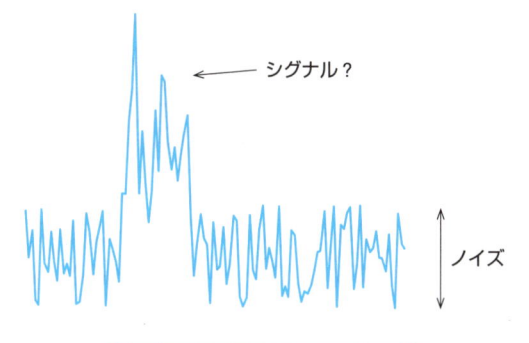

図 22.7　ノイズとシグナル

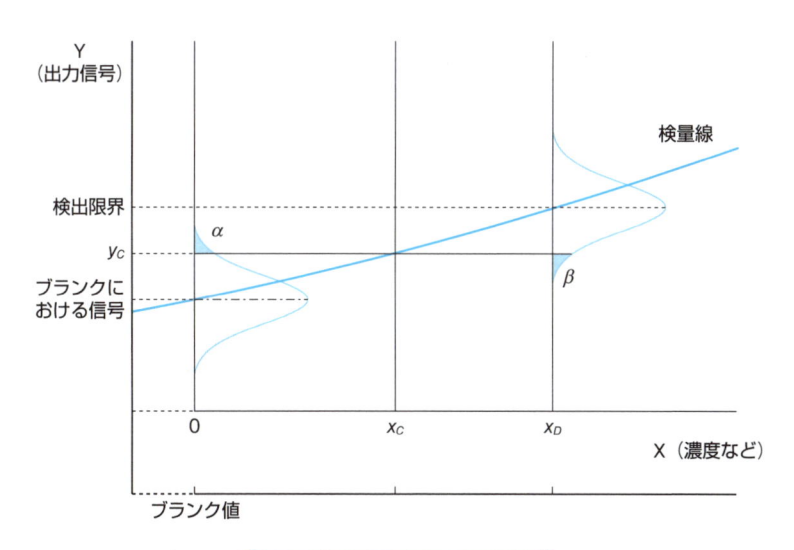

図 22.8　検出限界の模式図

にしても，検出できたと考えられる信号を得る可能性がある．

これを ISO 規格（ISO 11843-1:1997　Capability of detection-Part1: Terms and definitions, JIS Z 8462-1:2001　測定方法の検出能力 − 第 1 部：用語および定義）に従い，模式的に示したのが**図 22.8** である．ここで，Y は出力信号，X は分析対象成分の量や濃度などを表す．出力信号にはばらつきがあるため，同じ X の値に対して一定値ではなく，分布を有していることが示されている．

ブランク試料（$X=0$ のとき）において，出力信号が y_C 以上になる確率が α で表される．出力信号が y_C 以下になる確率が β で表される X を $X=x_D$ とする．α や β は小さい値（通常 0.05，危険率 5％に相当）が用いられる．α は"第1種の誤りの確率"と規定されているが，これは真の状態が $X=0$ であるのに誤って"検出された"という結果（$X \neq 0$ という判断）になる状況を表現したものである．同様に，$X \neq 0$ であるときにそれを検出できない誤りが"第2種の誤り"である．この誤りの確率は，通常，X が大きくなるにつれて小さくなると考えられるが，この図では $X=x_D$ における第2種の誤りの確率を β としている．

y_C は得られた出力信号から目的成分が検出されているかどうかを判定するために有効な値である．しかし，校正関数（検量線）上で y_C に対応する値を x_C とするとき，分析対象成分を x_C 含有する分析試料を分析すると，約 1/2 の確率で y_C 以下の出力信号が得られることになり，約 50％の確率で検出されないことになる．

一方，分析対象成分を x_D 含有する試料を分析すると，出力信号が y_C より小さくなる確率は β と小さい．すなわち，明らかにその成分が存在することを表す出力信号が得られることから，x_D が分析方法にとっての見逃しの確率が小さい「検出できる最小量」ということになる．

ブランクの近傍で標準偏差は一定（$\sigma_D = \sigma_B = \sigma$）であると仮定し，$\alpha = \beta = 0.05$，検量線が傾き a の直線である場合には，$x_D = 3.3\sigma/a$（上記の検出限界の考え方（2）出力信号の標準偏差と検量線の傾きに基づく方法）が導かれる．

22.13　標準物質

今日の化学分析では，多くの場合，分析機器や計測器から得られる出力信号を求める濃度などの単位のついた分析値とするためには，目盛りのついた物差しのようなものが必要であり，**標準物質**がその役割を果たす．また，例えば新しい分析法を作り上げた際などに，対象物質濃度が決定された標準物質を分析することで，その新しい分析法が正しい測定を行えるかどうかを比較的簡単に評価できる．

このように，標準物質は，測定機器の校正，分析方法・分析値の正確さの評価，分析精度管理，工程管理などに不可欠なものである．信号を濃度に変換することを目的とする標準物質としては，例えば，それぞれの成分の標準ガス，標準液（金属標準液，非金属イオン標準液，pH 標準液，種々の有機標準液など）があり，国内

22.13 標準物質

では計量法に基づく校正事業者登録制度（JCSS）の枠組みで供給されるものなどもある．また，純度の決定された純物質を用いて調製される標準液もこれらの目的のものである．一方，分析方法や分析値の正確さの評価の目的には，実際の分析試料と化学組成の似た「組成標準物質」を用いることが有効である．これらの中には，例えば，環境や食品分析用として，元素濃度や有機汚染物質など種々の成分の濃度が認証された，海水，河川水，海や湖底の堆積物である底質，動物や魚介類，植物の葉や穀物などがある．その他にも，金属や高分子材料などをはじめ，種々の分野の標準物質が供給されている．これらの標準物質は，22.3節で述べた，検出が難しい偏りの評価を行うことにも役立つ．

標準物質に関する用語については，国際規格に定義が記載されている．標準物質の定義としては，「1つ以上の規定特性について，十分均質，かつ安定であり，測定プロセスでの使用目的に適するように作製された物質」とされる．さらに，**認証標準物質**は，標準物質のうち，計量学的に妥当な手順による値付けや，特性の値およびその不確かさの記載，認証書の添付などの要件を満たしたものとされている．

近年，**標準物質**の重要性がクローズアップされている背景には，標準物質の国際整合化や，試験所認定制度の普及などの国際的な大きな流れもある．経済活動のグローバル化に伴い，**図 22.9** に示すような，上位の標準物質の国際整合性を確保し，国際相互承認することにより，それらにつながる（トレーサビリティのとれた）試験所レベルの分析結果の整合性を確保し，相互に受け入れる（ワンストップテスティング）ための活動も活発に行われている．

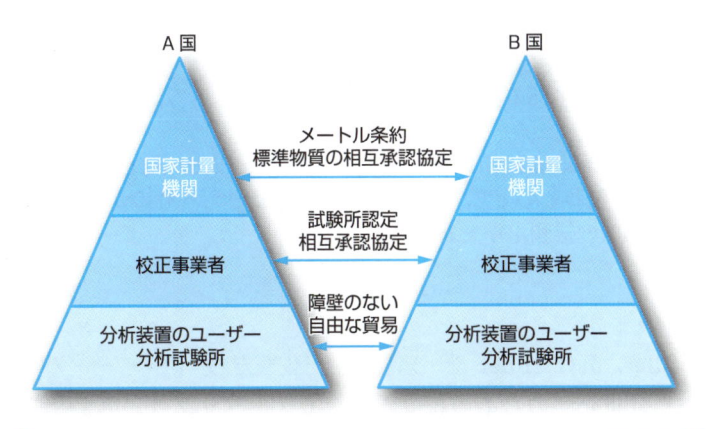

図 22.9　ワンストップテスティングを目指した国際相互承認の枠組み

第 22 章 分析値の評価

　分野や目的によって必要とする標準物質はさまざまである．標準物質を選定する際は，認証項目はもちろん，標準物質の使用目的，マトリックスの類似性，濃度レベル，認証値の不確かさの大きさ，価格，入手のしやすさなどを考慮して選定する．国内の標準物質供給機関が供給するもののほか，海外の標準研究所などが供給する高品質な認証標準物質も種類が多く，必要に応じて利用されている．いずれにしても，これらの標準物質を適切に利用し，分析値の信頼性確保に役立てることが重要である．

演習問題

Q.1 メスシリンダーではかりとった 50 mL の水の中に，ビュレットで 8.23 mL の水を加えたとする．このときの水の量はどれだけか．

Q.2 河川水中のカルシウム濃度の分析を行った．6 回繰り返したところ，以下の結果が得られた．
　5.41 μg/mL，3.84 μg/mL，4.50 μg/mL，5.60 μg/mL，5.52 μg/mL，4.60 μg/mL
　平均値と標準偏差を求めよ．

Q.3 Q.2 の分析結果について，95％の信頼区間を求めよ．

Q.4 アルミナが 10.00 mg/g となるように調製された試料がある．3 回アルミナの分析を繰り返したところ，以下の結果が得られた．
　9.75 mg/g，9.45 mg/g，9.33 mg/g
　分析結果から，この試料は目標値に調製されていないといえるか．

Q.5 農産物試料中のある農薬の分析を 5 回行ったところ，以下の結果が得られた．
　2.70 mg/g，3.25 mg/g，2.41 mg/g，2.65 mg/g，2.20 mg/g
　1 つの値は疑わしいと思われるが，異常値といえるものか．Grubbs の検定を行って 95％の信頼水準で答えよ．

参考図書

1. J. N. Miller, J. C. Miller 著，宗森 信，佐藤寿邦 訳：データのとり方とまとめ方－分析化学のための統計学とケモメトリックス－第 2 版，共立出版 (2004)

付　録

- 付録 A　化学基礎数値表
- 付録 B　実験器具
- 付録 C　実験室の安全

付録 A

化学基礎数値表

● 付表1　弱酸の解離定数（25℃）●

化合物	化学式	pK_{a1}	pK_{a2}	pK_{a3}	イオン強度
亜硝酸	HNO_2	2.95			0.09
亜ヒ酸	H_3AsO_3	9.13			0.1
亜硫酸	H_2SO_3	1.76	7.2		0
安息香酸	$HC_7H_5O_2$	3.99			0.1
ギ酸	$HCOOH$	3.75			0
クエン酸	$H_3C_6H_5O_7$	2.79	4.30	5.65	0.1
クロム酸	H_2CrO_4	0.74			0.16
モノクロロ酢酸	$CH_3ClCOOH$	2.86			
ジクロロ酢酸	$CHCl_2COOH$	1.3			
トリクロロ酢酸	CCl_3COOH	0.7			
酢酸	CH_3COOH	4.73			0.1
シアン化水素酸	HCN	9.14			0.1
シュウ酸	$H_2C_2O_4$	1.37	3.81		0.1
酒石酸	$H_2C_4H_4O_6$	2.80	3.96		0.1
炭酸	H_2CO_3	6.34	10.26		0
ヒ酸	H_3AsO_4	2.19	6.94	11.5	0
フェノール	C_6H_5OH	9.78			0.1
フタル酸	$C_6H_4(COOH)_2$	2.76	4.92		0.1
フッ化水素酸	HF	2.85			0.1
ホウ酸	H_3BO_3	8.95			0.1
硫化水素	H_2S	7.07	12.20		0
硫酸	H_2SO_4		1.59		0.1
リン酸	H_3PO_4	2.10	6.71	11.8	0.1

付録A　化学基礎数値表

● 付表2　弱塩基の解離定数（25℃）

化合物	化学式	pK_b	イオン強度
アンモニア	NH_3	4.71	0.1
ヒドロキシルアミン	NH_2OH	8.30	0.1
エチルアミン	$C_2H_5NH_2$	3.33	0
トリエタノールアミン	$N(C_2H_5OH)_3$	5.92	～0.1
アニリン	$C_6H_5NH_2$	9.38	0.05
ピリジン	C_5H_5N	8.67	0.1

● 付表3　難溶性塩の溶解度積

化合物	化学式	溶解度積 (K_{sp})	化合物	化学式	溶解度積 (K_{sp})
塩化銀	$AgCl$	1×10^{-10}	炭酸カルシウム	$CaCO_3$	5×10^{-9}
臭化銀	$AgBr$	4×10^{-13}	炭酸マグネシウム	$MgCO_3$	3×10^{-5}
ヨウ化銀	AgI	1×10^{-16}	炭酸鉛	$PbCO_3$	2×10^{-13}
フッ化カルシウム	CaF_2	4×10^{-11}	炭酸ストロンチウム	$SrCO_3$	2×10^{-9}
ヨウ化銅	$CuI(I)$	1×10^{-12}	チオシアン酸銀	$AgSCN$	1×10^{-12}
塩化水銀(I)	Hg_2Cl_2	6×10^{-19}	チオシアン酸銅(I)	$CuSCN$	4×10^{-14}
臭化水銀(I)	Hg_2Br_2	3×10^{-23}	クロム酸銀	Ag_2CrO_4	2×10^{-12}
ヨウ化水銀(I)	Hg_2I_2	7×10^{-29}	クロム酸バリウム	$BaCrO_4$	2×10^{-10}
塩化鉛	$PbCl_2$	1×10^{-4}	クロム酸鉛	$PbCrO_4$	2×10^{-14}
硫化銀	Ag_2S	1×10^{-48}	シュウ酸バリウム	BaC_2O_4	2×10^{-7}
硫化ビスマス	Bi_2S_3	2×10^{-72}	シュウ酸カルシウム	CaC_2O_4	2×10^{-9}
硫化コバルト	$CoS(\alpha)$	7×10^{-23}	シュウ酸マグネシウム	MgC_2O_4	9×10^{-5}
	$CoS(\beta)$	2×10^{-27}	シュウ酸ストロンチウム	SrC_2O_4	6×10^{-8}
硫化銅	CuS	4×10^{-38}	水酸化アルミニウム	$Al(OH)_3$	5×10^{-33}
硫化鉄	FeS	4×10^{-19}	水酸化銀	$AgOH$	2×10^{-8}
硫化水銀	HgS	3×10^{-52}	水酸化カルシウム	$Ca(OH)_2$	1×10^{-5}
硫化マンガン	MnS	1×10^{-16}	水酸化カドミウム	$Cd(OH)_2$	4×10^{-14}
硫化ニッケル	$NiS(\alpha)$	3×10^{-21}	水酸化銅(II)	$Cu(OH)_2$	2×10^{-19}
	$NiS(\beta)$	1×10^{-26}	水酸化クロミウム	$Cr(OH)_3$	6×10^{-31}
硫化鉛	PbS	3×10^{-28}	水酸化鉄(III)	$Fe(OH)_3$	1×10^{-35}
硫化亜鉛	ZnS	1×10^{-24}	水酸化鉄(II)	$Fe(OH)_2$	2×10^{-14}
硫酸バリウム	$BaSO_4$	1×10^{-10}	水酸化マグネシウム	$Mg(OH)_2$	1×10^{-11}
硫酸カルシウム	$CaSO_4$	6×10^{-5}	水酸化マンガン(II)	$Mn(OH)_2$	4×10^{-14}
硫酸鉛	$PbSO_4$	2×10^{-8}	水酸化ニッケル	$Ni(OH)_2$	6×10^{-18}
炭酸バリウム	$BaCO_3$	7×10^{-9}	水酸化鉛	$Pb(OH)_2$	3×10^{-15}

（注）溶解度積は文献によって異なっているが，ここでの数値は室温付近のもので有効数字1桁で示した．

付　録

付表4　無機配位子と金属イオンとの錯生成定数 ($\log \beta$)

L	M^{n+}	$\log \beta_1$	$\log \beta_2$	$\log \beta_3$	$\log \beta_4$	$\log \beta_5$	$\log \beta_6$	イオン強度
NH_3	Ag^+	3.40	7.40					0.1
	Cd^{2+}	2.60	4.65	6.04	6.92	6.6	4.9	0.1
	Co^{2+}	2.05	3.62	4.61	5.31	5.4	4.8	0.1
	Cu^{2+}	3.99	7.33	10.06	12.03			0.1
	Fe^{2+}	1.4	2.2	—	3.7			0
	Hg^{2+}	8.80	17.50	18.5	19.4			2
	Ni^{2+}	2.75	4.95	6.64	7.79	8.5	8.5	0.1
	Zn^{2+}	2.27	4.61	7.01	9.06			0.1
F^-	Al^{3+}	6.1	11.15	15.0	17.7	19.4	19.7	0.53
	Fe^{3+}	5.2	9.2	11.9				0.5
	Hg^{2+}	1.0						0.5
	La^{3+}	2.7						0.5
	Ni^{2+}	0.7						1.0
	Zn^{2+}	0.7						0.5
Cl^-	Ag^+	2.9	4.7	5.0	5.9			0.2
	Cd^{2+}	1.6	2.1	1.5	0.9			0.1
	Cu^{2+}	0.1	0.5					1
	Fe^{3+}	0.6	0.7	−0.7				1
	Hg^{2+}	6.7	13.2	14.1	15.1			0.5
	Pb^{2+}	1.2	0.6	1.2				0.1
	Zn^{2+}	−0.2	−0.6	0.15				3
Br^-	Ag^+	4.15	7.1	7.95	8.9			0.1
	Cd^{2+}	1.56	2.10	2.16	2.53			0.75
	Hg^{2+}	9.05	17.3	19.7	21.0			0.5
	Pb^{2+}	1.1	1.4	2.2				1
I^-	Ag^+	13.85	13.7					1.6
	Cd^{2+}	2.4	3.4	5.0	6.15			*
	Hg^{2+}	12.9	23.8	27.6	29.8			0.5
	Pb^{2+}	1.3	2.8	3.4	3.9			1
SCN^-	Ag^+	7.6	9.1	10.1				2.2
	Cd^{2+}	1.4	2.0	2.6				3
	Co^{2+}	1.0						1
	Cu^{2+}	1.7	2.5	2.7	3.0			0.5
	Fe^{3+}	2.3	4.2	5.6	6.4	6.4		*
	Hg^{2+}	—	16.1	19.0	20.9			1
	Ni^{2+}	1.2	1.6	1.8				1.5
	Pb^{2+}	0.5	0.9	−1	0.9			2
	Zn^{2+}	0.5	0.8	0	1.3			2
SO_4^{2-}	Ca^{2+}	2.3						0

(注) ＊共存電解質の濃度は一定でない.

【出典】A. Ringbom: Complexation in Analytical Chemistry, Wiley-Interscience (1963)

付録A　化学基礎数値表

● 付表5　EDTA類似試薬と金属イオンの錯生成定数（log$K$）

M^{n+}	EDTA[※3]	DTPA[※4]	CyDTA[※5]	NTA[※6]	
	K_{ML}	K_{ML}	K_{ML}	K_{ML}	K_{ML_2}
H^+ (K_1)	10.34	10.56	11.7	9.81	
(K_2)	6.24	8.69	6.12	2.57	
(K_3)	2.75	4.37	3.52	1.97	
(K_4)	2.07	2.87	2.43		
(K_5)		1.94			
Ag^+	7.3				
Al^{3+}	16.5		17.6	6.4	6.0
Ba^{2+}	7.8	8.8	8.6	4.8	
Bi^{3+}	22.8		24.5		
Ca^{2+}	10.7	10.6	12.5	6.4	
Cd^{2+}	16.5	19.5	19.2	10.1	4.4
Co^{2+}	16.3	19.0	18.9	10.6	
Cu^{2+}	18.8	20.5	21.3	12.7	3.6
Fe^{2+}	14.3	16.0	18.2	8.8	
Fe^{3+}	25.1	27.5	27.5	15.9	8.4
Hg^{2+}	21.8	27.0	24.3	12.7	
La^{3+}	15.4	19.1	16.4	10.4	7.7
Mg^{2+}	8.7	9.3	10.3	5.4	
Mn^{2+}	14.0	15.5	16.8	7.4	
Ni^{2+}	18.6	20.0	19.4	11.3	4.5
Pb^{2+}	18.0	18.9	19.7	11.8	
Sr^{2+}	8.6	9.7	10.5	5.0	
Zn^{2+}	16.5	18.0	18.7	10.7	

※1　$I=0.1$, 20〜25℃

※2　$K_{ML} = \dfrac{[ML]}{[M][L]}$, $K_{ML_2} = \dfrac{[ML_2]}{[ML][L]}$

※3　EDTA：エチレンジアミン四酢酸
※4　DTPA：ジエチレントリアミン五酢酸
※5　CyDTA：シクロヘキサンジアミン四酢酸
※6　NTA：ニトリロ三酢酸

【出典】A. Ringbom: Complexation in Analytical Chemistry, Wiley-Interscience（1963）

付表6 標準酸化還元電位（水溶液）※

電極反応	$E°$ [V vs NHE]	$E°$ [V vs SCE]
$Li^+ + e = Li$	−3.045	−3.29
$K^+ + e = K$	−2.925	−3.17
$Ba^{2+} + 2e = Ba$	−2.906	−3.15
$Sr^{2+} + 2e = Sr$	−2.888	−3.13
$Ca^{2+} + 2e = Ca$	−2.84	−3.09
$Na^+ + e = Na$	−2.714	−2.96
$Mg^{2+} + 2e = Mg$	−2.363	−2.61
$Al^{3+} + 3e = Al$	−1.662	−1.90
$Mn^{2+} + 2e = Mn$	−1.180	−1.42
$Zn^{2+} + 2e = Zn$	−0.7628	−1.01
$Cr^{3+} + 3e = Cr$	−0.744	−0.99
$O_2 + e = O_2^-$	−0.563	−0.81
$Ga^{3+} + 3e = Ga$	−0.53	−0.78
$2CO_2(g) + 2H^+ + 2e = H_2C_2O_4(aq)$	−0.49	−0.73
$S + 2e = S^{2-}$	−0.447	−0.69
$Fe^{2+} + 2e = Fe$	−0.4402	−0.68
$Cr^{3+} + e = Cr^{2+}$	−0.408	−0.65
$Cd^{2+} + 2e = Cd$	−0.4029	−0.65
$Hg(CN)_4^{2-} + 2e = Hg + 4CN^-$	−0.37	−0.61
$In^{3+} + 3e = In$	−0.338	−0.58
$Co^{2+} + 2e = Co$	−0.277	−0.52
$V^{3+} + e = V^{2+}$	−0.256	−0.50
$Ni^{2+} + 2e = Ni$	−0.250	−0.49
$Sn^{2+} + 2e = Sn$	−0.136	−0.38
$Pb^{2+} + 2e = Pb$	−0.126	−0.37
$HgI_4^{2-} + 2e = Hg + 4I^-$	−0.038	−0.28
$2H^+ + 2e = H_2$	0.0000	−0.24
$UO_2^{2+} + e = UO_2^+$	0.05	−0.19
$AgBr + e = Ag + Br^-$	0.0713	−0.17
$HgO(赤) + H_2O + 2e = Hg + 2OH^-$	0.098	−0.15
$S + 2H^+ + 2e = H_2S(aq)$	0.142	−0.10
$Sn^{4+} + 2e = Sn^{2+}$	0.15	−0.09
$Cu^{2+} + e = Cu^+$	0.153	−0.09
$Sn^{4+} + 2e = Sn^{2+}$	0.154	−0.09
$AgCl + e = Ag + Cl^-$	0.2222	−0.02
$IO_3^- + 3H_2O + 6e = I^- + 6OH^-$	0.26	+0.01
$Hg_2Cl_2 + 2e = 2Hg + 2Cl^-$	0.2676	0.02
$Cu^{2+} + 2e = Cu$	0.337	0.09
$Fe(CN)_6^{3-} + e = Fe(CN)_6^{4-}$	0.36	0.12
$O_2 + 2H_2O + 4e = 4OH^-$	0.401	0.16
$4H_2SO_3 + 4H^+ + 6e = S_4O_6^{2-} + 6H_2O$	0.51	0.27
$Cu^+ + e = Cu$	0.521	0.28
$I_2 + 2e = 2I^-$	0.5355	0.29
$MnO_4^- + e = MnO_4^{2-}$	0.564	0.32
$BrO_3^- + 3H_2O + 6e = Br^- + 6OH^-$	0.61	0.37
$Q + 2H^+ + 2e = H_2Q$（Q：キノン）	0.69976	0.46

付表6　標準酸化還元電位（水溶液）つづき

電極反応	$E°$ (V vs NHE)	$E°$ (V vs SCE)
$PtCl_4^{2-}+2e=Pt+4Cl^-$	0.73	0.49
$Fe^{3+}+e=Fe^{2+}$	0.771	0.53
$Hg_2^{2+}+2e=2Hg$	0.788	0.54
$Ag^++e=Ag$	0.799	0.55
$2Hg^{2+}+2e=Hg_2^{2+}$	0.920	0.68
$NO_3^-+4H^++3e=NO+2H_2O$	0.96	0.72
$Br_2(l)+2e=2Br^-$	1.0652	0.82
$IO_3^-+6H^++5e=1/2I_2+3H_2O$	1.195	0.95
$O_2+4H^++4e=2H_2O(l)$	1.229	0.98
$Cr_2O_7^{2-}+14H^++6e=2Cr^{3+}+7H_2O$	1.33	1.09
$Cl_2+2e=2Cl^-$	1.3595	1.12
$MnO_4^-+8H^++5e=Mn^{2+}+4H_2O$	1.51	1.27
$BrO_3^-+6H^++5e=1/2Br_2(l)+3H_2O$	1.52	1.28
$Bi_2O_4+4H^++2e=2BiO^++2H_2O$	1.593	1.35
$Ce^{4+}+e=Ce^{3+}$	1.61	1.37
$HClO+H^++e=1/2Cl_2+H_2O$	1.63	1.39
$PbO_2+SO_4^{2-}+4H^++2e=PbSO_4+2H_2O$	1.682	1.44
$MnO_4^-+4H^++3e=MnO_2+2H_2O$	1.695	1.45
$H_2O_2+2H^++2e=2H_2O$	1.776	1.53
$Co^{3+}+e=Co^{2+}$	1.808	1.56
$S_2O_8^{2-}+2e=2SO_4^{2-}$	2.01	1.77
$O(g)+2H^++2e=H_2O$	2.42	2.18
$F_2(g)+2e=2F^-$	2.87	2.63

※電極反応 $O+ne \rightleftharpoons R$ の平衡電位 $E_e=E°+0.0592\log(a_O/a_R)$ で与えられる。ここで a は活量。$a_O=a_R=1$ のときの E_e は $E°$ に等しく、これを標準酸化還元電位という。$a_O>a_R$ のとき $E_e>E°$、$a_O<a_R$ のとき $E_e<E°$ であることに注意せよ。また、(g) は気体、(l) は液体、(aq) は水溶液を示す。

付表7　pH標準液の各温度におけるpHの典型値※

pH 標準液	温度 (℃)									
	0	5	10	15	20	25	30	35	37	40	50
(25℃で) 飽和 酒石酸水素カリウム						3.557	3.552	3.549	3.548	3.547	3.549
0.05 mol/kg クエン酸二水素カリウム	3.863	3.840	3.820	3.802	3.788	3.776	3.766	3.759	3.756	3.754	3.749
0.05 mol/kg フタル酸水素カリウム	4.000	3.998	3.997	3.998	4.000	4.005	4.011	4.018	4.022	4.027	4.050
0.025 mol/kg Na_2HPO_4 +0.025 mol/kg KH_2PO_4	6.984	6.951	6.923	6.900	6.881	6.865	6.853	6.844	6.841	6.838	6.833
0.03043 mol/kg Na_2HPO_4 +0.008695 mol/kg KH_2PO_4	7.534	7.500	7.472	7.448	7.429	7.413	7.400	7.389	7.386	7.380	7.367
0.01 mol/kg $Na_2[B_4O_5(OH)_4]$	9.464	9.395	9.332	9.276	9.225	9.180	9.139	9.102	9.088	9.068	9.011
0.025 mol/kg $NaHCO_3$ +0.025 mol/kg Na_2CO_3	10.317	10.245	10.179	10.118	10.062	10.012	9.966	9.926	9.910	9.889	9.828

※IUPACが一次標準として推奨するもの (*Pure Appl. Chem.*, **74**, 2169 (2002)) のみ記した。二次標準については同文献を参照。

付録 B

実 験 器 具

ビーカー　　コニカルビーカー　　トールビーカー
ビーカー類

結晶皿　　蒸発皿　　時計皿　　シャーレ（ペトリ皿）
皿 類

三角フラスコ　　共栓三角フラスコ　　細口試薬瓶　　広口試薬瓶　　滴瓶

洗浄瓶（ポリエチレン）　　吸引瓶　　はかり瓶　　フラン瓶
瓶 類

試験管　　共栓つき試験管　　二また試験管　　サンプルチューブ　　遠沈管
試験管類

付録B　実験器具

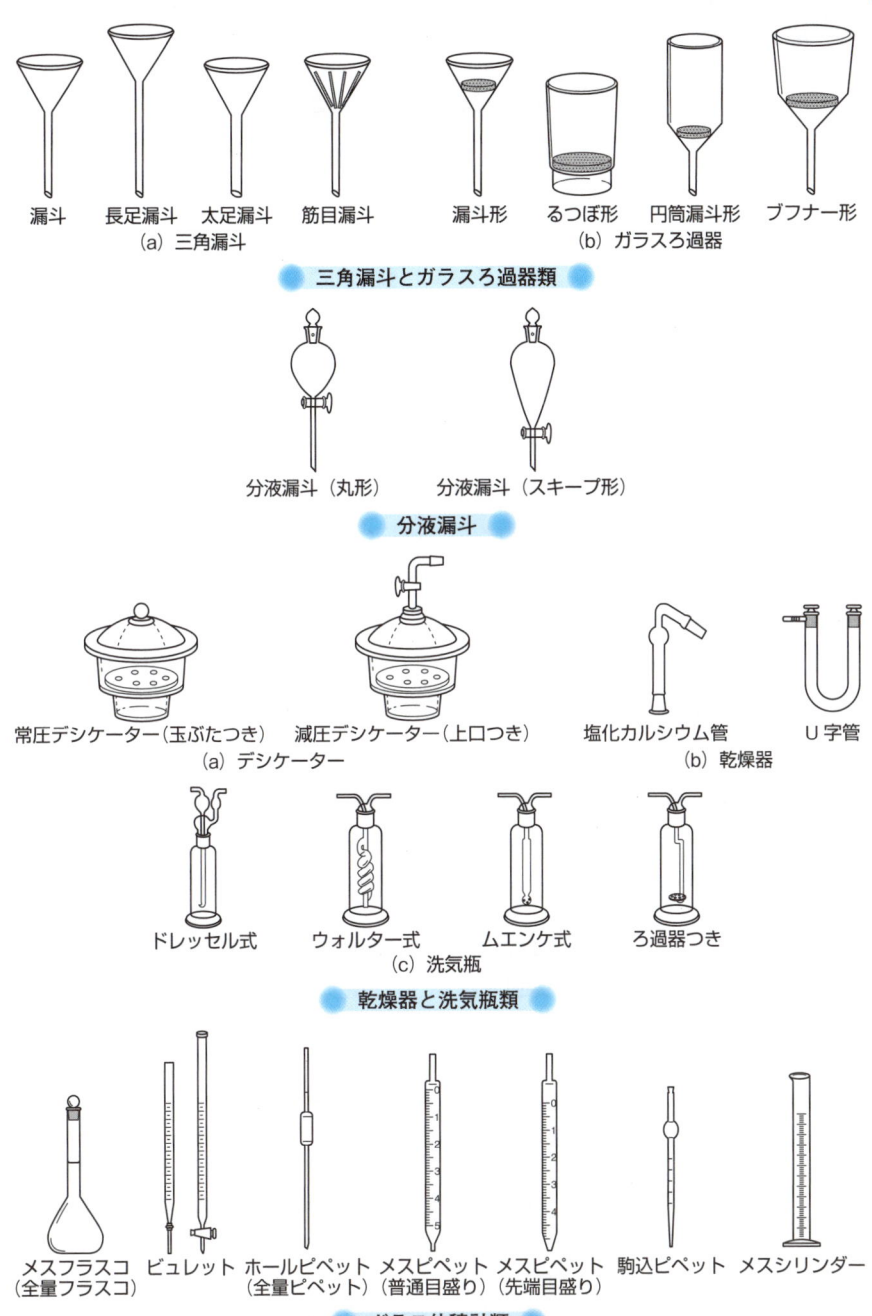

漏斗　長足漏斗　太足漏斗　筋目漏斗　　漏斗形　るつぼ形　円筒漏斗形　ブフナー形
　　　(a) 三角漏斗　　　　　　　　　　　　　(b) ガラスろ過器

● 三角漏斗とガラスろ過器類 ●

分液漏斗（丸形）　分液漏斗（スキーブ形）

● 分液漏斗 ●

常圧デシケーター（玉ぶたつき）　減圧デシケーター（上口つき）　塩化カルシウム管　U字管
　　　　　　(a) デシケーター　　　　　　　　　　　　　　　　　(b) 乾燥器

ドレッセル式　ウォルター式　ムエンケ式　ろ過器つき
　　　　　　　　(c) 洗気瓶

● 乾燥器と洗気瓶類 ●

メスフラスコ　ビュレット　ホールピペット　メスピペット　メスピペット　駒込ピペット　メスシリンダー
（全量フラスコ）　　　　（全量ピペット）（普通目盛り）（先端目盛り）

● ガラス体積計類 ●

403

付録 C

実験室の安全

1　基本的なことがら

　実験室において**安全の確保は第一に優先されるべき項目**である．分析化学分野においても，新たな物質を取り扱ったり，新たな操作をしたりする場合が多く，多かれ少なかれ一定の確率で事故が起こっている．特に大学の学部に在籍して，初めて研究室で卒業研究に取り組む学生諸君にとっては，実験室は未知の部分が多いはずである．できる限り早い時期に基本操作に慣れ，意識しなくても実験の安全性が確保できるようにしたいものである．そのためには，日ごろ使用する実験室の設備や機器などのハード面を知るだけでなく，実験室での安全を確保するための基本的な考え方や知識といったソフト面も徐々に身に付けていく必要がある．

　大学などの実験室は研究分野，建屋の構造などによってまちまちであるが，以下に示すように，安全確保のための基本的な設備は整えておく必要がある．

[実験室に要求される設備など]
1) 当然のことであるが，酸や溶剤に耐えられる実験台が設置されていること．薬品棚なども腐食しにくい材質で薬品に適したものが設置され，また，地震時の転倒防止の対策がなされていること．分析機器などで使用する高圧ボンベも転倒しないように固定されていること．
2) 実験室の機能や雰囲気を健全に保つために，実験内容に応じて，溶剤を扱う場合にはドラフトなどの局所排気設備が設置されていること．分析の前処理でフッ酸などの強酸を扱う場合にはさらにドラフトにスクラバー（屋外に排気する前に気化した酸を閉鎖系で水洗する装置）などを設置すること．
3) 緊急時のために，消火器や緊急用のシャワー・洗眼器を備え付けておくこと．非常口を1つの実験室に対して2ヶ所以上確保しておき，さらには明瞭な表示もしておくこと．

　上に列記した内容は，実験室に要求されるハード面でのベースとなる項目である．また，実験室で起こりうる事故を想定して，救急箱など備えておくことも重要である．昨今は，分析機器を例にとれば，フールプルーフ（誤った愚かな操作ができないようにする），フェールセーフ（例え誤った操作をしても安全側に作動する）

といった思想が生かされて設計されることが多く，機器の精度ばかりでなく安全性に関しても信頼性が向上しており，誤操作による故障や事故が起こり難くなったといえる．

このように機器のハード面が改良された反面，実験室においては，そこで実験する人の身体の保護が疎かになっている．どんなにハード面での安全性の向上が図られてきても，実験室での事故は根絶しておらず，**これからも事故は一定の確率で必ず発生する**．このことを認識して実験者一人ひとりは「**自分の身は自分で守る**」ということを念頭において実験に取り組むべきである．通常，身体保護としては以下の項目があげられる．

[身体保護のポイント]
1) 先ず，実験に適した白衣や作業服を着用する．また，滑りにくい履物で実験を行う．
2) 目は最優先で守られるべき身体部位である．必ず保護眼鏡を着用して実験を行う．
3) 有害物質や感染性物質を扱うときは，必要に応じて手袋やマスクをする．

実験台やドラフトでマイクロピペットを使用して分取操作をすることがあるが，この時，ピペットが落下し，回転し，その遠心力により中の液体が飛散して目に入ってしまう事故がこれまでたびたび発生している．保護メガネをしていれば容易に防ぐことができた事例である．

2　安全を確保するための心構え

前項では，実験室における最低限リスク管理という観点で述べたが，火災や爆発などの事故を起こすのは直接的にせよ間接的にせよ実験者である．実験者は実験室における最低限のルール（実験室での常識）に基づいて行動すべきである．

先ずは，実験者自身の心身の状態を常に良好に保つことである．例えどんなに最新鋭の実験室と実験機器が揃っていても，**実験者の注意が散漫であったり，疲労で集中力が落ちたりしていては事故の潜在的リスクは大幅に上昇する**．実験室においては常に一定の緊張感をもって実験をすることが，先に潜んでいる危険を回避するためにも重要である．

加熱器などを使用中に実験室を離れるときには，研究室全体が無人になるような状態も避けるべきである．セラミック試料に酸素を吹き付けて分析の前処理をして

付録C　実験室の安全

いる際に，試料に残っていた有機物が発火して，さらに運悪く床にあった有機溶剤の容器に引火して火災に至ったケースがある．この時もその実験室の全員が昼食で室外へ出ていた．基本的には，加熱などの操作をしているとき，実験者はその場を離れてはいけない．やむを得ず実験室を離れなければならないときには，実験室に残る他の実験者に，緊急時の電源やガスの停止などを依頼してから実験室を離れるべきである．一旦，実験室が火災になると，室内では高圧ガスなどを設置している場合もあり，ガスボンベの爆発など甚大な災害につながる恐れがある．

　また，事故が一定の確率で起こることを前提とすると，深夜や休日など指導教員や他の実験者が不在の状況での実験は避けるべきである．**深夜や休日は万一実験者が負傷した場合にも，助けを呼べる確率が急激に低下する**からである．研究室で初めて実験を始めるような初心者は，朝は早めに実験室に入り，遅くとも夕方にはその日の実験の後片付けができるように心がけるべきである．

3　安全に実験を行うための知識

　先に述べたように，既製の分析機器や装置は安全性が向上してきたために，操作中に過熱による火傷を負ったり，回転機に手を巻き込まれたりするような事故は起こり難くなった．また，これまでの多くの事故事例を生かして，遠心分離器のような回転機やオートクレーブのような加圧加熱器などは，最低月に一度は危険箇所を中心に点検をすることが法令で義務付けられている．機器の劣化やネジの緩みなどによる回転機の破損，加熱蒸気の噴出や漏電などの事故を未然防止するためである．

　さらに，実験室においてはさまざまな試料を扱うので，分析機器に試料を導入する前に，ろ過，抽出，濃縮，乾燥，酸化・還元といった前処理をする場合も多い．それぞれの前処理では通常，適切な器具と操作手順が定められているが，時には文献などを参照しながら前処理装置の組み立てをしたり，操作をしたりする場合もある．このような場合には，新しく扱う器具の特性をよく把握し，はじめて使用する試薬・薬品については**化学物質等安全性データシート（(material) safety data sheet：(M)SDS）**が各薬品メーカーから提供されており，Web上でも見ることができるので，試薬の使用から管理，漏洩，皮膚への接触時の処置などの関係項目についてあらかじめ目を通しておくことが安全確保の上で重要である．経験済みの操作であっても，通常よりも量を増やしたり，濃度を高くしたり，加熱温度を上げ

たりすると火災，破裂，爆発など思わぬ事故を招くことがある．

いつも通り密閉容器内で硝酸をアンモニアに還元する操作をしていた．たまたま試料中の硝酸濃度が高く，かつ反応を速めるために手で激しく振とう（シェイク）したために系内のアンモニア蒸気の圧力が急激に上昇して容器が内圧に耐えられなくなり破裂し，頭部に負傷を負った事例がある．実験室で行うすべての操作は，その手順，量や濃度を変えることで，予期せぬ事態を招くことがある．

この事例のように反応を伴う操作はドラフト中で振とう器を使って，仮に破裂しても人体に負傷を負わないような措置を講じて実験をする必要がある．このように使用する器具および溶剤，酸や塩基，酸化剤や還元剤などの試薬についての知識は特に重要であり，皮膚に付着した場合，誤って口や目に入ってしまったときの処置方法も知識として身に付けておくべきである．**皮膚や目に試薬がついてしまった場合，一般的には直ぐに大量の水で洗い流すこととされている．**

試薬の使用量が多い場合には，漏洩・火災時の処置はもちろんのこと，漏洩や火災を未然に防ぐ方策を工夫することも大切である．例えば，有機溶剤の中には空気より重いものが多く，密閉された部屋で扱うと蒸気が床に広がり爆発範囲の濃度に達することがある．また，液体として漏洩した場合にはさらに容易に爆発範囲に達する．このとき床にテーブルタップ（電気コンセント）などが置かれていると，プラグを抜き差しした時のスパーク（火花）によって容易に爆発するので，このような条件が整ってしまわないよう，テーブルタップは高い位置に置くなどの対策が考えられる．誤って大量に漏洩させてしまったときには，速やかに部屋全体の通風をよくして屋外に蒸気を逃がすなどの措置が必要である．

4　さらなる安全レベル向上のために

実験室では常に新たな反応や操作が行われているので，実験者はリスクをゼロにすることはできないという前提で実験を行うべきである．安全設備が整っていても，実験者一人ひとりが，より安全な実験室とすべく，常日頃の努力を積み重ねることは，リスクを低減するためにも不可欠である．漫然と実験をしないよう実験者自身も注意する必要があり，また，そのような実験者がいればこちらから注意を促すことも重要である．

研究室によっては，互いの研究室をチェックし合うことによって，**第三者的な目**

付録C　実験室の安全

で潜在的危険箇所などを発見できることが多々ある．日頃，使っている実験室であると，はじめ危険と思ったところがあっても，感覚が麻痺してしまい危険箇所が単なる実験室の風景と化してしまうことがある．定期的に他のメンバーに，違った目で現場をチェックしてもらうことも危険の芽を摘むのに有効な方法である．

さらには，実験者自身が自分の癖やミスし易い操作を見い出し，そのことをよく認識するだけでも，事故を減らすことは可能である．また，よく運転免許センターの講習などで「かも知れない運転」という言葉がよく聞かれる．漫然と運転をせずにこの先に危険が潜んでいるかも知れないと常に潜在危険を意識して運転することが事故を回避するのに有効であるということである．実験室の実験についても同様で**「かも知れない操作」，すなわち漫然と実験をせずに，この先に爆発や破裂などの危険が潜んでいるかも知れないと常に意識して実験の操作をすることが実験室の事故を回避するのにも有効**と思われる．

以上，実験室の安全について設備，知識および行動の面から述べたが，特に初心者においては，安全な操作や行動が日頃の習慣として身に付いていくよう，常に安全を意識して実験に取り組まれることを願うものである．また，必要に応じて以下にあげる図書なども参考にされたい．

参考図書

1. 戸部和夫，小倉俊郎，大西　勝，堀田勝幸，絹見佳子，小林むつみ，内藤恵子，黒木清美，今井あゆみ　著：実験・実習中の事故を防ぐために−写真で見る事故事例集−，キャンパス事故防止プロジェクト・岡山，和光出版（2006）
2. 鈴木仁美　著：有機化学実験の事故・危険−事例に学ぶ身の守り方−，丸善（2004）
3. 日本化学会　編：安全衛生教育・管理のための化学安全ノート　改訂版，丸善（2007）
4. NPO法人研究実験施設・環境安全教育研究会（REHSE）編：研究室に所属したらすぐ読む安全化学実験ガイド，講談社（2010）

演習問題解答

第1章 分析化学の目的

省略

第2章 化学量論計算

A.1 25 ppb 溶液では，$10\,\text{ppm} \times x\,\mu\text{L} = 25 \times 10^{-3}\,\text{ppm} \times 100 \times 10^3\,\mu\text{L}$，
∴ $x = 250\,\mu\text{L}$．同様にして，50 ppb では 500 μL，100 ppb では 1 000 μL．

A.2 1 L = 1 000 mL に含まれる HNO_3 の質量を式量 63.0 で割る．
$$\frac{1\,000\,\text{mL/L} \times 1.42\,\text{g/mL} \times 0.70}{63.0\,\text{g/mol}} = 16\,\text{mol/L}$$

A.3 (1) 反応式より，$[A^+] = [B^-]$，これを x と置く．解離定数が小さいので，$[AB] = 0.030\,\text{mol/L}$ と仮定すると，$x^2/0.030 = 2.7 \times 10^{-6}$．よって $x = 2.8 \times 10^{-4}\,\text{mol/L}$．$[B^-]$ は $[AB]$ の 100 分の 1 以下であるので，有効数字 2 桁の計算では，上記の仮定は妥当である．

(2) 平衡時の濃度は，$[A^+] = x$ と置くと，$[B^-] = 0.030 + x$，$[AB] = 0.030 - x$ となる．0.03 に対して x が無視できると仮定すると，$(x \times 0.030)/0.030 = 2.7 \times 10^{-6}$．よって $x = 2.7 \times 10^{-6}\,\text{mol/L}$．$x$ は十分小さく，上記の仮定は妥当である．

A.4 (1) 反応の標準 Gibbs エネルギー変化は，$\Delta G° = 56\,\text{kJ/mol}$．よって，
$$K° = \exp\left(-\frac{56}{8.314 \times 298}\right) = 1.5 \times 10^{-10}$$

(2) $[Ba^{2+}] = [SO_4^{2-}] = x$ と置くと，$x^2 = 1.5 \times 10^{-10}$．よって $x = 1.2 \times 10^{-5}\,\text{mol/L}$．これがモル溶解度である．

(3) Debye-Hückel 式を用いて，$f_{Ba} = 0.38$，$f_{SO_4} = 0.35$．よってモル濃度平衡定数は，$K = (1.5 \times 10^{-10}/0.38 \times 0.35) = 1.1 \times 10^{-9}$，上と同様にしてモ

演習問題解答

ル溶解度は，3.3×10^{-5} mol/L.

A.5 （1） HCl と Na_2CO_3 の反応比は 2：1 であるので，
$0.1\,\text{mol/L} \times f \times 24.63\,\text{mL} : 0.1255\,\text{mol/L} \times 10.00\,\text{mL} = 2 : 1$
よって，$f = 1.019$

（2） HCl と $NaHCO_3$ の反応比は 1：1 である．$NaHCO_3$ の物質量を x と置くと，
$x = 0.1\,\text{mol/L} \times 1.019 \times 41.34 \times 10^{-3}\,\text{L} = 4.213 \times 10^{-3}\,\text{mol}$
$NaHCO_3$ の式量は $83.982\,\text{g/mol}$ であるので，試料中の質量パーセントは，
$$\frac{4.213 \times 10^{-3}\,\text{mol} \times 83.982\,\text{g/mol}}{0.4309\,\text{g}} \times 100 = 82.11\%$$

A.6 Al の原子量は $26.982\,\text{g/mol}$，Al_2O_3 の分子量は $101.96\,\text{g/mol}$ であるので，試料中の質量パーセントは，
$$0.3057\,\text{g} \times \frac{2 \times 26.982}{101.96} \times \frac{100}{0.6076\,\text{g}} = 26.63\%$$

第3章　酸塩基反応

A.1 $2NH_3 \rightleftharpoons NH_4^+ + NH_2^-$
$K = [NH_4^+][NH_2^-] \approx 10^{-30}$

A.2 （1） 6.80　（2） 6.13

A.3 （1） 10.77　（2） $\text{pH} = \frac{1}{2}(pK_w - pK_b - \log C) = 5.47$

（3） $\text{pH} = pK_w - pK_a + \log\dfrac{[NH_3]}{[NH_4^+]} = 8.76$

A.4 （1） $\Delta\text{pH} = 3.32 - 7 = -3.68$　（2） $\Delta\text{pH} = 4.74 - 4.75 = -0.01$

A.5 省略

A.6 3.8.4 項と同様にして，

$$[\mathrm{H_3O^+}] = \sqrt{\frac{K_{a1}K_w + K_{a1}K_{a2}[\mathrm{H_2PO_4^-}]}{K_{a1} + [\mathrm{H_2PO_4^-}]}}$$

ここで，$[\mathrm{H_2PO_4^-}] \approx C$，$K_w \ll K_{a2}C$，$K_{a1} \ll C$ が成り立つため．

第4章 酸塩基滴定

A.1 弱酸または弱塩基の緩衝作用により，終点での pH ジャンプが不明瞭になるから．

A.2 (1) 12.00　(2) 11.52　(3) 8.70　(4) 7.00　(5) 5.30
(6) ブロモチモールブルー

A.3 (1) 2.93　(2) 3.85　(3) 7.77　(4) クレゾールレッド

A.4 (1) 10.06　(2) 8.11　(3) 5.21　(4) メチルレッド

A.5 (1) 100.00 mL
(2) 第一当量点では，0.03333 mol/L $\mathrm{H_3N^+CHRCOO^-}$ 溶液となるので，
$$6.12 = \frac{1}{2}(\mathrm{p}K_{a1} + \mathrm{p}K_{a2})$$
第二当量点では 0.025 mol/L $\mathrm{H_2NCHRCOO^-}$ 溶液となるので，
$$11.14 = \frac{1}{2}(\mathrm{p}K_w + \mathrm{p}K_{a2} + \log 0.025)$$
よって，$\mathrm{p}K_{a2} = 9.88$，$\mathrm{p}K_{a1} = 2.36$
(3) 当量点での滴下量より，滴定前の試料は 0.05000 mol/L 溶液である．アミノ酸の分子量を x とおくと，$0.6278/(x + 36.4606) = 0.0050000$．よって，$x = 89.10$
(4) アラニン

A.6 (1) 元の試料溶液の硝酸と亜硝酸の濃度をそれぞれ x [mol/L]，y [mol/L] とおく．第一当量点では硝酸が，第二当量点では亜硝酸が中和されるので，
$x \times 10.00 = 0.10000 \times 14.54$，∴　$x = 0.1454$ mol/L
$y \times 10.00 = 0.10000 \times (37.29 - 14.54)$，∴　$y = 0.2275$ mol/L
(2) 第一当量点では 0.09271 mol/L $\mathrm{HNO_2}$ 溶液となる．亜硝酸はかなり強い酸であるので，
$$[\mathrm{H_3O^+}] = \frac{-5.13 \times 10^{-4} + \sqrt{(5.13 \times 10^{-4})^2 + 4 \times 5.13 \times 10^{-4} \times 0.09271}}{2} = 6.64 \times 10^{-3}$$

∴ pH = 2.18

第二当量点では $0.04811\,\text{mol/L}$ $NaNO_2$ 溶液となる．水の自己プロトリシスの寄与は無視できるとすると，

$$\text{pH} = \frac{1}{2}(14 + 3.29 + \log 0.04811) = 7.99$$

第5章 酸化還元反応と滴定

A.1 (1) $Fe^{3+} + e^- = Fe^{2+}$, $Cr_2O_7^{2-} + 14H^+ + 6e^- = 2Cr^{3+} + 7H_2O$

(2) $6Fe^{2+} + Cr_2O_7^{2-} + 14H^+ = 6Fe^{3+} + 2Cr^{3+} + 7H_2O$

(3) $0.00500\,\text{mol/L} \times 0.01500\,\text{L} \times 6 = 4.50 \times 10^{-4}\,\text{mol}$

A.2 (1) $E = E°_O + \dfrac{RT}{2F}\ln\dfrac{[O_2][H^+]^2}{[H_2O_2]}$, $E = E°_{Mn} + \dfrac{RT}{5F}\ln\dfrac{[MnO_4^-][H^+]^8}{[Mn^{2+}]}$

(2) $E = E°'_O + \dfrac{RT}{2F}\ln\dfrac{[O_2]}{[H_2O_2]}$, $E°'_O = E°_O + \dfrac{RT}{F}\ln[H^+]$

$E = E°'_{Mn} + \dfrac{RT}{5F}\ln\dfrac{[MnO_4^-]}{[Mn^{2+}]}$, $E°'_{Mn} = E°_{Mn} + \dfrac{8RT}{5F}\ln[H^+]$

(3) $E°'_O = 0.682\,\text{V} + 0.0592\,\text{V} \times \log 0.5 = 0.664\,\text{V}$

$E°'_{Mn} = 1.51\,\text{V} + \dfrac{8}{5} \times 0.0592\,\text{V} \times \log 0.5 = 1.48\,\text{V}$

(4) $E_{\text{equiv}} = \dfrac{2E°'_O + 5E°'_{Mn}}{2+5} = \dfrac{2 \times 0.664\,\text{V} + 5 \times 1.48\,\text{V}}{7} = 1.25\,\text{V}$

A.3 図参照．当量点のごく近傍でのみ二曲線の乖離が見られる．

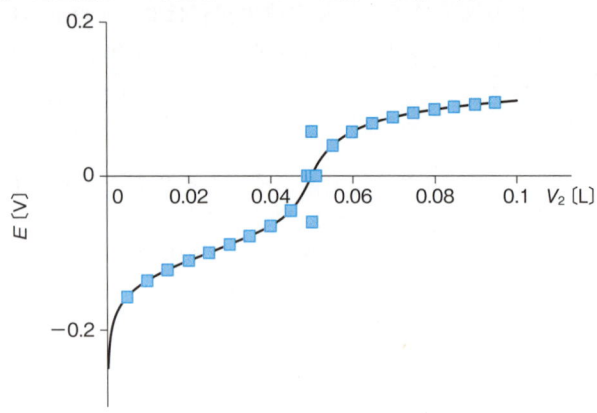

$n_1=n_2=1$, $E°_1=-0.1\,\text{V}$, $E°_2=+0.1\,\text{V}$, $V_1=0.05\,\text{L}$, $C°_1=C°_2=0.1\,\text{mol/L}$. 黒の実線は式(5.20)に基づく理論曲線，青の点は式(5.21)，式(5.14)，式(5.22)に基づく近似曲線．

A.4 光による I_3^- の分解，試験溶液の pH（低いとき O_2 の還元が顕著になる），清涼飲料水中のアスコルビン酸以外の被酸化物質の存在など．

A.5 ヨードメトリーにおける試験液中の I_3^- の物質量は，$0.01250\,\text{mol/L} \times 0.0800\,\text{L} \div 2 = 5.00 \times 10^{-5}\,\text{mol}$. したがって，酸素瓶中（$102-1-1=100\,\text{mL}$）に含まれていた O_2 の物質量は $2.50 \times 10^{-5}\,\text{mol}$，濃度は $32\,\text{mg}\,\text{mmol}^{-1} \times 0.025\,\text{mmol} \div 0.1\,\text{L} = 8.00\,\text{mgO}_2/\text{L}$. $1\,\text{atm}$，$21\,°\text{C}$ での酸素飽和量は，$8.68\,\text{mgO}_2/\text{L}$ であるから酸素飽和率は 92.1%.

第6章　錯生成反応と滴定

A.1 Co^{2+} を M，$\text{S}_2\text{O}_3^{2-}$ を L（いずれも電荷は省略）で表すと，錯生成定数は $K=[\text{ML}]/[\text{M}][\text{L}]$. 与えられた条件より，$[\text{L}]=0.010\,\text{mol/L}$ のとき，$[\text{M}]/([\text{M}]+[\text{ML}])=0.47\cdots$ ①．また，$[\text{M}]/([\text{M}]+[\text{ML}])=[\text{M}]/([\text{M}]+K[\text{M}][\text{L}])=1/(1+K[\text{L}])\cdots$ ②．①式と②式より $1/(1+0.010K)=0.47$ なので，$K=(1/0.47-1)/0.010=1.1\times 10^2\,\text{mol}^{-1}\text{L}$

A.2 式(6.6)と式(6.7)に生成定数の値と $[\text{L}]=0.010\,\text{mol/L}$ を代入して，各成分の分率を求める．

Ag^+ の分率：$1/(1+\beta_1[\text{L}]+\beta_2[\text{L}]^2)=1/(1+2.5\times 10^3 \times 0.010+2.5\times 10^7 \times 0.010^2)=3.96\times 10^{-4}$

$\text{Ag}(\text{NH}_3)^+$ の分率：$\beta_1[\text{L}]/(1+\beta_1[\text{L}]+\beta_2[\text{L}]^2)=9.90\times 10^{-3}$

$\text{Ag}(\text{NH}_3)_2^+$ の分率：$\beta_2[\text{L}]^2/(1+\beta_1[\text{L}]+\beta_2[\text{L}]^2)=0.990$

各成分の濃度は分率と Ag^+ の全濃度（$0.010\,\text{mol/L}$）の積に等しいので，$[\text{Ag}^+]=4.0\times 10^{-6}\,\text{mol/L}$，$[\text{Ag}(\text{NH}_3)^+]=9.9\times 10^{-5}\,\text{mol/L}$，$[\text{Ag}(\text{NH}_3)_2^+]=9.9\times 10^{-3}\,\text{mol/L}$

A.3 式(6.14)に $[\text{H}^+]=1.0\times 10^{-4}\,\text{mol/L}$ を代入して，Y^{4-} の分率（α_Y）を求めると，$\alpha_\text{Y}=(1.0\times 10^{-2}\times 2.1\times 10^{-3}\times 6.9\times 10^{-7}\times 5.5\times 10^{-11})/\{(1.0\times 10^{-4})^4+1.0\times 10^{-2}\times (1.0\times 10^{-4})^3+1.0\times 10^{-2}\times 2.1\times 10^{-3}\times (1.0\times 10^{-4})^2+1.0\times 10^{-2}\times 2.1\times 10^{-3}\times 6.9\times 10^{-7}\times 1.0\times 10^{-4}+1.0\times 10^{-2}\times 2.1\times 10^{-3}\times 6.9\times 10^{-7}\times 5.5\times 10^{-11}\}$.

ここで，分母の第1項，第4項，第5項は無視できるので，$\alpha_\text{Y}\doteqdot(1.0\times$

$10^{-2} \times 2.1 \times 10^{-3} \times 6.9 \times 10^{-7} \times 5.5 \times 10^{-11})/\{1.0 \times 10^{-2} \times (1.0 \times 10^{-4})^3 + 1.0 \times 10^{-2} \times 2.1 \times 10^{-3} \times (1.0 \times 10^{-4})^2\} = 7.97 \times 10^{-22}/(2.2 \times 10^{-13}) = 3.62 \times 10^{-9}$. 条件生成定数 K'_{MY} は α_Y と生成定数 K_{MY} の積に等しいので，$K'_{MY} = 3.62 \times 10^{-9} \times 6.3 \times 10^{18} = 2.3 \times 10^{10}\,\mathrm{mol^{-1} L}$

A.4 亜鉛の原子量は 65.39 なので，亜鉛の標準溶液中の濃度は（0.6539/65.39）$= 1.000 \times 10^{-2}\,\mathrm{mol/L}$．この溶液 10 mL 中の亜鉛の物質量と，加えられた EDTA 溶液 11.53 mL 中の EDTA の物質量が等しいので，EDTA 溶液の濃度を x 〔mol/L〕とすると，$11.53x = 1.000 \times 10^{-2} \times 10$．したがって，$x = 1.000 \times 10^{-1}/11.53 = 8.673 \times 10^{-3}\,\mathrm{mol/L}$

A.5 (1) 当量点における pM は，式(6.22) に金属イオンの全濃度 $[M]_T = 1.0 \times 10^{-3}\,\mathrm{mol/L}$ と表の $\log K'_{MY}$ 値を代入して求める．$\mathrm{pM(Mg)} = \{8.24 - (-3.00)\}/2 = 5.62$，$\mathrm{pM(Ca)} = \{10.14 - (-3.00)\}/2 = 6.57$

(2) 指示薬が 50% 変色した点を変色点と考えると，式(6.25) より，変色点における pM は $\log K'_{In}$ に等しい．$\mathrm{Mg^{2+}}$ の場合は，$\log K'_{In}$ 値 (5.44) が (1) で求めた当量点での pM 値 (5.62) に近いので，当量点付近で変色が起こる．一方，$\mathrm{Ca^{2+}}$ の場合は，$\log K'_{In}$ 値 (3.84) が当量点での pM 値 (6.57) に比べて著しく小さいため，当量点よりも前に変色してしまうことが分かる．したがって，BT は $\mathrm{Mg^{2+}}$ の滴定には使用可能であるが，$\mathrm{Ca^{2+}}$ の滴定には使用できない．

(3) $\mathrm{Mg^{2+}}$ と $\mathrm{Ca^{2+}}$ が共存する溶液に BT を加えたとき，K'_{In} 値は $\mathrm{Mg^{2+}} \gg \mathrm{Ca^{2+}}$ であるため，ほとんどの BT は $\mathrm{Mg^{2+}}$ と錯生成する．これに EDTA を加えていくと，K'_{MY} 値は $\mathrm{Mg^{2+}} \ll \mathrm{Ca^{2+}}$ であるため，はじめ EDTA は $\mathrm{Ca^{2+}}$ との錯生成に使われる．$\mathrm{Ca^{2+}}$ の大部分が EDTA 錯体になってしまうと，さらに加えられた EDTA は $\mathrm{Mg^{2+}}$ との錯生成に使われる．したがって，$\mathrm{Mg^{2+}}$ と $\mathrm{Ca^{2+}}$ の総量の当量点付近では，$\mathrm{Mg^{2+}}$ のみを滴定する場合と同じように $\mathrm{Mg^{2+}}$–BT 錯体から $\mathrm{Mg^{2+}}$–EDTA 錯体への変換が起こり，BT が変色する．よって，これらの金属イオンの総量の滴定が可能である（キレート滴定による水の全硬度の測定にこの原理が利用されている）．

第 7 章 沈殿反応と滴定

A.1 (1) $K_{sp,\,AgCl} = [Ag^+][Cl^-]$ より $[Ag^+] = (K_{sp,\,AgCl})^{1/2}$．数値を代入して，$[Ag^+] = (1.8 \times 10^{-10})^{1/2} = 1.3 \times 10^{-6}\,\mathrm{mol/L}$

(2) $K_{sp,\,Ag_2CrO_4} = [Ag^+]^2[CrO_4^{2-}]$ より $[CrO_4^{2-}] = K_{sp,\,Ag_2CrO_4}/[Ag^+]^2$．数値を代入して，$[CrO_4^{2-}] = 4.1 \times 10^{-12}/1.8 \times 10^{-10} = 2.3 \times 10^{-2}\,\mathrm{mol/L}$

(3) Ag_2CrO_4 には 2 mol の Ag^+ が含まれるから，1.0×10^{-6} mol の Ag_2CrO_4 沈殿に必要な標準溶液は，$2 \times 1.0 \times 10^{-6}/0.10 = 2.0 \times 10^{-5}$ L $= 0.020$ mL

(4) 0.010 mol/L のとき，標準溶液は当量点まで 2.0 mL 必要．終点を検出するのに要する過剰分は Cl^- 濃度に無関係なので，$(0.020/2.0) \times 100 = 1.0\%$．0.10 mol/L のとき，標準溶液は当量点まで 20 mL 必要．したがって，$(0.020/20) \times 100 = 0.10\%$

A.2 $[HS^-] = [H^+][S^{2-}]/K_{a2}$, $[H_2S] = [H^+]^2[S^{2-}]/K_{a2}K_{a1}$ より，$[S^{2-}] = K_{a1}K_{a2}[H_2S]/[H^+]^2$, $[H^+] = (K_{a1}K_{a2}[H_2S]/[S^{2-}])^{1/2}$ である．

2 属で最も K_{sp} の大きい PbS が 99% 以上沈殿しなければならないので，溶液内に残ってよい Pb^{2+} 濃度は，$[Pb^{2+}] < 0.0010 \times 0.010 = 1.0 \times 10^{-5}$ mol/L でなければならない．したがって $[S^{2-}] > 8.0 \times 10^{-28}/1.0 \times 10^{-5} = 8.0 \times 10^{-23}$ mol/L．前式に代入して $[H^+] = (10^{-7.0} \times 10^{-13.9} \times 0.10 \div 8.0 \times 10^{-23})^{1/2} = 1.25$ mol/L 未満でなければならない．

4 属で最も K_{sp} の小さい ZnS の沈殿が 1% 未満なので，溶液内に残らなければならない Zn^{2+} 濃度は，$[Zn^{2+}] > 0.0010 \times 0.99 \approx 1.0 \times 10^{-3}$ mol/L でなければならない．したがって，$[S^{2-}] < 2.0 \times 10^{-24}/1.0 \times 10^{-3} = 2.0 \times 10^{-21}$ mol/L．前式に代入して $[H^+] = (10^{-7.0} \times 10^{-13.9} \times 0.10 \div 2.0 \times 10^{-21})^{1/2} = 0.25$ mol/L を越えなければならない．

A.3 (1) $BaSO_4$ の物質量は $0.47/233.4 = 2.0 \times 10^{-3}$ mol で溶解度積より十分大きいから，$[Ba^{2+}] = [SO_4^{2-}] = \sqrt{1.3 \times 10^{-10}} = 1.1 \times 10^{-5}$ mol/L

(2) 硫酸バリウムが完全に溶けると，$[SO_4^{2-}] = 2.0 \times 10^{-3} \times (1\,000/200) = 0.010$ mol/L になる．したがって，$[Ba^{2+}] < K_{sp}/[SO_4^{2-}] = 1.3 \times 10^{-10}/0.010 = 1.3 \times 10^{-8}$ mol/L でなければならない．

(3) この pH におけるバリウムキレートの条件生成定数が $K'_{BaY} = 10^{6.5}$ となる（$\alpha_Y(H) = 1 + 10^{-9}/10^{-10.3} + 10^{-18}/10^{-16.5} + 10^{-27}/10^{-19.3} + 10^{-36}/10^{-21.4} = 1 + 10^{1.3} + 10^{-1.5} + 10^{-7.7} + 10^{-14.6} = 10^{1.3} = 20$ なので，$K'_{BaY} = 10^{6.5}$）．

$K'_{BaY} = [BaY]/[Ba^{2+}][Y']$ より $[Y'] = [BaY]/K'_{BaY}[Ba^{2+}]$ であるから，定数と濃度を代入すると $[Y'] > 0.010/(10^{6.5} \times 1.3 \times 10^{-8}) = 0.26$ mol/L でなければならない．しかし，加えた EDTA は 0.10 mol/L だから不足するので溶けない．

(4) $[Ba^{2+}] < 1.3 \times 10^{-8}$ mol/L になるように EDTA を加えればよいから，(3) より $[Y'] > 0.26$ mol/L．Ba^{2+} がキレートをつくって完全に溶けると $[BaY] = 0.010$ mol/L になり，遊離濃度とキレート濃度を超える EDTA が必要で，$0.26 + 0.10 = 0.36$ mol/L 以上であれば完全に溶ける．

第8章　重量分析

A.1 (1) Ba^{2+} と SO_4^{2-} の物質量が等しいので，過不足なく沈殿する．したがって，$[Ba^{2+}] = [SO_4^{2-}] = K_{sp}(BaSO_4)^{1/2} = 1.1 \times 10^{-5}$ mol/L

(2) Ba^{2+} が過剰になり，$[Ba^{2+}] = 0.010 \times (200-20)/(200+20) = 8.2 \times 10^{-3}$ mol/L

(3) SO_4^{2-} が過剰になり，$[SO_4^{2-}] = 0.010 \times (150-50)/(150+50) = 5.0 \times 10^{-3}$ mol/L

A.2 溶液に残る Mg^{2+} が1%未満でなければならない．$[Mg^{2+}] < 1.0 \times 10^{-3} \times 0.01 = 1.0 \times 10^{-5}$ mol/L より，$K_{sp}(Mg(OH)_2) < 1.0 \times 10^{-5} \times 10^{-1} \times 10^{-1} = 1.0 \times 10^{-7}$ $(mol/L)^3$

A.3 減少した質量 $1.00 - 0.78 = 0.22$ g が発生した CO_2 と H_2O の質量の合計だから，物質量は $0.24/(40.01+18.02) = 3.8 \times 10^{-3}$ mol

これが元の混合物に含まれていた $NaHCO_3$ だから，その質量は $3.8 \times 10^{-3} \times 2 \times 84.01 = 0.64$ g．

したがって，$(0.64/1.00) \times 100 = 64$ %（質量分率）

A.4 (1) $\dfrac{26.98 \times 2}{26.98 \times 2 + 16.00 \times 3} = 0.5292$

(2) $\dfrac{26.98}{26.98 + (12.01 \times 9 + 1.008 \times 6 + 14.01 + 16.00) \times 3} = \dfrac{26.98}{26.98 + 432.44} = 0.05873$

(3) $\dfrac{39.10}{39.10 + 10.81 + (12.01 \times 6 + 1.008 \times 5) \times 4} = \dfrac{39.10}{39.10 + 319.21} = 0.1091$

(4) $\dfrac{24.31 \times 2}{24.31 \times 2 + 30.97 \times 2 + 16.00 \times 7} = 0.2185$

(5) $\dfrac{30.97}{(14.01+1.008 \times 4) \times 3 + 30.97 + 16.00 \times 4 + (95.96 + 16.00 \times 3) \times 12}$
$= \dfrac{30.97}{1876.62} = 0.01650$

(6) $\dfrac{30.97 + 16.00 \times 4}{(14.01 \times 1 + 1.008 \times 4) \times 3 + 30.97 \times 1 + 16.00 \times 4 + (95.96 \times 1 + 16.00 \times 3) \times 12}$
$= \dfrac{30.97}{1876.62} = 0.05061$

(7) $\dfrac{238.0}{238.0 \times 3 + 16.00 \times 8} = 0.2827$

A.5 試料中の NaCl を x 〔g〕，KCl を y 〔g〕とする．最初の試料の質量について，
$$x+y=2.00 \quad \cdots ①$$
得られた AgCl 沈殿中の Cl^- は各塩に含まれていたから，物質量で表すと，
$$\frac{x}{58.44}+\frac{y}{74.55}=\frac{4.27}{143.32} \quad \cdots ②$$
が成り立つ．①式と②式を連立させて解くと $x=0.80$，$y=1.20$ が得られる．

なお，このような試料の質量と物質量の関係を用いると，沈殿滴定（Cl^- を銀滴定で定量する）でも分別定量が可能である．

第 9 章　溶媒抽出と固相抽出

A.1 （1）求める濃度を x 〔mol/L〕とすると，
$$\frac{C-x}{x}=3.00 \quad \therefore \quad x=\frac{C}{4}$$

（2）n 回目の抽出後の水相中の X の濃度を x_n 〔mol/L〕とすると，
$$\frac{3(C-x_1)}{x_1}=3.00 \quad \therefore \quad x_1=\frac{C}{2}$$
同様にして
$$x_2=\frac{x_1}{2}=\frac{C}{4}, \quad x_3=\frac{x_2}{2}=\frac{C}{8}$$

（3）（1）より（2）の方が水相に残る量が少ない．したがって繰り返し抽出の方が有利である．

A.2 水相には H_2Q^+，HQ，Q^- の 3 つの化学種が存在するため，
$$D=\frac{[HQ]_{org}}{[H_2Q^+]+[HQ]+[Q^-]}$$
$$=\frac{[HQ]_{org}}{[HQ]}\left(\frac{[H^+]}{K_{a1}}+1+\frac{K_{a2}}{[H^+]}\right)$$
$$=\frac{K_D}{\frac{[H^+]}{K_{a1}}+1+\frac{K_{a2}}{[H^+]}}$$

したがって，酸性側から傾き -1，0，1 の 3 本の漸近線を引くことができ，その交点は $(pK_{a1}, \log K_D)=(4.95, 2.21)$ および $(pK_{a2}, \log K_D)=(9.63, 2.21)$ となる．

A.3 （1）$Cu^{2+}+2HTTA_{(org)} \rightleftharpoons Cu(TTA)_{2(org)}+2H^+$

（2）$K_{ex}=K_{D, Cu(TTA)2}\beta_2 K_a^2/K_{D, HTTA}^2$ より，

$$\beta_2 = \frac{K_{ex}K_{D,\,HTTA}{}^2}{K_{D,\,Cu(TTA)_2}K_a{}^2} = 10^{9.17} = 1.5 \times 10^9$$

A.4 (1) $pH_{1/2}$ では $D=1$ となるので，式(9.21)より，
$$\log D = \log K_{ex} + n\log[HR]_{(org)} + n\,pH_{1/2} = 0$$
$$\therefore\quad pH_{1/2} = -\log[HR]_{(org)} - \frac{\log K_{ex}}{n}$$

(2) $pH_{1/2}$ では $D=10$，すなわち $\log D = 1$ となるので，
$$pH_{1/2} = -\log[HR]_{(org)} - \frac{\log K_{ex}}{n} + \frac{1}{n}$$

A.5 C が十分小さいとき，Langmuir 式において $aC \ll 1$ となるため，
$$W = \frac{aW_s C}{1+aC} \approx aW_s C \quad\therefore\quad k = aW_s$$

A.6 $K_{Na}{}^K = \dfrac{[R\text{-}SO_3{}^-K^+][Na^+]}{[R\text{-}SO_3{}^-Na^+][K^+]} = \dfrac{K_H{}^K}{K_H{}^{Na}}$

第10章　電極電位と電位差測定

A.1 すべて NHE 基準に換算すると，A：0.366 V，B：0.370 V，C：0.392 V，D：0.387 V，E：0.379 V であるから，A＜B＜E＜D＜C．

A.2 (1) 電極反応（Ⅰ）$E = E°_{Ag/Ag^+} + \dfrac{RT}{F}\ln[Ag^+]$

電極反応（Ⅱ）$E = E°_{Ag/[Ag(NH_3)_2]^+} + \dfrac{RT}{F}\ln\dfrac{[[Ag(NH_3)_2]^+]}{[NH_3]^2}$

電極反応（Ⅲ）$E = E°_{Ag/AgCl} - \dfrac{RT}{F}\ln[Cl^-]$

(2) 電極反応（Ⅰ）と溶液中での錯生成反応 $Ag^+ + 2NH_3 = [Ag(NH_3)_2]^+$ の両方が平衡状態にあるとき，(Ⅰ) の Nernst 式と $K_f = [[Ag(NH_3)_2]^+]/[Ag^+][NH_3]^2$ より，

$$E = E°_{Ag/Ag^+} + \frac{RT}{F}\ln[Ag^+] = E°_{Ag/Ag^+} + \frac{RT}{F}\ln\frac{1}{K_f}\frac{[[Ag(NH_3)_2]^+]}{[NH_3]^2}$$
$$= \left(E°_{Ag/Ag^+} - \frac{RT}{F}\ln K_f\right) + \frac{RT}{F}\ln\frac{[[Ag(NH_3)_2]^+]}{[NH_3]^2}$$

したがって，$E°_{Ag/[Ag(NH_3)_2]^+} = E°_{Ag/Ag^+} - \dfrac{RT}{F}\ln K_f$

(3) $K_f = \exp\left[\dfrac{F}{RT}\left(E°_{Ag/Ag^+} - E°_{Ag/[Ag(NH_3)_2]^+}\right)\right] = 1.6 \times 10^7 \,(\text{mol/L})^{-2}$

(4) $E°_{Ag/AgCl} = E°_{Ag/Ag^+} + \dfrac{RT}{F}\ln K_{sp}$

$K_{sp} = \exp\left[-\dfrac{F}{RT}\left(E°_{Ag/Ag^+} - E°_{Ag/AgCl}\right)\right] = 1.8 \times 10^{-10} \,(\text{mol/L})^2$

A.3 省略

A.4 (1) $Sb_2O_3 + 6H^+ + 6e^- = 2Sb + 3H_2O$

(2) $E = E°_{Sb/Sb_2O_3} + \dfrac{RT}{6F}\ln[H^+]^6 = E°_{Sb/Sb_2O_3} - \dfrac{2.303RT}{F}\text{pH}$

E は pH が 1 大きくなるごとに 0.0592 V 負にシフトする．

(3) （例）アンチモン電極はガラス電極よりも安定性にやや難があり，試料溶液中の酸やアルカリの種類と濃度によっては Sb_2O_3 が溶解する．ガラス電極では入力抵抗の大きい電圧計が必要であるが，アンチモン電極では一般的な電圧計を用いることができる．

A.5 (1) 領域（I） $E = E°_I + \dfrac{RT}{2F}\ln\dfrac{[Q][H^+]^2}{[H_2Q]} = E°_I - \dfrac{2.303RT}{F}\text{pH}$

領域（II） $E = E°_{II} + \dfrac{RT}{2F}\ln\dfrac{[Q][H^+]}{[HQ^-]} = E°_{II} - \dfrac{2.303RT}{2F}\text{pH}$

領域（III） $E = E°_{III} + \dfrac{RT}{2F}\ln\dfrac{[Q]}{[Q^{2-}]} = E°_{III}$

(2) E は pH が 1 大きくなるごとに領域（I）で 0.0592 V 負にシフト，領域（II）で 0.0296 V 負にシフト，領域（III）では pH に依存しない．

(3) 図参照．原理的には pH 11 付近まで測定可能．ただし実際には pH が高くなるほど溶存酸素による p-ヒドロキノンの酸化の影響が著しくなるので，除酸素を行わない場合は pH 8 程度までが限界である．

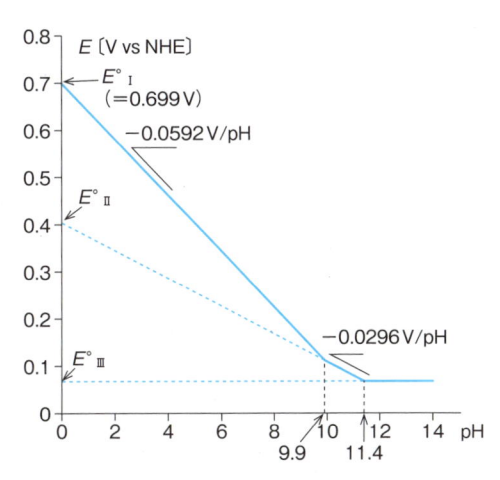

(4) pH5.0

A.6 Cl^- イオンを用いない参照電極系としては，例えばカロメル電極の Hg_2Cl_2 の代わりに Hg_2SO_4 を用いた電極が使用できる．このとき電極電位は SO_4^{2-} イオン濃度に依存するので，内部溶液には K_2SO_4 などが用いられる．他方，通常の SCE や銀 | 塩化銀電極を用いる場合は，液絡を 2 つにしたもの，例えば Ag | AgCl | KCl 溶液 ‖ 濃厚 KNO_3 溶液 ‖ を用いることで試料溶液への Cl^- の混入を防ぐこともできる．NO_3^- イオンも Cl^- イオンと同程度の移動度をもつため，KNO_3 による拡散電位は無視できる．

第 11 章　電気化学分析法

A.1 Cottrell 式より，電流は時間の二乗根に反比例するので 20 秒後となる．拡散層の厚みは，電流に反比例するので，5 秒後の場合の 2 倍の厚みになる．

A.2

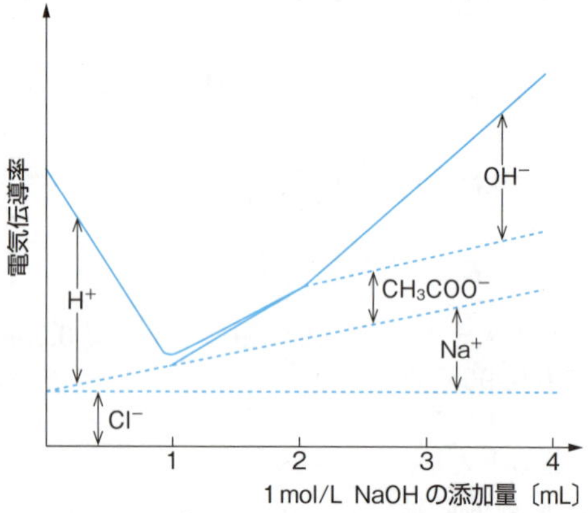
電気伝導率
H+
Cl−
OH−
CH3COO−
Na+
1
2
3
4
1 mol/L NaOH の添加量〔mL〕

A.3 $C = 4 \times 10^{-6} \div (20 \times 10^{-3}) = 2 \times 10^{-4}$ F

A.4 充電電流は電位掃引速度に比例して増加し，ファラデー電流は電位掃引速度の二乗根に比例して増加する．

A.5 ［メリット］

・定常電流なので解析しやすい．

・電流が小さく，液抵抗による電位降下が小さい（高抵抗の溶液でも測定可能）．

・電極が小さいため，局所分析ができる．
・充電電流が小さいため，高速電位掃引ができる．
［デメリット］
・微小な電流を検出するため，ノイズの影響が大きい．

第 12 章　分光化学分析法

A.1 (1) $\nu = \dfrac{c}{\lambda} = \dfrac{2.988 \times 10^8}{10.00 \times 10^{-6}} = 2.988 \times 10^{13}\,\text{Hz} = 29.88\,\text{THz}$

(2) $\tilde{\nu} = \dfrac{1}{\lambda_{\text{cm}}} = \dfrac{1}{3.000 \times 10^{-4}} = 3\,333\,\text{cm}^{-1}$

(3) $E = \dfrac{1\,240}{\lambda_{\text{nm}}} = \dfrac{1\,240}{410} = 3.024\,\text{eV}$

A.2 $\Delta E = E_2 - E_1 = \dfrac{1\,240}{589.0} - \dfrac{1\,240}{589.6} = 2.1052 - 2.1031 = 0.0021\,\text{eV}\,(2\,\text{meV})$

A.3 $-\log T = \varepsilon C l$
$-\log 0.1 = 1.00 \times 10^4 \times C \times 1.00$
$C = 1.00 \times 10^{-4}\,\text{mol/L}$

A.4

濃度×10^{-4}〔mol/L〕	0.00	0.20	0.40	0.60	0.80	1.00
光透過率	1.00	0.66	0.44	0.29	0.19	0.13
吸光度	0.00	0.18	0.36	0.54	0.72	0.90

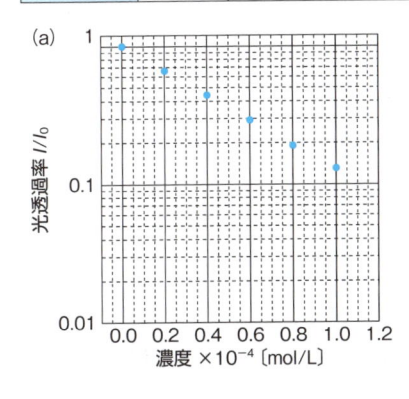

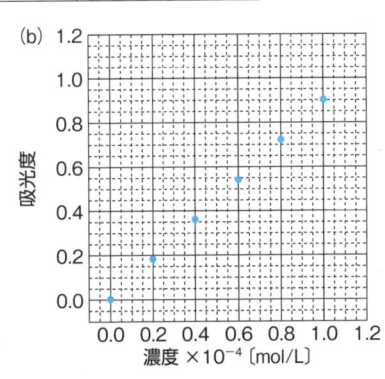

(a) 光透過率 I/I_0 vs 濃度 ×10^{-4}〔mol/L〕

(b) 吸光度 vs 濃度 ×10^{-4}〔mol/L〕

A.5　$x = \dfrac{y - 0.088}{0.283} = 0.456\,\mu\text{mol/L}$

第13章　原子スペクトル分析法

A.1　水素−アルゴンフレームはヒ素，セレンなど，分析波長が200 nm以下の元素を測定する時，空気−アセチレンフレームは一般的に金属元素の分析を行う時，アセチレン−一酸化二窒素フレームはモリブデン，タングステンなど耐火性元素を測定する時に使用する．

A.2　原子吸光分析法では入射光を参照光とし透過光との比を検出しているので，常に強い光を検出している．それに対し，フレーム発光分析法では小さなバックグラウンドの上に観測される発光信号を検出しているので，励起原子の数が10^{-5}と少なくてもS/Nよく検出されるため．

A.3　・分光干渉…共存元素による幅広い吸収（分子吸収または散乱）によりベースラインがかさ上げされる．
　　　　対策1：分析線近傍でのバックグラウンド吸収を測定して補正する（ゼーマン分裂または高電圧中空陰極ランプを使用）．
　　　　対策2：重水素放電管（やタングステンランプなど）の連続光源を用いて同一波長でのバックグラウンド吸収を測定して差し引く．
　　・イオン化干渉…Na，Kなどのイオン化しやすい元素が共存すると目的となる元素のイオン化が抑制されて元素の感度が変化する（イオン化率の変化）．
　　　　対策1：検量線用溶液と試料にRb，Csを過剰に加えておく．
　　　　対策2：検量線用溶液に共存元素を加えておく（マトリックスマッチング）．
　　　　対策3：内標準法を用いて対処する．
　　・化学干渉…フレーム中で難解離性化合物が生成し，原子化率を変化させる．
　　　　対策1：Srやランタンの高濃度溶液を添加したり，EDTAの高濃度溶液を添加して対処する．
　　　　対策2：一酸化二窒素−アセチレンのような高温フレームを用いる．
　　　　対策3：燃料を過剰にして還元炎を利用する．
　　　　対策4：標準添加法を用いて対処する．
　　・物理干渉…試料の粘性が変化して試料導入効率が変化したり，装置のドリフト（フレームの温度変化など）により原子化効率が変化する．

対策1：内標準法を用いて対処する．

A.4 ICPの中ではNaやKなどのアルカリ金属は99％以上がイオン化されており，基底状態の原子の数が少ない．また，NaおよびKの原子イオンには強い発光線がない．それに対し，Mgなどのアルカリ土類金属には原子イオンによる強い発光線があるため．

A.5 ① 試料中には含まれていない元素
② 分析目的元素と似た化学的挙動をする元素
③ 分析線の波長が近い元素

A.6 内標準法：試料と検量線用標準溶液に一定濃度の内標準元素を加えておき，分析目的元素と内標準元素との信号強度比を測定して定量する．
標準添加法：試料に既知濃度の分析目的元素を添加して，信号の増加量から添加前の分析目的元素の濃度を求める．

A.7 四重極質量分析計：一般的な低分解能でよい場合．
二重収束型質量分析計：スペクトル干渉が問題となるため高分解能が必要となる場合．
多重検出器型質量分析計：同位体比の精密測定．

A.8 ICP質量分析法で問題となる干渉には，スペクトル干渉と非スペクトルがある．スペクトル干渉とは分光干渉のことであり，分析目的イオンと質量の同じ多原子イオンや同重体イオンが重なる事によって起こる干渉である．非スペクトル干渉とは物理干渉，化学干渉，イオン干渉など分析試料中に含まれるマトリックス（主成分）によって引き起こされる干渉である．

A.9 ① 補正式を用いる．
② シールドトーチとクールプラズマを用いる．
③ 分解能の高い二重収束型質量分析装置を用いる．
④ コリジョン・リアクションセルを用いる．

第14章　質量分析

A.1 0.1452テスラ（1452ガウス）

$\dfrac{m}{z} = \dfrac{4.825 \times 10^3 B^2 r^2}{V}$ より，m/z に 205.974，V に 1 000，r に 45 を代入して B を求める．

A.2 $[\mathrm{Al}_{13}\mathrm{O}_9(\mathrm{OH})_{19}(\mathrm{H}_2\mathrm{O})_n]^{2+}$：$n=1$　m/z 418，$n=2$　m/z 427
$[\mathrm{Al}_{13}\mathrm{O}_4(\mathrm{OH})_{28}(\mathrm{H}_2\mathrm{O})_n]^{3+}$：$n=1$　m/z 303，$n=2$　m/z 309
整数表記で，Al：27，O：16，H：1 として計算すれば，最大ピークの m/z が求まる．
例えば，$[\mathrm{Al}_{13}\mathrm{O}_9(\mathrm{OH})_{19}(\mathrm{H}_2\mathrm{O})_n]^{2+}$：$n=1$ については，$(27\times 13 + 16\times 29 + 21)/2 = 418$ となる．

A.3 m/z が 70，72，74 のところに強度比が 0.57：0.37：0.06 となる形でピークが現れる．
Cl_2^+ は $^{35}\mathrm{Cl}^{35}\mathrm{Cl}$（$m/z$ 70），$^{35}\mathrm{Cl}^{37}\mathrm{Cl}$（$m/z$ 72），$^{37}\mathrm{Cl}^{37}\mathrm{Cl}$（$m/z$ 74）の 3 通りの同位体の組み合わせがある．強度比はそれぞれ，0.755^2，$2\times 0.755 \times 0.245$，$0.245^2$ となる．

A.4 EI：GC の場合，基本揮発性物質を取り扱うため，気相でのイオン化を行う EI が最適である．

第 15 章　クロマトグラフィー

A.1 LC パラメーターの計算

(1)　$N_1 = 6.28 \times (9.78 \times 60 \times 25.0 \div 750)^2 = 2.40 \times 10^3$

(2)　$N_2 = 6.28 \times (10.98 \times 60 \times 22.8 \div 768)^2 = 2.40 \times 10^3$

(3)　$H_1 = 15.0 \div (2.40 \times 10^3) = 6.25 \times 10^{-3}\,\mathrm{cm}$

(4)　$H_2 = 15.0 \div (2.40 \times 10^3) = 6.25 \times 10^{-3}\,\mathrm{cm}$

(5)　$k_1 = 9.78 \div 1.00 - 1 = 8.78$

(6)　$k_2 = 10.98 \div 1.00 - 1 = 9.98$

(7)　$\alpha = 9.98 \div 8.78 = 1.13_6 = 1.14$

(8)　$R_\mathrm{s} = (\alpha - 1) k_\mathrm{av} (N^{\frac{1}{2}}) \div \{2(\alpha+1)(1+k_\mathrm{av})\} = 1.42$

　　　($\because$　$k_\mathrm{av} = 9.38$)

Answer

A.2 多段抽出

(1)

	A	B	C	D	E	F	G
1	抽出回数		分液漏斗	分液漏斗	分液漏斗	分液漏斗	分液漏斗
2			No.1	No.2	No.3	No.4	No.5
3	1		10000	0	0	0	0
4	2		5000	5000	0	0	0
5	3		2500	5000	2500	0	0
6	4		1250	3700	3750	1250	0

	A	B	C	D	E	F	G
1	抽出回数		分液漏斗	分液漏斗	分液漏斗	分液漏斗	分液漏斗
2			No.1	No.2	No.3	No.4	No.5
3	1		40000	0	0	0	0
4	2		10000	30000	0	0	0
5	3		2500	15000	22500	0	0
6	4		625	5625	16875	16875	0

(2) 表 15.4 (D5)　　　= C4 * 0.5 + D4 * 0.5
　　表 15.5 (D5)　　　= C4 * 0.75 + D4 * 0.25

(3)

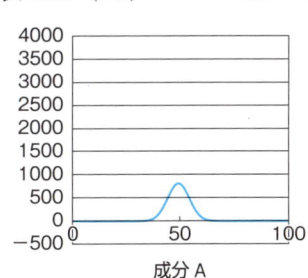

成分 A

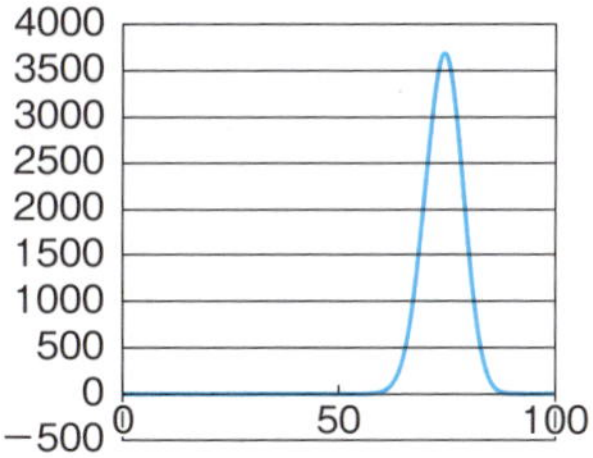

成分 B

A.3

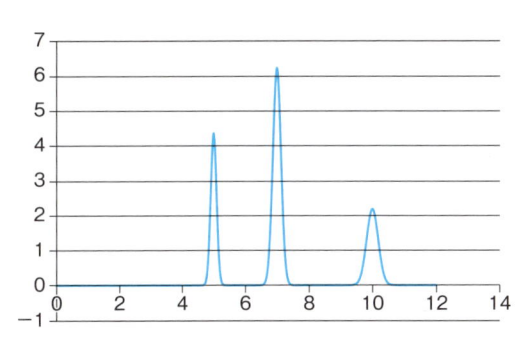

A.4

$N_1 = N_2 = N$ より,

$$W_1 = \frac{t_{R1}}{t_{R2}} W_2 \quad \cdots ①$$

$$W_2 = \frac{4t_{R2}}{\sqrt{N}} \quad \cdots ②$$

①式, ②式より,

$$R_S = \frac{2(t_{R2}-t_{R1})}{W_1+W_2} = \frac{2(t_{R2}-t_{R1})}{W_2\frac{t_{R1}+t_{R2}}{t_{R2}}} = \frac{2(t_{R2}-t_{R1})}{\frac{4t_{R2}}{\sqrt{N}} \cdot \frac{t_{R1}+t_{R2}}{t_{R2}}}$$

$$= \frac{t_{R2}-t_{R1}}{2(t_{R1}+t_{R2})} \cdot \sqrt{N} = \frac{t_M(k_2-k_1)}{2t_M(k_1+k_2+2)} \cdot \sqrt{N}$$

$$= \frac{k_2-k_1}{2(k_1+k_2)} \cdot \frac{k_1+k_2}{k_1+k_2+2} \cdot \sqrt{N}$$

$$= \frac{\alpha-1}{2(1+\alpha)} \cdot \frac{2k_{av}}{2k_{av}+2} \cdot \sqrt{N}$$

$$= \frac{\alpha-1}{2(\alpha+1)} \cdot \frac{k_{av}}{k_{av}+1} \cdot \sqrt{N} \quad (15.7)$$

$$W_2 = \frac{4t_{R2}}{\sqrt{N_2}} = \frac{4t_M(1+k_2)}{\sqrt{N_2}} \quad \cdots ③$$

$$t_{R1} = t_M(1+k_1) = t_M(1+k_2/\alpha) \quad \cdots ④$$

$$t_{R2} = t_M(1+k_2) \quad \cdots ⑤$$

③式, ④式, ⑤式および $W_1 = W_2$ より,

$$R_s = \frac{2(t_{R2}-t_{R1})}{W_1+W_2} = \frac{2t_M k_2(1-1/\alpha)}{8t_M(1+k_2)/\sqrt{N_2}}$$

$$= \frac{\alpha-1}{4\alpha} \cdot \frac{k_2}{1+k_2} \cdot \sqrt{N_2} \quad (15.11)$$

第16章 ガスクロマトグラフィー

A.1 流路が単一であること,カラム内径や固定相膜厚を小さくできること,およびカラムを長く設計できること.詳しくは278ページを参照.

A.2 理論段数 (N) の式, $N=16(t_r/W)^2$ に,保持時間 (t_r) 28.5 分とピーク幅 (W) 0.300 分を代入する.$N=16(28.5/0.300)^2=14.4\times10^4$.また,理論段高さ ($H$) の式, $H=L/N$ にカラム長さ (L) 30 m と理論段数 (N) 14.4×10^4 を代入して,$H=30/14.4\times10^4=0.208$ mm

Answer

A.3 脂肪酸メチル標準試料の炭素数と調整保持時間の対数をプロットすると，右図のような直線関係が得られる．このグラフに未知試料の調整保持時間の対数（1.32）を内挿すると炭素数 13 が得られる．

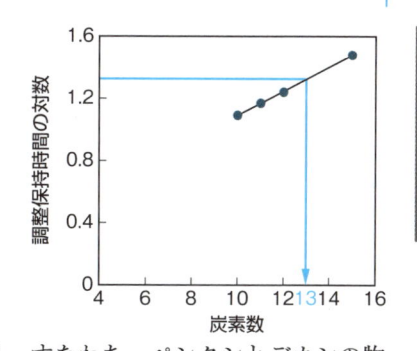

A.4 各々の化合物についての相対モル感度の比の値で，面積の相対値を除することによって，両者の物質量比が計算できる．すなわち，ペンタンとデカンの物質量比は，(1/1)：(4/2) = 1：2

A.5 いずれのイオン化法も，イオン化の前に予め試料成分を気化する必要があるため，もともと気体を移動相として用いる GC との接続が容易である．

第17章　液体クロマトグラフィーと電気泳動

A.1 2つの有機酸が疎水性の高い固定相に保持されないことから，移動相の極性を上げれば，固定相に保持される可能性がある．したがって，アセトニトリル分率を下げる（または勾配溶離で移動相組成を変える）．さらに，2つの物質は酸解離して親水性が高くなり，RPLC で保持されなかった可能性がある．よって，移動相 pH を変化させる（下げる）ことも有効である可能性がある．また，有機酸が酸解離して陰イオンを形成していれば，四級アンモニウムなどを移動相に添加して，イオン対分配クロマトグラフィーでも分離できる可能性がある．

A.2 HPLC の利点は，GC では適用できない不揮発性の試料や熱的に不安定な物質に対して適用可能である点である．一方，GC の利点は，HPLC に比べて高速な分離法であり，単純で安価な装置構成などがあげられる．

A.3 (1) RPLC, MEKC　(2) EC, CZE　(3) SDS-PAGE（PAGE）（その他の方法では，前処理なしではカラムが詰まる可能性がある）　(4) RPLC, SEC（GFC），MEKC

A.4 van Deemter の式（式(15.5)）の第2項と式(15.4) を考えると，
$$H = \frac{2D}{u} = \frac{L}{N}$$

である．L はキャピラリー長である．ここで u は溶質の移動速度に相当するので，式（17.7）より以下の式が得られる．

$$u = (\mu_{ep} + \mu_{eo})E = (\mu_{ep} + \mu_{eo})\frac{V}{L}$$

この2式を組み合わせて，

$$N = \frac{uL}{2D} = \frac{(\mu_{ep} + \mu_{eo})V}{2D}$$

この式から CZE での理論段数は EOF と溶質の移動度の和および印加電圧に比例し，また，拡散係数の逆数に比例することが分かる．

A.5 HPLC と CE では分離原理が異なるので，違った分離選択性が得られる可能性がある．CE は HPLC よりも1桁から2桁高い理論段数が得られる．また，一般に CE は HPLC よりも高速であり，必要とする試料量は CE では HPLC よりも少なくてすむ．一方，試料導入体積が大きく異なり（HPLC：μL～mL，CE：nL），CE では導入する物質量が少ないため，CE は HPLC よりも検出感度が100倍近く低くなる．また，導入体積の違いや導入法の違いが原因で，HPLC の方がピーク検出の再現性が高い（例えば，ピーク面積の相対標準偏差は一般に HPLC で1～3％以下，CE で3～5％以下である）．

第18章　局所分析　—顕微分析・表面分析—

A.1 $NA = n\sin\theta$ より，$NA = 1.4 \cdot 0.87 = 1.2$
回折限界 $= 0.61\lambda/NA = 0.61 \times 500 \div 1.2 = 250$ nm

A.2 液晶状態では分子が配向しているが，向きは場所によってまちまちなので明暗が入り乱れた像を与える．この像の様子から液晶相を区別できる．一方，液体状態では等方的なので一様な像になる．

A.3 10kV で加速した電子の運動エネルギーは 1.0×10^4 eV なので，6.25×10^{-16} J となる．運動エネルギーは $p^2/2m$ なので，運動量 $p = 3.4 \times 10^{-23}$ kg·m/s．したがって，ド・ブロイ波長は，4.1×10^{-11} m $= 0.04$ nm となり，ボーア半径よりも小さくなる．

A.4 重金属イオンを含む溶液が乾固した部分では電子密度が大きいので電子が透過しにくくなる．そのため，試料部分で相対的に電子が透過しやすくなり，像が反転して得られる．

A.5 流れる電気量は $2 \times 10^{-3} \times 0.8 \times 10^{-9} = 1.6 \times 10^{-12}$ C なので，10^7 個．μs オーダーの測定では，電子数が1万個程度になるので，このあたりが測定速度の限界となる．

第19章　構造分析法

A.1 エネルギー E と振動数 ν，光速 c と波長 λ の関係：$E = h\nu$，$c = \lambda\nu$ から ν を消去すると，$E\lambda = hc$ を得る．エネルギー E は eV 単位では，$E = eV$ だから，$eV \cdot \lambda = h\nu$ となるので，$V \cdot \lambda = hc/e$．プランク定数 h，光速度 c，電気素量 e を代入すると，$V\,[\mathrm{keV}] \cdot \lambda\,[\mathrm{Å}] = 12.4$ となるので，$12.4 \div 1.54 = 8.05$ keV

A.2 $2d\sin\theta = \lambda$ に $2d$ と λ を代入すると，$\theta = 22.6°$，したがって $2\theta = 45.3°$．$2d\sin\theta = 2\lambda$ の時には，$2\theta = 100.9°$

A.3 $2\theta = 25.0°$ だから，$\theta = 12.5°$．したがって，$2d\sin 12.5° = 1.54$ Å．$d = 3.56$ Å を得る．

A.4 式(19.6)の $h/\lambda = m\nu$ から $\nu = h/m\lambda$ を得るので，これを式(19.5)に代入すると，$E = (1/2)m(h/m\nu)^2$．したがって，$\lambda = h/\sqrt{2mE}$

A.5 中性子の質量は水素原子とほぼ同じだから，$1/(6.02 \times 10^{23}) = 1.66 \times 10^{-24}$ g $= 1.66 \times 10^{-27}$ kg．式(19.5)において $0.124 \times 1.6 \times 10^{-19} = 1/2 \times 1.66 \times 10^{-27} \times \nu^2$ なので，$\nu = 4\,900$ m/s を得る（**Q4** の結果を用いて ν をあらたに求めずに計算してもよいが，熱中性子の速度がどのくらいか知るために，わざわざ数値を出してみた）．式(19.6)を用いて，$\lambda = h/m\nu = 6.6 \times 10^{-34}/(1.66 \times 10^{-27} \times 4\,900) = 0.81$ Å．式(19.9)により $T = 950$ K．電磁波の場合，0.124 eV のエネルギーをもつ光子の波長は 10^5 Å で赤外線に相当する．

A.6 式(19.10)より，$\sqrt{150/500} = 0.55$，したがって $\lambda = 0.55$ Å

A.7 単位格子中の j 番目の原子座標を (x_j, y_j, z_j) とすれば，その位置ベクトルは，$\mathbf{r}_j = x_j\mathbf{a} + y_j\mathbf{b} + z_j\mathbf{c}$ である．これと $\mathbf{h} = h\mathbf{a}^* + k\mathbf{b}^* + l\mathbf{c}^*$ とから，

$$F(\mathbf{h}) = \sum_{j=1}^{n} f_j(\mathbf{h}) \exp(2\pi i \mathbf{h} \cdot \mathbf{r}_j)$$

$$= \sum_{j=1}^{n} f_j(\mathbf{h}) \exp\{2\pi i(hx_j + ky_j + lz_j)\}$$

ここで n は単位格子中の原子数，f_j は j 番目の原子の原子散乱因子，$\mathbf{a}$，$\mathbf{b}$，

$\mathbf{c}$ は実格子の基本ベクトル，$\mathbf{a}^*$, $\mathbf{b}^*$, $\mathbf{c}^*$ は逆格子の基本ベクトルで，例えば，$\mathbf{a}^* = 2\pi \dfrac{\mathbf{b} \times \mathbf{c}}{\mathbf{a} \cdot (\mathbf{b} \times \mathbf{c})}$ などの関係がある．

Si 単結晶はダイヤモンド型結晶なので，

$$F(\mathbf{h}) = \sum_{j=1}^{n} f_j(\mathbf{h}) \exp\{2\pi i (hx_j + ky_j + lz_j)\}$$

$$= 4f\{1 + e^{\frac{\pi}{2}i(h+k+l)}\}$$

$$= \begin{cases} 8f & h+k+l = 4m \text{ で } h, k, l \text{ がすべて偶数または奇数} \\ (1+i)4f & h+k+l = 4m+1 \text{ で } h, k, l \text{ がすべて偶数または奇数} \\ 0 & h+k+l = 4m+2 \text{ で } h, k, l \text{ がすべて偶数または奇数} \\ & (m = 0, \pm 1, \pm 2, \cdots) \\ 0 & h, k, l \text{ に偶数と奇数が混ざっている} \end{cases}$$

以上から，例えば（222）反射が 0 になることが分かる．

第20章 熱分析法

A.1 DSC 測定ではピークが不明瞭であった場合，試料を薄く広く試料容器に充填し，試料容器への密着性をよくするとよい．ピークが小さい場合は昇温速度を上げると見やすくなるが，隣接するピークの分離は難しくなる．DSC の縦軸は単位時間当たりの熱の出入り（$W = J/s$）であるので，転移の際の熱量は変化しないため転移温度を通過する時間が短くなるためである．また試料量を増やすと転移に伴う熱量が大きくなるが，同様に隣接するピークの分離は難しくなる．

A.2 20.2.1 項および図 20.1 参照．

A.3 （1） Al の融点は 660℃であるため 600℃以下の測定に用いる．Al は融解すると，一般に TG のホルダーの材質である Pt と合金を形成し，ホルダーから外れなくなる．
（2） 20.3.3 項参照．

A.4 （1） 昇温速度は測定目的に応じて選択する．
（2） 装置の保護に加えて測定中一定の雰囲気で測定するため，一般にパージガスを流して測定する．

A.5 DSC では試料が厚いと試料の底面と上部で温度分布が生じる．測温部は試

料容器底面部分であるため，試料の厚さをできるだけ薄くして，試料内部の温度分布が生じない条件で測定することが望ましい．

第21章　生物学的分析法

A.1 試料のDNAにプライマーを加え，4種のdNTPに加えて，ddNTPを少量含んだ反応液でDNAの複製反応を行う．dNTPが結合していくときDNAは伸長していくが，ddNTPが結合するとこれは次のヌクレオチドが結合する3′末端のヒドロキシ基をもっていないため，DNAポリメラーゼは，ddNTPから鎖を伸長させることはできず伸長反応は停止する．すべての配列で，ddNTPが入る可能性があるので，すべての位置で合成が止まった断片の混合物が得られる．

A.2 5′CGTAGC3′

A.3 EAQDK．b系列をみていくと，b1イオンとb2イオンの差は，71.03でアミノ酸残基質量の表からA，b3イオンとb2イオンの差は128.05でQ，b4イオンとb3イオンの差は115.02でD，b5イオンとb4イオンの差は128.09でKとなる．すなわち，N末端から2番目のアミノ酸からAQDKと分かる．一方，y系列はy5イオンとy4イオンの差が129.04でE，y4イオンとy3イオンの差が71.03でA，y3イオンとy2イオンの差が128.05でQ，y2イオンとy1イオンの差が115.02でDとなり，N末端からEAQDとなる．b系列とy系列の両方の情報から，配列はEAQDKとなる．

A.4 マイクロタイタープレートのウェルの壁面に「捕捉抗体」を吸着させる．続いて固相の空いている面積を埋めるようにブロッキング用のタンパク質を吸着させる．そこに目的とする抗原を含む溶液を加える．固定抗体に抗原が結合する．「認識抗体」を抗原に結合させる．そこに「標識抗体」を加え，認識抗体に結合させ，過剰の標識抗体を洗い流した後に結合した標識抗体を検出することで抗原を定量する．

A.5 化学発光は極めて高感度であるのが利点である．蛍光法などでは光源光の散乱など目的以外の光が測定を妨害してしまうが，化学発光法では，目的とする発光のみが放出されるため，極微弱な発光でも測定が可能である．また，励起光がいらないので，装置が小型化することも利点である．

第22章　分析値の評価

A.1 58 mL. この場合の有効数字は，最小桁が大きいもので決まる．

A.2 平均値：4.91 µg/mL
$(5.41 + 3.84 + 4.50 + 5.60 + 5.52 + 4.60) \div 6 = 4.91$
標準偏差：0.71 µg/mL
$\sqrt{(5.41-4.91)^2 + (3.84-4.91)^2 + (4.50-4.91)^2 + (5.60-4.91)^2 + (5.52-4.91)^2 + (4.60-4.91)^2} \div 5 = 0.71$

A.3 信頼区間は，以下のように表される．
$$\bar{x} - t\frac{s(x)}{\sqrt{n}} < \mu < \bar{x} + t\frac{s(x)}{\sqrt{n}}$$

Q.2 では，平均値 $\bar{x} = 4.91$，標準偏差 $s(x) = 0.71$，測定数 $n = 6$
自由度は $n-1$ であるから，自由度が5であるときの t 値を求めると，表22.1 より 2.57 であるので，
$2.57 \times 0.71 \div \sqrt{6} = 0.74$
$4.91 - 0.74 = 4.17$
$4.91 + 0.74 = 5.65$
$4.17 < \mu < 5.65$

A.4 平均値 $\bar{x} = 9.51$ mg/g，標準偏差 $s(x) = 0.22$ mg/g，測定数 $n = 3$
$$t = \frac{|\bar{x} - \mu_0|}{\frac{s(x)}{\sqrt{n}}} = \frac{9.51 - 10.0}{0.22 \div \sqrt{3}} = 3.92$$

自由度 ($n-1$) が2の場合，t 分布表（表22.1）から得られる値は 4.30 であり，3.92 より大きい．
よって，測定結果と目標値に差があるとはいえない．

A.5 平均値は 2.64 mg/g，標準偏差は 0.39 mg/g と計算される．
3.25 mg/g という測定値について検定する．
Grubbs の統計量：$G_p = (x_p - \bar{x})/s = (3.25 - 2.64) \div 0.39 = 1.54$
表22.2 より，$n = 5$ の場合の有意水準5%の棄却限界値は，1.715．
よって，異常値ということはできない．

索　　引

ア　行

アイソクラチック溶離	291
アクア錯体	76
アスピリン	327
アスベスト	327
アナターゼ	326
アナログ方式	230
アフィニティークロマトグラフィー	298
アルカリ	34
アルカリ誤差	156
アルカリ性	36
アルゴン – 水素フレーム	212
アンチモン電極	157
安定度定数	77
アンミン錯体	100
イオン移動度	163
イオン会合抽出	129
イオン化干渉	214
イオン強度	27
イオンクロマトグラフィー	295
イオン交換基	132
イオン交換クロマトグラフィー	294
イオン交換樹脂	132
イオン交換体	132
イオン交換平衡	136
イオン選択性電極	153
イオン直径パラメーター	27
イオン対	129
イオン対クロマトグラフィー	294
イオン独立移動の法則	166
イオントラップ型	247, 252
位相差顕微鏡	311
1塩基多型	359
一次標準物質	29
一酸化二窒素 – アセチレンフレーム	212
移動相	288
移動相と固定相の物性による分類	266

移動相の状態による分類	264
イムノアッセイ	369
色収差	311
陰イオン交換体	135
インターフェログラム	198
ウエスタンブロッティング	374
運動量保存則	321
泳　動	301
液間電位差	150
液体クロマトグラフィー	288
液　絡	150
エシェル分光器	227
エチレンジアミン四酢酸	81
X　線	181
X 線回折	320
エリオクロムブラック T	86
エレクトロスプレーイオン化	240
塩	38
塩基解離定数	37
塩　橋	151
オキソニウムイオン	34
汚　染	9, 10, 116
オームの法則	162

カ　行

開口数	311
回収率	14
海　水	97
回折限界	311
回折格子	195
回折格子分光器	223
外部検量線法	209
ガウス曲線	270
化学イオン化	240
化学イオン化法	286

433

索　引

化学干渉 …………………………………… 214
化学形 ……………………………………… 110
化学形態別分析 …………………………… 234
化学的酸素要求量 ………………………… 69
化学平衡 ……………………………… 23, 25
化学量論 …………………………………… 22
拡散層の厚さ ……………………………… 171
拡散電位 …………………………………… 150
核散乱断面積 ……………………………… 330
拡張ヤブロンスキー図 …………………… 184
確定誤差 …………………………………… 15
可視光線 …………………………………… 181
ガスクロマトグラフィー ………………… 276
偏　り ……………………… 9, 15, 378, 381
活性電極 …………………………………… 147
活　量 ……………………………………… 26
活量係数 ……………………………… 26, 97
過飽和 ……………………………………… 114
ガラス電極 ………………………………… 154
ガラスフィルター ………………………… 119
カラム法 …………………………………… 132
過冷却現象 ………………………………… 115
乾式灰化 …………………………………… 11
緩衝液 ……………………………………… 40
γ 線 ……………………………………… 181

機器分析法 ………………………………… 13
棄却検定 …………………………………… 386
希　釈 ……………………………………… 23
基準振動 …………………………………… 192
基準分析法 ………………………………… 13
基底状態 …………………………………… 207
規定度 ……………………………………… 24
軌道角運動量 ……………………………… 326
逆相分配クロマトグラフィー …………… 293
逆滴定 ………………………………… 30, 105
キャピラリーゾーン電気泳動 …………… 306
キャピラリー電気泳動法 ………… 302, 304
吸光度 ……………………………………… 186
吸着クロマトグラフィー ………………… 294
吸着層 ……………………………………… 116
吸着等温式 ………………………………… 134
共存イオン効果 …………………………… 26
共通イオン効果 ……………………… 25, 111
共鳴線 ……………………………………… 211
共役酸塩基対 ……………………………… 35

キラルクロマトグラフィー ……………… 298
キレート …………………………………… 81
キレート化合物 …………………………… 81
キレート効果 ……………………………… 81
キレート錯体 ……………………………… 81
キレート試薬 ……………………………… 81
キレート樹脂 ……………………………… 132
キレート抽出 ……………………………… 127
キレート滴定 ……………………………… 84
キレート配位子 …………………………… 81
銀｜塩化銀電極 …………………………… 149
金属指示薬 ………………………………… 86
キンヒドロン電極 ………………………… 157

空気−アセチレンフレーム ……………… 212
空試験 ……………………………………… 13
偶然誤差 …………………………………… 15
クォーク …………………………………… 329
屈折率 ……………………………………… 311
クラスター ………………………………… 115
繰り返し性 ………………………………… 16
繰り返し精度 ……………………………… 16
グルーオン ………………………………… 329
クロマトグラフィー ……………………… 260

蛍　光 ……………………………………… 185
蛍光試薬 …………………………………… 89
形　式 ……………………………………… 146
系統誤差 ……………………………… 9, 15
結晶運動量 ………………………………… 321
結晶構造 …………………………………… 116
結晶構造因子 ……………………………… 324
結晶表面積 ………………………………… 116
ゲノミクス ………………………………… 364
ゲル浸透クロマトグラフィー …………… 296
ゲル電気泳動法 …………………………… 302
ゲルろ過クロマトグラフィー …………… 296
原子吸光分析装置 ………………………… 209
原子散乱因子 ……………………………… 323
原子単位 …………………………………… 323
原子の引力ポテンシャル ………………… 332
原子ポテンシャル ………………………… 332
検出限界 …………………………………… 390
原子量 ……………………………………… 22
検量線 ……………………………………… 13

434

Index

光学顕微鏡……………………………… 311
項間交差……………………………… 185
交換容量……………………………… 136
高速液体クロマトグラフィー……… 289
高速原子衝撃………………………… 240
酵素免疫測定法……………………… 373
光電子増倍管………………………… 224
勾配溶離……………………………… 291
恒　量………………………………… 119
誤　差………………………… 15, 378, 381
固相抽出………………………… 122, 131
コットレル式………………………… 170
固定相………………………………… 288
コリジョン・リアクションセル…… 231
コールラウシュの平方根則………… 165
コールラウシュブリッジ…………… 163
混成電位……………………………… 149

サ 行

サイクリックボルタンメトリー… 162, 172
再現性………………………………… 16
最小二乗法…………………………… 388
サイズ排除クロマトグラフィー…… 296
再沈殿………………………………… 116
ザイデル収差………………………… 311
錯イオン……………………………… 76
錯陰イオン…………………………… 98
錯　体………………………………… 76
サプレッサー………………………… 295
作用電極……………………………… 143
サロゲート…………………………… 14
酸……………………………………… 34
酸塩基滴定…………………………… 48
酸解離定数…………………………… 37
酸化還元対…………………………… 62
酸化還元滴定………………………… 61, 62
酸化還元電位……………… 61, 63, 145, 146
酸化還元電極………………………… 144
サンガー法…………………………… 354
三座配位子…………………………… 81
参照電極……………………………… 143
酸　性………………………………… 36
サンプリングコーン………………… 230
紫外線………………………………… 181

磁気散乱振幅………………………… 330
式量電位……………………………… 176
シークエンスタグ法………………… 366
軸方向観測…………………………… 228
自己プロトリシス…………………… 35
示差走査熱量計……………………… 346
示差走査熱量測定…………………… 338
示差熱分析…………………………… 338
示差熱分析装置……………………… 346
指示電極……………………………… 143
指示薬………………………………… 50
四捨五入……………………………… 383
四重極型………………………… 247, 250
四重極質量分析計…………………… 229
実験標準偏差…………………………14, 16
湿式灰化……………………………… 11
質量保存……………………………… 37
質量保存の法則……………………… 23
質量モル濃度………………………… 22
自動バックグラウンド補正………… 214
弱塩基………………………………… 37
弱　酸………………………………… 37
集中法………………………………… 327
終　点…………………………………29, 49
充填カラム…………………………… 277
充填剤………………………………… 289
充電電流……………………………… 160
重量分析……………………………… 31
重量分析係数………………………… 31
純粋な沈殿…………………………… 114
順相分配クロマトグラフィー……… 293
条　件………………………………… 146
条件生成定数……………………… 83, 100
焦点距離……………………………… 311
消滅則………………………………… 324
真　度………………………………… 14
信頼区間………………………………14, 385
信頼限界………………………………14, 385

水酸化物……………………………… 98
水素炎イオン化検出器……………… 279
水平化効果…………………………… 36
スキマーコーン……………………… 230
スタチック（静的）SIMS…………… 317
ストークスの法則…………………… 166
ストークス半径……………………… 167

435

索　引

スニップ	359
スパッタリング	317
スピン角運動量	326
スペクトル	182
スペクトルバンド幅	224
スペシエーション分析	7
スラブゲル電気泳動	303
精確さ	15, 378
生成定数	77
精度	14
赤外活性	191
赤外線	181
積分強度	326
接眼レンズ	310
接触モード	316
絶対誤差	15
セル定数	164
全安定度定数	78
遷移	181
扇形磁場型	247, 248
全酸解離定数	41
全生成定数	78
選択係数	136
選択スパッタリング効果	318
選択性	6
全濃度	23
千分率	23
栓流	306
相関係数	389
双極子モーメント	191
相互作用の種類による分類	265
走査型電子顕微鏡	311
相対的過飽和度	115
相対標準偏差	383
層流	306
損失	9, 10, 14

タ　行

耐火性元素	212
大気圧化学イオン化	240
ダイクロイックミラー	312
帯電状態	105
ダイナミック（動的）SIMS	317
対物レンズ	310, 311
多塩基酸	41
多原子イオン	230
多座配位子	81
多段抽出	260
単座配位子	81
炭酸塩	98
逐次安定度定数	78
逐次酸解離定数	41
逐次生成定数	78
逐次掃引型分光器	224
チャンネルトロン	230
中空陰極ランプ	210
中空キャピラリーカラム	277
抽出	122
抽出定数	129
抽出百分率	124
抽出平衡	129
中性	36
中和	48
超臨界流体クロマトグラフィー	298
直読式分光器	225
沈殿	94
沈殿速度	94
低エネルギー電子線回折	332
低温プラズマ	231
抵抗	162
ディスクゲル電気泳動	303
定性分析	2, 6
定電位クーロメトリー	172
定量下限	390
定量分析	2, 6
滴定	29
滴定曲線	48, 85, 101
電極	140
電位決定反応	149
電位差測定	139
電位差滴定	156
電荷	160
展開	299
電解質	26
電解電流	160
電気移動度	301
電気泳動法	301

電気化学セル……………………………… 143
電気浸透流………………………………… 306
電気的加熱原子化法……………………… 216
電気的中性…………………………… 36, 37
電気伝導度………………………………… 295
電気伝導率………………………………… 163
電気二重層………………………………… 306
電極電位…………………………………… 141
電極反応…………………………………… 140
電極表面積………………………………… 160
電気量……………………………………… 160
電子イオン化……………………………… 240
電子イオン化法…………………………… 286
電子数……………………………………… 160
電子線回折………………………………… 332
電磁波……………………………………… 180
電子密度分布……………………………… 323
電析………………………………………… 112
電池………………………………………… 143
電流密度…………………………………… 160

同位体比測定……………………………… 233
透過型電子顕微鏡………………………… 311
等角反射…………………………………… 322
透過電子顕微鏡…………………………… 333
等吸収点…………………………………… 190
当量…………………………………………… 24
当量点………………………………………… 29
当量点電位…………………………………… 64
ドデシル硫酸ナトリウム−ポリアクリルアミドゲル
　電気泳動……………………………… 303
ド・ブロイ波長…………………………… 330
トレーサビリティー………………………… 16

ナ　行

内標準元素………………………………… 219
内標準法…………………………………… 219

二座配位子…………………………………… 81
二次イオン化……………………………… 240
2次電子増倍管…………………………… 230
二重収束型質量分析計…………………… 232
認証標準物質………………………… 14, 16

熱重量測定………………………………… 338

熱重量測定装置…………………………… 340
熱伝導度検出器…………………………… 280
熱電離（表面電離）……………………… 240
熱力学的平衡定数………………………… 27

ハ　行

配位………………………………………… 76
配位結合…………………………………… 76
配位子……………………………………… 76
配位数……………………………………… 76
ハイゼンベルグの不確定性原理………… 321
パイロシークエンス法…………………… 357
パイロリティック・グラファイト……… 331
薄層クロマトグラフィー………………… 299
波数………………………………………… 181
波長………………………………… 180, 311
発色試薬…………………………………… 89
発生気体分析……………………………… 341
バッチ法…………………………………… 132
波動関数…………………………………… 323
ばらつき…………………………… 378, 381
パルスカウント方式……………………… 230
パルス中性子源…………………………… 331
反射高エネルギー電子線回折…………… 333
半導体検出器……………………………… 254
半当量点……………………………………… 52
半波電位…………………………………… 170
半反応式……………………………………… 62

光透過率…………………………………… 185
飛行時間…………………………………… 331
飛行時間型………………………… 247, 251
非接触モード……………………………… 316
非弾性平均自由行程……………………… 332
比抵抗……………………………………… 163
非ファラデー電流………………………… 160
百分率………………………………………… 23
百万分率……………………………………… 23
標準液………………………………… 22, 29
標準酸化還元電位………………………… 63
標準水素電極……………………………… 146
標準電位…………………………………… 144
標準添加法………………………… 13, 219
標準電極電位……………………………… 144
標準物質…………………………… 16, 392, 393

索　引

標準偏差……………………………………… 15, 383
標　定 …………………………………………… 30
ひょう量形 ……………………………………… 31

ファクター ……………………………………… 30
ファラデーカップ …………………………… 253
ファラデー定数 ……………………………… 160
ファラデー電流 ……………………………… 160
フェーザ ……………………………………… 322
フォースカーブ ……………………………… 317
不確定誤差 ……………………………………… 15
不活性電極 …………………………………… 144
複合電極 ……………………………………… 155
不確かさ ……………………………………… 378
物質量 …………………………………… 22, 160
物理干渉 ……………………………………… 215
プライマー …………………………………… 354
ブランク ……………………………………… 104
ブランク試料 …………………………………… 13
ブランクテスト ………………………………… 13
フーリエ変換 ………………………………… 323
フーリエ変換イオンサイクロトロン共鳴型
　　　　……………………………………… 247, 252
フーリエ変換赤外分光計 …………………… 197
フレーム ……………………………………… 212
フレーム発光分析法 ………………………… 206
プロテオミクス ……………………………… 364
プロトンジャンプ機構 ……………………… 167
分解能 ………………………………………… 247
分光干渉 ……………………………………… 213
分光光度計 …………………………………… 194
分子ふるい効果 ……………………………… 296
分析濃度 ………………………………………… 23
分配クロマトグラフィー …………………… 292
分配係数 ……………………………………… 123
分配比 ………………………………………… 123
分配平衡 ……………………………………… 122
粉末用X線回折装置 ………………………… 324
分離係数 ……………………………………… 269
分　率 …………………………………………… 42
分離度 ………………………………………… 269
分離場の形状による分類 …………………… 265

平均活量係数 …………………………………… 96
平均値 …………………………………………… 14
平衡電位 ……………………………………… 144

平衡濃度 ………………………………………… 23
平行法 ………………………………………… 327
並進対称性 …………………………………… 321
平面クロマトグラフィー …………………… 299
ヘッドスペース法 …………………………… 284
ペーパークロマトグラフィー ……………… 299
ペプチドマスフィンガープリンティング法…… 366
偏光板 ………………………………………… 312
変動係数 ……………………………………… 383
飽和カロメル電極 …………………………… 148
飽和溶液 ………………………………………… 94
保持係数 ……………………………………… 269
保持指標 ……………………………………… 282
母集団標準偏差 ………………………………… 15
ポテンシャルステップクロノアンペロメトリー… 161
ポテンショメトリー ………………………… 141
ポリクローナル抗体 ………………………… 370
ポリクロメーター …………………………… 195
ボルタンメトリー …………………………… 172

マ　行

マイクロ波 …………………………………… 181
マイケルソン干渉計 ………………………… 313
前処理 ………………………………………… 11
前濃縮 ………………………………………… 12
マクスウェル-ボルツマンの式 …………… 207
膜電位 ………………………………………… 152
マスキング ……………………………… 12, 88
マスキング剤 ………………………………… 88
マトリックス支援レーザー脱離イオン化 … 240
マトリックスマッチング …………………… 215
マルチチャンネル検出器 …………………… 225
マルチチャンネルプレート ………………… 254
マルチプライヤー …………………………… 254

見込み角 ……………………………………… 311
水のイオン積 ………………………………… 35
ミセル動電クロマトグラフィー …………… 307

無輻射遷移 …………………………………… 185

メタボロミクス ……………………………… 364

最も確からしい値 ……………………………… 14

Index

モノクローナル抗体 ……………………… 370
モノクロメーター ………………………… 194
モ　ル …………………………………………… 22
モル吸光係数 ……………………………… 186
モル濃度平衡定数 …………………………… 25

ヤ 行

優位配向性 …………………… 327, 328, 329
融解法 …………………………………………… 11
有効数字 …………………………………… 14, 382
融剤 …………………………………………… 11
誘導結合プラズマ ………………… 220, 240
誘導体化 ……………………………………… 12
輸　率 ……………………………………… 166

陽イオン交換体 ………………………… 135
溶解速度 ……………………………………… 94
溶解度 ……………………………………… 110
溶解度積 …………………………………… 110
溶解度積の式 ……………………………… 95
ヨウ素滴定 …………………………………… 70
溶媒抽出 …………………………………… 122
溶離液 ……………………………………… 288
容　量 ……………………………………… 160
容量分析 …………………………………… 29
容量モル濃度 ………………………………… 22
横方向観測 ………………………………… 227
予混合型バーナー ………………………… 211
ヨージメトリー …………………………… 70
ヨードメトリー …………………………… 70

ラ 行

落射型光学顕微鏡 ………………………… 311
ラザフォード ……………………………… 329
ラジオ波 …………………………………… 181
ランバート-ベールの法則 ……… 185, 208

硫酸塩 ………………………………………… 98
量子化条件 ………………………………… 321
両性イオン …………………………………… 44
理論段数 …………………………… 267, 288
理論段高さ ……………………………… 267, 288
臨界ミセル濃度 …………………………… 307
リン酸塩 ……………………………………… 98

ルチル ……………………………………… 326

励起状態 …………………………………… 207
レーザーアブレーション法 ……………… 234
レーザー誘起蛍光 ………………………… 201

英　字

APCI …………………………………… 240, 242
aqua complex ……………………………… 76
Arrheniusの酸・塩基 …………………… 34
Avogadro定数 ……………………………… 22

bidentate ligand ………………………… 81
Braggの回折条件 ………………………… 320
Brønsted-Lowryの酸・塩基 …………… 34
BT …………………………………………… 86

CCD ………………………………………… 227
cell constant …………………………… 164
chelate ……………………………………… 81
chelate complex ………………………… 81
chelate compound ……………………… 81
chelate effect …………………………… 81
chelating ligand ………………………… 81
chelating reagent ……………………… 81
chelatometric titration ……………… 84
chromogenic reagent …………………… 89
CI …………………………………… 240, 241
CID ………………………………………… 227
coloring reagent ………………………… 89
complex …………………………………… 76
complex ion ……………………………… 76
conditional formation constant …… 83
conductance ……………………………… 163
coordination ……………………………… 76
coordination bond ……………………… 76
coordination number …………………… 76
Cottrell式 ………………………………… 170
CV …………………………………………… 162
cyclic voltammetry …………………… 172

Debye-Huckel式 …………………………… 27
DNAチップ ………………………………… 365
DNAポリメラーゼ ……………………… 354

439

索　引

DSC	338	NHE	146
DTA	338	NN 指示薬	86
EDTA	81	ODS	293
EI	240, 241	Ohm の法則	162
ELISA	373	overall formation constant	78
ESI	240, 241	overall stability constant	78
ethylenediaminetetraacetic acid	81		
		pH	36
FAB	240, 243	pH ジャンプ	49
Faraday 電流	160	polydentate ligand	81
fluorescence reagent	89	potential step chronoamperometry	161
formation constant	77	PSCA	162
Freundrich の吸着等温式	134		
		quadrupole	247
hard and soft acids and bases	78		
Henry の吸着等温式	134	resistance	162
HPLC	289	R_f 値	299
HSAB	78	RHEED	333
ICP	240	SCE	148
ICP 発光分析装置	223	SDS−PAGE	303
ISE	153	SHE	146
		SIMS	240, 244
JIS	344	SNP	359
J-PARC	331	specific resistance	163
		stability constant	78
Kohlrausch bridge	163	stepwise formation constant	78
		stepwise stability constant	78
Langmuir の吸着等温式	134		
law of independent ionic migration	166	TEM	333
LC	288	TG	338
Le Chatelier の法則	25	time-of-flight	247
LEED	332	TIMS	240
Lewis の酸・塩基	35	TLC	299
ligand	76	TOF	247, 331
		transport number	166
magnetic sector	247	tridentate ligand	81
MALDI	240, 244		
masking	88	van Deemter 式	268
masking agent	88	voltammetry	172
MCP	254	von Weimarn の式	115
metal indicator	86		
monodentate ligand	81	Winkler 法	71

Memo

メモ

Memo

メモ

〈編者略歴〉

蟻 川 芳 子 (ありかわ よしこ)
1963年 日本女子大学家政学部家政理学科 卒業
1968年 東京工業大学大学院理工学研究科化学専攻博士課程 修了
1968年 理学博士(東京工業大学)
現　在 日本女子大学前学長・理事長，名誉教授，日本化学会フェロー

小 熊 幸 一 (おぐま こういち)
1965年 東京教育大学理学部化学科 卒業
1967年 東京教育大学大学院理学研究科化学専攻修士課程 修了
1975年 理学博士(東京教育大学)
現　在 千葉大学名誉教授

角 田 欣 一 (つのだ きんいち)
1976年 東京大学理学部化学科 卒業
1981年 東京大学大学院理学系研究科化学専攻課程博士課程 修了
1981年 理学博士(東京大学)
現　在 群馬大学理工学研究院分子科学部門 教授

- 本書の内容に関する質問は，オーム社書籍編集局「(書名を明記)」係宛に，書状または FAX*(03-3293-2824)，E-mail(shoseki@ohmsha.co.jp)にてお願いします。お受けできる質問は本書で紹介した内容に限らせていただきます。なお，電話での質問にはお答えできませんので，あらかじめご了承ください．
- 万一，落丁・乱丁の場合は，送料当社負担でお取替えいたします．当社販売課宛にお送りください．
- 本書の一部の複写複製を希望される場合は，本書扉裏を参照してください．
  [JCOPY] <(社)出版者著作権管理機構 委託出版物>

ベーシックマスター　分析化学

平成 25 年 8 月 25 日　第 1 版第 1 刷発行
平成 30 年 2 月 25 日　第 1 版第 5 刷発行

編　　者　蟻川芳子
　　　　　小熊幸一
　　　　　角田欣一
発行者　村上和夫
発行所　株式会社 オ ー ム 社
　　　　郵便番号　101-8460
　　　　東京都千代田区神田錦町3-1
　　　　電話　03(3233)0641(代表)
　　　　URL　http://www.ohmsha.co.jp/

© 蟻川芳子・小熊幸一・角田欣一 2013

組版　タイプアンドたいぽ　印刷・製本　三美印刷
ISBN978-4-274-21425-7　Printed in Japan

関連書籍のご案内

分析化学用語辞典

◎社団法人 日本分析化学会 編　◎A5判・560頁

分析化学に携わる方のための必携の書！

　幅広い分野・領域に関連している分析化学に関わる用語を、基礎的な事項から最新の動向を踏まえ、簡潔な記述で解説する辞典。

　この一冊で分析化学への知識が深まるとともに、分析化学に携わる多くの方々のみならず、関連分野の方々にも利用していただけるような座右の書となるよう発刊するものです。

化学実験における事故例と安全

◎田村　昌三　編　◎A5判・400頁

学生、研究者、実務者必見！
化学物質の事故例から教訓と対策を学ぶ！

主要目次

1章　化学実験の基本
2章　化学物質の潜在危険性と安全な取扱い
　　　発火・爆発性物質／有害性物質／環境汚染物質／高圧ガス／特殊材料ガス／放射性物質／バイオハザード
3章　化学反応の潜在危険性と安全
　　　単位反応／混合危険反応
4章　実験器具・装置および操作の安全
　　　実験器具と安全な取扱い／基本的な実験操作／一般実験装置／科学計測機器
5章　廃棄物の安全処理
　　　廃棄物の潜在危険性／実験廃液の実験室での処理／実験排ガスの実験室での処理
6章　実験環境の安全
　　　実験室の設計／実験室の安全設備／実験室の作業環境／電気機器の安全／VDT作業の安全／無人実験、無人運転の安全
7章　安全管理体制
　　　安全管理／安全教育／安全点検・安全パトロール
8章　防火・防爆
　　　火災・爆発予防／消火設備／火災が起こったときの対応／爆発が起こったときの対応
9章　予防と救急
　　　薬品傷害の予防／保護具／事故時の救急対応／けがをしたときの応急処置／薬品傷害のときの応急処置／心肺蘇生法
10章　緊急時の措置
　　　地震対策／警戒宣言対応

もっと詳しい情報をお届けできます。
◎書店に商品がない場合または直接ご注文の場合も右記宛にご連絡ください。

ホームページ　http://www.ohmsha.co.jp/
TEL／FAX　TEL.03-3233-0643　FAX.03-3233-3440

E-1308-162

4桁の原子量表（2012）

（元素の原子量は，質量数12の炭素（^{12}C）を12とし，これに対する相対値とする．）

本表は，実用上の便宜を考えて，国際純正・応用化学連合（IUPAC）で承認された最新の原子量に基づき，日本化学会原子量専門委員会が独自に作成したものである．本来，同位体存在度の不確定さは，自然に，あるいは人為的に起こりうる変動や実験誤差のために，元素ごとに異なる．したがって，個々の原子量の値は，正確度が保証された有効数字の桁数が大きく異なる．本表の原子量を引用する際には，このことに注意を喚起することが望ましい．

なお，本表の原子量の信頼性は有効数字の4桁目で±1以内であるが，例外として，* を付したものは±2，** を付したものは±3である．また，安定同位体がなく，天然で特定の同位体組成を示さない元素については，その元素の放射性同位体の質量数の一例を（　）内に示した．したがって，その値を原子量として扱うことはできない．

原子番号	元素名	元素記号	原子量	原子番号	元素名	元素記号	原子量
1	水素	H	1.008	26	鉄	Fe	55.85
2	ヘリウム	He	4.003	27	コバルト	Co	58.93
3	リチウム	Li	6.941*,†	28	ニッケル	Ni	58.69
4	ベリリウム	Be	9.012	29	銅	Cu	63.55
5	ホウ素	B	10.81	30	亜鉛	Zn	65.38*
6	炭素	C	12.01	31	ガリウム	Ga	69.72
7	窒素	N	14.01	32	ゲルマニウム	Ge	72.63
8	酸素	O	16.00	33	ヒ素	As	74.92
9	フッ素	F	19.00	34	セレン	Se	78.96**
10	ネオン	Ne	20.18	35	臭素	Br	79.90
11	ナトリウム	Na	22.99	36	クリプトン	Kr	83.80
12	マグネシウム	Mg	24.31	37	ルビジウム	Rb	85.47
13	アルミニウム	Al	26.98	38	ストロンチウム	Sr	87.62
14	ケイ素	Si	28.09	39	イットリウム	Y	88.91
15	リン	P	30.97	40	ジルコニウム	Zr	91.22
16	硫黄	S	32.07	41	ニオブ	Nb	92.91
17	塩素	Cl	35.45	42	モリブデン	Mo	95.96*
18	アルゴン	Ar	39.95	43	テクネチウム	Tc	(99)
19	カリウム	K	39.10	44	ルテニウム	Ru	101.1
20	カルシウム	Ca	40.08	45	ロジウム	Rh	102.9
21	スカンジウム	Sc	44.96	46	パラジウム	Pd	106.4
22	チタン	Ti	47.87	47	銀	Ag	107.9
23	バナジウム	V	50.94	48	カドミウム	Cd	112.4
24	クロム	Cr	52.00	49	インジウム	In	114.8
25	マンガン	Mn	54.94	50	スズ	Sn	118.7